Endlagerung radioaktiver Abfälle in der Bundesrepublik Deutschland

Studien zur Technik-, Wirtschafts- und Sozialgeschichte

Herausgegeben von Hans-Joachim Braun

Band 15

PETER LANG
Frankfurt am Main · Berlin · Bern · Bruxelles · New York · Oxford · Wien

Detlev Möller

Endlagerung radioaktiver Abfälle in der Bundesrepublik Deutschland

Administrativ-politische Entscheidungsprozesse zwischen Wirtschaftlichkeit und Sicherheit, zwischen nationaler und internationaler Lösung

PETER LANG
Internationaler Verlag der Wissenschaften

Bibliografische Information der Deutschen Nationalbibliothek
Die Deutsche Nationalbibliothek verzeichnet diese Publikation in der Deutschen Nationalbibliografie; detaillierte bibliografische Daten sind im Internet über <http://www.d-nb.de> abrufbar.

Zugl.: Hamburg, Univ. der Bundeswehr, Diss., 2007

D 705
ISSN 0175-9868
ISBN 978-3-631-57579-6

www.peterlang.de

Vorbemerkung des Herausgebers

„Gau in der Grube“ lautet der Titel eines Artikels in einem deutschen Wochenmagazin 2007. „Lange galt das Salzbergwerk Asse als Musterbeispiel für ein Endlager. Doch die Stollen haben ein Leck, Uran und Plutonium gefährden die Region“ erfährt der beunruhigte Leser weiter. „Eine Salzlösung sickert in die Grube, in der die nuklearen Abfälle gelagert sind und muß ständig abgepumpt werden. Gegenwärtig hat man die Lage noch im Griff, wie dies allerdings in der Zukunft aussehen wird, ist schwer abzuschätzen.“

Dieser aktuelle "Aufhänger“ macht deutlich, dass Detlev Möllers Dissertation von erheblicher Relevanz für die Gegenwart ist. Zwar schließt seine Untersuchung der Endlagerungsproblematik radioaktiver Abfälle in der Bundesrepublik bereits im Jahre 1979, doch die Folgen der politischen Entscheidungsprozesse des Zeitraums 1955 bis 1979, die er analysiert, beschäftigen uns mehr denn je. Dabei, und das macht der Verfasser deutlich, ist die Situation, in der wir heute in der Endlagerungsfrage stehen, keineswegs zwangsläufig entstanden; es gab in seinem Untersuchungszeitraum – und hier klingt wieder die beliebte Fragestellung nach Zwangslagen und Handlungsspielräumen an – durchaus Möglichkeiten, die Weichen anders zu stellen.

Konzeptionell erschließt Detlev Möller sein Thema in zweierlei Weise. Er bindet einerseits die Frage der Endlagerung in die Leitfragestellung der administrativ-politischen Entscheidungsprozesse zwischen Wirtschaftlichkeit und Sicherheit sowie zwischen nationaler und internationaler Lösung ein. Diese zwei mal zwei Pole stellen die Eckpfeiler dar, zwischen denen die Diskussion zum Thema Endlagerung pendelte. Als konzeptionell-analytisches Hilfsmittel bedient sich der Verfasser zudem der Ergebnisse neuerer Forschungen zum Thema Entscheidungsprozesse und Entscheidungshandeln in Politik, Verwaltung und Wirtschaft, die teilweise der ökonomischen Theorie der Politik verpflichtet sind.

Detlev Möller gelingt es, deutlich zu machen, dass die gegenwärtig wieder aufgegriffene Frage der ungelösten Probleme der Endlagerung radioaktiver Abfälle in der Bundesrepublik Deutschland eine lange Geschichte hat. Schon 1963 war klar, dass die von vielen Ministerialbeamten und Politikern favorisierte Lösung Asse II äußerst problematisch ist, weil man bereits damals die Notwendigkeit von Abdichtungsarbeiten gegen Wassereinbruch erkannt hatte. Möller zeichnet nach, wie politische Entscheidungsträger ungeklärte Fragen bewußt vor sich her schoben, ausblendeten und teilweise dethematisierten und verdrängten. Wir finden hier ein für die Geschichte der Kernenergie typisches Bild: es wurden zunächst Fakten geschaffen und dann, als Folge, „Sachzwänge“ produziert. Die Nutzung von Asse II als Zwischen- (und End-) lager war nach solcher Argumentation unabdingbar, ansonsten drohte für die Kernenergie der „Erstickungstod“. Der Verfasser vermeidet das Moralisieren, bezieht aber deutlich Stellung und hält sich auch mit Urteilen nicht zurück. Dabei vermeidet er Schwarz-Weißzeichnungen und flinke Schuldzuweisungen und geht seine Fragestellungen als Historiker an, der sein Handwerk versteht. Das heißt, dass er konkrete Entscheidungssituationen in ihrem jeweiligen Kontext nachzeichnet und analysiert. Dabei werden menschliche Schwächen ebenso genannt wie die Rivalitäten zwischen verschiedenen Ministerien oder anderen Institutionen. Kam man nicht weiter, so setzte man eben einen Ausschuß ein, der die anstehenden Probleme dann aber auch nicht löste.

Kann man aus der Geschichte lernen? Zwar nur sehr bedingt, aber jeder, der sich heute mit Fragen der Endlagerung radioaktiver Abfälle in der Bundesrepublik beschäftigt, sollte sich gründlich mit der Genese dieses Problems vertraut machen.

Hans-Joachim Braun

Vorbemerkung des Verfassers

Der vorliegende Text wurde im Frühjahrstrimester 2007 von der Fakultät für Geistes- und Sozialwissenschaften der Helmut-Schmidt-Universität/ Universität der Bundeswehr Hamburg als Dissertation angenommen.

Mein herzlicher Dank gilt an erster Stelle Herrn Professor Dr. Hans-Joachim Braun, der sich meines Themas annahm und es aus der Ferne verstand, meinen Blick zu erweitern und mir den richtigen Ratschlag zur richtigen Zeit zu geben. Herrn Professor Dr. Bernd Wegner danke ich für die Übernahme des Zweitgutachtens und wertvolle Anmerkungen. Zu Dank verpflichtet bin ich zudem der "Hans Schimank-Gedächtnis-Stiftung", die durch einen Reisekostenzuschuss ein Informationsgespräch und einen Archivaufenthalt ermöglichte.

In allen Archiven begegnete man mir und meinen Anliegen mit Freundlichkeit, Interesse und Flexibilität. Mein besonderer Dank gilt den Mitarbeitern des Bundesarchivs in Koblenz, allen voran Frau Gabriele Gronau, die ich nicht zuletzt durch zwei Anträge auf Aktenfreigabe und immer neue Versuche, wichtige Akten doch noch aufzuspüren, über einen langen Zeitraum in Anspruch genommen habe.

Die Auswertung von Akten der Gesellschaft für Strahlenforschung (GSF/heute: Helmholtz-Zentrum München) wurde mir durch Johannes Alexander Haidn wesentlich erleichtert. Damals mit dem zweiten Teil der Geschichte der GSF (1973–1990) befasst, hat er mir eigene Erfahrungen und Inhaltsübersichten mit einer Selbstverständlichkeit zur Verfügung gestellt, die ihresgleichen sucht.

Für die Durchsicht des Manuskripts danke ich meiner Mutter, meinem Vater, Benjamin Dittmann und insbesondere Iris und Boy Meinert Boysen. Beide haben mir – obwohl selbst in hohem Maße beschäftigt – durch ihr lebhaftes Interesse, ihre Herzlichkeit und ihren Humor sehr weitergeholfen.

Mein größter Dank gebührt meinem Bruder Hartmut, der als Fachfremder über die Jahre nicht müde wurde, sich im Detail nach den Fortschritten und Schwierigkeiten meiner Forschungen zu erkundigen. Seine

Ermunterungen und seine Unterstützung haben wesentlich zum Erfolg der Arbeit beigetragen.

Meckenheim, im November 2008

Detlev Möller

Inhaltsverzeichnis

1 Einleitung 13
1.1 Begründung der Themenwahl 13
1.2 Forschungsstand 15
1.3 Zeitrahmen und Ziele der Arbeit 19
1.4 Quellenlage 21
1.5 Theoretische Orientierung, zentrale Begriffe und grundsätzliche Überlegungen 25

2 1955–1959: Die Wahrnehmung eines nicht akuten Problems 41
2.1 Die Beseitigungsfrage aus ministerieller Sicht 41
2.1.1 Das BMWi und der unsichere Kostenfaktor 41
2.1.2 Die abwartende Haltung des BMAt 47
2.1.2.1 Die frühzeitige Verdrängung einer möglichen Alternative 62
2.1.2.2 Der zweifelhafte Reiz der etablierten Versenkung im Meer 71
2.2 Die Thematisierung der Beseitigungsfrage in der DAtK 73
2.2.1 Die Diskussion in der FK IV und ihren Arbeitskreisen 74
2.2.2 16.–21. November 1959 – Die "Monaco-Konferenz" und ihre Ergebnisse 80

3 1960–1963: Von der frühen Präferenz für eine Einlagerung in Salzvorkommen zur plötzlichen Brisanz der Kostenfrage 87
3.1 Die Konkretisierung der Beratungen in der DAtK 87
3.1.1 Die Beratungsergebnisse der AG 4 des AK III–IV/1 87
3.1.2 Der Bericht zur Sammlung und Lagerung radioaktiver Abfälle 92
3.1.3 Eine gründliche Bearbeitung? 97
3.1.4 Die frühe Inangriffnahme im Bereich "Hochaktive Abfälle" 105
3.2 Überlegungen und Maßnahmen auf ministerieller Ebene 109
3.2.1 Die "wenig erfreuliche Nebenerscheinung" als mögliches Hindernis 110
3.2.2 Erste Einschätzungen vom Anfall radioaktiver Abfälle 120

3.2.3 Die Erörterung des Kostenaspekts 123
3.2.4 Die plötzliche Befürwortung der Versenkung im Meer 129
3.2.5 Die unerwartete Untersuchung des oberflächennahen Vergrabens 132
3.2.6 Das Einbringen der Endlagerung in den Haushaltsplan 136
3.2.7 Der Euratom-Vertrag "Tieflagerung" – die beinahe verpasste Chance? 140
3.2.8 Asse II – die "günstige Möglichkeit" 146

4 1964–1979: Die "versuchsweise" Einlagerung und Versenkung 155
4.1 Denken und Handeln der ministeriellen Ebene in der Implementationsphase 155
4.1.1 Die Endlagerung in neuen Organisationsstrukturen 156
4.1.2 Das favorisierte Kavernenkonzept 162
4.1.3 Asse II – von der günstigen Möglichkeit zum zentralen Element des Beseitigungssystems 174
4.1.3.1 Der schnell erweiterte Verwendungszweck 177
4.1.3.2 Von der frühen Definition des GAU zur späten Analyse des Risikos 191
4.1.3.3 Kostenstudien und Kostendruck 213
4.1.4 Die Versenkung im Meer 227
4.1.5 Hochaktive Abfälle – das Langzeitproblem 235
4.1.5.1 Die weitgehend gelöste Wärmeproblematik 238
4.1.5.2 Die lange vernachlässigte Verglasung? 245
4.1.6 Die vermiedene Lösung auf internationaler Ebene 257
4.2 Auf dem Weg zum Integrierten Entsorgungszentrum – Systematisierung, Intensivierung, Politisierung und Öffnung 268
4.2.1 Werte- und Prioritätenwandel 274
4.2.2 Das Integrierte Entsorgungskonzept 279
4.2.3 Eisenerzbergwerk Konrad – Beseitigung eines Engpasses? 296
4.2.4 Die späte Reaktion des Parlaments 301
4.2.5 Das unerwartete Gorleben 309

5 Eine Strategie gegenüber der Öffentlichkeit? 315
5.1 Die Atompsychose – "etwas Gediegenes" muss unternommen werden 318
5.2 "Atommüll", Ministerialbürokratie und Öffentlichkeit 322

6 Zusammenfassung und Ausblick 337
6.1 Zum administrativ-politischen Entscheidungsprozess 338
6.2 Die grundsätzliche Priorität des Sicherheitsaspekts 342
6.3 Die nachteilige internationale Lösung 344
6.4 Eine Strategie gegenüber der Öffentlichkeit? 344
6.5 Korrekturen am bisherigen Bild 345
6.6 Forschungsdesiderate 348

Abkürzungsverzeichnis 351

Abbildungsverzeichnis 355

Quellenverzeichnis 357

Literaturverzeichnis 369

Namens- und Sachregister 381

1 Einleitung

1.1 Begründung der Themenwahl

Still war es geworden um das Thema Kernenergie, seit die rot-grüne Bundesregierung im Juni 2000 Restlaufzeiten mit den Energieversorgungsunternehmen vereinbart hatte[1] und damit ein Ende der friedlichen Nutzung der Atomenergie absehbar erschien. Noch stiller geworden war es um die Frage der Entsorgung[2] der Kernkraftwerke, die im Verlauf der siebziger Jahre mehr und mehr zum Symbol der Anti-Atomkraft-Bewegung wurde, zum – wie es ein langjähriger journalistischer Wegbegleiter sah – Jerusalem des Kreuzzugs zur Verteufelung der Kernenergie, auf das sich überschäumender Eifer und alle Ängste und Sorgen gleichermaßen zu konzentrieren schienen.[3] Man war damals überrascht davon, wie ein bis dahin randständiges Thema innerhalb weniger Jahre derart in die öffentliche Diskussion geraten konnte.[4] Die Entsorgungsfrage sei in den "letzten 3 oder 4 Jahren hochgespielt worden" und nun werde so getan, "als ob diese Frage das Wesentliche des ganzen Kernenergieprozesses" sei, empörte sich Anfang 1978 ein kernenergiefreundlicher Diskussionsteilnehmer. Man frage schließlich einen Mann bei der Eheschließung auch nicht "Hast Du schon ein Grab für deine Frau und deine zukünftigen Kinder besorgt?"[5]

---

1 http://www.bmu.de/files/pdfs/allgemein/application/pdf/atomkonsens.pdf: Vereinbarung zwischen der Bundesregierung und den Energieversorgungsunternehmen vom 14.6.2000. Zugriff am 25.11.2006.

2 Der Begriff der Entsorgung wird inzwischen auch in der übrigen Abfallwirtschaft mit Selbstverständlichkeit verwendet. Gemäß Entsorgungsbericht der Bundesregierung vom 30.11.1977 [BMI (1979), S. 3f] ist Entsorgung "die sachgerechte und sichere Verbringung der während der gesamten Betriebszeit eines Kernkraftwerkes anfallenden bestrahlten Brennelemente in ein geeignetes Lager, ihre Verwertung durch Wiederaufarbeitung und die Behandlung und Beseitigung der hierbei erhaltenen radioaktiven Abfälle". Vgl. zur erstmaligen Verwendung im Bereich der Kernenergie Kapitel 4.2.2.

3 Gerwin (1978), S. 11. Es handelt sich um eine Verdichtung seiner Gedanken.

4 Ebd., S. 9.

5 Mandel (1978), S. 31.

Schon im Dezember 1976 sprach einer der wissenschaftlichen Hauptakteure von der "außerordentlich starke(n) Zunahme der öffentlichen Diskussion über die Probleme der Entsorgung und dabei insbesondere der Endlagerung".[6] Und bereits im Mai desselben Jahres meinte man in Bayern, Schüler der 9. Klasse im Erdkundeunterricht in Science-Fiction-Manier mit der Frage "Wohin mit dem Atommüll?" beschäftigen zu müssen.[7] 1979, dem Jahr, als der Konflikt zwischen dem Niedersächsischen Ministerpräsidenten Albrecht und der Bundesregierung um den Standort Gorleben und das dort geplante Integrierte Entsorgungszentrum[8] schließlich eskalierte, gingen in Hannover an einem einzigen Wochenende 40.000 Menschen auf die Straße.[9]

Dabei war die Beseitigung radioaktiver Abfälle selbst für den interessierten Laien schon frühzeitig als potentielle Gefahrenquelle und Problem erkennbar gewesen.[10] Denn insbesondere die erste Atom-Konferenz der Vereinten Nationen hatte im August 1955 bislang geheim gehaltenes Wissen einer breiteren Öffentlichkeit zugänglich gemacht und dabei auch die Beseitigungsfrage offen und mit aus heutiger Sicht verblüffender Klarheit diskutiert. Als "wesentlichen limitierenden Faktor" hatten amerikanische Wissenschaftler die Lösung des Verbleibs hochaktiver Abfälle bezeichnet[11] und in Übereinstimmung mit britischen Kollegen die Forderung nach Sicherheit vor die gleichwohl anzustrebende Wirtschaftlichkeit gestellt.[12] "Wenig segensreich" würde die Verfügbarkeit einer so verheißungsvollen Energiequelle für die Menschheit sein, wenn sie mit strahlungsbedingten Krankheiten und Veränderungen des Erbgutes bezahlt werden müsste.[13]

---

6 BayHStA GSF 237. IfT (Klaus Kühn) vom 30.12.76.

7 BayHStA GSF 10. Bayerischer Rundfunk/Schulfunk vom 10.5.1976. Es ging um eine Atommüll-Katastrophe im Jahr 2077, die dadurch entstanden sein sollte, dass die US-Atomenergiebehörde und die Ostafrikanische Union seit den 1990 er Jahren "3,4 Milliarden Liter hochgiftigen Atommülls im Krater des Kibo" (Kilimandscharo) gelagert hätten. Dem folgten sachlich-kritische Kommentare des wissenschaftlichen Geschäftsführers der GSF.

8 Das Konzept eines Integrierten Entsorgungszentrums sah die Wiederaufarbeitung sowie die Behandlung und Endlagerung der dabei entstehenden radioaktiven Abfälle *am gleichen Standort* vor.

9 Müller (1995), S. 783. Die Demonstration fand am 31.3./1.4.1979 statt.

10 Radkau (1983), S. 356.

11 Wolman/Gorman (1956), S. 15.

12 Glueckauf (1956), S. 5.

13 Claus (1956), S. 17.

Schon Monate vorher – und damit deutlich vor den Ereignissen im Herbst des Jahres 1955, die allgemein als "Startschuss" für den Einstieg der Bundesrepublik Deutschland in die friedliche Nutzung der Atomenergie gelten[14] – war die Frage der Beseitigung radioaktiver Abfälle – wie diese Arbeit zeigen wird – auch auf ministerieller Ebene bereits als Thema von nicht zu unterschätzender Bedeutung auszumachen.

Wie aber ist es dann zu erklären, dass dieses so frühzeitig erkennbare Problem, den Verantwortlichen in Politik, Ministerialbürokratie und Wissenschaft in den siebziger Jahren, als es in den Mittelpunkt der kritischen öffentlichen Aufmerksamkeit geriet, den Vorwurf der Untätigkeit einbringen konnte? Das Schlagwort von der "ungelösten Entsorgung" machte die Runde[15] und wirkt – nicht ohne Berechtigung – bis heute fort. Denn auch 50 Jahre nach dem Einstieg in die friedliche Nutzung der Kernenergie kann die Bundesregierung kein betriebsbereites Endlager vorweisen. Zielsetzung ist vielmehr, diese so entscheidende Lücke im System bis zum Jahr 2030 geschlossen zu haben.[16]

Mit der Ankündigung von CDU, CSU und SPD, die "Lösung dieser Frage" nun endlich "zügig und ergebnisorientiert" anzugehen[17], sind in den kommenden Jahren daher erneut Diskussionen um mögliche Endlagerstandorte und die Problematik einer sicheren Endlagerung im Allgemeinen zu erwarten. Möglicherweise wird hierbei auch die gereizte Frage nach den Versäumnissen der Vergangenheit eine Rolle spielen.

1.2 Forschungsstand

In den hitzigen Debatten der siebziger und frühen achtziger Jahre, als die Fronten entlang der Begriffe von Risiko, Verantwortbarkeit und Schuld verliefen[18], konnte eine sich möglicherweise versachlichend auswirkende

---

14 Hierzu zählen neben der bereits angesprochenen Konferenz (8.–20.8.1955) in Genf die Gründung des BMAt am 6.10.1955 sowie der Beschluss zur Bildung der DAtK am 21.12.1955. Vgl z. B. Müller (1990), S. 1 sowie S. 152–164.

15 "Der Spiegel" hob im November 1976 [o. V. (1976)] die Aussage des Chemie-Dozenten und Bundestagsabgeordneten Haenschke hervor (S. 108), die "ungelöste Entsorgungsfrage" werde "zum Sicherheitsproblem Nummer eins (...) in den achtziger Jahren" werden. Vgl. Schüller (1980), S. 5.

16 AK End (2002), S. 7.

17 CDU/CSU/SPD (2005), S. 41.

18 Die Arbeitsgruppe "Wiederaufarbeitung" (1977) sprach von der "Leichtfertigkeit der Energieplaner" (Vorwort) und warf den Beteiligten "Profithunger" und

Analyse in historischer Perspektive nicht geleistet werden, da die wesentlichen Aktenbestände der 30-Jahres-Sperre auf Bundesakten unterlagen und von staatlicher Seite – mit einer sehr wichtigen Ausnahme[19] – kein Interesse an ihrer Zugänglichkeit bestand. So existiert eine Vielzahl von Abhandlungen populärwissenschaftlicher und politikwissenschaftlich-soziologischer Art, die auf sehr schmaler Informationsbasis zu weit reichenden Schlüssen kommen. Im Hinblick auf die Endlagerung radioaktiver Abfälle enthalten sie selten mehr als allgemein bekannte Eckdaten, weswegen eine Einzelwürdigung nicht sinnvoll erscheint.[20]

In hohem Maße bemerkenswert ist dagegen der Umstand, dass die ihnen eigene uninformiert-aufgeregte Undifferenziertheit auch ihren Weg in die Grundlagen der nach wie vor aktuellen Debatte um die Risikogesellschaft gefunden hat. Wenn Ulrich Beck unter dem Eindruck der Reaktorkatastrophe in Tschernobyl 1986 meinte, "durch Kernspaltung oder die Lagerung von Atommüll" würden Gefährdungslagen für "die ganze Menschheit" entstehen, lässt sich zu seinen Gunsten nur annehmen, dass er dabei das Gefährdungspotential einer Zwischenlagerung hochaktiver Abfalllösungen in Tanks nach früher amerikanischer Art vor Augen hatte.[21] Deutlich sachlicher, aber trotzdem nur teilweise treffend, urteilte Wolfgang Bonß, als er 1995 die Ansicht vertrat "der Ausbau der Atomenergie in der Bundesrepublik" sei "unter der (letztlich äußerst riskanten) Prämisse" erfolgt, "daß das ungeklärte Problem der Endlagerung in naher Zukunft gelöst werden könne".[22]

"Borniertheit" (S. 135) vor. 1978 fragte Schüller (1980), Geschäftsführer der "Gesellschaft zur Wiederaufarbeitung von Kernbrennstoffen mbH": "Kann man die Kernenergie angesichts des Entsorgungsproblems heute verantworten?".

19 Es handelt sich um die Habilitationschrift von Radkau (1983).

20 Zu nennen ist hier insbesondere das Kapitel zur "Endlösung Endlagerung" (S. 138–147) im Buch "Auf einem Tiger reiten" des Journalisten Alexander von Cube (1977). Im gleichen Jahr schürte die Arbeitsgruppe "Wiederaufarbeitung" an der Universität Bremen mit "Atommüll oder Der Abschied von einem teuren Traum" den Widerstand. Das Buch ist in seinem Einfluss auf die öffentliche Meinungsbildung insofern nicht zu unterschätzen, als es schon 1981 eine Auflage von 51.000 erreichte. Unter den seriösen Arbeiten sei auf Kitschelt (1980) hingewiesen, der die Wiederaufarbeitung und das "Atommüllproblem" als Beispiele für "die Unterschätzung der Risiken und Probleme der Kernenergie (im Original hervorgehoben)" nennt (S. 74), seine Ansicht für den Bereich der Abfallbeseitigung aber – zeitlich fehlerhaft – im Wesentlichen mit einer frühen Äußerung von Bundesatomminister Balke untermauert.

21 Beck (1986), S. 28.

22 Bonß (1995), S. 23.

In historischer Perspektive wurde die Entwicklung der Kernenergie in der Bundesrepublik Deutschland in den beiden grundlegenden Werken von Joachim Radkau[23] und Wolfgang D. Müller[24] umfassend kritisch untersucht und detailreich dargestellt. Die Kapitel zur Endlagerung bzw. zur Problematik der Beseitigung radioaktiver Abfälle gerieten aber im Vergleich mit anderen Kapiteln und gemessen an der Bedeutung dieser Frage – Radkau schätzte sie als einen "der wundesten Punkte der Kerntechnik" ein – überraschend kurz.[25]

Für die Arbeiten Müllers ist diese Bewertung allerdings insofern einzuschränken, als die Kürze bei einer auf die fünfziger Jahre begrenzten Betrachtung zu einem gewissen Grad konzeptions- und entwicklungsbedingt ist. Sein zweiter Band, der sich im Schwerpunkt mit den sechziger Jahren befasst, liefert ausführlichere Informationen und zeichnet konsequent die wichtigsten Stationen von den Beratungen im Arbeitskreis (AK) III–IV/1 der Deutschen Atomkommission (DAtK) über den Kauf des Salzbergwerks Asse II bis hin zur Beendigung der sogenannten Versuchseinlagerung 1978 nach.[26]

Hierbei flossen auch Erkenntnisse aus Christiane Reuter-Boysens Dissertation zur Geschichte der Gesellschaft für Strahlen- und Umweltforschung (GSF) ein, die der Beseitigungs- und Endlagerungsfrage wegen des gesellschaftseigenen Instituts für Tieflagerung (IfT) erstmals breiteren Raum widmete. Ihre wertvolle Darstellung enthält neben Informationen zur Lage in den fünfziger Jahren insbesondere Details zum Kauf und Ausbau des Salzbergwerks Asse II und zur parallel im Rahmen eines Vertrags mit der Europäischen Atomgemeinschaft (EURATOM) projektierten Kaverne. In diesem Zusammenhang geht sie auch auf erste Proteste in der Öffentlichkeit ein.[27]

Wolfgang Issel machte in seiner 2003 erschienenen Dissertation als ehemaliger Projektleiter der Kernbrennstoff-Wiederaufarbeitungstechnik GmbH (KEWA) in erster Linie die Wiederaufarbeitung von bestrahlten

---

23 Radkau (1983).

24 Müller (1990 u. 1996). Müller war lange Jahre Chefredakteur der Fachzeitschrift "atomwirtschaft".

25 Das Kapitel "Die Atommüllproblematik als frühzeitiger Kritikpunkt" (S. 352f) ist ziemlich genau eine Seite lang. Wichtige zusätzliche Informationen liefert Radkau jedoch auch auf den Seiten 301f. Bei Müller (1990) handelt es sich um zweieinhalb Seiten (S. 525–527). Die Einschätzung, die Endlagerung sei "der wundeste Punkt" äußerte Radkau erneut 1998 in der Festschrift zum 100 jährigen Bestehen des RWE (S. 232).

26 Müller (1996), S. 558–565.

27 Reuter-Boysen (1992), S. 141–159.

Kernbrennstoffen im Zeitraum von 1938 bis 2001 zum Gegenstand seines Interesses, setzte es sich aber auch zum Ziel, mit der Entwicklung im Bereich der Entsorgung die Beseitigung radioaktiver Abfälle zu verfolgen. Allerdings stützt er sich für den bei ihm letztlich doch randständigen Bereich der Endlagerung wesentlich auf Fachzeitschriften. Leider macht er darüber hinaus in seinem Bemühen um verallgemeinerbare Aussagen häufig nicht deutlich, auf welchen Zeitabschnitt in der Entwicklung sich seine Einschätzungen beziehen.[28]

Beide Linien hatte auch Anselm Tiggemann im Auge, als er sich entschloss, die Kernenenergiekontroverse und Geschichte der nuklearen Entsorgung von den Anfängen bis Gorleben (1955–1985) zu untersuchen. Gelungen ist ihm mit seiner 2004 veröffentlichten Dissertation eine nicht nur im Kernbereich gründliche Darstellung, die im Hinblick auf die Prozesse in und um Gorleben wenig Raum für Ergänzungen lässt. Seine Ausführungen über Beseitigungspraktiken in den fünfziger und sechziger Jahren, zu den Ursprüngen des Salzkonzepts sowie zur Geschichte der bereits angesprochenen Kaverne und des Salzbergwerks Asse II sind die bislang detail- und umfangreichsten.[29] Mit den Arbeiten von Müller und Reuter-Boysen hat er allerdings gemeinsam, dass er in erster Linie darstellt und nicht kritisch durchdringt. So bleiben ihm trotz geeigneter Quellengrundlage zentrale Zusammenhänge verborgen.[30]

Ein wesentlicher Unterschied zur vorliegenden Arbeit ist neben der nicht unproblematischen Verwendung des Entsorgungsbegriffes (siehe Kapitel 1.5) die Gewichtung der Ereignisse in und um Gorleben. Nach meinem Verständnis handelt es sich bei diesem Standort aus bundesministerieller Perspektive um die nicht beabsichtigte Konkretisierung der Planungen, die lediglich aus purer Not (immense Ausgaben für Wiederaufarbeitung und Zwischenlagerung im Ausland bei Verpflichtung zur Rücknahme der Abfälle, Zubau an Kernkraftwerkskapazität zur Reduzierung der Abhängigkeit von Ölimporten unter parlamentarischem und massivem öffentlichem Druck) akzeptiert wurde.

---

28 Issel (2003), S. 13. Vgl. zur Endlagerung insbesondere S. 67–70, S. 355–360 sowie S. 391f.

29 Tiggemann (2004), S. 119–166. Hierzu leistete meine unveröffentlichte Magisterarbeit einen wesentlichen Beitrag.

30 Es scheint sich um einen bewussten Verzicht zu handeln. In dem Bestreben, nicht für "ein bestimmtes Verfahren der nuklearen Entsorgung oder einen Endlagerstandort Partei zu ergreifen" (Vorwort), weist er auf Kritik lediglich hin (vgl. S. 146), anstatt sie zum Ausgangspunkt seiner Quellensuche zu machen.

Gorleben ist zwischen November 1976 und Mai 1979 zweifelsohne von zentraler Bedeutung. Wer aber – wie Tiggemann – eine Analyse der "Politik der Nuklearen Entsorgung" im Zeitraum von 1955 bis 1985 leisten will[31], muss sich nicht zuletzt mit Blick auf die Zugänglichkeit der Quellen nicht so sehr dem Protest um Gorleben als intensiv der Vorgeschichte auf ministerieller und politischer Ebene widmen.

So darf die vorliegende Arbeit insgesamt für sich in Anspruch nehmen, die erste systematische und umfassende Einzeldarstellung der Endlagerungsthematik in historischer Perspektive zu sein. Ihr erklärtes Ziel ist es, für den nachfolgend präzisierten Untersuchungsbereich zu einem kritischen und differenzierten Urteil zu kommen.

1.3 Zeitrahmen und Ziele der Arbeit

Mit dem Inkrafttreten der im Herbst 1954 abgeschlossenen "Pariser Verträge" am 5. Mai 1955 wurde auch das Verbot der Alliierten Hohen Kommission hinsichtlich einer deutschen Atomforschung und -technik aufgehoben. Offiziell erhielt das Bundeswirtschaftsministerium (BMWi) am 13. Mai 1955 die Zuständigkeit, musste sie aber schon bald an das am 6. Oktober 1955 gegründete Bundesministerium für Atomfragen (BMAt) abgeben.[32]

Obwohl es schon im Vorfeld Anstrengungen vorbereitender Natur von Politik und Wissenschaft gegeben hatte[33], mögen die oben genannten Termine als "Startsignal" für die friedliche Nutzung der Kernenergie in der Bundesrepublik gelten. Hieraus ergab sich mit dem Beschluss zur Schaffung der DAtK am 21. Dezember das Jahr 1955 als Anfangspunkt dieser Arbeit.

Mit dem Auslaufen der Einlagerungsgenehmigung für das Salzbergwerk Asse II zum 31. Dezember 1978 wurde mehr als zwei Jahrzehnte später ein Schlussstrich unter die bis dahin vorgenommene "Versuchseinlagerung" gezogen. Darüber hinaus scheiterte am 16. Mai 1979 mit dem Entschluss der Niedersächsischen Landesregierung, zwar die Erkundung des Salzstocks Gorleben als Endlager, nicht aber die Wiederaufarbeitung auf ihrem Landesgebiet zuzulassen, darüber hinaus das Konzept eines Integrierten Entsorgungszentrums.

31 Tiggemann (2004), S. 17 und S. 773.
32 Müller (1990), S. 115.
33 Vgl. hierzu ausführlich Müller (1990), S. 93–143.

Die vorliegende Arbeit soll für diesen Zeitraum klären,

- wann welche *Überlegungen* im Hinblick auf die Endlagerung radioaktiver Abfälle angestellt wurden,
- wann welche *Maßnahmen* im Hinblick auf die Endlagerung radioaktiver Abfälle unternommen wurden,
- welche *Prioritäten* die administrativ-politisch Handelnden und ihre wissenschaftlichen Berater setzten und welche *Einschätzungen* und ggf. persönlichen Interessen dabei mitspielten,
- welche *Haltung* die administrativ-politisch Handelnden gegenüber dem besorgten Bürger bzw. "dem Protestierenden" einnahmen und welche *Strategie* ihm gegenüber gewählt wurde.

Im Rahmen der Analyse der Prioritätensetzung ist von herausgehobenem Interesse, wie Sicherheits- und Wirtschaftlichkeitsaspekte gewichtet wurden. Zudem ist zu klären, warum die Lösung der Endlagerungsfrage offensichtlich in erster Linie national angegangen wurde.[34] Bei all dem wird die Rolle des Salzbergwerks Asse II großen Raum einnehmen. Denn schon früh wurde die Vermutung laut, es handele sich bei der "Forschungs- und Versuchsanlage zur Entwicklung und großtechnischen Langzeiterprobung von Verfahren und Anlagen zur sicheren Einlagerung radioaktiver Abfälle"[35] um nichts anderes als ein Endlager.[36] Liest man Radkau, Müller und insbesondere Reuter-Boysen und Issel vor diesem Hintergund aufmerksam, wird schnell deutlich, dass sie Anhaltspunkte, die auf die Funktion als Endlager hindeuteten, zwar wahrgenommen, aber

---

34 Mehrere deutsche Diskussionsbeiträge der Jahre 1956 bis 1959 bevorzugten eine Lösung der Endlagerung im internationalen Rahmen (siehe Kapitel 2.1.2.1). Diese Ansicht vertraten – wie bereits von Radkau (1983, S. 302) hervorgehoben – einstmals so einflussreiche Persönlichkeiten wie Winnacker und Wirtz (S. 238) noch 1975, als sie formulierten, das "zentrale Problem der Endlagerung" könne "auf lange Sicht nicht mit nationalen Maßnahmen bewältigt werden".

35 So in einem zwischen BMFT, BMI und GSF abgestimmten Antwortpapier zur geplanten Einlagerung von AVR-Brennelementen vom 31.3.1977 (BA B 196 59274), das der Information des Kreistages Wolfenbüttel sowie des Gemeinderates der Samtgemeinde Asse dienen sollte. Die klare Frage hatte gelautet: "Welchem Zweck dient die Schachtanlage Asse? Versuchsanlage oder Endlager?".

36 So z. B. ein Artikel des "Stern" (Dederichs/Timmerberg) vom 14.9.1978, der feststellte, der Umstand, dass "es über die dort eingelagerten 100 000 Atommüll-Fässer noch nicht zu Bürger-Aktionen gekommen" sei, verdanke man dem "Wörtchen 'Versuch'". Insgeheim mache man allerdings "keinen Hehl daraus, daß der strahlende Abfall auf immer und ewig im Salz bleiben" solle. Vgl. auch Kreusch (1987), S. 145.

nicht konsequent weiterverfolgt haben.[37] Für Tiggemann, der sich wesentlich auf ihre Arbeiten stützt, ist sie daher trotz der sehr hohen Mengen nicht rückholbar eingelagerter Fässer das "Forschungsbergwerk Asse" bzw. das "Versuchsobjekt für die Einlagerung radioaktiver Abfälle".[38]

1.4 Quellenlage

Die Frage nach dem administrativ-politischen Entscheidungsprozess und den ihn beeinflussenden Interessen und Motiven machte die Beschäftigung mit den Akten der beteiligten Bundesministerien unumgänglich. In der Annahme, ein eher randständiges Thema sei in erster Linie auf Referats- bzw. Abteilungsebene beobachtet und für eine Entscheidung vorbereitet worden[39], wurden im Bundesarchiv im Wesentlichen Bestände des BMAt, des BMwF, des BMBW sowie des BMFT ausgewertet. Um einen umfassenden Einblick zu erhalten, wurde zudem auf Akten des BMI, des BMWi, des Bundeskanzleramts, des Auswärtigen Amts und selbst des BMU zurückgegriffen.[40] Wie sich hierbei zeigte, enthalten die Bestände des BMI eine Vielzahl zentral wichtiger Akten, die weder für die Arbeiten von Radkau und Müller, noch von Reuter-Boysen, Issel und Tiggemann ausgewertet wurden. Sie dürften nach dem Wechsel der Zuständigkeit für

37 Radkau (1983, S. 302) meint, in den siebziger Jahren sei von der Asse "öfters schon wie von einer Dauerlösung die Rede gewesen." Müller (1996, S. 564) formuliert, die Asse sei auf ihre "Eignung zur Einlagerung der in der Bundesrepublik anfallenden radioaktiven Abfälle " untersucht worden, spricht dann aber von "erste(n) Versuchseinlagerungen". Bei Reuter-Boysen (1992, S. 158) ist von der "versuchsweise(n) Einlagerung" niedrig- und mittelaktiver Abfälle die Rede, aber auch davon, dass die "Beseitigung der in der Bundesrepublik anfallenden schwach- und mittelaktiven Abfälle" mit dem Ablauf der Einlagerungsgenehmigung 1978 "nicht gewährleistet war". Issel (2003, S. 67) erwähnt eher beiläufig, dass mit "der Inbetriebnahme des Versuchsendlagers im Salzbergwerk Asse (...) erste Möglichkeiten zur endgültigen Beseitigung unter staatlicher Verantwortung" gegeben wurden.

38 Tiggemann (2004), S. 141 und S. 774. Vgl. auch Tiggemann (2006), S. 88.

39 Vgl. z. B. Häußermann (1977, S. 39ff), der mit Bezug auf Ellwein das "Übergewicht der Verwaltung im politischen Entscheidungsprozeß" illustriert. Vgl. zudem Mayntz/Scharpf (1975), S. 67–70.

40 Die Suche nach bestimmten Schriftstücken und Informationen führte auch zur selektiven Auswertung von BA B 108, BA B 126, BA B 141 und BA B 144. Die hierdurch gewonnenen Erkenntnisse sind allerdings überwiegend von so geringem Wert, dass die Erwähnung im Text nicht sinnvoll erschien.

die Reaktorsicherheit und den Strahlenschutz 1973 von den zuständigen Referenten an den neuen Arbeitsplatz mitgenommen worden sein.

Insgesamt wurden auf dieser Basis die Grundzüge der Entscheidungsverläufe befriedigend erkennbar. Diese verhaltene Bewertung trägt dem Umstand Rechnung, dass in zentralen Entscheidungsepisoden[41] keinerlei Erkenntnisse über die Haltung der Ministeriumsleitung (Abteilungsleiter/Staatssekretär/Minister) vorliegen. Weil es in der Folgezeit so kam, wie es Hilfsreferenten, Referats- und Unterabteilungsleiter schon seit längerem geplant hatten, kann man mit Sicherheit von einer Billigung ausgehen. Über den konkreten Zeitpunkt und die Inhalte einer entsprechenden Diskussion ist jedoch nichts bekannt. Dieser Zustand war – worauf in aller Deutlichkeit hingewiesen sei – letztlich von staatlicher Seite gewollt, wie ein Blick in die Gemeinsame Geschäftsordnung der Bundesministerien dieser Zeit offenbart. Schon weil Verständigung auf dem kürzesten Weg (z. B. Fernsprecher) herbeizuführen war und Schriftwechsel innerhalb des Ministeriums möglichst zu unterbleiben hatten[42], gingen unter Umständen entscheidende Informationen verloren. Dies trifft insbesondere auf die theoretisch sehr aufschlussreichen Dienstbesprechungen auf Referenten-, Abteilungsleiter-, Staatssekretärs- und Ministerebene zu. Über sie war – wenn nichts anderes bestimmt wurde – keine Niederschrift aufzunehmen.[43]

---

41 Der Begriff der Entscheidungsepisode ist den Arbeiten Werner Kirschs (1977/1998) entliehen. Kirsch (1998, S. 112ff) geht davon aus, "daß man kollektive Entscheidungsprozesse nur dann näher untersuchen kann, wenn man sie (...) aus dem Ongoing Process des organisatorischen Geschehens in irgendeiner Weise ausgrenzt. (...) Die Entscheidungsepisoden können dabei selbst Teilprozesse innerhalb umfassenderer Episoden des organisatorischen Geschehens sein. (...) Alles, was nicht zur Episode gerechnet wird (also was früher geschah ... und was zeitlich parallel ... geschieht), gehört zum "Feld" der betrachteten Episode." Vielleicht sind sich in diesem Punkt Geschichtswissenschaft und Entscheidungstheorie näher als man annimmt.

42 BMI (1963), S. 21.

43 Ebd., S. 34. Es gibt gleichwohl Ausnahmen. So sind in BA B 136 13737 beispielsweise die Protokolle der Besprechungen der beamteten Staatssekretäre von Juni 1974 bis März 1975 enthalten. Sie gleichen im Detaillierungsgrad aber eher den Kabinettsprotokollen d. h. es handelt sich um Ergebnisvermerke, die zwei DIN A 4-Seiten nur selten überschreiten. Besprechungspunkte und Beteiligte werden vermerkt, nicht aber der Verlauf festgehalten. Kernenergiefragen scheinen in dieser Zeit zum Aufgabenbereich der Parlamentarischen Staatssekretäre und Minister gehört zu haben. Das Depositum Matthöfer (98 und 176) im AdsD beinhaltet auch AL- und Lagebesprechungen ab Juli 1974.

Schon bei der Konzeption der vorliegenden Arbeit war an zusätzlichen Beschränkungen abzusehen, dass für die zweite Hälfte der siebziger Jahre die Tiefe der Darstellung – bedingt durch die 30-Jahres-Sperre auf Bundesakten – nicht aufrecht zu erhalten sein würde. Hier sollte insbesondere durch die Auswertung der Protokolle des Bundestagsausschusses für Forschung und Technologie sowie des Innenausschusses in Verbindung mit Zeitungsartikeln und offiziellem Material Aufschluss erzielt werden. BMBF, BMI, BMU und BMWA ermöglichten jedoch darüber hinaus durch zwei Freigaben tiefere Erkenntnisse im Hinblick auf allgemeine Aspekte der Kernenergienutzung sowie zum Salzbergwerk Asse II. Diesbezüglich war eine weitere Freigabe durch die Bayerische Landesarchivdirektion in Verwaltungs- und Aufsichtsratsprotokolle der GSF und insbesondere in Akten des Instituts für Tieflagerung sehr hilfreich. Schließlich ermöglichte auch die Landesarchivdirektion Baden-Württemberg einen vorzeitigen Einblick in die Anfänge des Projekts Wiederaufarbeitung und Abfallbehandlung (PWA) im Kernforschungszentrum Karlsruhe. Dennoch liegt der Schwerpunkt der Arbeit auf den Jahren 1955 bis 1974.

Der bereits erwähnte Umstand, dass in zentralen Entscheidungsepisoden keine Informationen über die Haltung der Ministeriumsleitung zu finden waren, obschon diese wenigstens formal daran beteiligt sein musste, führte entgegen der ursprünglichen Absicht zu einer systematischen Erweiterung der Quellengrundlage.[44]

Die Auswertung des im Archiv für Christlich-Demokratische Politik (ACDP) der Konrad-Adenauer-Stiftung in St. Augustin befindlichen Nachlasses des zweiten Ministers des BMAt, Siegfried Balke, erbrachte nur wenig verwertbare Informationen. Gleiches gilt für den vom Bundesarchiv erworbenen Nachlass von Wolfgang Cartellieri, der als Abteilungsleiter und Staatssekretär von 1955 bis 1966 die Politik des Ministeriums maßgeblich bestimmte. Und auch der Nachlass des Balke-Nachfolgers und ersten Bundeswissenschaftsministers Hans Lenz im Archiv des Liberalismus (AdL) bei der Friedrich-Naumann-Stiftung bietet im Hinblick auf Entscheidungen zur Endlagerung keine Anhaltspunkte. Diese fehlen leider auch im Nachlass von Gerhard Stoltenberg (ACDP), der Lenz nachfolgte und bis zum Regierungswechsel 1969 im Amt war. Hier ergaben sich jedoch zumindest interessante Einsichten zur allgemeinen Kernener-

---

44 Wenn hierbei die Minister im Vordergrund stehen, bedeutet das nicht, dass die Suche auf Staatssekretärsebene nicht auch dem Cartellieri-Nachfolger von Heppe gegolten hätte. Für die zentral wichtige Abteilungsleiterebene (vgl. Fn 87) stellt sich die Lage noch schwieriger dar.

gienentwicklung. Bewusst verzichtet wurde vor diesem Hintergrund und auch, weil wesentliche Entscheidungen längst gefallen waren, auf eine Kontaktaufnahme zu den Ministern Leussink und von Dohnanyi, die das zuständige BMBW zwischen 1969 und 1972 leiteten. Da erst mit dem Integrierten Entsorgungskonzept von 1973 eine neue Qualität in die Endlagerungsüberlegungen kam, wurden im Archiv der sozialen Demokratie (AdsD) der Friedrich-Ebert-Stiftung die Deposita von Horst Ehmke, Hans Matthöfer und Volker Hauff eingesehen. Während aus den Unterlagen der Minister Hauff und Ehmke keine bzw. nur sehr geringwertige Informationen allgemeiner Art zu entnehmen waren, bot das Depositum von Matthöfer in vielfältiger Hinsicht Aufschluss. Dies gilt auch für das Depositum von Bundeskanzler a. D. Helmut Schmidt, der freundlicherweise eine Einsichtnahme gewährte. Abgerundet wurde das Bild durch die Auswertung des ebenfalls im AdsD befindlichen Nachlasses des lange Zeit prominentesten Hinterfragers der kerntechnischen Entwicklung: Karl Bechert.[45]

Von zentraler Bedeutung zur Ermittlung des Stands von Wissenschaft und Technik sind die Sammelbände der seit 1955 von der IAEO und der OECD/ENEA veranstalteten internationalen Konferenzen. Weiteren Aufschluss bieten in vielfältiger Hinsicht die Fachzeitschriften "atomwirtschaft", "Atompraxis" und "Atomkernenergie".

Auch die Möglichkeit zu Informationsgesprächen mit zentral wichtigen Akteuren wurde genutzt.[46] Obschon es sich um ein Thema der jüngsten Vergangenheit handelt, sind viele der Hauptakteure der fünfziger und sechziger Jahre allerdings bereits verstorben. So war es keine Selbstverständlichkeit, den 1909 geborenen langjährigen Vorsitzenden des AK III-IV/1 und späteren Vorsitzenden der FK IV, Herrn Prof. Dr. Erwin Schopper, bei guter Gesundheit vorzufinden.

Gleiches gilt für Herrn Dr. Jakob Schwibach, einen der drei Ministerialbeamten, der in den sechziger Jahren die Thematik im BMAt/BMwF bearbeitete und den ehemaligen Leiter der im vierten Quartal 1963 eingerichteten hauptamtlichen "Studiengruppe Endlagerung", Herrn Dr. Helmut Krause, der dem Ministerium bis zum Ende des Betrachtungszeitraums in

---

45 Vgl. Radkau (1983), S. 446f. Karl Bechert war seit 1946 Professor für theoretische Physik an der Universität Mainz. 1956 trat er in die SPD ein und wurde 1957 Mitglied des Bundestages. Von 1962 bis 1965 war er Vorsitzender des Bundestagsausschusses für Atomkernenergie und Wasserwirtschaft.

46 Nähere Personenangaben hätten an dieser Stelle zu einer Überfrachtung der Einleitung geführt. Sie werden bei Erstnennung in den folgenden Kapiteln nachgeholt.

wechselnden Gremien als Berater diente. Auch Herr Prof. Dr. Klaus Kühn, seit 1965 Mitarbeiter, ab 1973 Leiter des Instituts für Tieflagerung der GSF, erklärte sich zum Gespräch bereit. Für die siebziger Jahre stand Herr Dr. Manfred Hagen, der zwischen 1973 und 1979 als Leiter des BMFT-Referates "Nuklearer Brennstoffkreislauf II" maßgeblich an der Erstellung des Integrierten Entsorgungskonzepts und den Anstrengungen zu seiner Umsetzung beteiligt war, zur Verfügung. Da in dieser Zeit die Verantwortung für Sicherheitsfragen beim BMI lag, schien es angebracht, auch Herrn Dipl.-Phys. Hans-Christoph Breest, zu befragen. Er war zunächst als Mitarbeiter im Grundsatzreferat Strahlenschutz tätig und gehörte später zum Planungsstab für das Entsorgungszentrum.

Nicht mehr befragen konnte ich leider Herrn Dr. Georg Straimer, der die Thematik auf ministerieller Ebene in den fünfziger und sechziger Jahren wie kein anderer vorantrieb und Herrn Dr. Hubertus Holtzem, der ab 1963 die Anliegen des Strahlenschutzes als Referatsleiter vertrat. Herrn Christian Straimer und Frau Ingemarie Holtzem sei daher herzlich für weiterführende Informationen gedankt.

1.5 Theoretische Orientierung, zentrale Begriffe und grundsätzliche Überlegungen

Günther Schmid hat in seiner Studie zum Entscheidungsprozess zur deutschen Ostpolitik vehement der Ansicht widersprochen, eine angemessene Beurteilung politisch-ministerieller Verhandlungs- und Entscheidungsprozesse könne nur durch einen Fachmann mit langjähriger Erfahrung im betreffenden Bereich geleistet werden.[47]

Von der Hand zu weisen ist der Nutzen entsprechender Erfahrung indes nicht. Wer sich bis ins Detail mit den Akten befasst, stößt bald auf merkwürdige Äußerungen, Zeiträume scheinbarer Untätigkeit und Widersprüche, für die Erklärungsmöglichkeiten jenseits der zumeist normativ-idealen Vorstellungen vom Ablauf administrativ-politischer Entscheidungsprozesse gefunden werden müssen. Sich ein möglichst präzises Bild von ministerieller Arbeit und ihren Bedingungen zu machen, erschien daher sowohl zur *Schärfung* des analytischen Blicks als auch für die *Angemessenheit* der Bewertung unumgänglich.

Von sehr hohem Wert sind hierbei die im Zusammenhang mit der 1968 von der Großen Koalition eingesetzten "Projektgruppe Regierungs-

---

47 Schmid (1979), S. 345f (Fn 10).

und Verwaltungsreform" entstandenen Arbeiten, die in enger Zusammenarbeit zwischen Ministerialbeamten und externen Wissenschaftlern Vorschläge zur Neuorganisation der Bundesregierung, zur Abgrenzung der Geschäftsbereiche der Bundesministerien und zur Verbesserung des Führungsinstrumentariums machen sollte.[48] Neben mehreren "Fallstudien zu Entscheidungsprozessen in der Bundesregierung"[49] wurden unter der Leitung von Renate Mayntz und Fritz W. Scharpf ab Oktober 1970 auch "Untersuchungen zur Programmentwicklung in der Ministerialorganisation" durchgeführt, die zusammen erstmals einen tiefen Einblick in die Ministerialverwaltung ermöglichten.[50] Ob zur Art der "Vorgaben der Leitung", zur "Vorlage von Alternativen" oder zu "Techniken der Entscheidungsfindung", – der Projektbericht vom März 1973 bietet höchst aufschlussreiche Antworten.[51] Sie sind auch deswegen von besonderem Wert, weil sie Auskunft über ministerielle Praxis innerhalb des Betrachtungszeitraums geben.

In dem Bestreben, "Authentisches" über Entscheidungsprozesse in der Ministerialbürokratie zu erfahren, führte Astrid Wender mehrere Jahre später weitere empirische Fallstudien durch, deren Ergebnisse sich – nach eigener Einschätzung – "zu einem eindrucksvollen Beamten-Macchiavelli" hätten verdichten lassen.[52]

Mit ihrer ebenfalls sehr wertvollen Arbeit zu "Entscheidungsspielen in Politik, Verwaltung und Wirtschaft", die im übrigen an die Untersuchungen von Mayntz und Scharpf anknüpfte, stellte sich für die vorliegende Studie nicht nur die Frage nach der Spieltheorie, sondern auch nach Berührungspunkten zur Politikfeldanalyse.

Wenn diese sich mit "den konkreten Inhalten, Determinanten und Wirkungen politischen Handelns" befasst bzw. danach fragt, "was politische Akteure tun, (...) warum sie es tun und (...) was sie letztlich bewirken", so werden die – vorsichtig formuliert – weitgehenden Überschneidungen zum Erkenntnisinteresse der vorliegenden Arbeit deutlich. Und so geht es auch in der vorliegenden Untersuchung um die prozessuale (politics) und die inhaltliche (policy) Dimension von Politik, um Aufgaben, Ziele und poli-

48 Jann/Wegrich (2003), S. 86.
49 Diese wurden in sehr knapper Form von Scharpf (1973) veröffentlicht.
50 Projektgruppe RVR (1973), Vorwort.
51 Projektgruppe RVR (1973), S. 97–100, S. 109–112 und S. 122f.
52 Wender (1983), S. 2f.

tische Programme (policy) sowie Interessen, Konflikte und Kampf (politics).[53]

Ein spieltheoretischer Ansatz[54] schien jedoch bei aller grundsätzlichen Fruchtbarkeit ebenso zu einseitig wie ein Rückgriff auf die Ökonomische Theorie der Politik[55]. Das Interesse galt sehr bald der *deskriptiven* Entscheidungstheorie.[56] Hier waren es die Arbeiten von Werner Kirsch, die deswegen besonders vielversprechend schienen, weil sie sich weit über den Bereich der Betriebswirtschaftslehre hinaus mit Erkenntnissen der Psychologie, Sozialpsychologie, Politikwissenschaft und Soziologie auseinandersetzen.[57] Kirsch leistete hier zu einem frühen Zeitpunkt auf sehr transparente Weise das, was Bernd Becker in seinem vorzüglichen Lehrbuch zur "Öffentlichen Verwaltung" noch Jahre später als "ernste(s) Problem" und erste Voraussetzung für eine umfassende Theorie der Verwaltungsentscheidung bezeichnete: die Zusammenfassung und Konzentration der "verstreuten und hoch unterschiedlichen Erkenntnisse" verschiedener Fächer und Fachsprachen.[58]

Es dürfte Einigkeit darüber zu erzielen sein, dass *Entscheidung* im Wesentlichen eine "Auswahl unter Alternativen"[59] ist. *Administrativ-politisch* sind Entscheidungen dann, wenn sie durch Funktionsträger inner-

---

53 Schubert/Bandelow (2003), S. 3ff. Die vorliegende zeitgeschichtliche Analyse sucht im Unterschied zur Politikfeldanalyse (S. 7) allerdings nicht nach Lösungsmöglichkeiten.

54 Vgl. als frühe Einschätzung Deutsch (1969), S. 96–121. Vgl. darüber hinaus: Esser (2000), S. 26–54. Die Fruchtbarkeit wird u. a. deutlich, wenn Wender (1983, S. 43ff) die von Allison 1971 formulierten Kernfragen wiedergibt und beantwortet: "Wer spielt? (...) Was bestimmt den Standpunkt des Spielers? (...) Was bestimmt den Einfluss des Spielers auf das Ergebnis? (...) Was ist das Spiel?".

55 Vgl. hierzu die Arbeit Meyer-Krahmers (1979).

56 Während die deskriptive Entscheidungstheorie beschreiben bzw. erklären will "wie in der Realität Entscheidungen getroffen werden" und "warum sie gerade so und nicht anders zustande kommen", will die präskriptive Entscheidungstheorie "zeigen wie Entscheidungen '*rational*' getroffen werden können" und "Ratschläge für die Lösung von Entscheidungsproblemen erteilen" [Laux (2003), S. 2].

57 So der ausdrückliche Hinweis von Kirsch (1977) im Vorwort zur ersten Auflage.

58 Becker (1989), S. 420.

59 Becker (1989), S. 435. "Auswahl unter Alternativen" ist hier hervorgehoben. Becker bezeichnet diese Formulierung als "Schnittmenge aller Begriffsbildungen". Vgl. darüber hinaus Meyer-Krahmer (1979, S. 17), für den Entscheidung gleichfalls "einen Wahlakt" darstellt, der bewusst und zielbezogen ist.

halb der Ministerialorganisation getroffen oder formal autorisiert werden.[60] *Administrativ-politische Entscheidungsprozesse* können folglich als Abfolge zielgerichteter Auswahlakte dieses Personenkreises verstanden werden.[61] Da diese Auswahlen unter Alternativen "immer (...) Ergebnisse von Informationsverarbeitungen" sind[62], geht es im Kern dieser Arbeit – aber nicht hauptsächlich – um *Informationsverarbeitungs- und Kommunikationsprozesse* in Organisationen und zwischen Organisationen mit unterschiedlichen Organisationszwecken und -zielen. Hierbei stehen notwendigerweise die im Zuge der bürokratischen Arbeits- und Aufmerksamkeitsteilung[63] für die Thematik dieser Untersuchung zuständigen Akteure im Vordergrund.[64]

In aller für diese Einleitung gebotenen Kürze: Ich gehe von einem *offenen Modell* des Entscheidungsverhaltens aus, weil geschlossene Modelle a) nicht die Entstehung von Problemen, b) nicht die Entstehung der für eine Entscheidung relevanten Prämissen und c) nicht die Wechselbeziehung zur Umwelt, in der sich das Entscheidungssubjekt im Verlauf des Entscheidungsprozesses befindet, berücksichtigen.[65] Ich nehme des weiteren an, dass sich die Akteure insofern *subjektiv rational* bzw. *begrenzt*

---

60 Vgl. zur formalen Autorisierung: Kirsch (1977), Band III, S. 54f.

61 Kirsch (1998) weist konsequenterweise darauf hin (S. 100), dass "auf der Mikroebene der Betrachtung (...) ein Entscheidungsprozeß in bis zu unzählige *Teilentscheidungsprozesse*" zerfällt, "wobei dann Informationsverarbeitungsprozesse vor einem Entschluß solchen nach einem vorausgegangenen Entschluß entsprechen". Die Verwendung der Bezeichnung "Entschluss" für eine Zwischen- bzw. Finalentscheidung findet sich auch in der präskriptiven Entscheidungstheorie [Laux (2003), S. 73].

62 Becker (1989), S. 435.

63 Vgl. z. B. Häußermann (1977, S. 39–41), der sich hier mit der "Rationalität der Bürokratie" im Sinne Max Webers aus der Sicht der Kritischen Sozialwissenschaften auseinandersetzt. Vgl. in neutraler Perspektive Becker (1989), S. 555f sowie S. 589–598.

64 Vgl. Schneider (2003) mit Bezug auf den "akteurzentrierten Institutionalismus" von Mayntz und Scharpf, S. 107f und S. 119f.

65 Vgl. Kirsch (1977), Band I, S. 61–133. Wender (1983, S. 130) führt die Aussage eines Referenten an, am Anfang der beruflichen Laufbahn könne man sich die Entwicklung von Konzeptionen noch leisten. Später habe " 'man so viele Beziehungen, Bekannte, Verpflichtungen, daß dazu keine Zeit mehr ' " bleibe. Sie weist zudem (S. 37) darauf hin, dass die Interessen der Akteure "nicht schon von vornherein bestehen, sondern sich erst im Laufe des Entscheidungsprozesses entwickeln, konkretisieren und auch umwandeln." Auch Bogumil/Schmid (2001, S. 43) bezeichnen den Zielbildungsprozess unter Verweis auf Cyert und March als "umkämpftes Terrain" und meinen, Organisationsziele seien das "Resultat von Aushandlungsprozessen".

rational verhalten, als die *Knappheit der Ressource Zeit* bei gleichzeitiger *Aufwendigkeit der Analyse* und *begrenzter Informationsverarbeitungskapazität* neben der *Tendenz zur Vereinfachung* zu dem Bestreben führt, nicht optimale, sondern *befriedigende Lösungen* zu erreichen.[66] Subjektiv rational ist das Verhalten nicht zuletzt insofern, als der persönliche Aufstieg in der hierarchisch aufgebauten Organisationsstruktur bei all dem eine gewichtige Rolle spielt.[67] Ich nehme darüber hinaus an, dass die Aufmerksamkeit weitestgehend *kollektiven Entscheidungsprozessen* gelten wird, die dann vorliegen, "wenn die Beteiligten ihre individuellen Entscheidungen in enger Interaktion unter wechselseitiger Beeinflussung treffen."[68] In Verbindung mit dem Wunsch nach Aufstieg bedeutet das zugleich, dass die *soziale Abhängigkeit*[69] und hier insbesondere die Qualität der *sozio-emotionalen Beziehungen*[70] wesentlichen Einfluss auf die Problemlösungsbemühungen haben kann.

Fragt man nach dem Verlauf von Entscheidungsprozessen, stößt man auch in neuerer Literatur auf Variationen der seit Jahrzehnten gängigen Phasenmodelle. Hatte Herbert A. Simon 1960 noch lediglich drei Hauptphasen des Entscheidens, nämlich das "Finden von Entscheidungsanlässen", das "Finden möglicher Handlungsweisen" und die "Auswahl einer bestimmten Handlungsweise" unterschieden, so wurden mit der im Verlauf der wissenschaftlichen Diskussion zunehmenden Differenzierung auch die Durchführungs- sowie eine Lern- bzw. Kontrollphase ergänzt.[71] Schon 1962 kamen Brim u. a. zu folgendem Ergebnis:

1. Identifizierung des Problems
2. Gewinnung erforderlicher Informationen
3. Entwicklung möglicher Lösungen
4. Bewertung dieser Lösungen
5. Auswahl einer Strategie für die Durchführung
6. Tatsächliche Durchführung, nachfolgendes Lernen und Revision.[72]

---

66 Vgl. Kirsch (1977), S. 62–70. Vgl. zu Herbert A. Simons Konzept der begrenzten Rationalität auch Bogumil/Schmid (2001), S. 39–41.

67 Vgl. Wender (1983), S. 172–175.

68 Kirsch (1998), S. 95. Vgl. zur Präzisierung der Interaktionsenge bzw. des Grades an Interdependenz Kirschs Ausführungen auf den Seiten 75–81.

69 Kirsch (1998), S. 9.

70 Kirsch, (1998), S. 133

71 Kirsch (1977), S. 72–75.

72 Sowohl Kirsch (1977, S. 73) als auch Witte (1988, S. 203) widmen diesem Phasen-Schema besondere Aufmerksamkeit. Während Witte auf das englische Original zurückgreift, verwendet Kirsch eine Übersetzung, von der ich leicht abgewichen bin. Bemerkenswert ist, dass die Lern- und Kontrollphase

Der in der Politikfeldanalyse nach wie vor aktuelle Policy-Cycle lehnt sich mit seinen Phasen der *Problem(re)definition*, des sogenannten *Agenda Settings*, der *Politikformulierung*, der *Politikimplementierung* und der *Politikevaluierung* erkennbar eng hieran an.[73] Mit geringfügigen Einschränkungen gilt dies auch für das von Becker favorisierte Modell des Handlungsvorgangs. Er stellt dem Ganzen die Notwendigkeit von Entscheidungen über *Zweck- und Zielprogramme* sowie *Prioritäten* voran[74], ohne die insbesondere der Schritt der Lösungsbewertung kaum vollzogen werden kann.

Schon 1968 hatte Eberhard Witte in eindrucksvoller Klarheit nachgewiesen, dass in der Praxis keineswegs von aufeinanderfolgenden, klar voneinander abgrenzbaren Phasen auszugehen ist.[75] Karl W. Deutsch hatte zudem auf die Bedeutung des *Feedbacks*, generell verstanden als "andauernde Kommunikation über Handlungen als Folge von Inputinformationen und Ergebnissen von Handlungen" hingewiesen.[76] Die Politikfeldanalyse hat diese Kritik aufgenommen und betont infolgedessen den idealtypischen Charakter des Policy-Cycle.[77] Sie ist aber auch der Ansicht, dass er das Ziel, zu einem "möglichst differenzierte(n) Verständnis der internen Dynamik, der Eigenart und Ursachen der spezifischen und komplexen Prozesse des Policy-Making" zu kommen, "in hervorragender Weise erfüllt" hat und hält ihn auch für die Zukunft für "eine wichtige Analyseperspektive".[78] Es ist nicht einzusehen, warum eine Orientierung an den *Elementen* der angesprochenen Phasenmodelle für die Ziele dieser Arbeit weniger nutzbringend sein sollte.

Insgesamt führt die Akteurzentrierung in Verbindung mit den entscheidungs- und organisationstheoretischen Anleihen zu einer Verschränkung

---

im Original nicht vorkommt. Witte begründete seine Auswahl damit, dass dieses Schema "am klarsten" formuliert sei.

73 Vgl. hierzu ausführlich Jann/Wegrich (2003), S. 81–99. Sind die mit der Politik beabsichtigten Ziele erreicht, folgt die Politikterminierung, andernfalls die erneute Problemdefinition.

74 Becker (1989), S. 434f.

75 Witte (1988), S. 202–226. Vgl. die Ausführungen von Kirsch (1998), S. 127f einschließlich des dortigen modifizierten Phasenmodells.

76 Becker (1989), S. 432. Vgl. die Abbildung auf Seite 433 die m. E. wesentlich zum Verständnis der Dynamik von Entscheidungsprozessen und den Schwierigkeiten im Umgang mit ihr beiträgt.

77 Jann/Wegrich (2003), S. 96. Wegen des idealtypischen Charakters sind derartige Modelle auch in der präskriptiven Entscheidungstheorie zu finden. Vgl. Laux (2003), S. 8.

78 Jann/Wegrich (2003), S. 98f.

von Mikro- und Makroperspektive, wobei der Schwerpunkt auf der erstgenannten liegt. Mit dem Vorsatz, die Handelnden und ihre Entscheidungen im Verlauf der Zeit verstehend zu begleiten, gelangt man zwangsläufig zur *Logik der Situation*. Geht man mit Hartmut Esser davon aus, dass "Alles, was geschieht, (...) eine fortlaufende Strukturierung der Bedingungen für die 'sinnhafte' Wahl eines bestimmten *Handelns*" ist, müsste auch im administrativ-politischen Entscheidungsraum streng genommen "im Einzelnen gezeigt werden, wie in *jedem* der Einzelschritte die Akteure aufgrund der jeweiligen 'Logik' der Situation ein ihnen sinnhaft vorkommendes Handeln wählen".[79] Der bislang geringe wissenschaftliche Bearbeitungsstand und die Lückenhaftigkeit der Quellen setzen einer hieran orientierten Mikroperspektive in Verbindung mit anderen Faktoren allerdings sehr deutliche Grenzen.

Zur Unterstreichung der Sinnhaftigkeit des beschriebenen Zugangs und der bestehenden Schwierigkeiten: Formal betrachtet war die Förderung der Atomenergie anfangs alleiniges Aufgabengebiet eines kleinen Ministeriums. Im Juni 1969 war sie Aufgabe einer von drei Abteilungen des Bundesministeriums für wissenschaftliche Forschung und schon im Juni 1970 lag die Zuständigkeit im Bundesministerium für Bildung und Wissenschaft nur noch bei einer von vier Abteilungen. Zwischen 1969 und 1974 wechselten die zuständigen Minister innerhalb von viereinhalb Jahren viermal. Ihre Verweildauer betrug zwischen neun Monaten und zweieinhalb Jahren.[80] Im Wissen um die ohnehin beschränkte Aufmerksamkeit der Ministeriumsspitze und in der Annahme, dass die organisationale Erweiterung höhere Anforderungen an die Koordinierungsgesamtleistung stellte[81], rückt die Abteilungsleiterebene mit ihrer Filterfunktion in

---

79 Vgl. Esser (1999), S. 31 sowie S. 387–403. Vgl. auch Essers Arbeit zu "Alltagshandeln und Verstehen" (1991). Vgl. zur Mikro-Makro-Frage und insbesondere zum Ansatz Essers auch Weyer (2000, S. 237–250) aus der Perspektive der Netzwerkforschung. Vgl. auch Kirsch (1998), S. 112ff.

80 Dieser Betrachtung liegen zwei Kommentare des damaligen Chefredakteurs der Zeitschrift "atomwirtschaft", Wolfgang D. Müller [(1973)/(1974)], zugrunde. Vgl. Winnacker/Wirtz, S. 353f sowie S. 358.

81 Stucke (1993, S. 70) sieht in der Bestellung von zwei beamteten Staatssekretären einen "Indikator für die intraorganisationelle Trennung" der Bereiche Bildung und Wissenschaft und stellt fest, Bildungsfragen hätten zwischen 1969 und 1973 "in der öffentlichen Selbstdarstellung des Ministeriums (...) eine größere Rolle gespielt als Fragen von Forschung und Technologie." Leussink und von Dohnanyi hätten "sich primär als Bildungsminister" verstanden.

den Mittelpunkt des Interesses.[82] Wie Radkau für die Jahre unter Balke angedeutet hat, gab es hier bereits zu dieser frühen Zeit "mehrere Persönlichkeiten", die "eine selbständige Politik betrieben".[83] Doch obschon derartige Zustände zum Verständnis bestimmter Entwicklungen wahrscheinlich von zentraler Bedeutung sind, ist über die Abteilungsleiter des BMAt/BMwF/BMBW sowie BMFT und ihre Positionen verschwindend wenig bekannt. Aus den *Organigrammen* lassen sich aber wenigstens die Personalwechsel zuverlässig ersehen.[84]

Bereits die Projektgruppe Regierungs- und Verwaltungsreform hat auf die personalpolitische Motiviertheit organisatorischer Veränderungen hingewiesen, aus verständlichen Gründen jedoch auf eine Konkretisierung der "zahlreiche(n) Beispiele hierfür" verzichtet.[85] Geschicklichkeit, Erfolg und Aufstieg sind Aspekte, die bei einer Akteurzentrierung im Interesse des Historikers liegen, bei so großer zeitlicher Nähe jedoch auch rechtlich nicht unproblematisch sind. Wenn sich auch in einigen Fällen in den Organigrammen eindrucksvolle Hinweise für den systematischen Aufbau bestimmter Beamter finden, so bleibt ohne zusätzliche Informationen eine Grauzone, die nur schwer auszuräumen ist. Man wird theoretisch einwenden können, dass die dieser Arbeit zugrunde liegenden Informationsgespräche auch Gelegenheit zur Klärung derartiger Fragen boten. Die Qualität der Zusammenarbeit, persönliche Beziehungen und Einschätzungen der Leistungsfähigkeit von Beteiligten sind jedoch ungeliebte Themen.[86] Vor diesem Hintergrund ist man auf die *Personalakten* [87] und

---

82 Vgl. Projektgruppe RVR (1973), S. 227–230 sowie S. 112–114. Vgl. insbesondere die englischsprachige Weiterentwicklung dieser Gedanken in Mayntz/Scharpf (1975), S. 79–86.

83 Radkau (1983, S. 142) nennt Walther Schnurr und Jochim Pretsch, scheint dabei aber zu übersehen, dass Schnurr bereits im Mai 1960 nach Karlsruhe wechselte. Joachim Pretsch war zu dieser Zeit noch Referatsleiter für "Kernphysik und Reaktortechnik". Er stieg erst in der zweiten Hälfte der sechziger Jahre – also lange nach der Absetzung Balkes – zum Abteilungsleiter auf.

84 Dies gilt auch für die Ebenen darunter. Ausgenommen sind die keineswegs einflusslosen Hilfsreferenten bzw. Referenten. Hier helfen nur die Akten und im Bedarfsfall die Hausmitteilungen weiter.

85 Projektgruppe RVR (1973), S. 259–261.

86 Ich kann die Eindrücke, die Wender (1983, S. 30f) in ihren wesentlich umfangreicheren und zeitintensiveren Gesprächen gewonnen hat, insgesamt nur bestätigen. Auch im Hinblick auf Hintergünde und Zusammenhänge "vollzieht sich das Gespräch" all die Jahre danach "in Form eines Versteckspiels; es werden Andeutungen gemacht".

87 In den entsprechenden Beständen des Bundesarchivs gab es im April 2004 keine Informationen über Dr. Georg Straimer, Dr. Hubertus Holtzem, Josef K.

spezielle Quellenarten angewiesen. Was die Person und Karriere Georg Straimers angeht, fanden sich in den von Rudolf Wittenzellner (Geschäftsführer der GSF von 1964 bis 1981) stets mit Liebe zum Detail gestalteten Begrüßungs- und Verabschiedungsreden aufschlussreiche Worte. "Ein STRAUSS aus München" habe ihn, "einen bayerischen Leu", nach Bonn gelockt. "Auf einem weißblauen BALKEn" habe er "festen Halt" gefunden und im "LENZ und am STOLTENBERG (...) als stolzer Löwe Spitzenleistungen" geboten. Dann allerdings habe "man den LEUSSINKEN" lassen.[88]

Zweifelsohne sind derartige Äußerungen mit Vorsicht zu genießen. Sie sind jedoch als Anhaltspunkte von hohem Wert, wenn man sich die Frage nach dem *Spielertemperament* bzw. dem *Beamtentypus* stellt.[89] Mit einem "stolzen Löwen" dürfte man zumindest Durchsetzungsfähigkeit assoziieren können. Dies deckt sich mit dem Eindruck, der im Zuge der Aktenauswertung entstanden ist. Es scheint allerdings, als habe das "Sinkenlassen" schon früher eingesetzt.

Das Eintauchen in die Welt vornehmlich inner- und interministerieller Kommunikation bedeutet im Kern eine Auseinandersetzung mit Schreiben, Vermerken und Protokollen in Entwurf und Reinschrift, mit Streichungen, Unterstreichungen, Hervorhebungen am Rande, Unterschriftskürzeln (Paraphen) und handschriftlichen Kommentaren, im Idealfall auch in den Farben braun (Unterabteilungsleiter), blau (Abteilungsleiter), rot (Staatssekretär) und grün (Minister). Nur so lässt sich klären, wer wann über was informiert war, welche Informationen als besonders wichtig empfunden wurden und an welcher Stelle ggf. zusätzliche Aspekte einflossen. Nicht zuletzt, weil die unteren Ebenen der ministerialen Hierarchie in der Regel keine konkreten bzw. operationalisierten Arbeitsanweisungen erhalten, kommt dieser Form der internen Kommunikation für den

---

Pfaffelhuber (BMAt-BMwF-BMBW-BMI/Strahlenschutzrecht und Atomgesetz), Dr. Walther Schnurr (AL II bis Mai 1960, danach bis 1970 GfK Karlsruhe), Dipl.-Ing. Karl Kaißling (AL II-Nachfolger Schnurr bis 1963), Prof. Dr. Karl Wolf (AL II-Nachfolger Kaißling), Dr. Joachim Pretsch (AL-Nachfolger Wolf und langjähriger Referent) sowie zu Dr. Otto Leible (BM Schatz, Referent für Bergbau). Glücklicherweise bietet ein "Wer ist Wer", das die "atomwirtschaft" im Mai 1961 herausgab, in diesen und anderen Fällen teilweise Abhilfe.

88 BayHStA GSF 187. Rede für von Elmenau und Speer vom 8.4.1975.

89 Wender (1983), S. 176. Sie unterscheidet den "braven Referenten" ("'graue Maus'"), "den Showtyp, der den Erfolg optimiert" und den "politischen Referenten", der sein Denken/seine Leistung auch unter Widerständen über den eigenen Bereich hinaus "verkaufen" kann.

Historiker zentrale Bedeutung zu.[90] Die Referate orientieren sich darüber hinaus zum Teil an Regierungserklärungen, Presseinterviews und offiziellen Berichten.[91] Vereinzelt sind Fälle zu finden, in denen der Minister Informationen auf schriftlichem Wege an bestimmte Organisationseinheiten seines Ministeriums weitergab. Sie haben aber nichts mit der Endlagerung zu tun.[92]

Zur verwendeten Begrifflichkeit: Der Begriff "Atommüll" schien, trotz seiner weiten Verbreitung, aufgrund seiner Besetzung durch die kernenergiekritische Literatur und insbesondere durch seine sachliche Unschärfe für die Ziele dieser Arbeit ungeeignet. Die Wahl fiel daher auf die wohl neutralste Bezeichnung: "radioaktive Abfälle". Diesbezüglich wurden im Betrachtungszeitraum die Kategorien *schwachaktiv*, *mittelaktiv* und *hochaktiv* unterschieden. Hierbei handelt es sich um eine Vereinfachung mit fließenden Grenzen, die wiederum Wandlungsprozessen unterlagen. So schrieb Breest als Angehöriger des BMI noch im März 1978, eine Definition für schwach-, mittel- oder hochaktive Abfälle gebe es weder international noch in der Bundesrepublik und stellte fest, schwach- und mittelaktive Abfälle würden sich durch die Notwendigkeit zur Abschirmung unterscheiden. Die Grenze werde üblicherweise bei einer Dosisleistung von 10 mrem/h in 1 m Abstand gezogen. Die Bezeichnung "hochaktiv" solle nur für Spaltproduktabfälle verwendet werden.[93]

Für eine präzise qualitative Bewertung einzelner Einlagerungsentscheidungen reichen die drei genannten Aktivitätskategorien folglich nicht aus. Man müsste über Informationen zum Anfallprozess bzw. zum jewei-

---

90 Wender (1983), S. 9.

91 Projektgruppe RVR (1973), S. 100.

92 Der Nachlass Stoltenberg enthält beispielsweise zwei Vermerke vom 17.2. und 14.7.1967 die Positionen des Ministers im ersten Fall gezielt bis auf Referentenebene, im zweiten Fall bis auf UAL-Ebene bekannt machen sollten (ACDP I–626 077/1).

93 BA B 106 65361. Schreiben vom 20.3.1978. Holtzem führte im September 1966 vor Industrievertretern aus, man unterscheide schwach-, mittel- und hochaktive Rückstände, wobei die Grenzen fließend seien (BA B 138 2020). Im Februar 1967 galten Abfälle mit einer Aktivität von 1 bis 100 Millicurie pro m^3 als niedrigaktiv, zwischen 100 Millicurie bis 1000 Curie als mittelaktiv und alles, was jenseits dieser Grenze lag als hochaktiv. (BA B 196 22788. Protokoll der 69. Sitzung des Nds. Ausschusses für Wirtschaft und Verkehr). "Curie", benannt nach der Radiumforscherin und zweifachen Nobelpreisträgerin Marie Curie (1867–1934), war die Maßeinheit für die Aktivität eines Stoffes, d. h. für die Zahl von Zerfallsvorgängen je Zeiteinheit. 1 Curie (c oder Ci) entspricht der Radioaktivität von 1 Gramm Radium, d. h. von 37 Milliarden Zerfallsakten pro Sekunde [Cartellieri u. a. (1959), S. 190].

ligen Nuklidspektrum verfügen und sich insbesondere mit den Eigenschaften von *Alpha-*, *Beta-*, und *Gamma*strahlern, mit *physikalischer* und *biologischer Halbwertszeit* sowie dem Begriff der *Radiotoxizität* auseinandersetzen.[94] Für die Ziele dieser Arbeit ist das aber von geringer Bedeutung. Soweit die genannten Begriffe im Verlauf der Analyse wichtig werden, werden sie an der betreffenden Stelle erläutert.

Gegen die Verwendung des Begriffs "Entsorgung" sprachen mehrere Gründe. Zum einen wurde der Begriff der "Entsorgung" erst zu Beginn der siebziger Jahre auf die Kerntechnik übertragen (siehe Kapitel 4.2.2) [95] und erst Jahre später verbindlich definiert.[96] Bis dahin gab es nur Wiederaufarbeitung, Abfallbehandlung und Endlagerung. Wer also bereits für die fünfziger und sechziger Jahre von "Entsorgung" spricht[97], suggeriert eine begriffliche Kontinuität, die es nicht gab und arbeitet mit einem Begriff, den die Akteure nicht kannten und in dessen Vernetztheit sie folglich nur eingeschränkt dachten. Zum anderen ist "Entsorgung" ein Sammelbegriff und muss daher bei Wertungen besonders aufmerksam gebraucht werden. Wer vom "Stand der Entsorgung" spricht, wird nicht umhinkommen, ihn in seine Kernbereiche zu zergliedern – und damit wieder zu den Begriffen Wiederaufarbeitung, Abfallbehandlung und Endlagerung zurückfinden.

Ähnlich verhält es sich mit einer allzu frühen Zuordnung des Brennstoffkreislauf-Gedankens zu den Aktivitäten.[98] Ein Referat "Brennstoffkreislauf" wurde erst 1968 geschaffen. Zu dessen Aufgaben gehörte jedoch nicht die Endlagerung, die im Bereich des Strahlenschutzes verblieb.[99]

Nähern wir uns nun dem Begriff der Endlagerung an. Endlagerung wird in dieser Arbeit als Unterbegriff von *Beseitigung* verstanden. Kerngedanke ist hierbei, die radioaktiven Abfälle weg von der permanent und intensiv genutzten Anfallstelle – also im Wortsinn "zur Seite" – zu schaffen. Dieses Ziel lässt sich durch eine *Lagerung von zeitlich (eng) begrenzter Dauer* in unmittelbarer Nähe des Anfallortes oder zentral – z. B. für das

94 Vgl. die gut verständlichen Ausführungen des Geochemikers A.G. Herrmann (1983), S. 11–47. Siehe zur Halbwertszeit auch Fußnote 726.
95 So bereits Radkau (1983), S. 301f.
96 Issel (2003), S. 191.
97 Vgl. Müller (1996) S. 542–565 und Tiggemann (2004), obschon er klar herausarbeitet, dass der Begriff erst in den siebziger Jahren entstand.
98 Vgl. Müller (1996, S. 565), der genau dies mit seinem letzten Absatz unfreiwillig unterstreicht. Vgl. auch Tiggemann (2004), S. 20f, S. 773 und S. 775.
99 Sobotta (1969), S. 172

Gebiet eines Bundeslandes – erreichen. Beide Möglichkeiten verstehe ich aus Endlagerungsperspektive konsequent als *Zwischenlagerung*. Wesentlich für den Begriff der *Endlagerung* ist die Absicht, die radioaktiven Rest- und Nebenprodukte nicht mehr zu verwenden – sie also tatsächlich als nicht mehr verwertbaren *Abfall* zu betrachten – der an einem zu bestimmenden Ort endgültig zu lagern ist.[100] Endlagerung wird in dieser Arbeit im engeren Sinne verstanden. Die Aufmerksamkeit gilt daher nicht der kontrollierten Abgabe von radioaktiven Abwässern und Gasen in das jeweilige Verdünnungsmedium, sondern lediglich festen bzw. verfestigten Abfällen. Auch ist Endlagerung in diesem Zusammenhang nicht vollständig mit *Tieflagerung* gleichzusetzen. Die in mindestens zweifacher Hinsicht wichtigen Bemühungen zum Vergraben im Boden hätten sonst nicht behandelt werden dürfen, während es zwingend notwendig gewesen wäre, sich detailliert mit der in der Literatur bislang völlig vernachlässigten Einbringung tritiumhaltiger Abwässer in eine Erdölbohrung nahe des Kernforschungszentrums Karlsruhe zu beschäftigen.[101]

Im nächsten Schritt ist über Kriterien nachzudenken, die für den endgültigen Ablagerungsort gelten müssen. Diese Überlegungen sind abhängig von der *Art der Abfälle,* dem hieraus abzuleitenden *Gefährdungspotential* und der *Zeitspanne,* über die die mögliche Gefährdung besteht. Mit der Bestimmung dieser Faktoren beginnen aber wissenschaftlich unklare Verhältnisse, normative Vorstellungen und Interessen ihren Einfluss zu nehmen. Sehr schnell wird mit Blick auf die potentielle Gefährlichkeit Einigkeit darüber zu erzielen sein, dass Sicherheit – und hier eben nicht Betriebssicherheit – eine, wenn nicht die wesentliche Forderung ist. Mit diesem feinen Unterschied beginnt aber bereits das konfliktreiche Aus-

---

100 Auch diese Begriffe entstanden erst allmählich. In der anfangs sehr aufmerksam verfolgten englischprachigen Literatur wurden in der Mehrzahl Kombinationen mit "disposal" (Beseitigung) anstelle von "storage" (Lagerung) gebildet. So ist dort von "ultimate" oder "final disposal" (endgültiger Beseitigung) die Rede. Vor diesem Hintergrund verwundert es nicht, dass deutsche Ministerialbeamte und Wissenschaftler gerade in den Jahren 1955–1959 des öfteren nur von "waste disposal" sprachen. So z. B. die Leitung der Reaktorstation Karlsruhe 1956 oder auch Straimer, als er die Beseitigungsfrage 1959 auf die Tagesordnung des zuständigen Beratungsorgans setzte (siehe Kapitel 2.2.1).

101 Die Bemühungen zur Realisierung dieser "Versuchsversenkung" reichen von 1968 bis in die siebziger Jahre. In Vorbereitung auf die ab 1980 erwartete große Wiederaufarbeitungsanlage sollte sie offiziell dazu dienen, die Technik des Einpumpens in isolierte Grundwasserspeicher zu erproben. Wesentliche Akten befinden sich in BA B 196 5894.

handeln der Ausprägungsgrade. Will man *absolute* Langzeitsicherheit oder *ausreichende* Langzeitsicherheit? [102] Wie wäre ein bei statischen Berechnungen im Bauwesen üblicher einfacher, doppelter oder dreifacher Sicherheitszuschlag zu bemessen, um letztlich auf *befriedigende* Langzeitsicherheit zu kommen?

Die Frage nach absoluter oder ausreichender Langzeitsicherheit ist gleichbedeutend mit der Frage, ob man bei der Festlegung der nötigen Einschlussdauer für ein völliges Abklingen der Radioaktivität eintritt oder sich am "*Uranerzmodell*"[103] orientiert. Wenn die zuständigen Ministerialbeamten und beteiligten Wissenschaftler in den sechziger Jahren teilweise von sehr kurzen Zeiträumen ausgingen und in erster Line von der "*säkularen* Beseitigung" sprachen, so scheint dies wesentlich auf besagtes "Modell" zurückführbar zu sein. Sein keineswegs von der Hand zu weisender Grundgedanke liegt in der Beobachtung, dass in der Bundesrepublik und anderen Ländern der Welt Menschen seit Jahrhunderten ohne nachweisbare Schädigung auf oberflächennahen Uranerzlagerstätten leben und hierbei auch ihr Trinkwasser aus diesen Regionen beziehen.

Es lässt sich erahnen, dass sämtliche in den letzten beiden Abschnitten aufgeworfenen Fragen in einer Zeit, in der die Nutzung der Atomenergie ein für die Bundesrepublik völlig neuartiges Projekt war, in Ermangelung von *Erfahrungswerten* nur sehr schwierig zu beantworten waren. Auf der einen Seite standen die unter Kriegsverhältnissen in den USA und Großbritannien nachrangig behandelten Erfordernisse des Strahlenschutzes, auf der anderen Seite eine volkswirtschaftlich scheinbar langfristig hochgradig bedeutsame Schlüsseltechnologie, die nach publizierter Meinung selbst die Verheißung nach der Begrünung der Wüsten in die Waagschale werfen konnte.[104] Gewichtiger als das dürfte für die Beamten des BMAt in den Anfangsjahren die Tatsache gewesen sein, dass der Kanzler ein vitales Interesse an der neuen Energie hatte und der Aufbau ihres Ministeriums genau diesem Interesse zu verdanken war. Die volkswirtschaftliche Sichtweise war in den Jahren der Kanzlerschaft Adenauers

---

102 Vgl. Tiggemann, S. 551ff.

103 In den Akten habe ich diese Bezeichnung nur ein einziges Mal und erst sehr spät gefunden. Eine vom Kernforschungszentrum Karlsruhe mit Datum vom 20.6.1977 vorgelegte Untersuchung zur "Löslichkeit von Transuranen aus schwach- und mittelaktiven Abfällen" (BA B 196 107260) sprach davon, dass der "zulässige Gehalt an *a*-strahlenden Radionukliden (...) zur Zeit aus dem Uranerzmodell abgeleitet" werde. Dies bestätigend Wagner (1982), S. 34–36. Vgl. auch GSF/GfK (1976), S. 14–16.

104 Barthelt/Montanus (1993), S. 9f.

in Anbetracht der tatsächlichen Bedeutung der neuen Energie eher schwach ausgeprägt. Im Vordergrund stand die einzel- bzw. betriebswirtschaftliche Betrachtung: Reaktoranlagen mussten sich für den Betreiber rechnen. Zudem war die Verwaltung dem durchaus auslegungsfähigen Grundsatz der Wirtschaftlichkeit und Sparsamkeit verpflichtet.[105]

Die politisch Verantwortlichen, Parteien und Verbände entschieden sich trotz der skizzierten Unwägbarkeiten in ungewohnter Einigkeit, die beinahe bis zum Ende des Betrachtungszeitraumes bestand, zur Aufholung des fast zehnjährigen Rückstandes gegenüber den USA und Großbritannien. Bis in die zweite Hälfte der sechziger Jahre verlief die Entwicklung in der Wahrnehmung weiter Kreise eher zu langsam als zu schnell.

Wenn auch bis zur abschließenden Betrachtung und Bewertung noch viele interessante Informationen und Gedanken fehlen, so erscheint es bereits an dieser Stelle sinnvoll, eigene Vorstellungen vom scheinbar so klaren Begriff der *Lösung* zu reflektieren. Denn auch hier ist es – wie beim Sicherheitsbegriff – unbedingt notwendig, ihn differenziert und dabei auch nach dem Verständnis des Technikers zu sehen. So wird man *konzeptionelle* Lösungen, Lösungen im *Labormaßstab*, im *halbtechnischen* und im *industriellen Maßstab* unterscheiden müssen.[106] Für den Bereich der Endlagerung stellt sich hierbei allerdings das Grundproblem, dass sich die *tatsächliche Eignung* von Behandlungsverfahren sowie des Einlagerungsmediums erst nach sehr langen Zeiträumen erweist. Über die *prinzipielle Eignung* lassen sich gleichwohl schon wesentlich früher Aussagen treffen. Als Grundvoraussetzung, um von einer Lösung der Endlagerungsfrage zu sprechen, soll daher die *Verfügbarkeit eines prinzipiell geeigneten Standortes* gelten.

Um die Entwicklungen in der Beseitigungs- bzw. Endlagerungsfrage chronologisch und problemorientiert darstellen zu können, wurde die Arbeit nach einem Phasenmodell strukturiert, das sich primär am Verlauf der Entscheidungen für eine Einlagerung in Salzvorkommen und hier ab 1964 in erster Linie an den Maßnahmen für die Erkundung und den Ausbau des Salzbergwerks Asse II orientiert.

Während in den beiden ersten Phasen noch der immer etwas künstliche Versuch einer Trennung der Vorgänge auf ministerieller Ebene von Überlegungen in den Beratungsorganen des Ministeriums unternommen

---

105 Vgl. zur wichtigen Unterscheidung von betriebs- und volkswirtschaftlicher Wirtschaftlichkeit: Eichhorn (1979), S. 11–23. Vgl. allgemein zur "Konfrontation von Sicherheit und Wirtschaftlichkeit": Radkau (1983), S. 384–388.

106 Vgl. Ewald (1989), S. 5–9.

wurde, wurde dies in der letzten Phase aufgegeben.[107] Grund hierfür ist die Verlagerung der Aktivitäten in andere Bereiche, so dass die zuständigen Gremien der DAtK schon ab 1964 meist nur noch zustimmend Kenntnis nehmen konnten. Wenn das vornehmlich ministerielle Denken und Handeln in dieser Phase zudem in zwei Abschnitte unterteilt wurde, so trägt dies dem Umstand Rechnung, dass das BMFT 1974 das *Konzept* eines Integrierten Entsorgungszentrums präsentierte, – ein sehr markanter Punkt, der im Hinblick auf die Schwerpunktsetzung auf administrativ-politische Entscheidungsprozesse sicherlich eine neue Phase gerechtfertigt hätte. Letztlich sollte jedoch deutlich werden, dass die Bundesrepublik *in der Praxis* und nach späterer offizieller Darstellung über eine "versuchsweise" Endlagerung nie hinausgekommen ist.

Im fünften und letzten Teil der Arbeit wurde auf den naheliegenden Versuch, die Proteste gegen die Arbeiten am Salzbergwerk Asse II und die Aussolung einer Kaverne in Norddeutschland detailliert aufzuarbeiten, verzichtet.[108] Es ging hier lediglich darum, bei der Auswertung der Ministerialakten Anhaltspunkte zur Beantwortung der bislang vernachlässigten, aber meines Erachtens zentral wichtigen Frage zu sammeln, wie die auf staatlicher Seite Agierenden die Sorgen der Bürger wahrnahmen, wie sie aus welchen Gründen auf die Artikulation von Protest reagierten und ob das dabei gezeigte Verhalten im Betrachtungszeitraum verändert wurde.

In allen Teilen der Arbeit war es mein Anliegen, das Material auch für sich sprechen zu lassen. Gerechtfertigt erschien diese Vorgehensweise wegen der Umstrittenheit der Thematik und aufgrund des Umstandes, dass sie zum ersten Mal bis in Detail beleuchtet wird. Die infolgedessen teilweise erhöhte Anzahl wörtlicher Zitate mag zuweilen zu Lasten der Forderung nach einer narrativen Darstellung gehen. Sie macht jedoch die Entwicklung der Argumente unmittelbar nachvollziehbar und sorgt so für die Transparenz der Interpretation.

---

107 Ein solcher Versuch ist zu einem gewissen Grad immer künstlich, weil die Fachreferenten an den Sitzungen der Fachkommissionen und Arbeitskreise teilnahmen und die Beratungen beeinflussten.

108 Siehe hierzu insbesondere Tiggemann (2004), S. 188–199. Vgl. Reuter-Boysen (1992), S. 148–151.

2 1955–1959: Die Wahrnehmung eines nicht akuten Problems

2.1 Die Beseitigungsfrage aus ministerieller Sicht

Bislang ist über die Wahrnehmung der Beseitigungsfrage auf ministerieller Ebene in den Anfangsjahren der atomwissenschaftlichen und -technischen Entwicklung nur sehr wenig bekannt. Gerade weil sich eindeutig belegen lässt, dass ausländische und deutsche Wissenschaftler den Stellenwert der Beseitigung radioaktiver Abfälle durchaus erkannten[109], stellt sich aber die Frage um so drängender, *ob* diese Informationen die zuständigen Ministerialbeamten erreichten, *wie* sie sie verarbeiteten und zu welchen *Positionen* sie hierbei gelangten. Von besonderem Interesse sind daher – auch über den Rahmen dieses Kapitels hinaus – zu den Akten genommene Zeitschriften- und Zeitungsartikel sowie Reiseberichte von internationalen Konferenzen.

2.1.1 Das BMWi und der unsichere Kostenfaktor

Bis zur Gründung des BMAt im Oktober 1955 war mit Fragen der Atomenergie die Unterabteilung (UA) III B "Energie- und Wasserwirtschaft" des Bundesministeriums für Wirtschaft (BMWi) befasst.

Hier verfolgten die Beamten scheinbar insbesondere die Entwicklung in Großbritannien. So wurde man über den Informationsdienst des Unternehmensverbandes Ruhrbergbau auch auf eine Meldung aus der Rubrik "Bergbau und Kohlenwirtschaft des Auslandes" aufmerksam, die am 27. August 1954 unter der Überschrift "Vernichtung radioaktiver Abfallprodukte, ein Problem" folgendes feststellte:

> "Die ängstlichen Proteste, die gegen die geplante Versenkung radioaktiver Abfallprodukte aus den britischen Atombrennern in den Sumpf stillge-

109 Vgl. für die Gruppe der ausländischen Wissenschaftler die bereits in der Einleitung (S. 2) angesprochenen Beiträge, insbesondere Wolman/Gorman (1956). Vgl. für die Gruppe der deutschen Wissenschaftler z. B. die in der Zeitschrift "Atompraxis" 1956 erschienenen Beiträge von Graul und Künkel. Beide wiesen bereits auf die ökonomische Seite des Problems hin.

legter Schächte der Grafschaft Forest of Dean laut wurden, zeigen eine der Schwierigkeiten auf, mit denen die Entwicklung der Atomenergie auf breiter Basis erst noch fertig werden muss. Dabei handelte es sich im vorliegenden Falle nur um schwachgiftige Laboratoriumsabfälle, die noch keine großen Sicherheitsvorkehrungen erfordern. Stark verseuchte Abfallstoffe wird man immer noch, in Betonblöcken und Blei versiegelt, an tiefen Stellen des Meeres versenken oder in Spezialbehältern so lange einlagern müssen, bis vielleicht ein Verwendungszweck auch für diese gefunden wird."[110]

Der besondere Wert dieser Zeilen liegt darin, dass sie die Thematik bereits zu einem so frühen Zeitpunkt mit dem Begriff "Problem" und – was von zentraler Wichtigkeit für den letzten Teil dieser Untersuchung ist – auch bereits mit dem Begriff "Protest" verknüpfen. Dieser Protest war, wie man ebenfalls zur Kenntnis nahm, schließlich erfolgreich, musste die britische Marine die Abfälle doch unter größerem Aufwand in die Tiefsee versenken.[111] Bei einer von dieser Meldung ausgehenden kontinuierlichen und ernsthaften Bearbeitung hätten – so scheint es – die Probleme der sechziger und siebziger Jahre gar nicht erst aufkommen können.

Dieser Eindruck verstärkt sich, weil die Beamten der UA III B und ihr Leiter, Ministerialdirigent Heesemann[112], aus dieser und anderen Informationen konsequente Schlüsse zogen. Am 15. Februar 1955 ließ Heesemann seinen Vorgesetzten, den Leiter der Abteilung III des BMWi, nach einer Referentenbesprechung zur Entwicklung der Atomkraft in kompromissloser Dringlichkeit wissen:

"Die unschädliche Abführung radioaktiver Abfallstoffe ist eine Aufgabe, die gelöst werden muß, bevor der Bau eines Reaktors in der dicht besiedelten Bundesrepublik vertreten werden kann."[113]

---

110 BA B 102 36789. Die Meldung basierte auf einem Artikel des britischen "Observer" vom 22.8.1954. Auch Dr. Joachim Pretsch, der im Januar 1956 ins BMAt wechselte und in den sechziger Jahren zur zentralen Figur für die Förderung der Atomenergie wurde, zeichnete sie ab.

111 BA B 102 36789. Abschrift eines Artikels aus der "Englischen Rundschau", basierend auf einer Meldung des "News Chronicle" vom 29.1.1955. Von der Lagerung in Bergwerken habe man aufgrund energischer lokaler Proteste absehen müssen.

112 Heesemann, geboren am 22.7.1904, war von 1951 bis zu seiner Pensionierung 1969 Leiter der Unterabteilung III B (atw, Jahresinhalt 1974, Rubrik "Personalien", S. 385).

113 BA B 102 36789. Heesemann setzte diese Zeilen an den Schluss seiner Besprechungsskizze.

Schon Monate vor der zweifelsohne für die atomtechnische Entwicklung in der Bundesrepublik sehr bedeutsamen "1. Internationalen Konferenz über die friedliche Verwendung der Atomenergie" im August 1955[114], war die Frage der Beseitigung radioaktiver Abfallstoffe also als unter Sicherheitsaspekten wichtiger Faktor mit deutlichem Verzögerungspotential erkennbar. Hierbei galt die Sorge zunächst in erster Linie einer Verseuchung[115] des Trink- und Brauchwassers.[116] Insbesondere der Heesemann als Referent unterstellte Ministerialrat Dr. Kumpf und sein Hilfsreferent Dr. Dieterich sollten ihre schwerwiegenden Bedenken im Verein mit Vertretern der Wasserwirtschaft, führenden Strahlenschützern[117] und Bundestagsabgeordneten[118] noch bis Oktober 1957 aufrechterhalten, – dann wurde die Zuständigkeit für die Wasserwirtschaft "durch ein Machtwort des Bundeskanzlers" dem BMAt übertragen.[119]

---

114 Vgl. Müller (1990), S. 1–3.

115 "Verseuchung" und "Vergiftung" sind ursprünglich bakteriologisch-hygienische bzw. medizinische Begriffe, die im Zusammenhang mit Radioaktivität nur Analogien darstellen [Graul (1956), S. 278f]. Sie wurden allerdings auch von den Ministerialbeamten und Wissenschaftlern mit einer solchen Selbstverständlichkeit gebraucht, dass ein konsequenter Ersatz für die vorliegende Arbeit nicht nötig schien.

116 Um die beim Spaltprozess freiwerdende Hitze abzuführen, müssen Reaktoren gekühlt werden. Dies kann u. a. durch Wasser geschehen. Die zur Durchlauf-Kühlung der acht Reaktoren im amerikanischen Hanford benötigte Wassermenge entsprach 1955 dem Verbrauch mehrerer amerikanischer Großstädte. Bereits 1954 waren dort im Eigelb von Flussvögeln, die sich aus dem hierzu genutzten Columbia-River ernährten, 1,5 Mio. mal höhere Werte an Phosphor-32 gemessen worden als im Flusswasser selbst. [Jaeger (1958), S. 192f]. In der Bundesrepublik bestanden Zweifel daran, ob es mit den zur Verfügung stehenden technischen Mitteln möglich sein würde, radioaktiv verunreinigtes Wasser in großem Umfang und mit hohem Reinigungsgrad aufzubereiten (siehe Fn 118). Das Durchgehen des NRX-Reaktors im kanadischen Chalk-River (12.12.1952) stand den meisten Beteiligten als abschreckendes Beispiel vor Augen. Hochaktives Kühlwasser war in den Reaktorunterbau gelangt, weswegen man diesen mit 4000 m^3 Wasser geflutet hatte [Jaeger (1958), S. 194]. Die Sorge galt aber auch einer unkontrollierten Verwendung radioaktiver Isotope. Diese wurden in den USA bei vielen Verbrauchern in die Kanalisation abgegeben [Künkel (1956), S. 272f].

117 Rajewsky und Holthusen. Vgl. Sonderausschuss RA (1958), S. 106–116.

118 Bechert und die Mitglieder des Bundestagsausschusses für Atomfragen. Vgl. BT PA (2. WP) Protokoll der 10. Sitzung des Bundestagsauschusses am 6.2.1957.

119 Vgl. Radkau (1983), S. 395ff.

Heesemann blieb, nachdem das BMAt am 1. Dezember 1955 offiziell seine Arbeit aufgenommen hatte, zunächst nicht mehr, als die Leitung des nun federführenden, geradezu winzigen und noch für Monate im Aufbau befindlichen Ministeriums[120] in einem von BMWi-Staatssekretär Westrick veranlassten Gespräch am 31. Januar 1956 "nachdrücklichst" auf die bestehenden Bedenken hinzuweisen. Zwar freute sich Heesemann unmittelbar danach, er habe "eine ganz besondere Aufgeschlossenheit für diesen Fragenkomplex gefunden"[121], tatsächlich schätzte man die Lage im BMAt keine zwei Monate später weit weniger besorgt und vor allem weniger grundsätzlich (siehe Kapitel 2.1.2) ein.

Neben den Sicherheitsaspekten der Beseitigungsfrage beschäftigten sich Heesemann und seine Beamten mehr und mehr auch mit den Wirtschaftlichkeitsaussichten der neuen Energieform. In diesem Zusammenhang nahm man auch einen Aufsatz des RWE-Beraters Oskar Löbl vom 1. Juli 1956 zur Kenntnis, in dem es unmissverständlich hieß:

> "Als letzter Posten dieser Rechnung sind noch die Ausgaben für die *Beseitigung der radioaktiven Abfälle* aufzuführen, wovon jährlich (...) in unserem 100 MW-Kraftwerk 160 kg anfallen. Nach Extraktion der wertvollen Teile muß der Rest gefahrenfrei untergebracht werden. Solange allerdings die Brennstoffelemente aus den USA bezogen und dorthin zurückgesandt werden, brauchen wir uns keine Sorgen über die Beseitigung des Abfalls zu machen (...). Mit der Zeit aber wird jedes Land seine radioaktiven Abfälle selbst beseitigen und auch die Kosten hierfür tragen müssen."[122]

Es ist bemerkenswert, dass Löbl zwar von der "Beseitigung der radioaktiven Abfälle" im Allgemeinen sprach, sich tatsächlich aber nur auf Abfälle aus der Wiederaufarbeitung bezog. Er blendete die beim Betrieb von Reaktoren anfallenden Abfälle niedrigerer Aktivität aus. Diese anfänglich auch im BMAt vorherrschende Sichtweise (siehe Kapitel 2.1.2) scheint insbesondere auf eine entsprechend enge Problemdefinition auf internationaler Ebene zurückführbar zu sein. Sieht man sich die bereits in der

---

120 Vgl. Strauß (1989), der in seinen "Erinnerungen" auch auf die Anfänge im Hotel "Godesberger Hof" zurückblickte (S. 222) und hierbei inklusive seines Stellvertreters lediglich vier Referenten zum Kern seines "kleinen Stabes" zählte. Mitte Januar 1956 gehörten insgesamt 27 Personen zum BMAt, Ende des Jahres 94 [Müller (1990), S.154f]. Vgl. insbesondere eine Liste der Personalzugänge vom 15.9.1958 in BA B 126 13728, die u. a. die exakten Eintrittsdaten enthält.

121 BA B 102 40354. Vermerk vom selben Tag.

122 BA B 102 41055 (ETZ-A, Bd. 77, H. 13, S. 460–463).

Einleitung erwähnten Beiträge der 1. Internationalen Atomkonferenz von 1955 genauer an, wird deutlich, dass auch hier der Beseitigung von Abfällen schwacher bis mittlerer Aktivität nur geringe Aufmerksamkeit gewidmet wurde.[123] Sie wurden von den Hauptnutzern der Atomenergie in großem Stil verdünnt, versickert, oberflächennah vergraben oder im Meer versenkt.[124]

Von grundlegender Bedeutung ist Löbls Annahme, man werde die abgebrannten Brennelemente des mit einer Leistung von 100 MWe zukunftsweisend gewählten Reaktors zur Wiederaufarbeitung in die USA zurücksenden. Denn in der vertraglich festgelegten Verpflichtung zur Rücksendung, die auch für die in absehbarer Zeit zu errichtenden amerikanischen und britischen Forschungsreaktoren gelten würde[125], hatte die anfängliche Einstufung der Beseitigungsfrage als "nicht akutes Problem" zum großen Teil ihren Ursprung. Die Bundesrepublik würde in die Erforschung und Nutzung der Atomenergie einsteigen, ohne sich in vollem Ausmaß mit den hierbei entstehenden Abfällen belasten zu müssen. Vielmehr würden die Hauptabfallmenge und die problematischste Abfallkategorie noch auf Jahre ausschließlich außerhalb ihres Staatsgebietes anfallen. Gedanken mussten sich diejenigen Staaten machen, die bereitwillig den Wiederaufarbeitungsprozess und seine Restprodukte auf sich nahmen.

So blieben Wiederaufarbeitung und Beseitigung in der Folgezeit die großen Unbekannten in den Kostenrechnungen. Insbesondere für das RWE diente die unbestreitbare Tatsache, dass man die bei einer industriellen Nutzung der Atomenergie anfallenden Restprodukte sicher und wirtschaftlich beseitigen müssen würde, noch auf Jahre dazu, eine durch Zurückhaltung geprägte Position zu untermauern.[126] So meinte Heinrich Schöller, Vorstandsmitglied des Energieversorgers und eines der 25 Gründungsmitglieder der Deutschen Atomkommission (DAtK)[127], am

---

123 Vgl. z. B. Glueckauf (1956, S. 1.), der meinte, man müsse sich lediglich über Spaltprodukte mit Halbwertszeiten von mehreren Monaten ernsthafte Gedanken machen. Vgl. zudem Wolman/Gorman (1956). Es ist auch möglich, dass Löbl zur Vereinfachung lediglich die kostenintensivste Position wählte.

124 Vgl. Jaeger (1958).

125 Vgl. Müller (1990), S. 525.

126 Vgl. Müller (1990), S. 347f und 439.

127 Schöller war ab 1961 Aufsichtsratsmitglied des RWE. Er starb am 15.6.1969 im Alter von 74 Jahren (atw, Jahresinhalt 1969, Rubrik "Personalien", S. 430).

9. Mai 1957 in einem eindringlichen Schreiben an einen Beamten des BMWi:

> "Dann wird aber das ganze Problem der Lagerung dieser nicht wiederaufbereiteten Brennsätze aufgeworfen. Ich kenne schon die Sorgen der Lagerung der Asche bei klassischen Kraftwerken und glaube, daß selbst die Nichtwiederaufbereitung und Lagerung dieser radioaktiven Dinge einen erheblichen Kostenfaktor bei der Energie-Erzeugung ausmachen wird. (...) Wie kann man von Wettbewerbsfähigkeit sprechen, wenn ein wichtiger Kostenanteil, der auch im ersten Falle mit der notwendigen Lagerung in die Rechnung eingeht, noch vollkommen unbekannt ist?"[128]

Schöller wiederholte seine Ansicht mit konkreterem Bezug auf die "Beseitigung des Atommülls" in einer Besprechung im BMWi am 25. Juli 1957[129], wo zu dieser Zeit die Diskussion über ein "System zur Investitions- und Finanzierungspolitik auf dem Gebiet der Atomenergie" in vollem Gange war.[130] UAL Heesemann vertrat hierbei eine Position, die im Prinzip der des RWE entsprach: Wer schon heute nach den Kosten einer atomaren Kilowattstunde frage, meinte er mit durchaus unsachlicher Schärfe, befasse sich "10 Jahre zu früh mit dem Projekt". Wer aber heute schon wisse, was sie koste, beweise damit, dass er von den Dingen nichts verstehe.[131]

Insgesamt wird man mit einiger Sicherheit annehmen können, dass die Äußerungen Schöllers und die strittigen Wirtschaftlichkeitsaussichten den für "Grundsatzfragen der Brennstoffversorgung" zuständigen Ministerialrat Dr. Steinhaus schließlich am 16. Oktober 1957 veranlassten, sich mit der folgenden hochgradig aufschlussreichen Frage an den Leiter der Atomenergieabteilung der Deutschen Babcock & Wilcox Dampfkesselwerke AG[132], Dr. Wolfgang Junkermann[133], zu wenden:

> "(...) sind die Kosten für die Beseitigung des Atommülls in die Kalkulation mit einbezogen, etwa bei den Brennstoffkosten, oder ist das nicht der Fall? Hier wird immer wieder das Argument genannt, daß die Kosten für

---

128 BA B 102 41055.

129 Radkau (1983), S. 84.

130 Vgl. Müller (1990), S. 373f.

131 BA B 102 133812. Kommentar vom 24.7. 1957. Vgl. Radkau (1983), S. 85.

132 Die Deutsche Babcock bot damals bereits Kernkraftwerke auf Basis des britischen Calder-Hall-Reaktors an. Sie war eine der vier Firmen, die wesentlich am 1. Atomprogramm beteiligt waren [Müller (1990), S. 424 und S. 369].

133 Vgl. zum Werdegang Junkermanns "Wer ist Wer" (1961), S. B 16.

die Beseitigung des Atommülls heute fast noch so hoch seien wie die Erzeugungskosten einer KWh."[134]

Ohne die Frage nach der Höhe konkret zu beantworten, beschwichtigte Junkermann am 21. Oktober 1957, die Kosten für die Beseitigung seien durch eine entsprechend niedrigere Plutoniumgutschrift[135] nach der Wiederaufarbeitung gedeckt. Was mit den Abfällen schließlich geschehe, sei "Angelegenheit der Engländer".[136]

Die unklare Lage im Hinblick auf den Einfluss der Beseitigung auf die Wirtschaftlichkeit von Atomkraftwerken sollte noch bis weit in die sechziger Jahre anhalten. Da die Beseitigungsverfahren der angloamerikanischen Länder schon früh als nicht auf die Bundesrepublik übertragbar angesehen wurden, konnten einzig in praktischen Versuchen gewonnene eigene Erfahrungen zu einer Konkretisierung der Beseitigungskosten führen.

2.1.2 Die abwartende Haltung des BMAt

Am 7. März 1956 wandte sich der zum Bundesministerium für Verkehr gehörende Dr. Marienfeld an den Bundesminister für Atomfragen, um sich nach dem "Verbleib des Atommülls" zu erkundigen (siehe auch Kapitel 2.1.2.1). Einleitend schrieb er:

> "Mit dem zunehmenden Anfall von radioaktivem Müll in der europäischen Atomindustrie dürfte das Problem der Beseitigung bzw. Vernichtung dieser Abfallprodukte dringlich werden."[137]

Im BMAt nahm man Marienfelds weitsichtige und berechtigte Anfrage scheinbar nicht sonderlich ernst. Die Antwort erfolgte Ende März telefonisch und nicht an ihn persönlich. Vielmehr wurde ein Fräulein Starke von der in Bonn befindlichen Verbindungsstelle des Verkehrsministeriums zur in Hamburg angesiedelten Abteilung See gebeten, "Herrn Marienfeld (...)

---

134 BA B 102 41055.
135 Wie bereits erwähnt, mussten die abgebrannten Brennelemente in die USA bzw. nach England zurückgeliefert werden. Dort wurden im Prozess der Wiederaufarbeitung Uran und Plutonium abgetrennt. Die gewonnene Menge wurde zu einem festgesetzten Preis verrechnet und von den Kosten für die neue Brennelementlieferung abgezogen.
136 BA B 102 41055.
137 BA B 106 66654.

darüber zu unterrichten, daß die Inbetriebnahme des ersten Meilers in der Bundesrepublik, bei dem ein Anfall von Atommüll 'vielleicht' zu erwarten" sei, "nicht vor 1958 erfolgen" werde. Die in seinem Schreiben angeschnittenen Probleme seien infolgedessen "noch nicht akut." Die Angelegenheit werde im Interministeriellen Ausschuss "gelegentlich behandelt" werden.[138]

Doch schon bald zeigte die Praxis, dass mit dem Anfall von radioaktiven Abfällen keineswegs erst nach der "Inbetriebnahme des ersten Meilers" zu rechnen war. Das Batelle-Institut in Frankfurt hatte – wie Ministerialrat Erich Pohland[139] am 15. Juni 1956 vermerkte – einen Kobalt-60-Strahler erhalten, der aufgrund der hohen Aktivität in einem großen Wasserbehälter aufbewahrt wurde. Beim Antransport hatte sich jedoch – so Pohland – "ein kleiner Unfall" ereignet. Das Präparat war nicht vollständig trocken, so dass ein Teil des Fußbodens durch herabfallende Tropfen verseucht wurde. Der Betonfußboden musste abgetragen und neu gelegt werden. Als problematisch erwies sich, dass noch ungeklärt war, wohin der belastete Beton transportiert werden sollte. Eine Anfrage beim Batelle-Mutterinstitut in Ohio ergab lediglich, dass es hierfür eine eigene "Spezialmüllabfuhrgesellschaft" gab.[140]

Pohland gab die Frage der sachgemäßen Verbringung daher über Ministerialdirektor Grau[141] an Minister Strauß weiter. Dieser legte am

---

138 BA B 106 66654. Am 21.12.1955 war vom Kabinett beschlossen worden, zur Koordinierung der durch die Erforschung und Nutzung der Kernenergie in den einzelnen Bundesressorts entstehenden Fragen einen interministeriellen Ausschuss unter Leitung des Atomministers zu bilden, dem als ständige Mitglieder das Bundeskanzleramt, das Bundesministerium für wirtschaftliche Zusammenarbeit, das Auswärtige Amt, die Bundesministerien des Inneren, der Justiz, der Finanzen, für Wirtschaft, für Ernährung, Landwirtschaft und Forsten, für Arbeit, für Verteidigung, für Verkehr, für Angelegenheiten des Bundesrates sowie das Bundesministerium für besondere Aufgaben angehörten. So Strauß in seinem ersten Bericht an das BK (BA B 136 293).

139 Dr. Erich Pohland, war zum 1.2.1956 vom BMWi ins BMAt gewechselt, wo er als studierter Chemiker die Leitung des Referats "Strahlennutzung und Isotopentechnik" übernahm. 1959 wurde er im Alter von 61 Jahren zum Generaldirektor bei Eurochemic berufen. Er verfügte über langjährige Erfahrung in der deutschen Wirtschaftsverwaltung [Vgl. Müller (1990), S. 520–523 sowie zum übrigen Werdegang Pohlands "Wer ist Wer" (1961), S. B 25].

140 BA B 106 66654.

141 Dr. Wilhelm Grau war bereits zum 28.11.1955 vom Bundeskanzleramt zum BMAt gewechselt, wo er – das neue Ministerium verfügte bis Juli 1959 nicht

21. Juni 1956 fest, das Problem solle den Fachkommissionen (FK) III und IV der DAtK zur Beratung unterbreitet werden. Bei der ersten Sitzung der FK IV am 13. September 1956 kam die Angelegenheit wegen Zeitmangels allerdings nicht zur Sprache[142], weswegen Pohland den Geschäftsführer der DAtK, Dr. Heinz Lechmann, am 20. September 1956 bat, die "Beseitigung von Atommüll" auf die Tagesordnung der konstituierenden Sitzung des Arbeitskreises (AK) 3 der FK IV zu setzen. Lechmann informierte am 26. November 1956 schließlich auch den für Fragen des Bevölkerungsschutzes zuständigen Referenten, Dr. Georg Straimer[143], über den nach wie vor unerledigten Auftrag. Straimer ließ ihn wissen:

> "Der A.K. III der Fachko. IV wird von Ref. 9 in Zukunft laufend mit Problemen der Beseitigung r.a. Abfälle beschäftigt werden. Ob der A.K. III allerdings die Probleme aufgreift, weiss ich nicht. Es besteht offensichtlich keine grosse Lust [sic] sich mit konkreten Aufgaben zu befassen."[144]

über eine Staatssekretärsstelle – als Ministerialdirektor zugleich Stellvertreter des Bundesatomministers war [Müller (1990), S. 155].

142 BA B 106 66654. Handschriftliche Notiz Pohlands vom 14.9.1956.

143 Georg Straimer wurde am 14.8.1908 in Wörth an der Donau geboren. 1933 legte er an der Technischen Hochschule Berlin die Prüfung zum Diplomingenieur ab und erwarb dort 1937 den Dr.-Ing. mit "summa cum laude". Bis 1942 arbeitete er in Berlin als wissenschaftlicher Assistent. Während eines mehrjährigen Einsatzes im Ingenieurcorps der Wehrmacht beschäftigte er sich mit Forschungs- und Entwicklungsarbeiten in der Radartechnik, im Nachrichtenwesen und – so der Wortlaut der Laudatio anlässlich seiner Ernennung zum "Dr. med h. c." an der TU München – Grenzgebieten der Biologie und Medizin. Nach dem Krieg baute er u. a. den Suchdienst für Vermisste, Verstorbene und Gefallene mit auf und entwickelte verschiedene Strahlenmessgeräte. Am 15.8.1956 wurde er im BMAt als Verwaltungsassessor eingestellt und bereits am 21.12.1957 zum Oberregierungsrat ernannt (BA BMAt-Hausmitteilungen 12/56 und 1/58). Schon Ende 1959 wurde er mit der Wahrnehmung der Aufgaben des für den Strahlenschutz zuständigen Gruppenleiters beauftragt. Er behielt diese Funktion – später als Ministerialdirigent und Unterabteilungsleiter – bis Mai 1968. Danach erhielt er den zukunftsträchtigen Bereich der Datenverarbeitung zum Aufbau. Am 1.3.1971 wurde er – offiziell auf eigenen Wunsch – in den Ruhestand versetzt (atw, Jahresinhalt 1971, Rubrik "Personalien", S. 219) und am 13.5.1971 auch von seinen Aufgaben im Verwaltungsrat der von ihm maßgeblich beeinflussten GSF entbunden (BayHStA GSF 110). Dr. Georg Straimer starb am 14.8.1975 bei einem Besuch der kerntechnischen Anlagen in Garching.

144 BA B 106 66641. Handschriftliche Notiz Straimers (ohne Datum) auf einem Schreiben Pohlands vom 20.9.1956.

Abb. 1: Hauptakteure der ministeriellen Ebene von 1956 bis 1972

Dr. Georg Straimer (links)

Dr. Jakob Schwibach (rechts),
hier mit Dr. Joachim Joseph (DHI)

Dr. Hubertus Holtzem (links),
hier mit Hilfsreferent Dr. J. Mehl

Die Äußerung Straimers muss in zweierlei Hinsicht verwundern. Sie offenbart einerseits ein gewichtiges Steuerungsproblem zwischen Ministerium und Arbeitskreis und scheint andererseits deutlich zu machen, dass Straimer nicht vorhatte, diesem Missstand in irgendeiner Form zu begegnen.

Dies würde sowohl Rückschlüsse auf die Wichtigkeit, die er der Frage zumaß, als auch auf die Einschätzung seiner eigenen Möglichkeiten zulassen.

Letzten Endes verlor der AK 3 jedoch die Zuständigkeit für die Beratung in Fragen der Beseitigung radioaktiver Nebenprodukte an den AK 2 "Strahlenschutz in atomtechnischen Anlagen" (siehe Kapitel 2.2.1). Erklärungsbedürftig bleibt in diesem Zusammenhang, dass der Wechsel laut Protokoll der 3. Sitzung der FK IV bereits am 13. November 1956 beschlossen wurde, – mehrere Tage, bevor Straimer die oben zitierte Feststellung traf.[145]

Was die Einschätzung der eigenen Möglichkeiten angeht, so lässt sich nur mit einer späteren Begebenheit argumentieren. Schopper erwähnte im Informationsgespräch, er habe die Beseitigung radioaktiver Abfälle in der zweiten Hälfte des Jahres 1957 von der Tagesordnung des AK 2 genommen, da ihm die Erstellung einer Musterordnung für den Sicherheitsbericht bei Reaktoren wichtiger erschien. Hierauf von Schnurr[146], der der Abteilungsleiter Straimers war, mit Nachdruck angesprochen, gab ihm Schopper unmissverständlich zu verstehen, er nehme nur Aufträge von oberster Stelle an.[147] Dies wiegt um so schwerer, als Strauß dem Bun-

---

145 BA B 138 3321. Straimer nahm an der 3. Sitzung zeitweise teil. Am 12. und 13.11. hatten die Mitglieder der FK in vorbereitenden Gesprächen auch eine Präzisierung der Aufgabenstellungen vorgenommen. Der inhaltliche und zeitliche Widerspruch ließe sich auflösen, wenn man annimmt, dass Straimer im Verlauf dieser Gespräche bzw. der Sitzung die "Lustlosigkeit" der AK-Mitglieder bemerkte und bis zur Fertigstellung des Protokolls die Änderung erwirkte.

146 Dr. Walther Schnurr wurde am 11.2.1957 als Verwaltungsassessor im BMAt eingestellt (BA BMAt-Hausmitteilung 4/57). Der von Minister Balke hochgeschätze Chemiker hatte – so Radkau (1983, S. 508) – von 1936 bis 1950 für die Dynamit AG u. a. an der Entwicklung synthetischer Sprengstoffe gearbeitet. Nach Müller (1990, S. 155) war er danach bis zum Eintritt in das BMAt in Bolivien und Argentinien tätig. Schnurr wechselte zum 1.5.1960 als technischer Geschäftsführer der Kernreaktor Bau- und Betriebs-GmbH nach Karlsruhe (Atompraxis, Jahresinhalt 1960, Rubrik "Mitteilungen", S. 287). Vgl. "Wer ist Wer" (1961), S. B 28f.

147 Erwin Schopper wurde am 26.6.1909 in Heilbronn geboren. Er studierte in Tübingen, Berlin, München und Stuttgart Physik und Mathematik. 1934

deskanzleramt bereits im ersten Monatsbericht des BMAt vom 6. Juli 1956 angekündigt hatte, man werde mit den im Batelle-Institut geplanten Versuchen nicht beginnen, bevor man die Frage des Abtransportes und der Lagerung der schwachaktiven Abfallprodukte gelöst habe.[148]

Parallel zu diesen Vorgängen wurden die Beamten des Ministeriums mit den Gedanken konfrontiert, die die kursierenden Informationen über die neue Energie beim Bürger auslösten. Hierunter waren von Anfang an auch sehr vorsichtige Stimmen. So hatte sich bereits im Februar 1956 Dr. Herrmann Falk, ein Facharzt aus Freiburg im Breisgau, an das BMAt gewandt und seine Bedenken vorgetragen. Am 2. April 1956 schrieb er als Antwort auf das Rückschreiben Pohlands:

> "(...) Ihre Frage nach Vorschlägen für die Beseitigung radioaktiver Abfallprodukte (ist) nur so zu beantworten, daß es für mich als Arzt im Interesse des ganzen deutschen Volkes nur einen Vorschlag geben kann, nämlich den, nicht eher mit der friedlichen Ausnutzung der Atomkraft zu beginnen, d.h., die Versuche auf Laboratorien zu beschränken, bis dieses Problem restlos gelöst ist."[149]

Derart extreme Ansichten hatten bei der durch Bundeskanzler Adenauer in knappster Form vorgegebenen Aufgabenstellung – Etablierung einer deutschen Atomwissenschaft und Aufholen des Rückstandes zu den anderen Ländern[150] – verständlicherweise nur sehr eingeschränkt Aussicht auf Gehör. Bereits am 13. Januar 1956 war in Washington das "Abkommen über Zusammenarbeit auf dem Gebiet der zivilen Verwendung der Atomenergie" unterzeichnet worden, das Voraussetzung für den Betrieb der ersten Forschungsreaktoren war[151] und keine vier Monate später war Pohland Leiter der Studiengruppe, die den Bau einer europäischen Wiederaufarbeitungsanlage vorbereiten sollte.[152]

Bemerkenswert ist allerdings, dass Falk vom gleichen Grundprinzip ausging, das auch Minister Strauß und der BMWi-Unterabteilungsleiter

---

Promotion bei H. Geiger und E. Regener über Elementarteilchen. Von 1934–1937 war er Assistent an der TH Stuttgart, danach bis zum Kriegsausbruch Abteilungsleiter im Wissenschaftlichen Zentrallaboratorium der IG Farben in Wolfen. 1956 wurde er zum Professor für Kernphysik an der Universität Frankfurt (Main) berufen. (Informationsgespräch mit Prof. Dr. Schopper am 27.4.2002).

148 BA B 136 293.

149 BA B 106 66654.

150 So Strauß (1989) in seinen "Erinnerungen", S. 224.

151 Müller (1990), S. 245ff.

152 Müller (1990), S. 521ff.

Heesemann (siehe Kapitel 2.1.1) mit Selbstverständlichkeit für den jeweiligen Teilaspekt der Beseitigungsfrage formuliert hatten: Erst die Lösung, dann der Ausbau.

Ganz anders geartet waren die Bemühungen einiger Privatpersonen, die in der Problematik ihre "große Chance" erblickten. Am 29. Juni 1956 fand beispielsweise eine Besprechung mit den Herren Felbick, Vater und Sohn aus Köln, statt, die zur Beseitigung radioaktiver Abfälle die Gründung einer GmbH beabsichtigten. Für diese wollten sie und ihre Geldgeber eine Garantie auf eine Monopolstellung erreichen, was von Pohland zu diesem Zeitpunkt trotz konkretisierter Überlegungen im Hinblick auf Lagerplätze, Bauten sowie Kontroll- und Sicherheitseinrichtungen nicht zugesichert werden konnte.[153]

Allerdings bestätigte er Hans Felbick – nach ministeriumsinterner Kommunikation mit Grau – am 3. August 1956, dass an seinen vorbereitenden Arbeiten "großes Interesse" bestehe und sagte die Diskussion seiner Absichten in der FK IV zu.[154] Als jedoch Straimer, der sich inzwischen der Sache angenommen hatte, Felbicks Forderung nach verbindlicheren Zusagen von "einer gründlichen Ausarbeitung des technischen Projekts" abhängig machte, verlor dieser schließlich Ende Oktober 1956 das Interesse.[155]

Auf deutlich weniger Gegenliebe stießen dagegen die Vorstellungen des Oberingenieurs Ludwig Kapfer aus Karlsruhe-Neureuth, die dieser dem BMAt zwischen dem 16. September 1956 und dem 11. Februar 1957 unterbreitete. Hierunter waren auch die mehrseitigen Organisationspläne und Verbandsstrukturen einer GmbH für "Transport und Lagerung von Atommüll" (TAM). Wesentliche Elemente waren eine zentrale Meldestelle, die Ausbildung spezieller Transportmannschaften, die Beschaffung spezieller Transportmittel sowie die Erschließung von Lagerplätzen, wobei Kapfer an alte Bergwerke, Steinbrüche und Erosionsschluchten dachte.[156]

Insgesamt scheinen derartige Anstöße die in dieser Frage noch nicht festgelegten Ministerialbeamten zunächst zu einer privatwirtschaftlichen Organisation der Beseitigung angeregt zu haben. So wurde in der 3. Sitzung des AK IV/3 am 3. Juni 1957 im Rahmen der Arbeiten zur Strahlenschutzverordnung (SSVO) festgehalten:

---

153 BA B 106 66654. Vermerk vom 4.7.1956.
154 BA B 106 66654.
155 BA B 106 66654. Felbick vom 19.9.1956 sowie Straimer vom 26.9.56.
156 BA B 106 66654.

"Vonseiten des Bundesministeriums für Atomfragen wird dagegen (Beseitigung im Ermessen der Länderregierungen, D. M.) die Ansicht vertreten, daß man die Schaffung regionaler Atomabfallbeseitigungsunternehmen mit Benutzungszwang nicht umgehen könne, wobei in Einzelfällen Ausnahmen vorgesehen werden könnten. (...) Die Abfallbeseitigung soll nach Möglichkeit der privaten Wirtschaft übertragen werden."[157]

Hiermit konnten sich Pohland, Trabandt und Straimer jedoch nicht durchsetzen. Bereits der mit dem BMJ abgestimmte vorläufige Referentenentwurf zur SSVO von Ende Oktober 1957 sah mit § 7 für die Beseitigung radioaktiver Stoffe eine "Genehmigung der durch die Landesregierung bestimmten Behörde" vor. Nicht mehr verwendete radioaktive Stoffe sollten gemäß § 42 (1) "an eine von der Genehmigungsbehörde zu bestimmende Sammelstelle" abgeliefert werden.[158] Die von den Ministerialbeamten vertretene Vorstellung einer privatwirtschaftlich organisierten Abfallbeseitigung entsprach allerdings dem bereits unter Strauß geltenden Grundsatz, der Einfluss des Staates bei der Entwicklung der Atomenergie müsse möglichst gering gehalten werden, den Balke zu dieser Zeit unverändert vertrat.[159]

Zu den wichtigsten Grundsätzen des BMAt gehörte auch die "Förderung einer Eigenentwicklung in der Bundesrepublik unter Berücksichtigung der im Ausland gemachten Erfahrungen."[160] Minister Strauß hatte frühzeitig deutlich gemacht, dass der vielfach beklagte zehnjährige Rückstand auch seine positiven Seiten habe. Man könne sich, indem man die Erfahrungen anderer Staaten abwarte und ausnutze, viel Zeit und insbesondere Geld sparen.[161] Balke folgte seinem Vorgänger auch in diesem Punkt. Am 26. Februar 1957 meinte er vor ausländischen Pressevertretern, "daß die augenblickliche Lage eine gewisse abwartende Haltung der Bundesrepublik in bezug auf *die industrielle Nutzung der Atomenergie*

157 BA B 138 3426. Sowohl Pohland als auch Straimer nahmen an der Sitzung teil.

158 BA B 138 3321.

159 Vgl. die bei Müller (1990, S. 154) abgedruckten Grundsätze aus dem Jahresbericht des BMAt für 1956. Hier hieß es an siebter Stelle: "Ermutigung der privaten Unternehmer-Initiative in der Atomwirtschaft." Im Vorwort zum Jahresbericht des BMAt für 1957 formulierte Balke, die Aufgabe des Staates solle sich im wesentlichen darauf beschränken, "Starthilfe für die Entwicklung zu leisten."

160 Müller (1990), S. 154.

161 Radkau (1983), S. 159f. Vgl. die BMWi-Diskussion zur Investitions- und Finanzpolitik (BA B 102 133812/Juli 1957). Man habe sich durch die bisherige Zurückhaltung "viele Milliarden gespart."

(Hervorhebung D. M.) rechtfertige. Deutschlands Energiereserven würden es gestatten, die Erfahrungen der britischen Industrie und die nächsten Etappen der technischen Entwicklung (...) abzuwarten." Zwar werde man in der Zwischenzeit zahlreiche Forschungsanlagen errichten, *bis 1965* (Hervorhebung D. M.) sei aber "lediglich mit dem Bau von 5 Atomkraftwerken mit einer Kapazität von 500 MW zu rechnen."[162]

Die britische Atomindustrie in den Mittelpunkt der ministeriellen Aufmerksamkeit zu stellen[163], war prinzipiell auch auf dem Gebiet der Abfallbeseitigung naheliegend. Während sich die USA aufgrund wesentlich günstigerer Platz- und Klimaverhältnisse eine gewisse Nachlässigkeit im Umgang mit Abfällen aller Aktivitätsklassen erlauben konnten, galten für das dicht besiedelte, niederschlagsreiche Großbritannien ähnliche Restriktionen wie für die Bundesrepublik. Theoretisch würde sich in der bereits 1952 für militärische Zwecke in Betrieb genommenen Wiederaufarbeitungsanlage in Windscale[164] auch das Problem der Handhabung hochaktiver Abfälle mit deutlichem zeitlichen Vorlauf stellen. Tatsächlich waren von hier – wie im Bundestagsausschuss für Atomfragen schon am 11. April 1957 festgestellt werden musste – kurzfristig keine Impulse zu erwarten. Im Beisein von Cartellieri, Pohland und Straimer meinte Prof. Walther Gerlach[165] an diesem Tag:

> "Die Engländer würden dabei (in Risikofragen, D. M.) etwas großzügiger denken. Über Probleme, die kommen könnten, würden sie sich jetzt noch keine Gedanken machen. Sie rechneten in den nächsten Jahren mit einem Anfall von 2 t radioaktiven Stoffes. Sie glaubten, damit noch fertig zu werden. Das große Problem legten sie einstweilen ruhig noch etwas 'auf Eis'." [166]

---

162 Atompraxis, Jahresinhalt 1957, Rubrik "Mitteilungen", S. 156.

163 Vgl. Müller (1990), S. 389–393. Großbritannien erschien als "die im Kernkraftwerksbau am weitesten fortgeschrittene Nation", weswegen britische Entwicklungen "zunächst starken Einfluß" auf die Planungen zum Reaktorbau in der Bundesrepublik hatten. Ging man dort seit 1955 für das Jahr 1963 von einer Kernkraftwerkskapazität zwischen 400 und 800 MWe aus, strebte man ab März 1957 offiziell eine Gesamtkapazität von 5000 bis 6000 MWe an.

164 Vgl. Müller (1990), S. 512.

165 Gerlach war Professor für Physik an der Universität München und von 1944 bis 1945 Leiter des deutschen Uranvorhabens gewesen. Nach dem Krieg erhielt er zunächst eine Gastprofessur in Bonn, von wo er 1948 nach München zurückkehrte. Er war Mitglied mehrerer Gremien zur Förderung der Atomforschung. [Müller (1990), S. 15, S. 17, S. 109].

166 BA B 141 19553. 26. Sitzung.

Gerlachs Einschätzung ist insofern von Bedeutung, als sie den Ministerialbeamten letztlich doch ein klares Signal gab: Wenn einer der beiden Hauptnutzer der Atomenergie noch keine Veranlassung sah, im Hinblick auf die Beseitigung hochaktiver Abfälle konzeptionell tätig zu werden, dann konnte es für die eben erst gestartete Bundesrepublik ohne konkrete Ambitionen zum Bau einer Wiederaufarbeitungsanlage auf ihrem Staatsgebiet keinerlei Zeitdruck geben.[167]

Diese Interpretation lässt sich durch Ausführungen Balkes vom Vortag untermauern. Von seiner Reise in die USA, nach England und Kanada zurückgekehrt, berichtete er in der 25. Sitzung des Ausschusses vom 10. April 1957 ausführlich über seine Eindrücke. Dabei streifte er auch knapp amerikanische Bemühungen in der Beseitigungsfrage:

> "Shippingport ist die erste Anlage, die sich grundsätzlich mit dem sogenannten Abfallproblem in technischer Hinsicht eingehend befaßt. (...) All diese Abfallprodukte werden dort zunächst einmal zehn oder zwölf Jahre gesammelt in unterirdischen Tankanlagen, so daß nichts an die Außenwelt kommt. (...) Und dort will man erst untersuchen, was entsteht überhaupt als Nebenprodukt bei diesen Reaktoren und mit welcher Halbwertszeit. Was geschieht, wenn die radioaktiven Abfälle einmal fünf Jahre lagern, ist dann überhaupt noch Aktivität da usw. [sic] Das ist eine sehr kostspielige, aber sehr instruktive Anlage."[168]

Vor diesem Hintergrund schien eine abwartende Haltung auch im Bereich der Abfallbeseitigung sinnvoll. Zwar verfügte man in Fachkreisen über detaillierteres Wissen, als es die Worte Balkes glauben machen, von der prinzipiellen Machbarkeit einer gefahrlosen Handhabung und Beseitigung hochaktiver Spaltprodukte gab man sich jedoch überzeugt. Als Pohland knapp anderthalb Monate später von einem Symposium zur Aufarbeitung bestrahlter Kernbrennstoffe in Brüssel zurückkehrte, wusste er mit Bezug auf entsprechende Vorträge zu berichten, dass die Lagerung der Spaltprodukte "– technologisch und flächenmäßig gesehen – kein besonderes Problem" darstelle. Man könne sie für einen Zeitraum von bis zu 20 Jahren in Spezialtanks lagern und dann weiterbehandeln. Möglicherweise könne man die Abwässer sogar "tiefen Stellen des Ozeans

167 Vgl. Müller (1990), S. 515ff.

168 BA B 138 7098. Die letzten beiden Sätze wurden aus dem Entwurf gestrichen. Shippingport war der erste große Druckwasserreaktor (60 MWe), der nicht zu militärischen Zwecken, sondern zur wirtschaftlichen Erprobung gebaut wurde. Das "erste Atomkraftwerk der Welt" wurde am 2.12.1957 kritisch [Müller (1990), S. 401f].

oder aber tiefen Schichten der Erdoberfläche" zuführen. Hierbei sei auch an "ausgelaugte Salzdome" zu denken.[169]

Die zugleich aufmerksam beobachtende und abwartende Haltung des BMAt hatte sich schon im Haushaltsentwurf für das Jahr 1957 abgezeichnet. Hier hatte man bereits im Februar 1956 festgestellt, man könne zu Transportbehältern für radioaktive Abfälle und Lagerungstanks "noch keine detaillierten Angaben über konkrete Vorhaben" machen.[170]

Weiteren Aufschluss in dieser Hinsicht versprach die bereits Anfang des vierten Quartals 1957 vorliegende Tagesordnung zur 2. Internationalen Atomkonferenz. Für die Sitzungen 1.10 und 1.11 war angekündigt worden:

> "Zu den Themen würden auch Verfahren zur dauernden Aufbewahrung oder Beseitigung stark radioaktiver Abfälle, zur Gewinnung wertvoller Bestandteile aus Abfällen, zur Trennung konzentrierter von verdünnten Abfällen, zur Verteilung schwacher Abfälle sowie Untersuchungen über ihre spätere Bewegung im Boden und in natürlichen und künstlichen Entwässerungssystemen gehören."[171]

Während die Abfallproduktion aus dem Betrieb von Reaktoren noch keine praktische Bedeutung hatte – erst Ende Oktober 1957 wurde der kleine Forschungsreaktor in Garching in Betrieb genommen[172] –, begann sich die Situation im Bereich der niedrigst- und schwachaktiven Abfälle aus Medizin, Industrie und Forschung allmählich zu verschärfen. Bereits im 1. Halbjahr 1957 hatte die Verwendung radioaktiver Isotope in diesen Bereichen beträchtlich zugenommen.[173] Sie sollte sich bis Ende 1957 im Vergleich zum Vorjahr verdoppeln.[174] So meinte Gerlach, als man im Rahmen der oben erwähnten Sitzung des Bundestagsausschusses am 11. April 1957 auch die Frage der Risiken beim Transport radioaktiver Stoffe streifte, in den Krankenhäusern bestehe derzeit die Möglichkeit von Gefahren, weswegen in diesem Bereich eigentlich etwas geschehen

---

169 BA B 138 319. Das Symposium fand vom 20.–25.5.1957 statt.

170 BA B 126 13728. Eingehende Erläuterungen zum Einzelplan 31, hier Titel 630 "Entwicklung von Strahlenschutzmaßnahmen" vom 4.2.1956.

171 BA B 136 6113.

172 Vgl. Müller (1996), S.77. Es folgten die sehr kleinen Forschungsreaktoren (50 KW thermische Leistung) in Frankfurt und Berlin (10.1.1958 und 24.7.1958) sowie der größere Forschungsreaktor in Geesthacht (5 MW/ 23.10.1958).

173 Atompraxis, Jahresinhalt 1958, Rubrik "Mitteilungen", S. 120.

174 Vgl. Cartellieri u. a. (1959), S. 109–112.

müsse.[175] Nachdem am 21. Januar 1958 ein kugelförmiger Behälter mit einem Iridium-192-Präparat beim Transport verloren gegangen und von einem ahnungslosen Kraftfahrer auf der Straße gefunden worden war, sperrte das BMAt Anfang Februar 1958 die Weitergabe von radioaktiven Isotopen vom Importeur an bestimmte Beziehergruppen.[176] Wenige Tage später betonte Cartellieri in einer Einladung an den Länderausschuss für Atomfragen, dass "Auflagen über eine deutliche Kennzeichnung von Beförderungs- und Aufbewahrungsbehältnissen sowie über die Beseitigung radioaktiver Stoffe unerläßlich sein" würden.[177]

Mit hoher Wahrscheinlichkeit ist in diesem Zusammenhang auch ein Rundschreiben Straimers an 96 Adressaten – von einschlägigen Universitätsinstituten über die Daimler-Benz AG bis hin zu Kreiskrankenhäusern – vom 28. Februar 1958 zu sehen. Es stellt den ersten Versuch der ministeriellen Ebene dar, einen umfassenden Überblick über die aktuelle Situation bei den Anwendern von Radioisotopen und insbesondere die zukünftigen Abfallmengen zu gewinnen.[178] Auch das Forschungszentrum Karlsruhe erhielt bald deutliche Signale, dass das Ministerium begonnen hatte, sich der Beseitigungsfrage anzunehmen. Am 24. April 1958 teilte die Planungsabteilung der Geschäftsführung mit:

> "Wie ich gestern von Herrn Dr. Schnurr telephonisch erfahre, erwägt der Herr Bundesminister für Atomfragen die Errichtung von sogenannten 'Entaktivierungszentren' in der Bundesrepublik. Diese Zentren sollen die Aufgabe haben, den Waste Disposal von radioaktiven Abfällen zentral für die Bundesrepublik zu übernehmen. Der Minister bittet um möglichst baldige Mitteilung, ob die Reaktorstation Karlsruhe bereit ist, diese Aufgabe zu übernehmen."[179]

---

175 BA B 141 19553. Protokoll der 27. Sitzung.

176 Atompraxis, Jahresinhalt 1958, Rubrik "Mitteilungen", S. 159.

177 BA B 138 566, 2. Entwurf des Schreibens vom 12.2.1958.

178 BA B 106 27909. Straimer setzte eine Frist bis zum 31.3.1958, erhielt bis dahin aber nur auf einen geringen Teil der 91 tatsächlich abgeschickten Fragebögen eine Antwort.

179 GLAK 69 689. Ob sich die Karlsruher Seite bereits auf der Basis dieser deutlich erläuterungsbedürftigen Informationen entschloss, dem BMAt eine grundsätzliche Zusage zu geben, ist nicht bekannt. Die unglücklich wirkende Bezeichnung "Entaktivierungszentrum" lässt darauf schließen, dass im Kern an eine Sicherstellung bis zum Abklingen der Radioaktivität gedacht war. Vgl. Tiggemann (2004, S. 122, Fn 313), der die Anfrage nicht wörtlich zitiert und sie offensichtlich chronologisch falsch einordnet.

Der Versuch Straimers, zu einer detaillierten Lagefeststellung zu kommen und die Anfrage Schnurrs sind insofern wertvoll, als sie das von Reuter-Boysen für diese Monate gezeichnete Bild in einem anderen Licht erscheinen lassen.[180] Nachdem Bechert die unbefriedigende Situation im Bereich der Abfallbeseitigung am 5. Dezember 1957 in Anwesenheit von Balke, Grau, Cartellieri und Straimer vor dem Bundestagsausschuss für Atomfragen thematisiert hatte[181], teilte das BMAt offensichtlich die Einschätzung, dass die Gewerbeaufsichtsämter der Bundesländer mit der vorgesehenen Einrichtung von Zwischensammelstellen personell und fachlich überfordert sein würden. Der Umstand, dass man sich zu dieser Zeit im Zusammenhang mit dem Bau des Reaktors in Karlsruhe mit der Sammlung, Aufbereitung und Lagerung radioaktiver Abwässer und Festabfälle befassen musste, dürfte ein Übriges getan haben.[182] Wenn das Bayerische Staatsministerium für Arbeit und soziale Fürsorge am 27. November 1958 Bundesatomminister Balke persönlich darauf hinwies, dass "in kürzester Zeit die praktische Möglichkeit geschaffen" werden müsse, radioaktiven Abfall "zu sammeln und an einer Stelle unschädlich zu machen", sollte also nicht von der Erfolglosigkeit vorangegangener Interventionen ausgegangen werden.[183] Das BMAt hatte den Handlungsbedarf inzwischen erkannt.

In den Folgemonaten konkretisierten sich die Planungen weiter. Zwischen August 1958 und April 1959 stand Straimer mit mehreren Ingenieurbüros in Verbindung, um die Projektierung einer Sammelstelle voranzutreiben.[184]

Das letzte Quartal des Jahres 1958 ist darüber hinaus insofern von besonderem Interesse, als das BMAt begann, Überlegungen zur endgültigen Lagerung radioaktiver Abfälle anzustellen. Theoretisch wird man davon ausgehen können, dass die Frage der endgültigen Verbringung mit der Ausplanung des Zwischensammelstellenkonzepts zwangsläufig aufkommen musste. Was konkret die Hinwendung zu diesem Aspekt der Beseitigungsfrage bewirkte, ist allerdings unklar. Mehrere Faktoren bieten sich zur Erklärung an.

---

180 Vgl. Reuter-Boysen (1992), S. 142.

181 BT PA (3. WP). Kurzprotokoll der 2. Sitzung.

182 BT PA (3. WP). Kurzprotokoll der 3. Sitzung des Ausschusses für Atomkernenergie und Wasserwirtschaft am 17. Januar 1958. Siehe insbesondere die Seiten 21–23. Anwesend waren Grau, Schnurr und Straimer.

183 Reuter-Boysen (1992), S. 142.

184 BA B 106 27909.

Zum einen dürften die Eindrücke der vom 1. bis 13. September in Genf abgehaltenen 2. Konferenz der IAEO eine nicht zu unterschätzende Wirkung gehabt haben. Die Beseitigung radioaktiver Abfälle war dort wesentlich ausführlicher und konkreter behandelt worden als 1955.[185] Mit den in Karlsruhe für Dekontaminations- und Lagereinrichtungen zu tätigenden Investitionen gab es nun einen guten Grund für erhöhte Aufmerksamkeit. Dass der seit 1956 hierfür zuständige Fachmann der KBB[186] nach der Konferenz in der Fachzeitschrift "atomwirtschaft" die Notwendigkeit einer kontrollierten Lagerung über Jahrhunderte betonte und die schwerwiegenden Folgen für die Wirtschaftlichkeit der Atomenergie unterstrich, ist von erheblicher Bedeutung.[187]

Darüber hinaus hatte der Generaldirektor der IAEO, Sterling Cole, Bundesminister Balke mit Schreiben vom 29. September 1958 um Vorschläge für ein Konferenz-Programm gebeten und damit einen für die Fragestellung dieser Arbeit wichtigen Vorgang ausgelöst.

Der Leiter der Abteilung II hatte die Forderung nach Vorschlägen am 23. Oktober an sein Fachpersonal gerichtet und am 31. Oktober Rückmeldung von Straimer, am 21. November eine Antwort von Pohland erhalten. Ihre Stellungnahmen flossen inhaltlich unverändert in den von Balke erst am 26. Februar 1959 unterschriebenen Entwurf ein. Dort war nun zu lesen:

> "Die Tatsache, daß in verhältnismäßig großer Anzahl neue Reaktoranlagen in Betrieb gesetzt werden, macht das Problem der radioaktiven Abfälle immer dringlicher. Die Weltgesundheits-Organisation (WHO) hat für 1959 ein Seminar über waste disposal vorgesehen. Als Ergänzung wäre eine Tagung wünschenswert, die sich mit der praktischen Seite dieser Angelegenheit, also mit den technischen und organisatorischen Maßnahmen befaßt. Man sollte dabei zwischen den verschiedenen Quellen radioaktiven Abfalls unterscheiden, aber in den Mittelpunkt die bei der chemischen Aufarbeitung bestrahlter Kernbrennstoffe entstehenden Abfälle stellen, denn sie fallen nach Menge und Aktivität am meisten ins Gewicht. Als Sondergebiet von ganz akutem Interesse wären die biologi-

---

185 Vgl. United Nations (1958), Volume 18. Vgl. auch Reuter-Boysen (1992), S. 143.

186 Es handelt sich um Dr. Stefan Krawczynski. Schon am 6.11.1956 sah man in Karlsruhe eine "einwandfreie Abfallbeseitigung" als "Voraussetzung für einen sicheren Betrieb" und legte daher fest, entsprechende Unterlagen "in gleichem Maße" zu sammeln, "wie die Planung des Reaktors und der Reaktorstation fortschreitet" (GLAK 69 689).

187 Vgl. das wörtliche Zitat bei Müller (1996), S. 559. Erstmals bei Reuter-Boysen (1992), S. 143.

schen, technischen und völkerrechtlichen Probleme, die sich bei der Ableitung radioaktiver Abwässer in das Meer und bei der Lagerung radioaktiver Abfälle auf dem Meeresgrunde ergeben, eingehend zu behandeln, zumal auch die Genfer Seerechtskonferenz Sie im April dieses Jahres gebeten hat, sich dieses Fragenkreises anzunehmen."[188]

Der Vorgang macht erneut deutlich, dass die internationale Entwicklung auf dem Gebiet der Beseitigung radioaktiver Abfälle von den Beamten des BMAt aufmerksam verfolgt wurde. Er zeigt darüber hinaus, dass das Ministerium in dieser Frage nach wie vor erheblichen Informationsbedarf sah und deswegen noch keine konkreten Schritte unternommen hatte. Zudem lässt sich die schließlich im November 1959 in Monaco abgehaltene erste internationale Konferenz über Beseitigungsfragen nun präziser einordnen:[189] Während die 2. Internationale Konferenz von 1958 den Blick für die Abfallbeseitigungsproblematik erheblich geschärft hatte, erwartete das Ministerium angesichts des gestiegenen Handlungsdrucks von der Monaco-Konferenz (siehe Kapitel 2.2.2) letzte wertvolle Hinweise für die vorzunehmenden Weichenstellungen.

Für diese Interpretation spricht, dass Straimer spätestens im November 1958 – in auffälliger Ähnlichkeit zur Einschätzung des KBB-Experten – der Ansicht war, die Beseitigung radioaktiver Abfallstoffe hoher Halbwertszeit stelle "ein schwieriges Problem" dar, weil deren "strahlungssichere Ablagerung auf sehr lange Zeit" notwendig sein würde. Hierzu schienen ihm die Versenkung im Meer und die Einbringung in tiefgelegene Erdschichten geeignet.[190] Im Hinblick auf die letzgenannte Möglichkeit kam es Ende 1958 zu einer ersten Besprechung zwischen Straimer und Vertretern der noch in Aufstellung befindlichen Bundesanstalt für Bodenforschung (BfB).[191] Ihr Präsident zählte in seiner Rede zur Einweihung der Bundesanstalt am 27. April 1959 neben der Informationsgewinnung über Uran- und Thoriumvorkommen bereits die Beseitigung radioaktiver Abfälle – "ein außerordentlich wichtiges und unter Umständen folgenschweres Problem" – zu ihren Aufgaben.[192]

---

188 BA B 138 4824. Entwurf des Schreibens vom Dezember 1958/Januar 1959. Handschriftliche Änderungen wurden eingearbeitet.

189 Vgl. Müller (1990, S. 526).

190 Cartellieri u. a. (1959), S. 128 und 131.

191 BA B 106 66641. Schott an BMwF vom 5.3.1963. Von BMAt-Seite nahm auch Ministerialrat Haase teil. Die Vertreter der BfB waren Prof. Dr. Martini und Dr. Wager.

192 Schon Ende Juni 1956 hatte sich Strauß an Erhard gewandt und eine Inanspruchnahme der BfB durch sein Ministerium angekündigt. Hierbei stand

Knapp drei Monate später, am 20. Juli 1959, musste Straimer eine Anfrage des Universitätsbauamtes Tübingen allerdings noch mit folgender Feststellung einleiten:

> "Die Planung für eine allgemeine zentrale Beseitigung radioaktiver Abfälle ist noch im Anfangsstadium, so daß verbindliche Auskünfte nicht erteilt werden können."[193]

2.1.2.1 Die frühzeitige Verdrängung einer möglichen Alternative

Am 30. Juni 1956 meldete der Münchener Diplom-Physiker Bernhard Philberth eine der wohl außergewöhnlichsten Ideen zur Lösung der Beseitigungsfrage zur Patentierung an: die Lagerung radioaktiver Abfallprodukte im Polareis.[194]

Knapp einen Monat später warb er erstmalig bei einer der Koryphäen der deutschen Atomforschung, Heinz Maier-Leibnitz, um Unterstützung.[195] Dieser lehnte eine nähere Beurteilung jedoch mit dem Hinweis auf Arbeitsüberlastung ab. Ebenso erging es Philberth mit Karl Wirtz, der am 27. August 1956 eine intensivere Beschäftigung mit seiner Idee aus dem gleichen Grund ausschloss.[196] Daraufhin wählte Philberth einen anderen Weg, – am 16. September 1956 gingen seine Ausführungen bei der Fachzeitschrift "Atomkernenergie" ein.[197]

Präzise ging es bei seiner Idee darum, Behälter mit radioaktiven Substanzen im Grönland- oder Südpolareis möglichst nahe der höchsten absoluten Erhebung der Eisoberfläche in geringer Tiefe einzusenken. Durch die fortwährenden Niederschläge sollten sie allmählich völlig vom Eis umschlossen und so lange festgehalten werden, bis sie auf den Boden durchgesunken oder zum Rand abgewandert sein würden. Da eventuell frei werdende radioaktive Partikel weitgehend vom Eis angelagert wür-

---

die Informationsgewinnung über Uran- und Thoriumvorkommen im Vordergrund. Auch Balke drängte in der Folgezeit mit Erfolg darauf, der künftigen BfB unmittelbar Aufträge erteilen zu dürfen. (BA B 102 123336/ 128772).

193 BA B 106 51068. Dennoch informierte er u. a. über die für feste Abfälle vorgesehenen 200 Liter-Rollsickenfässer, ihren Anstrich und ihre Kennzeichnung.

194 Atompraxis, Jahresinhalt 1959, Rubrik: "Patentanmeldungen", S. 376.

195 BA B 138 5523.

196 BA B 138 5523.

197 Philberth (1956), S. 396–400. Vgl. die wesentlich kürzere Darstellung Tiggemanns (2004, S. 127–129), der insbesondere die im Folgenden wiedergegebene erste Ablehnung nicht berücksichtigt.

den, flüssiges Wasser nicht auftrete und die niedrige Eisviskosität ein zügiges Schließen von Spalten bewirke, sei nicht mit einer Verseuchung größeren Ausmaßes zu rechnen.

Nach einer Einschlusszeit von wenigstens 30.000 Jahren möglicherweise frei werdende Behälter seien durch den Eiseinschluss vermutlich intakter als bei einer direkten Einlagerung in Bergwerksschächte oder der Versenkung im Meer. Überdies erfolge die Freisetzung in polaren Küstengebieten, unter Packeis oder auf hoher See. Sein Verfahren scheine daher "eine Beseitigung von radioaktiven Abfallsubstanzen und Gegenständen über hinreichende Zeiträume in unbesiedelbarem und sonst unbenutzbarem Gelände *mit einer an Vollkommenheit grenzenden Sicherheit* (Hervorhebung D. M.) zu ermöglichen."[198]

Schon am 28. September 1956 – sein Artikel war noch nicht erschienen – wandte sich Philberth schriftlich an Bundesatomminister Strauß. Der daraufhin zuständigkeitshalber mit der Sache befasste Straimer antwortete ihm mit der Bitte um Zustimmung am 26. November 1956:

> "Ihre Arbeit ist so interessant, dass ich sie einem größeren Kreis von inländischen und ausländischen Sachverständigen zur Diskussion vorlegen möchte."[199]

Wem Straimer die vervielfältigten Exemplare vorlegte und vor allem, zu welchem konkreten Ergebnis man dabei kam, ist aus den Akten nicht ersichtlich. Am 2. Juli 1957 teilte er Philberth mit:

> "Eine Verwirklichung Ihrer Idee sehe ich im Rahmen der in der Bundesrepublik gegebenen Möglichkeiten nicht. Ihr Projekt hat, abgesehen von der wissenschaftlichen Problematik, viele politischen [sic] und wirtschaftlichen [sic] Voraussetzungen. Es wird schwer sein, diese zu erfüllen."[200]

Der Verweis auf die "in der Bundesrepublik gegebenen Möglichkeiten" ist insofern interessant, als er zu offenbaren scheint, dass die Verwirklichung im nationalen Rahmen schon zu diesem frühen Zeitpunkt ein oberstes Kriterium bei den Überlegungen des Ministeriums war. Man wird diese Formulierung allerdings nicht zu wörtlich nehmen dürfen; dass eine Lagerung in den Eiskappen der Erde nicht *innerhalb* der Bundesrepublik möglich sein würde, hätte kaum der Erwähnung bedurft. Möglicherweise wollte Straimer eigentlich zum Ausdruck bringen, dass er das außenpoliti-

---

198 Philberth (1956), S. 396.
199 BA B 138 5523.
200 BA B 138 5523.

sche Gewicht der Bundesrepublik für unzureichend hielt. Vielleicht wollte er den Vorgang auch einfach nur zum Abschluss bringen. Später meinte er, mit der Veröffentlichung in der "Atomkernenergie" sei die von ihm intendierte Publikations- und Diskussionshilfe hinfällig geworden. Weitere Maßnahmen hätten sich erübrigt.[201]

Philberth gab jedoch nicht auf. Bereits anderthalb Monate später wandte er sich erneut an das BMAt und bat um einen Forschungszuschuss in Höhe von 10.000 bis 12.000 DM, der ihm aus noch zu thematisierenden Gründen nicht gewährt wurde.[202] Im Vorfeld eines Symposiums zu den physikalischen Aspekten der Eisbewegung, das vom 16.–24. September 1958 in Chamonix stattfinden sollte, bat er das Ministerium abermals ohne Erfolg um einen Forschungs- bzw. Reisekostenzuschuss.[203] Daraufhin wandte sich Philberth am 13. August 1958 mit seinem Anliegen an den Bundesminister des Äußeren, der den Vorgang wieder an das BMAt zurückgab.[204] Hier vermerkte man Anfang September:

> "Auf wissenschaftliche Argumente lässt sich die Ablehnung schlecht stützen, weil der philberth´sche Vorschlag unter diesem Gesichtspunkt zumindes [sic] interessant ist und eine gründliche Überprüfung bisher nicht stattgefunden hat. (...) Die hauptsächlichen Bedenken sind, daß Herr Philberth bei seinen Darlegungen auf dem Symposium das Gebiet des rein wissenschaftlichen verlassen und politische Betrachtungen anstellen könnte, die bei dem ständig zunehmenden Interesse, das die Polargebiete finden, die Bundesregierung in eine heikle Situation bringen könnte, wenn Sie die Reise bezuschußt. Dieser Gesichtspunkt kann Herrn Philberth aber nicht mitgeteilt werden."[205]

Das Ministerium machte sich die Sache Philberths zu diesem Zeitpunkt also aus Sorge vor außenpolitischen Komplikationen nicht zu eigen. Diese Sorge war auf Zweifel an seiner Seriosität zurückzuführen, die bei den Referenten bereits während des ersten Prüfungsprozesses aufgekommen waren. Mit deutlicher Ungeduld hatte Philberth im Januar 1957 versucht, sein Anliegen auch durch den Hinweis auf ein Interesse der Tagespresse voranzubringen. Den Umstand der Bearbeitung im BMAt hatte

---

201 BA B 138 5523. Vermerk vom 13.1.1960.
202 BA B 138 5523. Schreiben vom 24.8.1957.
203 BA B 138 5523. II C 2 an AL II sowie Vermerk II A 2 vom 14.7.1958.
204 BA B 138 5523.
205 BA B 138 5523. Vermerk II C vom 2.9.1958. Philberth hatte dem Ministerium auch eine pseudo-philosophische Abhandlung geschickt, die sich mit der Gefährdung der Menschheit und Parallelen zur Apokalypse befasste.

er gegenüber den Journalisten zur Aufwertung seiner Idee genutzt.[206] Wohl aus diesem Grund meinte man Ende August 1957 auf Referatsebene, in "gewisser Hinsicht" sei "sogar Vorsicht im Briefwechsel mit ihm angezeigt."[207] Als er beim Versuch, doch noch einen Zuschuss für das Symposium in Chamonix zu erhalten, Mitte August 1958 drohte, er wolle "im Ausland nicht den Anschein einer unzureichenden Förderung des Sicherheitsproblems" erwecken[208], dürfte er sich aus Sicht der Referenten endgültig disqualifiziert haben.[209]

Philberth nahm schließlich auf eigene Kosten an dem Symposium in Chamonix teil und konnte dort scheinbar einen Erfolg für sich verbuchen. So erging die offizielle Empfehlung an die IAEO, seinem Verfahren weitere Forschungsarbeit zu widmen, worüber er das Ministerium am 18. Oktober 1958 informierte. Zugleich bat er erneut um einen Reisekostenzuschuss.[210]

Bemerkenswerterweise konnte Philberth nun – die 2. Internationale Atomkonferenz vom September 1958 hatte den Blick für die Schwierigkeit einer Langzeitlagerung deutlich geschärft (siehe Kapitel 2.1.2) – kurzzeitig sogar das Wohlwollen des Leiters der Abteilung II für sich gewinnen. Hatte Schnurr bereits am Rand des Schreibens vom 18. Oktober deutlich gemacht, dass er die Idee für interessant und unterstützenswert hielt, so ließ er dies das Referat II A 2 am 4. Dezember 1958 unter Würdigung der philberthschen Anstrengungen noch einmal wissen.[211] Wohl auf Betreiben Schnurrs hatte der für Fragen der Forschungsförderung zuständige Ministerialrat Dr. Hocker denn auch Ende Oktober begonnen, zusätzliche Informationen über Philberth einzuziehen. Die Anfang November 1958 vorliegende Einschätzung Gerlachs, der als Angehöriger des Physikalischen Instituts der Universität München gelegentlich mit Philberth zu tun hatte, fiel jedoch fachlich wie persönlich negativ aus[212], weswegen sich Hocker nicht zu einer Unterstützung entschließen wollte. Schnurr, der ihn scheinbar gewähren ließ, konnte sich eine verhalten kritische Anmerkung

206 BA B 138 5523. Schreiben vom 22.1.1957.
207 BA B 138 5523. Kommentar vom 29.8.1957.
208 BA B 138 5523. Schreiben vom 13.8.1958.
209 BA B 138 5523.
210 BA B 138 5523.
211 BA B 138 5523. Er schrieb: "Wenn Herr Philberth tatsächlich als erster die Idee der Deponierung der radioaktiven Abfälle in den Eismassen des Südpols hatte, dann sollte man ihm doch eine Unterstützung nicht versagen. Ideen sind so selten ... ."
212 BA B 138 5523. Antwort Gerlachs vom 5.11.1958.

allerdings nicht verkneifen. Man müsse bei konsequenter Anwendung der im Falle Philberth angelegten Kriterien "verschiedenen Herren", denen man "unvergleichlich höhere Mittel" zukommen lasse, "als die paar Mark, die Herr Philberth hätte bekommen sollen, den Kredit sperren". Der Unterschied liege in einigen Fällen einzig und allein darin, dass "der eine ein armer Teufel, der andere ein wohlbestallter Universitätsprofessor" sei.[213]

Im März 1959 ergriff Philberth – wie dem Ministerium nicht verborgen blieb[214] – in der Fachzeitschrift "Atomkernenergie" abermals das Wort für sein Patent.[215] Nachdem er bereits auf dem offenbar wenig beachteten Symposium in Chamonix erklärt hatte, die Abfälle sollten in spezielle Behälter gepackt und aus der Luft abgeworfen werden[216], erläuterte er das Verfahren nun der deutschen Fachöffentlichkeit. An den vorgesehenen höchsten Erhebungen sei eine mehrere Meter mächtige Firnschicht vorzufinden, deren Dichte mit zunehmender Tiefe steige. Die Behälter würden daher voraussichtlich einige Meter tief einschlagen und ihr Aufprall entsprechend gemildert. Sollten dennoch Beschädigungen auftreten, würden wegen des hohen Anlagerungsvermögens und des fortwährenden Massenzuwachses durch Neuschnee keine Partikel an die Oberfläche gelangen. Die durch die radioaktiven Zerfallsprozesse entstehende Wärme könne man sich insofern zunutze machen, als man durch eine bestimmte Beschickung der Behälter mit radioaktivem Material die Einschmelztiefe relativ genau beeinflussen könne. Bei Verwendung wenige Tage oder Wochen alten Abfalls würden sie sich anfangs entsprechend schnell einschmelzen und mit dem Abklingen der Aktivität schließlich stecken bleiben.[217]

Philberth nutzte die Gelegenheit, um noch einmal zu betonen, dass es sich bei seinem Vorschlag unumstritten um "das sicherste Verfahren überhaupt" handele.[218] Die potentiellen Gefahren des Lufttransports seien minimierbar, wenn man die Reaktorstationen mit eigenen Flugplätzen ausrüste. Bei Reaktorstationen nahe den Küsten müsse sogar nur Wasser überflogen werden. Sollte es dennoch einmal zu einem Absturz kommen, sei dies mit der direkten Versenkung im Meer vergleichbar. Eindeu-

---

213 BA B 138 5523. Schreiben vom 14.1.1959, fälschlicherweise noch auf "1958" datiert.

214 BA B 138 5523. Vermerk II C 2 vom 13.1.1960.

215 Philberth (1959), S. 116–119.

216 Philberth (1958), S. 350. Er sprach nicht von "Behältern", sondern von "Bomben".

217 Philberth (1959), S. 118.

218 Ebd.

tig würde dabei nur ein Bruchteil der bei einer grundsätzlichen Versenkung beseitigten Mengen ins Meer gelangen. Hinsichtlich der endgültigen Kosten sei ein Vergleich noch nicht möglich, da auch die Folgekosten der Beseitigung im Festlandboden und im Meer noch nicht abschätzbar seien. Mit der Fortentwicklung der Luftfahrzeuge würden sich die Kosten für den Lufttransport immer weiter zugunsten seines Verfahrens verschieben. Es erscheine beim derzeitigen Stand der Erkenntnis "unverantwortlich, die Kostenfrage in den Vordergrund zu rücken." [219]

Philberth versuchte nun, vom BMAt offiziell für die Teilnahme an der Monaco-Konferenz nominiert zu werden und bat um Anhörung seines Bruders Karl, die Anfang Mai 1959 tatsächlich stattfand. Der ihrer Idee immer noch aufgeschlossen gegenüberstehende Schnurr stellte nach dem Termin nicht ohne Freude fest, dass seine Beamten ihrem Gesprächspartner einen "wissenschaftlich einwandfreien Eindruck" bescheinigt hatten. Die von ihnen gegenüber Philberth als Hinderungsgrund ins Feld geführte Patentierung hielt er nicht für problematisch.[220] Doch auch diese erneute Sympathiebekundung blieb ohne wesentliche Auswirkungen.

Angesichts der ablehnenden Signale, die sein Bruder von den Referenten erhalten hatte, bemühte sich Bernhard Philberth nun um einflussreiche Fürsprecher. Am 6. Juli wandte er sich schriftlich an Werner Kliefoth[221] und noch am 20. Oktober an Otto Hahn.[222] Zu diesem Zeitpunkt war die Entscheidung auf Ministeriumsebene allerdings längst gefallen. Am 12. August 1959 hielt Straimer in einem Vermerk fest:

> "Nach Vortrag des Herrn RR Haunschild und des Unterfertigten entschied der Herr Staatssekretär am 12.8., daß Herr B. Philberth und sein Bruder

---

219 Philberth (1959), S. 119.

220 BA B 138 5523. Vermerk II A 2/II C 2 vom 8.5.1959. Das Treffen fand am 6.5.1959 statt.

221 Prof. Dr. Werner Kliefoth, geboren am 29.6.1901, war Schriftleiter der Fachzeitschrift "Atomkernenergie". 1961 war er Lehrbeauftragter für Kerntechnik an der Universität Kiel und Wissenschaftlicher Rat im Ministerium für Arbeit, Soziales und Vertriebene des Landes Schleswig-Holstein. Im Mai/Juni 1959 hatte er im Norddeutschen Rundfunk zwölf Vorträge zum Thema "Vom Atomkern zum Atomkraftwerk" gehalten, die zunächst als Broschüre und im Februar 1963 in erweiterter Form als Taschenbuch erschienen. Vgl. zum übrigen Werdegang Kliefoths " Wer ist Wer" (1961), S. B 17.

222 BA B 138 5523.

nicht als Referenten für die IAEO-Konferenz in Monako zu melden und auch nicht durch Zuschüsse zu unterstützen seien."[223]

Bernhard Philberth, der wie sein Bruder Karl von dieser Grundsatzentscheidung scheinbar nicht unterrichtet wurde, nahm schließlich auf eigene Kosten an der Konferenz teil. In einer Diskussion über die Vor- und Nachteile der Einlagerung radioaktiver Abfälle in geologischen Strukturen wies er erneut auf die Idee einer Einlagerung in den Eiskappen der Erde hin. Er erwähnte u. a. detailliertere Kalkulationen zu den bisherigen Kritikpunkten, die alle, wie er betonte, positiv ausgefallen seien und erneuerte die Aufforderung an die IAEO, sich mit seinem Vorschlag zu befassen.[224]

Von der Konferenz zurückgekehrt bat Philberth das BMAt mit Schreiben vom 7. Dezember 1959 um die Erstattung der Reise- und Übernachtungskosten in Höhe von 186,70 DM[225] und wandte sich aus genereller Unzufriedenheit mit der Würdigung seiner Idee durch die Beamten des BMAt[226] bereits am Folgetag an Minister Balke persönlich. Dieser leitete eine Prüfung des ihm bis dahin unbekannten Falles ein, was dazu führte, dass man ihm eine ausführliche Zusammenfassung lieferte, die sämtliche Vorbehalte hinsichtlich der Person Philberths und seines Vorschlags enthielt.[227] In seiner Antwort vom 12. Februar 1960 nannte Balke zwei wesentliche Gründe für die ablehnende Haltung seines Hauses:

> "Die Einlagerung radioaktiver Abfälle in Polargebieten stellt eine unkontrollierbare Beseitigung radioaktiver Abfälle dar. Soweit ich für die Einlagerung radioaktiver Abfälle zu sorgen habe, ziehe ich eine kontrollierbare Aufbewahrung unter allen Umständen vor. Die Bundesrepublik Deutschland nimmt keinen Einfluß auf das politische und wirtschaftliche Geschehen in arktischen oder antarktischen Gebieten. Aus beiden Gründen besteht, selbst unter der Voraussetzung, daß die von Ihnen zu Grunde gelegten glaziologischen Annahmen wissenschaftlich gesichert sind, weder

---

223 BA B 138 5523. Haunschild und Straimer waren sich in ihrer Ablehnung scheinbar einig.

224 IAEA (1960), Vol. II, S. 557. Auf der Konferenz hatte Philberth von Dr. Joachim Joseph (DHI) Unterstützung erfahren (siehe Kapitel 2.2.2)

225 BA B 138 5523. Diese wurden ihm nicht gewährt. Philberth machte geltend, die IAEO habe ihm mit Schreiben vom 27.10.1959 die Konferenzteilnahme nahegelegt.

226 Die Pressestelle des BMAt wusste am 25.11.1959 in ihrer "Atom und Wasser"-Information mit Bezug auf eine ap/afp-Meldung zu berichten, man sei sich in Monaco darin einig gewesen, "daß es keinen Sinn habe, den Atommüll im ewigen Eis zu versenken." (PA AA B 22–93).

227 BA B 138 5523. Vermerk II C 2 vom 13.2.1960, mit hoher Wahrscheinlichkeit von Straimer erstellt. Der Vorgang zog sich noch bis zum 6.7.1960 hin.

eine Veranlassung noch eine Möglichkeit, Ihren Plan mit Unterstützung meines Hauses zu verwirklichen."[228]

Der von den Philberth-Brüdern nach dieser Absage dennoch unternommene Versuch, Informationen für weitere Arbeiten auf Ebene der IAEO zu erhalten, blieb letztlich scheinbar ebenfalls ohne Erfolg. Kurzzeitig hatte man auf Referentenebene auch erwogen, ihre Anfrage positiv zu bescheiden: Man wäre die Sache damit endlich los gewesen.[229]

Mit der Idee Bernhard Philberths und seinem hartnäckigen Werben um Unterstützung wurden die zuständigen Ministerialbeamten von 1956 bis 1960 mit der Forderung nach einer sehr sicheren Lösung der Endlagerungsfrage konfrontiert. Man wird allerdings einräumen müssen, dass bei der Beschäftigung mit seinem Anliegen schon ab Juli 1957 sachliche Aspekte in den Hintergrund traten und Abwehrreaktionen bestimmend wurden.

Die ausführliche Darstellung seiner Anstrengungen macht deutlich, dass es sich bei seinem Vorschlag nicht lediglich um einen von mehreren "sehr phantasievolle(n)" Diskussionsbeiträgen handelte[230], die aufgrund ihrer Realitätsferne von vornherein keine Chance auf ministerielle Beachtung hatten. Zunächst hatte man im BMAt sehr wohl ein grundsätzliches Interesse an seiner Idee und selbst zu einer Zeit, als die Wirtschaftlichkeitsaussichten der Atomenergie für Ernüchterung sorgten, wollte sich Schnurr den philberthschen Gedanken nicht verschließen. Dass der Vorgang überhaupt die Staatssekretärsebene erreichte, dürfte auf seine Fürsprache zurückzuführen sein.

Die Bandbreite der von Philberth involvierten Personen und Institutionen[231] unterstreicht zwar eindrucksvoll, wie überzeugt er von seinem Vorschlag gewesen sein muss, sie offenbart aber auch ein gehöriges Maß an

---

228 BA B 138 5523. Anhang zum Vermerk, von Balke unterschrieben.

229 So ein handschriftlicher Kommentar (BA B 138 5523). Mit Bezug auf ein IAEO-Bulletin vom 1.4.1960, das die Bereitschaft zur Förderung von Forschungsvorhaben auf dem Gebiet der Behandlung und Aufbewahrung radioaktiver Abfälle erklärte, hatte Karl Philberth das BMAt um die Übersendung von Antragsformularen gebeten. Er löste damit eine längere ministeriumsinterne Debatte darüber aus, ob man ihm die gewünschte Information grundsätzlich verweigern könne. Diese schlug sich in mehreren Seiten handschriftlicher Kommentare der beteiligten Referate nieder.

230 Vgl. Müller (1996), S. 558f.

231 Neben den bisher genannten Personen hatte er sich scheinbar an den Bundestagspräsidenten, die Professoren Schwab, Bopp und Finsterwalder, die Akademie der Wissenschaften in Paris und Moskau sowie Papst Pius XII. gewandt (BA B 138 5523. Vermerk vom 13.1.1960).

Naivität im Umgang mit den Ministerialbeamten, die schnell Zweifel an seiner Seriosität bekamen. Hierin – und nicht in später zusätzlich herangezogenen Argumenten – ist der Grund für die rigorose Ablehnung auf Referentenebene zu sehen.

Dass Straimer darüber hinaus formelhaft – und sicherlich mit Absicht vage – von den vielen "politischen und wirtschaftlichen Gründen" sprach, die einer Realisierung entgegenstünden, lässt Raum für Interpretationen. Hierbei erscheint es allerdings sinnvoll, die politischen Gründe nicht konkret[232], sondern in ihren Auswirkungen für Straimer zu betrachten. Man wird nicht ausschließen können, dass er den erhöhten Abstimmungs- und Zeitaufwand bei multinationalen Lösungen vor Augen hatte. Wechselnde Interessenkoalitionen hätten zu erheblichen Verzögerungen führen können. Eine nationale Lösung für alle Abfallkategorien bedeutete – jenseits von Autarkiegedanken und dem Konzept einer nationalen Energiewirtschaft – weniger Arbeit und eine höhere Aussicht auf eine zeitgerechte Verwirklichung.

Was die wirtschaftlichen Gründe angeht, ist in erster Linie festzustellen, dass Philberth seinem Anliegen durch die konsequente Betonung des Sicherheitsaspekts bei gleichzeitiger Geringschätzung der Kostenfrage keinen Gefallen tat. Seine Haltung bedeutete, die Wirtschaftlichkeit der Atomenergie als selbstverständlich bzw. bereits als gegeben anzunehmen. Wer um die Sensibilität des RWE für den Faktor Beseitigung wusste (siehe Kapitel 2.1.1), konnte sich schwerlich für einen gerade im internationalen Vergleich derart aufwendigen Vorschlag für "radioaktive Abfallsubstanzen" entscheiden.

---

232 Vgl. Tiggemann (2004, S. 129), der den Antarktisvertrag vom Dezember 1959 als rechtliches Hindernis anführt. Dies lässt allerdings außer Acht, dass Philberth sich schon 1956 (S. 400) wegen der kürzeren Transportwege für Grönland ausgesprochen hatte. Zudem wurde der Vertrag bzw. seine Vorbereitung über die Jahre kein einziges Mal als Argument genutzt. Unzutreffend ist die Feststellung, Philberths Vorschlag habe einem "Willen der Atomkommission [sic]" widersprochen. Tiggemann bezieht sich hierbei auf die Ablehnung einer "internationale(n) Standardisierung und Kontrolle der endgültigen Einlagerung" in der 17. Sitzung des AK III–IV/1 vom 9.12.1959 (siehe Kapitel 2.2.2). Vorher hätte eine ernsthafte Diskussion sehr wohl erfolgen können. Die Ablehnung durch Straimer und den Staatssekretär (August 1959) ist ausschlaggebend.

2.1.2.2 *Der zweifelhafte Reiz der etablierten Versenkung im Meer*

Als sich der zur Abteilung See des Bundesministeriums für Verkehr gehörende Dr. Marienfeld am 7. März 1956 an das BMAt wandte, um sich nach dem "Verbleib des Atommülls" zu erkundigen, schrieb er nach einer kurzen Bemerkung zur zunehmenden Dringlichkeit der Frage (siehe Kapitel 2.1.2) mit einem Seitenblick auf die von Großbritannien praktizierte Versenkung:

> "Das Verhalten des versenkten Atommülls im Meerwasser ist z.Zt. nicht bekannt. Es kann aber nicht genug davor gewarnt werden, die Ozeane ohne weiteres als geeignete Versenkungsplätze anzusehen."[233]

Wenn man Marienfelds engagierten und berechtigten Hinweis auch nach außen hin wenig ernst nahm, so dürfte er intern doch erste Gespräche ausgelöst haben. Der zweite Satz und eine hier nicht wiedergegebene Passage, in der Marienfeld um Informationen über die für die Zukunft erwogenen Maßnahmen bat, wurden vom zweiten Mann im BMAt, Ministerialdirektor Grau, rot angestrichen.

Auf europäischer Ebene scheint die Dringlichkeit einer Beschäftigung mit den möglichen Folgewirkungen einer Versenkung im Meer dagegen wesentlich deutlicher wahrgenommen worden zu sein. Als Minister Balke mit Schreiben vom 28. Januar 1958 von Dr. G. Schloesser, einem Mitglied des Europarates, um Auskünfte über die durch die Versenkung bestehende Gefährdung gebeten wurde, bezog Schloesser sich auf einen vorläufigen "Bericht über die Verunreinigung des Meerwassers durch Atomabfälle", in dem es hieß:

> "Bisher schienen diese Schäden für Europa nur geringe Bedeutung zu haben, aber in anderen, von Winden und Strömungen weniger begünstigten Gebieten, ist die Verunreinigung des Meerwassers durch Atommüll schon eine wirkliche Geißel der Menschheit geworden."[234]

---

233 BA B 106 66654. 1959 wurden allein im Ärmelkanal jährlich 5000 t niedrigaktiver Abfälle aus dem britischen Atomforschungszentrum Harwell versenkt [Burns (1960), S. 427]. Chandler (1997, S.11) weist darauf hin, dass zudem seit 1949 höheraktive Abfälle aus Harwell an der tiefsten Stelle des Kanals (Hurd Deep) versenkt wurden. Möglicherweise ist Marienfelds Anfrage auf diese Praxis zurückzuführen.

234 BA B 138 5520. Der Bericht (Dok. 275/13.1.1958) lag der Beratenden Versammlung des Europarats vor.

Mit dieser sicherlich übertriebenen Einschätzung waren der Minister und seine Beamten ein weiteres Mal mit einer extrem besorgten Sichtweise konfrontiert. Die unglückliche Formulierung dürfte allerdings die Wirkung des Hinweises wesentlich geschmälert haben. Das Denken der Ministerialbeamten war nicht durch fundamentale Positionen geprägt. Es zeichnete sich bei maximal mittelfristiger Orientierung durch Gründlichkeit und Differenziertheit aus, die neben der erforderlichen Eigenabsicherung insbesondere Handlungsspielräume eröffnen und erhalten sollte.

Als Straimer am 25. Februar 1958 die Anfrage eines Schweizers beantwortete, brachte er daher auch die Ansicht zum Ausdruck, dass die Beseitigung "kein besonderes Problem" darstelle. Zunächst sei der Aufbau einer Zentralsammelstelle geplant. Er stellte darüber hinaus fest:

> "Eine Versenkung der Abfälle ins Meer ist bis jetzt weder erfolgt noch für die nächste Zukunft beabsichtigt."[235]

Man muss sich der Offenheit dieser Aussage bewusst sein. So nüchtern und unverbindlich formulierte niemand, der diesen Weg der Beseitigung prinzipiell ausschloss. Hierfür spricht insbesondere, dass Straimer im Oktober 1958 in Vorbereitung des Ministerschreibens an den Generalsekretär der IAEO (siehe Kapitel 2.1.2) verstärkten Informationsbedarf über "biologische, technische und völkerrechtliche Probleme (...) bei der Lagerung (...) auf dem Meeresgrund" sah.[236] Balke bezeichnete diesen Bereich schließlich als "Sondergebiet von ganz akutem Interesse".[237]

Ohne ein wenigstens grundsätzliches Interesse an dieser etablierten Beseitigungsmethode lässt sich auch schwer erklären, warum Straimer am 21. Oktober 1958 schließlich doch den oben genannten Dr. Marienfeld für Anfang des Jahres 1959 zu einer "Ressortbesprechung informativen Charakters zur Beseitigung radioaktiver Abfälle ins Meer" einlud.[238] Kurz zuvor hatte ein Mitarbeiter Straimers gemeint, mit dem Anfall radioaktiver Abfälle in größerem Umfang werde "sich die Frage ergeben, unter welchen Bedingungen eine Ablagerung dieser Abfälle ins Meer zulässig" sei.[239]

Den Akten ist keinerlei Notiz oder Protokoll über diese Besprechung zu entnehmen. Möglicherweise wurde sie vertagt, nachdem sich die Be-

---

235 BA B 138 5520.
236 BA B 138 4824. Straimer an AL II vom 31.10.1958.
237 BA B 138 4824.
238 BA B 138 5520.
239 BA B 138 5520. II C 2 (Donth) an II C 1.

teiligung der Bundesrepublik an der Monaco-Konferenz abzeichnete. So lässt sich lediglich feststellen, dass Straimer seine Position beibehielt. Als er den AK III–IV/1 Anfang September 1959 erstmalig über seine grundsätzlichen Überlegungen auf dem Gebiet der Beseitigung radioaktiver Abfälle unterrichtete (siehe Kapitel 2.2.1), meinte er, für die endgültige Beseitigung komme die Einlagerung in das Meer in Frage.[240]

2.2 Die Thematisierung der Beseitigungsfrage in der DAtK

Die auf Beschluss der Bundesregierung vom 21. Dezember 1955 am 26. Januar 1956 gebildete Deutsche Atomkomission (DAtK) war das Beratungsorgan des Bundesatomministers. Ihr gehörten neben dem Minister als Vorsitzenden anfänglich 25 namhafte Persönlichkeiten aus Wissenschaft, Wirtschaft und Gesellschaft an.[241] Durch die zwischen Februar und Dezember 1956 vorgenommene Untergliederung in fünf Fachkommissionen (FK) und nachgeordnete Arbeitskreise (AK) wuchs die Zahl der ehrenamtlich in ihr tätigen Sachverständigen bis Ende 1958 auf 200.[242] In den AK wurde die eigentliche Detailarbeit geleistet. Hier getroffene Entscheidungen – die formal auch nach ihrer Billigung durch die FK und DAtK lediglich Empfehlungscharakter hatten – beeinflussten die Atomforschung und atomtechnische Entwicklung in der Bundesrepublik gerade in den Anfangsjahren sehr stark.[243] Faktisch berieten einige AK das Ministerium bald direkt. Diese Entwicklung war insbesondere auf den teilweise sehr engen Kontakt zwischen den fachlich zuständigen Ministerialbeamten und den externen Fachleuten zurückzuführen.[244] Durch die regelmäßige Teilnahme an den Sitzungen der AK und FK konnten sie eigene Vorstellungen in die Beratungen einfließen lassen, ihr Fachwissen erweitern und sich frühzeitig auf Empfehlungen vorbereiten, die trotzdem von ihrer Linie abwichen.[245] Es sind diese Aspekte der Zusammenarbeit, die – über den Rahmen dieses Kapitels hinaus – von besonderem Interesse sind.

---

240 BA B 138 3413. Kurzprotokoll der 16. Sitzung am 7.9.1959.
241 Radkau (1983), S. 145. Vgl. die erweiterte Mitgliederliste von 1957 bei Müller (1990), S. 659.
242 Cartellieri u. a. (1959), S. 10 und 15.
243 Müller (1990), S. 167. Vgl. Radkau (1983, S. 146f), der feststellt, sie sei "in der Anfangszeit (...) weit mehr als ein bloßes Beratergremium" gewesen.
244 Pesch (1975), S. 21f.
245 Müller (1990), S. 171. Schwibach, der die DAtK erst in den sechziger Jahren erlebte, meinte im Informationsgespräch am 23.7.2002, "ein einigerma-

Die Frage der Beseitigung radioaktiver Abfälle fiel – wie in Kapitel 2.1.2 bereits angesprochen – in den Aufgabenbereich der FK IV "Strahlenschutz". Hier stand in den Jahren 1957 und 1958 die Arbeit an der Strahlenschutzverordnung (SSVO) im Vordergrund, weswegen sich Textstellen zur Beseitigung radioaktiver Abfälle nur in diesem Zusammenhang und nur vereinzelt finden.[246] Von Mai 1958 bis November 1960 tagte die FK IV nicht mehr.[247]

2.2.1 Die Diskussion in der FK IV und ihren Arbeitskreisen

In der konstituierenden Sitzung der FK IV wurde am 13. September 1956 auch die Frage der Bildung von Arbeitskreisen diskutiert. Die Grundlage hierfür war eine vorab im BMAt erstellte Gliederung in vier Aufgabenbereiche, zu denen jedoch nicht die Beseitigung radioaktiver Abfälle zählte.

Es war Boris Rajewsky, der damalige Direktor des Max-Planck-Instituts für Biophysik und eine der Koryphäen auf dem Gebiet der deutschen Strahlenforschung[248], der "die Wichtigkeit (...) solcher Probleme" unterstrich, "die mit der Unschädlichmachung radioaktiver Abfälle zusammenhängen" und "die Ausarbeitung von Richtlinien für dieses Gebiet als eine der vordringlichsten Aufgaben" bezeichnete.[249]

Nachdem der frisch gewählte Vorsitzende, Ludwig Rosenberg[250], die "Behandlung des Problems der radioaktiven Abfälle" in einem Zwischenresümee an zweiter Stelle nach Beratungen über die SSVO herausgestellt hatte, wurde schließlich der AK 3 "Strahlenschutz im Umgang mit

---

ßen wacher Referent" habe "die Herren sehr wohl in seinem Sinne beeinflussen" können.

246 BA B 3321. Protokolle der 4., 5. und 6. Sitzung. In der 4. Sitzung wurden "erhebliche Bedenken" an der Fassung des § 35 (Behandlung radioaktiver Abwässer) angemeldet und Korrekturen durchgesetzt. In der 5. Sitzung wurde dieser Punkt noch einmal aufgegriffen und ergänzt. Lediglich in der 6. Sitzung ging es um die knappen, aber bemerkenswerten Formulierungen für die Beseitigung radioaktiver Festabfälle.

247 Radkau (1983), S. 146.

248 Rajewsky leitete das Institut von 1937 bis 1966. Er starb am 22.11.1974 im Alter von 81 Jahren (atw, Jahresinhalt 1974, S. 580). Vgl. Reuter-Boysen, S. 23. Vgl. zum Werdegang Rajewskys, "Wer ist Wer" (1961), S. B 26.

249 BA B 138 3321.

250 Rosenberg gehörte damals dem Bundesvorstand des DGB an, dessen 1. Vorsitzender er 1962 wurde. Schon 1955 hatte der DGB einen Atomausschuss eingerichtet, zu dessen Leitung Rosenberg gehörte [Radkau (1983), S. 146 und S. 430].

radioaktiven Isotopen" damit beauftragt, sich "möglichst bald" mit beiden Themen zu befassen, wobei "zur Frage der Unschädlichmachung der radioaktiven Abfälle" später auch der AK 2 "Strahlenschutz in Reaktorbetrieben und anderen genehmigungspflichtigen Anlagen" Stellung nehmen sollte. Zur Mitarbeit in beiden Arbeitskreisen meldete sich ein Dr. Schreier hinter dessen Namen im Protokoll der Zusatz "speziell Atomabfall" vermerkt wurde. Schreier war zu dieser Zeit Präsident der Abwassertechnischen Vereinigung Bonn und gehörte der Stadtverwaltung Düsseldorf an. Seine Berufung in die FK IV sowie seine ausdrückliche Benennung für Fragen der Abfallbeseitigung zeigen, dass man diese in erster Linie als Problem des Gewässerschutzes wahrnahm (siehe Kapitel 2.1.1).[251]

Im Zuge der weiteren Aufgabenpräzisierung wurde die Aufgabenverteilung in der dritten Sitzung der FK am 13. November 1956 für die oben genannten AK teilweise korrigiert. Dem AK 2, nunmehr umbenannt in "Strahlenschutz in atomtechnischen Anlagen", wurde u. a. Beratungsfunktion "beim Lagern von Kernbrennstoffen und beim Beseitigen radioaktiver Nebenprodukte" zugeschrieben. Der AK 3 sollte – wahrscheinlich aufgrund einer von Straimer ausgelösten Intervention (siehe Kapitel 2.1.2) – nur noch in Fragen "der Lagerung, Verwendung und beim Transport radioaktiver Präparate" mitwirken.[252]

Dieser Festlegung wurde in der konstituierenden Sitzung des AK 2 vom 22. Februar 1957 durch die Aufteilung in drei AG Rechnung getragen, von denen die dritte das "Lagern von Kernbrennstoffen" und die "Beseitigung radioaktiver Nebenprodukte (Waste Disposal)" zur Aufgabe hatte.[253] Wie den AK-Mitgliedern zum letzgenannten Themenkomplex

---

251 BA B 138 3397. Dr.-Ing. Franz Schreier war neben Dr.-Ing. Wilhelm Drobek, dem Technischen Direktor der Hamburger Wasserwerke und Vorsitzenden der Sonderkommission "Radioaktive Substanzen und Wasser" des Deutschen Vereins von Gas- und Wasserfachmännern sowie des Verbandes der deutschen Gas- und Wasserwerke (DVGW/VGW) auf Vorschlag Erhards in die FK IV berufen worden. (Schreiben Erhard an Strauß vom 8.4.1956 in BA B 102 40354). Schreier bat am 21.2.1961 um sein Ausscheiden aus dem AK (BA B 138 3414). Drobek sollte sich in den Sitzungen der FK IV am 25.11.1960 und 10.11.1961 kritisch zu einer Endlagerung in Salzvorkommen äußern. Nach einem durch Vorträge begleiteten Termin an der Asse (21.5.1965) änderte er schließlich seine Meinung. Er sei hierdurch "sozusagen von einem Saulus zum Paulus gewandelt worden." (BA B 196 22787).

252 BAB 138 3321. Kurzprotokolle der 2., 3. und 4. Sitzung.

253 BA B 138 3321. Schreiben Lechmanns an die Mitglieder des AK 2 vom 17.9.1957. Anlage zu Punkt 3 der Tagesordnung.

mitgeteilt wurde, habe man insbesondere an den medizinischen Instituten einen "erheblichen Anfall von 'Atommüll' " zu verzeichnen. Es sei darüber nachzudenken, ob die Beseitigung der radioaktiven Abfälle nicht "finanziell recht günstig und mit wenig Aufwand zu lösen" sei, wenn man die Sammlung, Aufbereitung und Aufbewahrung in den Reaktorzentren in Karlsruhe und Nordrhein-Westfalen vornehme.[254]

Zwar sah die am 18. Mai 1957 verschickte Tagesordnung zur 2. Sitzung des AK einen ersten Bericht der AG 3 vor[255], in den zwischen dem 18. Juni und dem 29. Oktober 1957 abgehaltenen Sitzungen spielte ihr Aufgabenbereich jedoch keine Rolle mehr.[256] Vielmehr rückten schon am 23. September "Richtlinien für die Abfassung von Sicherheitsberichten" für den Betrieb von Reaktoren in den Vordergrund. Der damalige Vorsitzende des AK, Prof. Erwin Schopper, erwähnte im Informationsgespräch, dass er die später als "Musterordnung" bezeichneten Richtlinien für wichtiger (siehe Kapitel 2.1.2) als die Frage der Beseitigung radioaktiver Abfälle gehalten habe. Hierbei dürfte Eigeninteresse der wesentliche Beweggrund gewesen sein[257]: Am 15. Juni 1957 hatte im Institut für Kernphysik der Universität Frankfurt, dessen Direktor Schopper war, die Montage eines Forschungsreaktors amerikanischer Herkunft begonnen.[258] So konzentrierte sich die AG 3, nachdem die FK IV am 8. November 1957 die Schwerpunktsetzung Schoppers bestätigt hatte[259], zwischen November und Dezember 1957 auf die "Behandlung radioaktiver Abfälle innerhalb der Anlage" und eine erste Einteilung in Abfallklassen.[260]

---

254 BA B 138 3413. Kurzprotokoll der 1. Sitzung. Anlage II.

255 BA B 138 3397.

256 BA B 138 3413. Kurzprotokoll.

257 Informationsgespräch mit Prof. Schopper am 27.4.2002. Schopper meinte: "Wir haben zwar uns mit der Beseitigung radioaktiver Abfälle befasst, aber ich hatte damals vorgeschlagen, da wir ja hier diesen Reaktor aufgestellt hatten, dass man zuerst mal überhaupt eine Musterordnung macht, darüber, was jemand, der einen Reaktor betreiben will, zu offenbaren hat."

258 Müller (1990), S. 271.

259 BA B 138 3307. Schreiben Balkes an Rosenberg vom 12.2.1958.

260 BA B 138 3397. Schreiben Geschäftsführung DAtK an die Mitglieder des AK IV/2 vom 12.12.1957 sowie Vermerk von Weiss über eine Besprechung am 19.11.1957. Holluta, Seelmann-Eggebert, Schreier und Weiss unterschieden flüssige, feste und gasförmige Abfälle. Die Grenze zwischen hoch- und schwachaktiven Abwässern (Klasse 1 und 2) legten sie bei 1 Ci/m^3 fest. Klasse 3 betraf Aktivitäten unterhalb der "Toleranzschwelle". Eine der Fragen im Zusammenhang mit festen Abfällen lautete: "Wie erfolgt die Sammlung und der Transport zur Behandlungs- bezw. [sic] Lagerstelle?"

Auch der AK IV/3 streifte die Thematik in seiner 6. Sitzung am 25. November 1957 im Rahmen der Beratungen zur SSVO und bat das BMAt "Informationen über die Handhabung des Atommülls in den USA und in England zur Verfügung zu stellen."[261] Straimer wandte sich daraufhin am 22. Februar 1958 – allerdings mit sehr spezifischer Fragestellung – an das Auswärtige Amt.[262] Im Mittelpunkt seines sicherlich wirtschaftlich motivierten Interesses stand, ob fester radioaktiver Abfall unterhalb einer bestimmten Aktivitätsgrenze wie gewöhnlicher Abfall beseitigt werden könne. Die Antworten der Deutschen Botschaften in London und Washington vom 14. bzw. 18. April enthielten jedoch kaum weiterführende Hinweise.[263]

Durch die Konzentration auf die Musterordnung für den Betrieb von Reaktoren berührten die Arbeiten des AK 2 den Aufgabenbereich der FK III "Technisch-Wirtschaftliche Fragen bei Reaktoren" und insbesondere des einflussreichen AK II–III/1 "Kernreaktoren".[264] Am 8. Mai 1958 wurde daher die Umwandlung des AK 2 in den AK III–IV/1 "Strahlenschutz und Sicherheit bei atomtechnischen Anlagen" vollzogen. Er unterstand nun – die neue Bezeichnung zeigt es deutlich – nicht mehr allein der FK IV, sondern auch der FK III. Die Maßnahme sollte offiziell dazu dienen, eine bessere Verständigung in Sicherheitsfragen zwischen den beiden FK zu erreichen.[265] Tatsächlich dürfte die Sorge vor zu strengen Auflagen der eigentliche Beweggrund gewesen sein.

Für Straimer und Schnurr war so um die Jahreswende 1958 eine ungünstige Situation entstanden. Zwar nahmen die Ministerialbeamten die Frage der Beseitigung radioaktiver Abfälle aus Forschungslaboratorien und Kliniken als immer drängenderes Problem wahr (siehe Kapitel 2.1.2),

---

261 BA B 138 3420.

262 BA B 106 66654. Straimer an MinDgt Meyer-Cording. Das Schreiben Costas ging am 26.2.1958 im AA ein.

263 PA AA B 22–91.

264 Müller (1990), S. 171.

265 BA B 138 3420. Schreiben von Dr. Sauer an Prof. Rudolf Berthold vom 29.4.1958. Schopper wies im Protokoll der Sitzung knapp auf die Umbenennung hin (BA B 138 3413). Er wurde damit zum ständigen Gast in der FK III und im AK II–III/1. In ihrer 5. Sitzung am 8.11.1957 hatte die FK IV den AK 2 nachträglich zur auf Eigeninitiative Schoppers begonnenen Ausarbeitung der Musterordnung ermächtigt. Daraufhin hatte der AK II–III/1 in seiner Sitzung vom 6.12.1957 empfohlen, ihn und die FK III zu beteiligen, da mit der Musterordnung auch allgemeine Sicherheitsfragen berührt würden. So ein Schreiben Balkes an Rosenberg vom 12.12.1958 in BA B 138 3397.

sie konnten aber auf die ausgewiesenen Fachleute der FK IV nur sehr eingeschränkt zu ihrer Entlastung zurückgreifen. Dem AK 3 hatte man die Zuständigkeit bereits Ende 1956 wegen Unwillens entzogen und der Vorsitzende des daraufhin ausgewählten AK 2 hatte nun gleichfalls seinen Unwillen erklärt. Der AK 5 war durch die mit hoher Priorität erarbeitete SSVO ausgelastet. Die Qualität der hierbei mit dem AK 3 anfänglich praktizierten Abstimmung brachte die FK IV schließlich bis in die Ministeriumsspitze in Verruf. Am 21. Januar 1958 notierte Cartellieri auf einer Ministervorlage in spürbarer Verärgerung, die Aufgliederung der FK IV sei "seinerzeit zu weit getrieben worden" und der mit ihm weitgehend übereinstimmende Grau meinte am Folgetag "die ganze Frage der Organisation der Strahlenschutzkommission und ihrer Arbeitskreise" müsse bei Gelegenheit "mit Herrn Rosenberg besprochen werden."[266] Wenn die FK IV ab Mai 1958 bis November 1960 nicht mehr tagte und Rosenberg dies – wie Radkau kritisierte[267] – im Nachhinein rechtfertige, so gaben die ministerielle Sorge um eine Verschleppung der SSVO und ein offenbar einvernehmlich geführtes Gespräch den Ausschlag.

Der Eindruck einer insgesamt eher von Spannungen bestimmten Zusammenarbeit wird durch eine aufschlussreiche Bemerkung, die sich Cartellieri im oben genannten Zusammenhang gestattete, noch verstärkt. Die Ressortvertreter seien "nicht 'Erfüllungsgehilfen' der zur Beratung gerufenen Herren". Sie hätten vielmehr "innerhalb ihrer Kompetenzen auch die Meinungen ihrer Häuser zu vertreten". Schließlich sei es "die Bundesregierung", die die Verordnung zu erlassen habe.[268]

Straimer und Schnurr blieb infolge der getrübten Beziehungen vorläufig nur, sich selbst der Beseitigungsfrage anzunehmen (siehe Kapitel 2.1.2). Erst anläßlich der 15. Sitzung des AK III–IV/1 am 24. Juni 1959 setzte Straimer den Themenkomplex erneut auf die Tagesordnung. Das Protokoll hielt fest:

> "ORR Dr. Straimer bittet den Arbeitskreis, das BMAt bei den im Zusammenhang mit waste disposal auftauchenden organisatorischen und technischen Problemen der Sammlung, der Abfuhr, Einlagerung, Einengung

266 BA B 138 566. Vermerk Dr. Raisch vom 14.1.1958.

267 Radkau (1983), S. 146. Vgl. auch Radkaus kritische Ausführungen auf S. 393f. Vgl. zudem Reuter-Boysen (1992), S. 21f. Beiden scheint die hier zitierte Akte nicht vorgelegen zu haben.

268 BA B 138 566. Vermerk Dr. Raisch vom 14.1.1958.

und Beseitigung fester und flüssiger radioaktiver Abfälle der Betriebe, Institute und Kliniken zu beraten."[269]

Mit der Festlegung auf Abfälle der "Betriebe, Institute und Kliniken" hatte Straimer eine wichtige Beschränkung der Beratungstätigkeit vorgenommen. Wie er später noch einmal bekräftigte, sollten Fragen im Zusammenhang mit bestrahlten Kernbrennstoffen "von vornherein ausgeklammert" werden.[270] Man mag diese Vorgabe aus heutiger Sicht kritisch sehen. Ein detaillierterer Blick auf die damalige Situation macht sie allerdings durchaus verständlich.

Zwar war das erste Atomprogramm vom Dezember 1957 angesichts der darauffolgenden Stagnation bis Dezember 1958 überarbeitet worden[271], das Kernziel war jedoch unverändert. Bis zum Jahr 1965 sollten "vier bis fünf Kraftwerke von insgesamt etwa 500 MWe" erstellt werden. Um dieses Ziel zu erreichen, seien – wie man weiterhin feststellte – die Projektierungsaufträge bis "spätestens 1959" zu erteilen.[272] Als Straimer seine Einschränkung im Juni 1959 vornahm, waren derartige Aufträge lediglich für drei der fünf angestrebten Reaktortypen eingegangen. Bis Ende 1961 sollten für diese drei die baureifen Unterlagen vorliegen. Dann erst sollte eine Entscheidung über ihren Bau getroffen werden.[273] Mit dem Anfall verbrauchter Brennelemente war gemäß Programm daher frühestens für 1965 zu rechnen. Ihre Wiederaufarbeitung sollte zudem unter Nutzung von Kapazitäten der im belgischen Mol geplanten europäischen Anlage (Eurochemic) – und damit *außerhalb* des Staatsgebietes der Bundesrepublik – erfolgen.[274] Wenn Straimer vor diesem Hintergrund die Aufmerksamkeit des AK auf den Bereich lenkte, in dem unbestreitbar Nachholbedarf bestand, ist das kaum zu kritisieren.

Dass Straimer seinen Vorstoß im Juni 1959 unternahm, dürfte auch darauf zurückzuführen sein, dass das Prinzip, den jeweiligen Teilaspekt der Beseitigungsfrage akut werden zu lassen, in Verbindung mit der eingetretenen Verzögerung inzwischen seine Folgen und Grenzen offenbarte. Als das "Heiße Labor" des Isotopenlaboratoriums in Göttingen Anfang Juli 1959 nach Karlsruhe umziehen sollte, lagerten auf seinem Gelände

269 BA B 138 3413.
270 BA B 138 3413. Kurzprotokoll der 16. Sitzung des AK III–IV/1 am 7.9.1959.
271 Vgl. Müller (1990), S. 380–385.
272 Müller (1990), S. 690 und S. 696.
273 Müller (1996), S. 231f. Eine Ausnahme stellte das formal nicht unter das Programm fallende Versuchsatomkraftwerk Kahl dar, für das die Vor- und Bauarbeiten schon im Juni 1958 begonnen hatten.
274 Müller (1990), S. 694.

"in 25 Mülltonnen etwa 2–3m^3 fester und annähernd 100 Liter flüssiger, langlebiger radioaktiver Abfall", der beim Umzug mitgenommen werden musste. Dies führte in Karlsruhe schon bald zu Improvisationen.[275]

In der auf seine Ankündigung vom Juni folgenden Sitzung des AK erläuterte Straimer am 7. September 1959 die seit 1958 im BMAt entwickelten Grundzüge der Abfallbeseitigung: genormte Abfallbehälter (200 bzw. 50 Liter Fassungsvermögen), Abholung durch Spezialfahrzeuge, Einrichtung von mehreren Zwischensammelstellen durch die Bundesländer, Einlagerung in bunkerartige Gebäude sowie eine für die Bundesrepublik zentrale Sortierung und Einengung vor der endgültigen Beseitigung. Die Detailberatungen könne man insgesamt "ohne Überstürzung" angehen, da "die Beseitigung (...) – abgesehen von einigen Ausnahmen – noch nicht so akut sei". Mit Blick auf die Endlagerung nannte er "die Einlagerung in das Meer oder in Erdhöhlen" als Optionen und gab den AK-Mitgliedern auch zu verstehen, dass mit ihm über eine weitere Möglichkeit, die seit März 1959 scheinbar erneut Auftrieb erhalten hatte, nicht zu reden sein würde. Die "vorgeschlagene Einlagerung in Polargebiete" sei "aus politischen und wirtschaftlichen Gründen wohl kaum realisierbar". Auch seien "damit zusammenhängende glaziologische Fragen noch nicht geklärt".

Schließlich zeigte sich Straimer überzeugt, dass "eine Ende des Jahres von der IAEO nach Monaco einberufene Tagung für Fragen des 'Waste Disposal' (...) weitere Klarheit bringen" werde. [276]

2.2.2 16.–21. November 1959 – Die "Monaco-Konferenz" und ihre Ergebnisse

Einer UPI-Meldung aus der ersten Oktoberhälfte 1958 hatte das BMAt die Information entnommen, dass die IAEO dabei war, eine Konferenz zur Beseitigung und Ablagerung radioaktiver Abfälle im Meer vorzubereiten. Da andere Staaten bereits eine Einladung erhalten hatten, wandte sich das BMAt am 25. November 1958 über das Auswärtige Amt an die Botschaft in Wien, um eine Teilnahme, zumindest aber die Entsendung von

---

275 GLAK 69 920. Notiz vom 22.5.1959. Als "Sofortmaßnahme" wurde ein Auffanglager für radioaktive Abfälle errichtet. Mit dem Bau wurde – unüblicherweise – schon vor der Genehmigung des Kostenvoranschlags durch die Oberfinanzdirektion Karlsruhe begonnen (Antrag Dr. Ritter vom 17.12.1959). Die Göttinger Abfälle konnten erst Ende März 1960 angeliefert werden (Aktennotiz Krawczynskis vom 11.4.1960).

276 BA B 138 3413. Kurzprotokoll der 16. Sitzung am 7.9.1959.

Beobachtern zu erwirken.[277] Nachdem der Generaldirektor der IAEO mit Schreiben vom 25. März 1959 nähere Informationen bereit- und die erwünschte Einladung in Aussicht gestellt hatte, setzte im BMAt der Personalauswahlprozess ein.[278] Die deutsche Delegation, der neben dem als Obmann fungierenden Schopper auch Straimer angehörte, war schließlich 20 Personen stark.[279]

Zu der in acht Themenschwerpunkte[280] gegliederten Konferenz in Monaco hatten 32 Staaten die vergleichsweise geringe Gesamtzahl von etwa 300 Delegierten entsandt. Der Umstand, dass es sich hierbei vornehmlich um Chemiker, Physiker, Biologen, Ozeanographen, Geologen, Fischereifachleute und Juristen handelte, ermöglichte es, in rund 70 zeitlich eng begrenzten Vorträgen und stattdessen ausgedehnten Diskussionen, "ein vielschichtiges Bild des umfangreichen Fragenkomplexes"[281] und einen "vorzüglichen Überblick" zu gewinnen.[282]

Nachdem man sich in den ersten Teilen im Wesentlichen mit Art und Anfall radioaktiver Abfälle sowie mit ihrer Behandlung befasst hatte, kam es mit der Thematisierung der Einleitung und Versenkung radioaktiver Abfälle in die Meere zu heftigen Diskussionen über die Verantwortbarkeit dieser Beseitigungsmethode.[283]

Während die Vertreter der UdSSR, Japans und anderer Staaten unter Verweis auf den weitreichenden Transport radioaktiver Partikel durch Tiefseeströmungen, die Anreicherung von Radionukliden im Plankton, dessen Bedeutung in der Nahrungskette sowie die Gefahr einer geneti-

---

277 PA AA B 22–93.

278 PA AA B 22–93. Am 20.5.1959 wandte sich I B 3 erneut an das AA, um in Anbetracht der "sehr zahlreichen Teilnehmermeldungen" eine Höchstgrenze in Erfahrung zu bringen.

279 PA AA B 22–93. Teilnehmerliste vom 20.7.1959 und insgesamt drei Nachmeldungen. Auch in der 16. Sitzung des AK III–IV/1 am 7.9.59 wies Straimer darauf hin, man könne eine zwanzigköpfige Delegation entsenden.

280 Es handelt sich um "Nature of radioactive Wastes", "Treatment and Processing" (zweigeteilt), "Present Methods", "Administrative and general Considerations", "Biological Aspects of radioactive Waste Disposal into the Sea", "Physical and chemical Aspects of radioactive Waste Disposal into the Sea" und "General Considerations on radioactive Waste Disposal to the Ground". Zur Versenkung im Meer gab es zwei ("Vorteile und Nachteile" sowie "Forschungsbedarf"), zur Beseitigung auf Land eine Podiumsdiskussion [IAEA (1960), Vol. II.].

281 Böhler (1960), S. 144.

282 Levi (1960), S. 57.

283 Levi (1960), S. 58. Levi führte die Umstrittenheit in erster Linie auf politische Interessen im Rahmen des Ost-West-Konflikts zurück.

schen Schädigung der Meeresfauna den Standpunkt vertraten, jeglicher radioaktive Abfall müsse an Land gelagert werden, glaubten amerikanische Wissenschaftler, jährlich einige Millionen Curie "ohne Gefahr" in entsprechend ausgelegten Behältern in die Tiefsee versenken zu können.[284] Da die Einleitung und Versenkung in die See auch für Großbritannien zur bevorzugten Beseitigungsmethode geworden war, warf ein britischer Delegierter der sowjetischen Seite angesichts ihrer scheinbar sehr geringen Kompromissbereitschaft vor, dass die Erfüllung ihrer Forderung "das Ende jeder friedlichen Nutzung der Atomkernenergie bedeuten müsse."[285]

In deutlich entspannterer Atmosphäre verlief dagegen der Austausch in den letzten beiden Teilen der Konferenz, in denen es um die Beseitigung in geologischen Strukturen ging. Im Rahmen einer Podiumsdiskussion zu den Vor- und Nachteilen dieser Beseitigungsmöglichkeit war auch der Beitrag zweier deutscher Wissenschaftler, Dr. Rudolf Wager und Dr. Wolfgang Richter, beide Angehörige der Bundesanstalt für Bodenforschung, platziert worden. Ihren Vortrag über die "Beseitigung radioaktiver Abfälle im Untergrund der Bundesrepublik Deutschland: Geologische und hydrogeologische Probleme" schlossen sie mit den Worten:

> "By injection of liquid waste into structures with fossil ground-water, or by storing of liquid or solid waste in caverns of salt domes, it is doubtlessly possible to dispose of all the waste products to be expected in the Federal Republic of Germany for a long time."[286]

Die Bedeutung dieser Zeilen scheint in Kenntnis der weiteren Entwicklung enorm. Schnell ist man mit Blick auf den ersten Kontakt zwischen Straimer und Wager Ende 1958, das Ringen Philberths um eine Teilnahme an der Konferenz und insbesondere die bereits im Oktober eingeleite-

---

284 Böhler (1960), S. 147.

285 Levi (1960), S. 58. Diese Atmosphäre blieb auch Schopper (Informationsgespräch am 27.4.2002) in Erinnerung: "Die Engländer hatten also in der Irischen See in Metallfässern radioaktive Abfälle versenkt und die kamen natürlich in den biologischen Kreislauf, weil die Dinger im Meer unter der Bestrahlung natürlich ideal korrodiert sind. Da gab es einen Zusammenstoß. Dann haben die Russen natürlich gleich behauptet: Tja, wir sind ganz toll, wir haben also in unserem Lande Gegenden, wo das Grundwasser weit, weit, hunderte von Metern unter dem Bodenniveau liegt. Da schieben wir das rein, da kann nichts passieren."

286 Wager/Richter (1960), S. 551. Es fällt auf, dass dieser Vortrag in den Fachzeitschriften-Berichten der deutschen Teilnehmer – wenn überhaupt – nur am Rande Erwähnung findet. Vgl. insgesamt auch Tiggemann (2004), S. 136f.

te Aufnahme Wagers in den AK III–IV/1[287] versucht, in der Zulassung des Vortrags eine geschickte Positionierung der seit längerem auf Referatsebene präferierten Lösungsmöglichkeit zu sehen. Die näheren Umstände der Vortragsauswahl wie auch die Einladungspraxis sind aber nicht einmal ansatzweise rekonstruierbar. Während die Internationalen Konferenzen der Jahre 1955, 1958 und 1964 gut dokumentiert sind – ihre Spuren reichen bis ins Bundeskanzleramt[288] – fehlen entsprechende Akten für die Monaco-Konferenz.

Bis auf Weiteres scheint es daher angebracht, Folgendes anzunehmen: Bis zur Konferenz handelte es sich bei den Ausführungen der BfB-Geologen lediglich um einen von mehreren Vorträgen, der keinerlei Präferenz zum Ausdruck brachte. Schließlich hatte Straimer Anfang September gegenüber dem AK III–IV/1 die Versenkung im Meer und die Einlagerung im Untergrund noch ohne jede Wertung als Möglichkeiten zur Endbeseitigung genannt. Es ist sogar wahrscheinlich, dass er der Versenkung im Meer für die nächsten Jahre höhere Chancen einräumte (siehe Kapitel 2.1.2.3). Dies hinderte ihn jedoch nicht daran, den Vortrag von Dr. Joachim Joseph, einem Angehörigen des Deutschen Hydrographischen Instituts (DHI), über "Durchmischungsvorgänge im Meer" zuzulassen. Joseph hatte hier nicht nur eindringlich den unzureichenden Kenntnisstand im Hinblick auf Misch- und Verbreitungsvorgänge betont, sondern auch den Vorschlag Philberths, als "sehr sorgfältig durchdacht" und "einen der besten" bezeichnet.[289] Dies spricht gegen eine frühzeitige Festlegung und insbesondere eine kritische Auslese.

Erst durch die heftige Umstrittenheit der Versenkung im Meer gewannen die stark amerikanisch beeinflussten BfB-Überlegungen für die weiteren Schritte Straimers erheblich an Bedeutung. Hatten die Ansichten der einzelnen Länder im Hinblick auf die Nutzung geologischer Formationen nicht "wesentlich einheitlicher" gewirkt? Wurde die Einlagerung der verfestigten bzw. in Behälter verpackten Abfälle in künstlichen Hohlräumen

287 BA B 138 3397. BfB (Martini) an RegDir Haase vom 13.10.1959, Hesse an Schopper vom 4.11.1959, Schopper an Hesse vom 16.11.1959 und Haase an Martini vom 17.11.1959. Wager wurde formal lediglich als Gast hinzugezogen.

288 BA B 138 621, 3969, 3970, 3971 sowie 6068. BA B 136 6113 und 6116.

289 Joseph (1960), S. 79 (Abstract) und S. 82. "In my opinion, among the best ideas so far ist the very carefully thought-out proposal by B. PHILBERTH (...) and I would like to draw your attention to this article especially."

nicht als "sicherste Methode" angesehen?[290] Es ist nicht unwahrscheinlich, dass unter den deutschen Teilnehmern noch während der Konferenz ein Umdenkprozess einsetzte. Deswegen übermittelte die BfB dem BMAt mit Datum vom 27. November 1959 auch eine zusätzliche Denkschrift, in der sie ihre Vorstellungen noch einmal erläuterte.[291]

In der auf die Konferenz folgenden Sitzung des AK III–IV/1 tauschte man sich am 9. Dezember 1959 noch einmal über die wesentlichen Eindrücke aus. Das Protokoll der Sitzung weist in diesem Punkt zwei interessante Aspekte auf.

So sprachen sich in der nachfolgenden Diskussion über Einlagerungsmethoden einige Sitzungsteilnehmer – scheinbar in Übernahme von Gedanken eines amerikanischen Konferenzteilnehmers[292] – "zur Gewährleistung gleicher Wettbewerbsbedingungen für eine weitgehende internationale Standardisierung und Kontrolle der endgültigen Einlagerung aus."[293] Der Passus wurde aber im Zuge der Korrektur vollständig aus dem Protokoll gestrichen. Schopper meinte – im Informationsgespräch auf die Streichung angesprochen – eine derartige Standardisierung sei "nicht durchführbar" gewesen.[294]

Eine weitere, zumindest auf dem Papier gewichtige Korrektur wurde in der kurzen Abschlusserklärung zur Konferenz vorgenommen. Der AK vertrat hier die in erster Linie unter Wirtschaftlichkeitsaspekten verständliche Meinung, "daß eine endgültige Beurteilung der verschiedenen Abfallbeseitigungsverfahren und der Ausschluss bestimmter Methoden noch verfrüht" seien. Während im Anschluß daran im ersten Entwurf zu lesen war, er halte "es für richtig, weitere naturwissenschaftliche Grundlagen zu ermitteln, bevor derartige Fragen abschließend entschieden werden", kam er gemäß der korrigierten Version zu dem Schluss, dass "es weiterer Untersuchungen bedürfe, die sich aus einem eingehenderen Studium der

---

290 Böhler (1960), S. 147. Levi (1960) und Stipantis (1960) äußerten sich nicht derartig eindeutig. Levi (S. 58) meinte allerdings, die Tagung sei "mit einer sehr sachlichen Diskussion der geologischen Aspekte (...) in einer harmonischen Atmosphäre zu Ende" gegangen.

291 BA B 106 66641. Schreiben Schott an BMwF vom 5. März 1963. Vgl. die Notiz über eine Besprechung zwischen Straimer und Martini am 14.3.1963, in der die Denkschrift ebenfalls erwähnt ist.

292 Stipantis (1960), S. 230. L. R. Rogers hatte sechs einheitliche Beseitigungsverfahren vorgeschlagen, die durch die IAEO kontrolliert werden sollten.

293 BA B 138 3397. Kurzprotokoll der 17. Sitzung.

294 Informationsgespräch vom 27.4.2002. Schopper führte die Atomwaffenentwicklung als wesentlichen Hinderungsgrund an.

Monaco-Berichte ergeben" würden. Durch diese Änderung wurden die Monaco-Berichte explizit zur Grundlage des weiteren Vorgehens gemacht, obschon ihnen im ersten Entwurf indirekt ein für die Zwecke des AK unzureichender Informationsgehalt bescheinigt wurde. Ein Interesse an einer solchen Eingrenzung, Konkretisierung und letztlich auch Beschleunigung konnte nur Straimer haben, der die Protokollentwürfe in Abstimmung mit Schopper prüfte.

Die ersten Auswertungen für die Leser der Fachzeitschriften ließen noch bis Anfang 1960 auf sich warten. Die nun formulierten Einsichten waren – wie sich in Kenntnis des frühen Meinungsaustauschs zwischen BMWi und RWE (siehe Kapitel 2.1.1) eindeutig sagen lässt – im Kern keineswegs neu. Nach mehr als anderthalb Jahren der Stagnation und Ernüchterung im Hinblick auf die Wirtschaftlichkeitsaussichten der Atomenergie[295] ließ sich jetzt der von Anfang an erkennbare, aber zunächst weitgehend hintangestellte Problemkomplex selbst für wohlwollende Förderer einer industriellen Nutzung nicht mehr ignorieren. Die Handlungsmöglichkeiten zur Lösung seiner Teilaspekte schränkten sich mit zunehmendem Kenntnisstand allerdings eher ein. Das von einem der Konferenzteilnehmer, Dr. Hans-Wolfgang Levi (Hahn-Meitner-Institut für Kernforschung, Berlin), gezogene Resümee lässt erahnen, warum Straimer der Beseitigungsfrage nun hohe Priorität einräumte:

> "Im ganzen hat die Konferenz von Monaco sehr deutlich gezeigt, daß die Beseitigung des radioaktiven Abfalls ein – wenn nicht das – Schlüsselproblem der friedlichen Nutzung der Kernenergie ist. Solange sich die Kerntechnik in einem reinen Versuchsstadium befand, war nur die Forderung nach Sicherheit aktuell. Seitdem sie anfängt, in das Stadium der wirtschaftlichen Nutzung zu treten, kommt die Forderung nach Wirtschaftlichkeit hinzu und kompliziert das Problem beträchtlich. Von der Lösung dieses Problems wird aber möglicherweise die ganze Zukunft der Atomkernenergie abhängen."[296]

295 Vgl. Radkau (1983), S. 89ff. Vgl. auch Müller (1990), S. 381f.

296 Levi (1960), S. 59. Zitiert bereits bei Müller (1990), S. 526. Ähnlich auch Stipantis (1960, S. 240), der seinen Beitrag mit der Einschätzung schloss, eine ungelöste Atommüllfrage könne "jeder Weiterentwicklung der Kernenergiegewinnung auf Reaktorbasis eine Begrenzung auferlegen."

3 1960–1963: Von der frühen Präferenz für eine Einlagerung in Salzvorkommen zur plötzlichen Brisanz der Kostenfrage

3.1 Die Konkretisierung der Beratungen in der DAtK

Straimer und einige Mitglieder des AK III–IV/1 hatten in dem Bewusstsein an der Monaco-Konferenz teilgenommen, dass die Beseitigungsfrage danach konkret in Angriff zu nehmen sein würde. Schon bald offenbarten sich unterschiedliche Vorstellungen über die Art und Geschwindigkeit des weiteren Vorgehens. Während nach dem Willen des AK III–IV/1 schnellstmöglich mit der Errichtung eines Endlagers in einer Salzformation hätte begonnen werden sollen, drängten das BMAt und Straimer angesichts geringer Abfallmengen auf eine gründlichere Vorbereitung.

In Ermangelung entsprechender Expertise mussten sich die AK-Mitglieder bei ihren Beratungen allerdings mit grundsätzlichen Weichenstellungen begnügen. Die verantwortungsvolle Aufgabe, die Grundlagen für eine Endlagerung im Untergrund zu erarbeiten, fiel stattdessen der BfB zu. Sie wurde den Erwartungen scheinbar nur eingeschränkt gerecht.

3.1.1 Die Beratungsergebnisse der AG 4 des AK III–IV/1

Am 26. Januar 1960 hatte sich die am 9. Dezember 1959 gebildete AG 4 im Frankfurter Institut für Kernphysik getroffen. Unter Leitung von Krawczynski befassten sich Wager, Götte und Becker gemäß Vorgabe des AK mit der Abholung, dem Transport, der Einengung, den Kosten und der endgültigen Lagerung radioaktiver Abfälle. Das achtseitige Ergebnispapier zu ihren Überlegungen[297] beeinflusste die Entscheidungen der nächsten Jahre maßgeblich.

297 BA B 138 3414. Auch Schreier war vom AK als Berater für abwassertechnische Fragen in die AG bestimmt worden, nahm am Treffen in Frankfurt jedoch nicht teil. Becker hatte ein Ingenieurbüro in München. Nahe liegend, aber nicht zu belegen, ist die Vermutung, dass auch Schopper, der Direktor des Frankfurter Instituts war, zumindest zeitweise die Beratungen mitverfolgte.

Die an erster Stelle einer Fünf-Punkte-Zusammenfassung stehende Empfehlung zu einer Einlagerung in Salzvorkommen wurde wie folgt begründet:

> "Die Langzeitlagerung von radioaktiven Abfällen in Bunkern, Hallen usw. erscheint selbst bei billigster Bauweise sehr kostspielig, da der m^3 mit Beton umbauter Raum sich auf etwa 200 – 300 DM beläuft. Die Lagerung radioaktiver Festabfälle in Salzformationen, wie sie von R. Wager und W. Richter (Bundesanstalt für Bodenforschung, Hannover) anlässlich des Symposiums über Abfallbeseitigung in Monaco (...) vorgeschlagen wurde, erscheint dagegen ökonomisch und schnell realisierbar und dürfte hinsichtlich der zu fordernden Sicherheit nicht zu übertreffen sein." [298]

Dass die Beschäftigung mit der Endlagerungsfrage zu einem nicht geringen Grad durch Kostenüberlegungen beeinflusst sein würde, war nach der Betonung des schwer bezifferbaren Faktors "Beseitigung" durch das RWE (siehe Kapitel 2.1.1) mit einiger Gewissheit anzunehmen. Unerwartet und von erheblicher Bedeutung ist dagegen, dass die Einlagerung in Salzvorkommen unter der Prämisse forciert werden sollte, dass sie billiger sein würde, als eine oberirdische Zwischenlagerung. Die Endlagerung sollte – nach dem Willen der AK-Mitglieder – wesentlich zur Senkung der Beseitigungsgesamtkosten beitragen. Hierbei ging es nicht allein darum, sich die Aufwendungen für oberirdische Zwischenlager weitestgehend zu sparen, auch im Hinblick auf die Vorbehandlung der Abfälle schien "die unterschiedslose Lagerung (...) in Aushöhlungen von Salzlagerstätten ungleich vorteilhafter".[299]

Obschon sich die AG – einer früheren Eingrenzung Straimers folgend – im Kern nur mit Abfällen niedriger bis mittlerer Aktivität befasst hatte, empfahl sie neben der Vergabe eines Ingenieur-Entwicklungsauftrags zur "Schaffung eines Zentrallagers in Salzformationen" auch die Vergabe eines Forschungs- und Entwicklungsauftrages zum Studium der Wärmeabfuhr bei höheren und höchsten Aktivitäten. Entsprechende Schritte seien "sofort (...) einzuleiten."[300]

---

298 Ebd., S. 2. Die eigentliche Empfehlung, war weniger deutlich. Dort war zu lesen, die Lagerung in Salzvorkommen erscheine "hinreichend sicher und ökonomisch schnell realisierbar". Das Papier wurde der Geschäftsführung der DAtK mit Datum vom 27.4.1960 vorgelegt und den Mitgliedern des AK III–IV/1 zur Beratung ausgehändigt. Ob es in den drei Monaten zwischen dem Treffen und der Vorlage im BMAt mit Straimer abgestimmt wurde, muss einstweilen offen bleiben.

299 Ebd., S. 7.

300 Ebd., S. 3.

Doch zunächst musste sich der AK III–IV/1 mit den Empfehlungen seiner AG befassen. Diese lagen zur 18. Sitzung am 5. Mai 1960 vor. Einleitend fasste Schopper die Gedanken zur Lagerung und Beseitigung zusammen und nannte dabei auch den wesentlichen Grund für einen intensiveren Einstieg in Endlagerungsüberlegungen. Klarer als es die AG 4 formuliert hatte, wurde festgehalten:

> "Die Lagerkosten und Lagerkapazitäten der Zwischenlager machen die Schaffung einer billigen großen Endlager-Kapazität notwendig."[301]

So war es nur konsequent, dass der AK dem Ministerium im Ergebnis empfahl, Zwischensammelstellen "vordringlich, jedoch *nur in den Grenzen des relativ gut abschätzbaren tatsächlichen Bedarfs* der nächsten Zukunft" zu errichten.

Bemerkenswert erscheint, dass im Rahmen der vorherigen Diskussion in unerwartet allgemeiner Formulierung hervorgehoben wurde, die "Unterbringung der Abfälle in Salzlagerstätten werde das Problem der Abfallbeseitigung zumindest für die nächsten zehn Jahre auf sichere und wirtschaftliche Weise lösen." Wenn diese Feststellung nicht mit Blick auf die mögliche Lagerkapazität im Verhältnis zu den erwarteten Abfallmengen getroffen wurde, zeigt sie, dass die Verantwortlichen langfristig wesentliche neue Erkenntnisse erwarteten.

Insgesamt stimmte der AK den Vorschlägen der AG 4 zu, empfahl "insbesondere die endgültige Lagerung von radioaktiven Abfällen in Salzlagerstätten" und regte schließlich konkret an:

> "a) einen Forschungs- und Entwicklungsauftrag unter Beteiligung der Bundesanstalt für Bodenforschung zur Schaffung eines Zentrallagers in Salzformationen zu erteilen,
> b) einen Forschungs- und Entwicklungsauftrag zum Studium der Wärmeabfuhr bei radioaktiven Abfällen höherer spezifischer Aktivität in Salzformationen zu vergeben,
> c) die Möglichkeiten der endgültigen Lagerung im Urgestein gutachtlich prüfen zu lassen. (...)"[302]

Der Vorschlag des AK war konsequent, im Hinblick auf die Wärmeproblematik weitblickend und zeigte auch die Notwendigkeit auf, sich mit Alternativen zu befassen. Dennoch war er in mehrfacher Hinsicht problematisch.

---

301 BA B 138 3413. Kurzprotokoll.
302 Ebd.

Straimer hatte in der Zwischenzeit das Entscheidungssystem des Ministeriums bis hinauf zum Minister über die aus der Monaco-Konferenz zu ziehenden Schlüsse informiert und hierbei neben einer Sensibilisierung für Sicherheitsaspekte (siehe Kapitel 3.2.4) auch eine wichtige Festlegung erreicht. Schon Ende Januar 1960 war in einem Vermerk – im Kontrast zu einer Versenkung im Meer – von "dem von unserem Hause vertretenen Grundsatz der kontrollierbaren Einlagerung radioaktiver Abfälle" die Rede.[303] Dieser Grundsatz bedeutete allerdings nicht zwangsläufig die schnelle Schaffung eines Endlagers in einer Salzformation; mit einer kontrollierten Zwischenlagerung konnte zunächst der gleiche Zweck erfüllt werden, was auch dem Umstand Rechnung trug, dass die Beratungen zum Gesamtkomplex der Beseitigung gerade erst begonnen hatten und die amerikanischen Forschungen zur Einlagerung in Salzvorkommen noch am Anfang standen.[304]

Man wird sich auch vor Augen führen müssen, dass der Vorstoß des AK bei aller vermutlich im Prinzip vorhandenen Übereinstimmung in zentralen Punkten der von Straimer in den Jahren 1958/1959 erarbeiten Grundkonzeption der Beseitigung widersprach (siehe Kapitel 2.2.1). Mit der Forderung nach einer möglichst schnellen Schaffung des Endlagers stand die von Straimer vorgesehene zentrale Sortierung und Einengung vor der endgültigen Beseitigung ebenso zur Diskussion wie die Errichtung von Zwischensammelstellen in Länderverantwortung.[305] Diese sollte aber keinen Monat später mit der seit 1957 mühsam erarbeiteten SSVO (siehe Kapitel 2.2.1) festgeschrieben werden.

Gegen eine schnelle Umsetzung der Empfehlungen des AK sprach auch der Zeitpunkt ihrer Formulierung. Denn der Finanzbedarf für das nächste Haushaltsjahr musste bis zum Mai jeden Jahres beim Finanzministerium angemeldet werden.[306] Haushaltsmittel für den konkreten, nicht vordringlichen Endlagerungszweck waren nicht beantragt worden (siehe Kapitel 3.2.6). Da zudem die formale Bestätigung der Empfehlungen

---

303 BA B 138 5523. Vermerk im Zusammenhang mit der Absage des Ministers an Bernhard Philberth vom 13.1.1960.

304 Vgl. Simpson (1959), S. 522ff.

305 Das Ergebnispapier der AG 4 enthielt zusätzliches Konfliktpotential. Wenn dort unter Hinweis auf die Dringlichkeit festgestellt wurde, der Frage der Abfallbeseitigung seitens der Isotopen-Kleinverbraucher sei bislang "wenig oder keine Beachtung gewidmet" worden, ließ das die verzögernde Rolle des AK außer Acht.

306 Dies war zumindest 1961 der Fall. Cartellieri wies im Februar 1961 die Mitglieder der FK III auf die Regelung hin (BA B 138 3316. Protokoll der 13. Sitzung).

durch die FK IV noch nicht erfolgt war, wurden die Überlegungen des AK fortgeführt und intensiviert. Der Gedanke einer deutlichen Kostenreduzierung durch die streng bedarfsorientierte Errichtung von Zwischensammelstellen und baldige Schaffung eines Endlagers war jedoch wirksam und führte alsbald zu einer Angleichung der Positionen.

Wie die Gruppe Strahlenschutz (II C) die Gesamtsituation im Bereich der Beseitigung einschätzte und wie sie die diesbezüglichen Beratungen verstanden wissen wollte, hielt Straimer am 18. November 1960 in einem Beitrag zum Lagebericht des Ministeriums fest:

> "In den kommenden Jahren wird die Sammlung, der Transport und die Beseitigung radioaktiver Abfälle die Länder und den Bund vor technisch gelegentlich schwierige und für die Zukunft verantwortungsvolle Aufgaben stellen. Im jetzigen Zeitpunkt ist die Menge der anfallenden radioaktiven Stoffe noch gering. Die aufgeworfenen technischen und organisatorischen Fragen müssen daher nicht unter Zeitdruck gelöst werden. Trotzdem ist es jetzt schon an der Zeit, Projekte für die Sammlung, den Transport, die Aufbereitung und die endgültige Beseitigung radioaktiver Abfälle gründlich zu bearbeiten und durch den Bau von Musteranlagen Erfahrungen zu sammeln. Die Errichtung der notwendigen Anlagen ist technisch und finanziell vorzubereiten."[307]

Straimers Formulierungen signalisierten Übersicht, Weitblick und Ernsthaftigkeit. In Überzeugung von der prinzipiellen Handhab- bzw. Lösbarkeit[308] sollten die nötigen Schritte gelassen in die Wege geleitet werden. Mit der Verneinung von Zeitdruck offenbarte er auf den ersten Blick eine deutliche Distanz zu den Empfehlungen des AK.

In der Annahme, ein Referent wisse seinen Arbeitskreis zu steuern, stellt sich damit die Frage, wieso der AK seine Empfehlungen überhaupt in dieser Dringlichkeit formulieren konnte. Vordergründig ließe sich argumentieren, dass Straimer weder an der Sitzung der AG noch an der des AK teilgenommen hatte und so seinen Einfluss nicht geltend machen konnte. Das würde allerdings die Möglichkeit telefonischer oder anderweitiger Abstimmung außer Acht lassen. Da zwischen den Empfehlungen des AK und den oben zitierten Zeilen Straimers immerhin 6 Monate lagen, wird man sich des weiteren fragen müssen, ob Straimer die Linie des AK zunächst unterstützte, dann aber im Zuge der ministeriumsinter-

---

307 ACDP I–175–006/2.

308 Kirsch (1998, S. 7–9) weist darauf hin, dass Probleme "oftmals lediglich '*gehandhabt*', nicht jedoch in einem engeren Sinne des Wortes 'gelöst'" werden. Die Umfüllung hochaktiver Abfalllösungen aus korrodierten in neue Tanks kann als Beispiel für Problemhandhabung gesehen werden.

nen Kommunikation auf Widerstand stieß. Der Blick fällt auf die Position des Abteilungsleiters. Denn zum 1. Mai 1960 war Schnurr als Geschäftsführer nach Karlsruhe gewechselt. An die Stelle des "Machers" war Karl Kaißling[309] aus dem Bundesverkehrsministerium getreten, der – wie noch zu zeigen sein wird – für Fragen der Abfallbeseitigung ein maximal oberflächliches Verständnis hatte. Vor diesem Hintergrund liest sich die zitierte Passage in zwei Teilen: Der erste griff die vorherrschende Meinung auf, während es der zweite verstand, sich dennoch den Weg für das als notwendig Erachtete zu öffnen. Die Schwerpunkte auf diesem Weg sind festzuhalten: Folgen sollten eine *gründliche Bearbeitung* und das *Sammeln von Erfahrungen mit Musteranlagen*.

Wenige Tage später tagte schließlich zum ersten Mal seit zweieinhalb Jahren die FK IV. Schopper erläuterte in Anwesenheit von Minister Balke, Staatssekretär Cartellieri und Straimer die Vorschläge zur Lagerung und Beseitigung. Wenn hier auch Götte in Verfolgung der ursprünglichen AK-Linie noch einmal unter Hinweis auf mögliche Kostenersparnisse meinte, man solle "möglichst schnell die Endlagerstätte (...) bauen", so war man sich doch letzten Endes einig, dass die Errichtung von "Zwischenlagern einfacher Ausführung nur nach Bedarf" vordringlich sei. "Das Risiko, auf die Verwirklichung des Endlagers zu warten", könne man nicht eingehen, wie Straimer ergänzte. Die FK befürwortete daher die "Grundkonzeption der Zwischen- und Endlagerstätten" und empfahl "insbesondere den unverzüglichen Ausbau der Zwischensammelstellen in Jülich und Karlsruhe".[310]

3.1.2 Der Bericht zur Sammlung und Lagerung radioaktiver Abfälle

Am 14. April 1961 bat der Leiter der Abteilung II den AK III–IV/1 darum, bis Juli 1961 einen Bericht zur Lagerung und Beseitigung radioaktiver Ab-

---

309 Karl Kaißling wurde am 17.7.1900 in Düsseldorf geboren. Bis 1923 Studium der Fächer Mathematik, Physik und Maschinenbau an der TH Karlsruhe, das er als Dipl.-Ing. abschloss. Danach war er als Baureferendar und -assessor im Werkstättendienst der Deutschen Reichsbahn tätig und stieg bis zum Ministerialdirigenten und Leiter der Werkstättenabteilung im Reichsverkehrsministerium auf. 1957 wurde er Vizepräsident des Bundesbahn-Zentralamtes in Minden und Referent für "Allgemeine technische Angelegenheiten des Verkehrs" im Bundesministerium für Verkehr ["Wer ist Wer" (1961), S. B 16].

310 BA B 138 3323. Kurzprotokoll der 7. Sitzung am 25.11.1960. Vgl. Reuter-Boysen, S. 146.

fälle anzufertigen. Dieser sollte der Information des Ministers (siehe Kapitel 3.2.1) dienen.

Es war Straimer, der den AK-Mitgliedern in dieser durch Zeitknappheit geprägten Situation den Weg wies. Die bis dahin schriftlich vorliegenden Beratungsergebnisse des AK sollten zusammengefasst und überarbeitet werden. Danach wollte man sich in einem zweiten Bericht mit der Aufarbeitung und Lagerung bestrahlter Kernbrennstoffe und intensiver mit der Endlagerung befassen.

Der AK bildete einen Unterausschuss, teilte den Mitgliedern thematische Zuständigkeiten zu und setzte als Bemessungsgrundlage für die Vorschläge einen Zeitraum von 10 Jahren fest.[311] Nur vier Tage nach der Sitzung legte Krawczynski einen Berichtsentwurf bei der Geschäftsführung der DAtK vor, den Hesse am 19. April an Schopper weiterleitete. Letzte Änderungen an einer überarbeiten Fassung waren für den 7. Juli 1961 vorgesehen.[312] An diesem Tag, für den auch die 23. Sitzung des AK angesetzt wurde, war man allerdings noch nicht über die Erstfassung hinausgekommen, weswegen die Schlussberatung für den 29. September 1961 anberaumt werden musste. Dennoch sollte die Erstfassung nach ihrer Überarbeitung dem Minister als vorläufige Unterlage zugeleitet werden.[313]

Der offizielle Titel des Berichts lautete "Sammlung und Lagerung radioaktiver Abfälle in der Bundesrepublik, Teil A: Radioaktive Abfälle ausschließlich Kernbrennstoffe". Er war im Entwurf 58 Seiten stark und befasste sich in den Teilen I – IV mit *Allgemeinen Gesichtspunkten*, der *Sammlung, Aufbereitung und Lagerung beim Verbraucher und in den Zwischensammelstellen*, dem *Transport von der Anfall- zur Zwischensammelstelle* sowie *Überlegungen zur Endlagerung*. Teil V enthielt eine Liste der im Zuge der AK-Beratungen gehaltenen Referate und Vorschläge für Forschungsaufträge.[314]

Einleitend stellte Schopper zwei Faktoren heraus, die die Überlegungen wesentlich beeinflussten: die zu erwartenden Abfallmengen und die Problematik der Endlagerung. Sowohl für Abfälle aus der Verwendung radioaktiver Isotope als auch für den Abfall aus Kernbrennstoffen gelte, dass ihre Menge für die nächsten Jahre eine Zwischenlagerung gestatte. Im Bereich der Endlagerung sei – mit Blick auf die Umstrittenheit einer

---

311 BA B 138 3414. Kurzprotokoll der 22. Sitzung.

312 BA B 138 3415. Information Hesses für die UA-Mitglieder vom 4.5.1961 mit vorläufigem Zeitplan.

313 BA B 138 3415. Kurzprotokoll.

314 BA B 138 3415.

Versenkung im Meer auf der Monaco-Konferenz (siehe Kapitel 2.2.2) – die Lagerung "auf Land" in den Vordergrund zu stellen. Hierbei habe man entweder die Möglichkeit einer oberirdischen Lagerung in besonderen Bauten oder der unterirdischen Lagerung in geologischen Körpern oder aufgelassenen Bergwerken. Insgesamt seien Sicherheits- und Wirtschaftlichkeitsaspekte zu berücksichtigen, wobei die Entscheidung über die Art der Endlagerung nicht zuletzt wegen der örtlichen Konzentrierung radioaktiven Materials für Jahrhunderte "nicht unter Zeitdruck getroffen und wohl erwogen werden" solle.[315]

An dieser Stelle wird deutlich, wie sehr der AK seit Mai 1960 auf die Linie des Ministeriums (siehe Kapitel 3.1.1) eingeschwenkt war. Obschon im zweiten Abschnitt von Teil IV in erster Linie auf die Einlagerung in Salzvorkommen eingegangen wurde und auch Teil V eindeutigen Aufschluss darüber gab, dass hier der Schwerpunkt der Beratungen gelegen hatte, erwähnte Schopper die im ersten Halbjahr 1960 aus Kostengründen als zwingend notwendig erachtete Endlagerungsmöglichkeit im Salz mit keinem Wort und sprach stattdessen allgemein von der "unterirdischen Lagerung in geologischen Körpern oder in aufgelassenen Bergwerken" und der "noch offenen Konzeption".[316]

Erläuternd führte er aus:

> "Bis dahin (für die nächsten Jahre, D. M.) soll die Frage der Endlagerung (...) weiterhin bearbeitet werden, wobei sowohl die Ergebnisse deutscher Forschungsaufträge (...) als auch der weltweit unternommenen Forschungen mitverwendet werden sollen. Es wird dabei vor allem berücksichtigt, daß die dicht besiedelte Bundesrepublik die Orte für die Endlagerung besonders sorgfältig zu erwägen hat, wobei gleichzeitig auch an gemeinsame europäische Konzeptionen, etwa im Rahmen von Euratom, zu denken ist."[317]

In der Weiterbearbeitung für die nächsten Jahre ist – das sei mit Blick auf die Gesamtbewertung Radkaus betont[318] – kein Aufschieben eines unangenehmen Problems für unbestimmte Zeit zu sehen. Schopper in-

---

315 Ebd., S. 2. Vgl. Radkau (1983), S. 302.

316 Ebd., S. 3.

317 Ebd., S. 2f. Bereits im Rahmen der 22. Sitzung am 14.4.1961 hatte der AK diese Festlegung getroffen. Die bisherigen Beratungsergebnisse zur Endlagerung sollten "wegen der noch notwendigen wissenschaftlichen Überprüfung in Einzelheiten und mit Rücksicht auf die zu erwartenden internationalen Vereinbarungen nebeneinander und ohne abschließende Beratung" aufgenommen werden.

318 Vgl. Radkau (1983), S. 302.

formierte einige Zeilen später darüber, man habe als "Frist für die Errichtung eines Endlagers (...) fünf Jahre veranschlagt." Wenn damit gemeint war, dass Mitte 1966 ein betriebsbereites Endlager zur Verfügung stehen sollte, dann war die Zeit angesichts zahlreicher offener Fragen tatsächlich wesentlich knapper, als der Bericht glauben machen wollte. Konsequenterweise stand die Beauftragung der BfB mit umfangreichen Forschungsarbeiten (siehe Kapitel 3.1.3) kurz bevor.

Insgesamt sind zwei wesentliche Eindrücke festzuhalten: Eine eindeutige Festlegung auf ein Endlager in einer Salzformation war zu diesem Zeitpunkt noch nicht erwünscht und es bestand zumindest vorgeblich Bereitschaft zu einer multinationalen Lösung.

Zweifel an diesen Eindrücken sind insofern angebracht, als Straimer bereits am 14. April 1961 im Rahmen von Ausführungen zu "Technischen Richtlinien für Abfallbehälter" beiläufig eine sehr interessante Weichenstellung vornahm, die der Offenheit des Berichts zentral widersprach:

> "Die Lagerung radioaktiver Abfälle in unterirdischen Salzdomen ist einer oberirdischen Lagerung in Bunkern vorzuziehen. (Auf diesem Gebiet hätte die Bundesrepublik Gelegenheit, wertvolle Pionierarbeit zu leisten)."[319]

Diese Auswahl war insbesondere unter Sicherheits- bzw. Strahlenschutzaspekten und in langfristiger Perspektive konsequent, war doch bereits auf der Monaco-Konferenz deutlich geworden, dass die Einlagerung in Salzvorkommen "maximum containment" versprach.[320] Die Sicherstellung und Abschirmwirkung auf diesem Wege zu erreichen war bei genauer Betrachtung der Abfallmenge und ihrer Zusammensetzung sowie in kurz- bis mittelfristiger Perspektive allerdings sehr aufwendig. Wie Schopper im Bericht zur Sammlung und Lagerung ausführte, hatte lediglich ein Viertel der anfänglich betrachteten 349 Radionuklide eine Halbwertszeit von mehr als 10 Tagen. Bei knapp über 10 Prozent betrug sie mehr als 100 Tage und unter den 57 häufiger genutzten Nukliden machte der Anteil mit einer Halbwertszeit von mehr als 3 Jahren lediglich etwa 3 Prozent aus. Nur diese letztgenannte Gruppe sollte für eine kontrollierte, längerfristige Lagerung überhaupt in Frage kommen, der Rest würde bereits durch die vorübergehende Lagerung beim Verbraucher und in den

---

319 BA B 138 3414. Kurzprotokoll zur 22. Sitzung. Anlage "Aspekte zur Organisation und Durchführung von Sammlung und Lagerung ...", Allgemeine Richtlinien.

320 Vgl. Simpson (1959), 520–525.

Zwischensammelstellen "weitgehend abklingen".[321] Vor diesem Hintergrund konnte man eine oberirdische Endlagerung durchaus in Erwägung ziehen.

Dass Straimer derartigen Überlegungen nur den Verweis auf die "wertvolle Pionierarbeit" entgegensetzte, verwundert. Die schon im Vergleich zur oberirdischen Zwischenlagerung niedrigeren Kosten hätten eigentlich das schlagende Argument sein müssen. Doch scheinbar war in diesem wichtigen Punkt, der in Teil IV des Berichts eindeutig im Vordergrund stand, Ernüchterung eingetreten (siehe Kapitel 3.2.3).

Es bleibt die Frage, inwiefern und für wen sich die "Pionierleistung" einer Einlagerung in Salzvorkommen als "wertvoll" erweisen sollte? Schwangen bei der Entscheidung für diese Beseitigungsmethode Prestigegründe mit? Sah Straimer in der Endlagerungsfrage eine Möglichkeit, den Rückstand zu den USA in kürzester Zeit aufzuholen und weltweit führend zu werden? Würde die scheinbar ohne Beteiligung anderer Staaten zu erarbeitende Lösung des Schlüsselproblems der friedlichen Nutzung der Atomenergie der Bundesrepublik mittel- bis langfristig einen Wettbewerbsvorteil verschaffen? Oder hatte Straimer ausschließlich Strahlenschutzaspekte vor Augen?

Wie wichtig die im Kern den Empfehlungen der AG 4 (siehe Kapitel 3.1.1) entsprechende Äußerung Straimers war, zeigte sich in der Folgesitzung des AK am 7. Juli 1961. Hier wurde seine Bevorzugung einer unterirdischen Lagerung folgendermaßen präzisiert:

> "Die oberirdische Endlagerung radioaktiver Abfälle, wie sie in den USA und teilweise auch in Europa praktiziert wird, scheidet für die Bundesrepublik wegen der hohen Bevölkerungsdichte, der möglichen Gefährdung des Grundwassers, aus Kostengründen und in Ermangelung geeigneter geologischer Gegebenheiten (aride Gebiete, Senken unter NN) aus. Für die Langzeitlagerung radioaktiver Abfälle kommen daher nur unterirdische geologische Schichten in Frage; besonders geeignet erscheinen Salzstöcke oder aufgelassene Salzbergwerke."[322]

Das bedeutet: Schon an dem Tag, an dem der Bericht zur Sammlung und Lagerung radioaktiver Abfälle erstmals im Entwurf beraten und die Offenheit der Endlagerungsüberlegungen betont wurde, hatten sich Straimer und der ihm offensichtlich folgende AK bereits festgelegt. So genau wollte man es mit der Information der Leitung scheinbar nicht nehmen.

---

321 BA B 138 3415. S. 7f in Verbindung mit Darstellung 3 (S. 12).
322 BA B 138 3416. Kurzprotokoll.

Die letzte Lesung des Berichts fand wie geplant in der 24. Sitzung des AK am 29. September 1961 statt. Schopper sollte diese Version noch einmal überprüfen und dann dem BMAt übergeben. Zunächst sollten etwa 300 Exemplare den Ländern und Reaktorstationen sowie größeren Firmen und Forschungsinstituten zur Verfügung gestellt werden. Von deren Reaktion wollte man eine spätere Veröffentlichung in der "Schriftenreihe Strahlenschutz" des BMAt abhängig machen. Dabei sollte insbesondere vermieden werden, dass die Vorschläge des AK "von den Genehmigungs- und Aufsichtsorganen als Vorschriften, die den Umgang mit radioaktiven Abfällen unnötig erschweren", angesehen würden.[323]

Nach seiner Billigung durch die FK IV am 10. November 1961[324] wurde der Bericht im Januar 1962 verteilt, im Rahmen einer groß angelegten Informationstagung erläutert[325] und bis 1963 weiter aktualisiert.[326] Dass seine betonte Offenheit im Hinblick auf die Lösung der Endlagerungsfrage mit einiger Wahrscheinlichkeit nur Konzession an ein kurzzeitiges Interesse höherer Ebenen war, zeigte schon bald der Jahresbericht des BMAt von 1961: Hier machte ein Schaubild unmissverständlich klar, dass radioaktive Abfälle nach der Zwischenlagerung "zur *unterirdischen* (Hervorhebung D. M.) Langzeitlagerung" vorgesehen waren.[327]

3.1.3 Eine gründliche Bearbeitung?

Mit der 19. Sitzung des AK III–IV/1 begann am 22. Juli 1960 die intensivere Beschäftigung mit der Endlagerungsfrage.[328]

---

323 BA B 138 3415.
324 BA B 138 3415. Kurzprotokoll der 8. Sitzung.
325 BA B 138 582. Ergebnisniederschrift der Tagung am 16./17.1.1962. So auch Schopper in der 25. Sitzung des AK III–IV/1 vom 26.3.1962 (BA B 138 3415).
326 Aufgrund der in Harwell und Kjeller gewonnenen Eindrücke wurde bereits in der 27. Sitzung des AK am 3.7.1962 (Kurzprotokoll in BA B 138 3415) beschlossen, den Bericht durch einen ad-hoc-Ausschuss I zu überarbeiten. Diese Überarbeitung war am 8.5.1963 soweit gediehen, dass der AK sie in seiner 29. Sitzung billigen konnte (Kurzprotokoll in BA B 138 3416). Die Überarbeitung des Teils zur Endlagerung war Mitte 1963 noch nicht abgeschlossen (Schreiben Schopper an Hesse vom 27.7.1963 in BA B 138 3416).
327 BMAt (1961), S. 19.
328 BA B 138 3414. Kurzprotokoll.

"Die Einbringung radioaktiver Abfälle in Salzlagerstätten wird auch in den USA als die zweckmäßigste Lösung für die Endlagerung angesehen", berichtete der für die International Salt Company, New York, als Forschungsleiter tätige Dr. Ladenburg nach einem kurzen Überblick über in den USA praktizierte Lagerungs- und Beseitigungsverfahren. Die Atomic Energy Commission (AEC) habe daher in einer teilweise stillgelegten Salzgrube zum Studium der Wärmeabfuhr zunächst geheizte Säuren in zwei mit Messgeräten ausgestattete Bohrungen eingebracht. Zwar seien bei späteren aktiven Versuchen aufgrund von Rissbildungen nachweisbare Spuren radioaktiver Substanzen in einer 100 Meter entfernten Bohrung aufgetreten, ab größeren Tiefen von etwa 800 Metern sei damit wegen des höheren Drucks und des Fließverhaltens des Salzes nicht mehr zu rechnen. Nach Abschluss der eingeleiteten Arbeiten solle entschieden werden, in welchem Umfang Salzlagerstätten für eine Einlagerung radioaktiver Abfälle in Frage kämen.[329]

Im Zuge der Diskussion dieser Frage im AK hatte Richter zuvor lediglich grundsätzlich ausführen können, man könne bergmännisch oder im Aussolungsverfahren erstellte Kavernen oder "Anlagen der Kaliindustrie nach Beendigung des Abbaues" nutzen. Die Erosion von Salzstöcken durch Grundwasser sei auch über geologische Zeiträume "außerordentlich gering."

Breiteren Raum nahm die Aussprache über die Eignung tiefliegender Salzwasserschichten für die Injektion radioaktiver Abwässer ein. Während Richter den Standpunkt vertrat, die Grenze zwischen Süß- und Salzgrundwasser sei "sehr stabil", weswegen die Gefahr der Vermischung bei einer "Halbwertszeit unter 100 Jahren unberücksichtigt bleiben könne", meinte Donth als Vertreter des BMAt, Diffusionsvorgänge seien keineswegs auszuschließen. Die "physikalischen Voraussetzungen einer unterirdischen Lagerung" seien daher "sorgfältig" zu prüfen. Wegen zu erwartender "Bedenken der Wasserwirtschaft"[330] wurde diese Beseitigungsmethode in der Folgezeit denn auch nur am Rande behandelt und Mitte Juli 1963 aufgrund der dringlicheren Endlagerung von Festabfällen durch Straimer "in der Realisierung (...) zurückgestellt".[331]

Zunächst sah sie der AK aber noch als Möglichkeit für die Endlagerung in geologischen Strukturen an. Insgesamt bot sich den Mitgliedern folgendes Bild:

---

329 BA B 138 3414. Anlage II zum Kurzprotokoll.
330 BA B 138 3415. Kurzprotokoll der 27. Sitzung am 3.7.1962.
331 BA B 138 3416. Kurzprotokoll der 30. Sitzung am 12.7.1963.

"1. Injizierung radioaktiver Abwässer in Salzwasserschichten unterhalb des Grundwassers,
2. Lagerung radioaktiver Abfälle in ausgesolten Kavernen der Salzdome,
3. Lagerung radioaktiver Abfälle in stillgelegten oder nur teilweise betriebenen Salzbergwerken."[332]

Ein Gutachten der BfB sollte aufzeigen, "wo in der Bundesrepublik die geologischen Voraussetzungen für die Langzeitlagerung in flüssiger und fester Form" gegeben seien.

Eine erste Eingrenzung nahm Wager bereits in der Folgesitzung am 9. September 1960 vor, als er erklärte, es sei fraglich, ob die Bergbehörden einer teilweisen Nutzung noch in Betrieb befindlicher Bergwerke zustimmen würden. Was aufgelassene Salzbergwerke angehe, seien zwar auch solche im bayerischen Raum "durchaus geeignet", ihre Verwendung sei jedoch wegen möglicher negativer Auswirkungen auf den Fremdenverkehr eher unwahrscheinlich. Dem folgend empfahl der AK dem BMAt, beim Oberbergamt Clausthal-Zellerfeld (Niedersachsen) in Erfahrung bringen zu lassen, ob es in seinem Zuständigkeitsbereich aufgelassene Bergwerke gebe. Straimer betonte, dass diese in erster Linie für "sperrige, verpackte radioaktive Abfälle" in Frage kämen und befürwortete nun endlich einen Forschungsauftrag zu den "Möglichkeiten der unterirdischen Lagerung radioaktiver Abfälle". Der AK empfahl sogleich, diesen an die BfB zu vergeben. Gegenstand sollte die "Einleitung radioaktiver Abfälle in Form von Konzentraten, pumpenfähigen Schlämmen, Granulaten und Briketten in Salzformationen und im Urgestein" sein. Auch die ältere Aufforderung zu einer Studie über Wärmeprobleme bei höheraktiven Abfällen wurde bei dieser Gelegenheit erneuert.[333]

Bis Mitte 1961 trat die Endlagerungsproblematik nun thematisch hinter die berechtigterweise als vordringlich eingestufte Errichtung der Zwischensammelstellen zurück.

Erst am 6. März 1961 wandte sich Straimer unter Verweis auf die AK-Empfehlung mit der Bitte an die BfB, ihm mitzuteilen, ob die Bundesanstalt "bereit und in der Lage" sein würde, das Gutachten zu erstellen.[334] Am 12. Juli waren die Vorabsprachen so weit gediehen, dass die BfB über das BMWi Forschungsmittel in Höhe von 390.000 DM für eine "Studie zur Frage der geologischen und hydrogeologischen Voraussetzungen für die Endlagerung radioaktiver Abfälle im Untergrund" beantragen konn-

332 BA B 138 3414. Kurzprotokoll der 19. Sitzung.
333 BA B 138 3414. Kurzprotokoll der 20. Sitzung.
334 BA B 102 183852.

te. Dem Antrag wurde am 30. September 1961 stattgegeben; die Dauer des Forschungsvorhabens wurde auf zweieinhalb Jahre veranschlagt.[335] Der Ergebnisbericht hätte also planmäßig Ende März 1964 vorliegen müssen.

Dennoch wurde Wager, als er dem AK am 3. Juli 1962 über den Stand der Arbeiten vortrug, gedrängt, die Abschlussfassung mit einigen Standortvorschlägen "möglichst bald" vorzulegen. Auf seiner Basis wollte der AK "konkrete Empfehlungen für den Bau eines Endlagers" geben.[336] Damit stellt sich die Frage, welche Ereignisse bzw. Entscheidungen die Planungen durchkreuzten und Straimer unter Handlungsdruck brachten.

Zum einen hatte sich zwischen Februar und April 1962 die Absicht zum Bau einer Wiederaufarbeitungsanlage auf dem Staatsgebiet der Bundesrepublik deutlich konkretisiert. Sie bedeutete für die Planungen der dem Strahlenschutz verpflichteten Ministerialbeamten und Wissenschaftler in mehrfacher Hinsicht eine erhebliche qualitative Veränderung. In erster Linie würde die bislang nahezu ausschließlich durch den Verbrauch von Radioisotopen in Medizin und Forschung bestimmte Menge schwach- und mittelaktiver Abfälle stark ansteigen. Wohl aus diesem Grund vereinbarte Schwibach[337] in Präzisierung der AK-Aufforderung am 20. September 1962 mit Richter-Bernburg und Wager, dass die BfB "möglichst bald ein Teilgutachten für die Endbeseitigung niedrig- bis mittelaktiver Abfälle in Salzgesteinen" vorlegen solle.[338]

Zum anderen war man im BMAt zu dem Entschluss gekommen, es nicht bei dem im April 1962 vorliegenden Entwurf eines überarbeiteten "Deutschen Reaktor-Bauprogramms" zu belassen. Das Atomprogramm für die Jahre 1963–1967 sollte wesentlich breiter angelegt sein und hier-

---

335 BA B 102 183852. Schreiben des Präsidenten der BfB an das BMAt vom 12.3.1962. Vgl. auch die Notiz über eine Besprechung zwischen Straimer und Martini am 14.3.1963 in BA B 106 66641.

336 BA B 138 3415. Kurzprotokoll der 27. Sitzung.

337 Jakob Schwibach wurde am 20.2.1930 in Pfarrkirchen (Niederbayern) geboren. Ab 1951 studierte er an den Universitäten Regensburg und München Chemie. In diesem Rahmen besuchte er auch Vorlesungen im Bereich des Strahlenschutzes bei Otto Hug und Rudolf Wittenzellner (später GSF). Promotion über Strahlenchemie am Physikalisch-Chemischen Institut der Universität München. Zum 1.6.1961 (BA Hausmitteilung 15/61) wurde er als Verwaltungsassessor im BMAt eingestellt. Anfang 1970 wechselte er als neuer Direktor des Instituts für Strahlenhygiene des Bundesgesundheitsamts nach Neuherberg (Informationsgespräch mit Herrn Dr. Schwibach am 23.7.2002). Dr. Jakob Schwibach starb am 27.1.2005.

338 BA B 106 66641. Besprechungsnotiz vom 8.2.1963.

bei auch die Grundlagenforschung innerhalb und außerhalb der Kernforschungszentren umfassen. Im Juli 1962 forderte Minister Balke die DAtK auf, ein derartiges Programm auszuarbeiten.[339]

Man wird annehmen können, dass es Straimer und dem AK nun darauf ankam, das Endlager im Atomprogramm unumstößlich festzuschreiben. Um diese Festschreibung zu erreichen, bedurfte es – nicht zuletzt für die Haushaltsverhandlungen mit dem BMF[340] – einer begründenden Unterlage. Als solche sollte das Teilgutachten der BfB dienen.

Mit Datum vom 21. September 1962 formulierte Schopper den Beitrag des AK III–IV/1 zum Atomprogramm, der zunächst zwei Schwerpunkte vorsah: neben der Bereitstellung von Mitteln für die seit Jahren in der Diskussion befindliche "Organisation eines bundeseinheitlichen Abholdienstes für radioaktive Abfälle" sollte eine Firma mit der Ausplanung einer "Endlagerstelle in Salzdomen" und der Kalkulation der zu erwartenden Kosten beauftragt werden.[341]

Während der Abholdienst – er gehörte zum Aufgabenbereich der Bundesländer – bereits im Zuge der AK-Diskussion am 18. Dezember 1962 gestrichen wurde, bestand im Hinblick auf die Errichtung eines Endlagers im Grundsatz Einigkeit. Lediglich über die Geschwindigkeit des weiteren Vorgehens gab es erneut unterschiedliche Vorstellungen. Nachdem jedoch Straimer Schoppers Forderung nach der sofortigen Vergabe eines Projektierungsauftrags "für die Errichtung eines Endlagers (...) in einer *Salzkaverne* (Hervorhebung D. M.)" mit dem Verweis auf haushaltstechnische Zwänge (siehe Kapitel 3.2.6) begegnet war, empfahl der AK nach längerer Diskussion schließlich ein dreistufiges Vorgehen.

In einer *ersten Stufe* sollte eine hauptamtliche, aus "Experten der Abfallbeseitigung, Geologen und Technikern" bestehende "Studiengruppe Tieflagerung" (SG TL)[342] die *Vorbereitung* eines Planungs- und Projektauftrages übernehmen. Dieser sollte in der *zweiten Stufe* an eine auf bergbauliche Fragen spezialisierte Firma vergeben werden.

---

339 Vgl. Müller (1996), S. 342ff.

340 Vgl. BA B 138 5653. Ergänzender Vermerk zu den Sitzungen des Aufsichts- und Verwaltungsrats von K I und K II am 13.7.1962. Siehe auch Kapitel 3.2.6.

341 BA B 138 3296. Schopper an Hesse.

342 Tatsächlich ist im Protokoll von einer "Studiengruppe Endlagerung" die Rede. Ab März 1963 wurde die Bezeichnung "Projektgruppe Endlagerung" verwendet. Mit dem Abschluss der Vorbereitungen zur Gründung der GSF wurde die Gruppe Anfang 1964 schließlich in "Studiengruppe Tieflagerung" umbenannt. Zur Vereinfachung verwende ich diese Bezeichnung durchgängig.

Erst in der *dritten Stufe* sollten der Auftrag zum Bau des Endlagers erteilt, das Endlager erstellt und durch einen Ableger der Gesellschaft für Kernforschung betrieben werden.[343]

In klar erkennbarer Anlehnung hieran hieß es in der abschließenden Fassung des Atomprogramms vom Mai 1963:

> "Für die Endsammelstelle, die in einer Salzformation untergebracht werden soll, sind kurzfristige Vorbereitungen zur Prüfung des Standortes und zur Ausarbeitung eines Projektes zu treffen, die zu einem Auftrag für die Errichtung einer Endsammelstelle innerhalb der nächsten Jahre führen soll."[344]

Nach vehementem Drängen Straimers legte die BfB mit Datum vom 15. Mai 1963 weder das 1961 in Auftrag gegebene Gutachten noch das mit Schwibach im September 1962 vereinbarte Teilgutachten, sondern einen vorläufigen "Bericht zur Frage der Möglichkeiten der Endlagerung radioaktiver Abfälle im Untergrund" vor.[345] Es muss bezweifelt werden, dass er die Erwartungen Straimers und des AK erfüllte.

Für die ursprünglich von der BfB zu erstellende "Studie zur Frage der geologischen und hydrogeologischen Voraussetzungen für die Endlagerung radioaktiver Abfälle im Untergrund" waren mit Bezug auf die Empfehlungen des AK vom 22. Juli 1960 drei Schwerpunktbereiche vereinbart worden: 1.) Fossile Grundwässer und ihre Speichergesteine, 2.) Impermeable Gesteine mit Schwerpunkt auf Salz und 3.) Geothermische Untersuchungen über Aufheizung und Wärmeabfuhr des tieferen Untergrundes. Zum letzten Punkt waren – was die Ernsthaftigkeit und den durchaus hohen Anspruch des ministeriellen Informationsbedürfnisses unterstreicht – die "Erarbeitung theoretischer Grundlagen, Auswertung vorhandenen Materials, Durchführung von Modellversuchen im Laboratorium und im Salzgebirge im erforderlichen Umfang" vorgesehen.[346]

Die BfB scheint keine Zweifel daran geäußert zu haben, dass sie in der Lage sein würde, derartige Fragen im vorgegebenen Zeitraum er-

---

343 BA B 138 3416. Kurzprotokoll. Man kann hinter dieser Vorgehensweise den Versuch Straimers vermuten, Zeit für die ursprünglich vorgesehene gründlichere Bearbeitung zu gewinnen.

344 BMwF (1963), S. 11. Eine Mitteilung der Atompraxis präzisierte, die Endsammelstelle solle innerhalb der Programmlaufzeit gebaut werden (Atompraxis, Jahresinhalt 1964, S. 208).

345 Privatunterlagen Schopper. Vgl. die knappen Ausführungen Tiggemanns (2004, S. 139).

346 BA B 102 183852. Anlage 1 zum Antrag der BfB vom 12.7.1961.

schöpfend zu bearbeiten. Wie Wager im Anschluss an seinen Zwischenbericht am 3. Juli 1962 vom AK verdeutlicht worden war, waren neben "Fragen der Dimensionierung, Abdichtung, Beschickung und technischen Ausrüstung" auch die "Anforderungen an Beschaffenheit und maximale Aktivität der einzubringenden radioaktiven Abfälle" zu behandeln, um "Reaktionen der Abfälle miteinander oder mit dem Material der Lagerstruktur" verhindern zu können.[347] Schwibach betonte dies am 20. September 1962 noch einmal in ähnlicher Form gegenüber Wager und Richter-Bernburg[348] und als die Bundesrepublik im Februar 1963 auf Euratomebene über die 2. Stufe ihres Programms (siehe Kapitel 3.2.7) berichtete, standen die oben genannten Punkte in nahezu identischem Wortlaut im Mittelpunkt des Interesses.

Die Verkürzung der Bearbeitungszeit um sieben Monate stellte für die BfB zweifelsohne eine wesentliche Veränderung der Planungsgrundlage dar und dürfte der formale Grund dafür gewesen sein, warum sie den Bericht "vorläufig" nannte. Die Verkürzung der Bearbeitungszeit kann aber nicht erklären, warum die Bundesanstalt bis Ende August 1962 von den bis dahin bewilligten 109.500 DM erst 48.500 DM abgerufen hatte.[349] Die Vermutung liegt nahe, dass die Arbeiten nicht mit der eigentlich nötigen Intensität betrieben wurden.

Hierfür spricht, dass bereits ab dem 21. Juli 1961 – also wenige Tage nach der Antragstellung – eine Beteiligung der IAEO an den Forschungsvorhaben im Raum stand (siehe Kapitel 3.1.3) und die BfB der Atomenergiebehörde mit Datum vom 12. März 1962 – gegen den Willen des BMAt – die zentralen Untersuchungen zur Eignung von Salzgesteinen und zu den geothermischen Fragen der Endlagerung zur Durchführung anbot. Diese im September 1962 auf die Wärmeproblematik reduzierte Beteiligung kam jedoch scheinbar nie zustande.[350]

Der wesentliche Schluss aus dieser Fehlleistung der BfB ist: Die SG TL hatte unter erhöhtem Zeitdruck auch das zu leisten, was man sich von

---

347 BA B 138 3415. Kurzprotokoll der 27. Sitzung. Im Entwurf des Protokolls wird der direkte Bezug zum Gutachten der BfB nicht deutlich. Die angesprochenen Aspekte sollten vielmehr durch den Bau einer Pilot-Anlage geklärt werden.

348 BA B 106 66641. Besprechungsnotiz Schwibachs vom 5.3.1963. Er sprach die Höhe der Transportkosten, Fragen der Abfallbehandlung und den Einfluss der in einer Tiefe von 400–600 Metern herrschenden Temperatur von 40–50 Grad Celsius an.

349 BA B 106 66641. Notiz über eine Besprechung zwischen Straimer und Martini am 14.3.1963.

350 BA B 106 66641. Besprechungsnotiz Schwibachs vom 8.2.1963

der BfB eigentlich erhofft hatte. Insgesamt relativiert sich damit der Stellenwert der frühen BfB-Arbeiten beträchtlich. Formal und nach außen hin wurde der vorläufige Bericht zur wissenschaftlichen Grundlage.[351] Tatsächlich begann die Grundlagenarbeit an diesem Punkt gerade erst.

Obschon die Überlegungen von Straimers Gruppe bereits Anfang März 1963 deutlich vorangeschritten waren, sollte die SG TL aber noch einige Monate auf sich warten lassen.[352] Möglicherweise gab die am 12. Juli 1963 formulierte Aufforderung des AK, "*die Studiengruppe (...) möglichst bald einzurichten*" noch einmal einen wichtigen Impuls,[353] wurde das Referat I A 2 am 12. August 1963 doch erstmals gebeten, die GfK mit den Vorbereitungen zu beauftragen.[354]

Zu Beginn bestand die Studiengruppe aus einem Strahlenschutzphysiker, einem Ingenieur für Untertagetechnik und Maschinenbau, einem Transportfachmann, einem promovierten Ingenieur für Bergbau und dem promovierten Chemiker Krause, der die Leitung übernehmen sollte.[355]

In einer ersten Besprechung zwischen Vertretern des BMwF und Mitgliedern der Studiengruppe am 24. Oktober 1963 wurden die Aufgabenstellung allgemein umrissen und insbesondere die zuerst zu unternehmenden Schritte besprochen. Vordringlich war die Lagerung in Salzfor-

---

351 Vgl. z. B. das Kurzprotokoll der 30. Sitzung des AK III–IV/1 am 12.7.1963 in BA B 138 3416. Hier ist von einem "Gutachten" die Rede. Bemerkenswert ist auch, dass der Bericht den AK-Mitgliedern erst am 10.9.1963 gesondert zuging.

352 BA B 106 66641. Entwurf eines Vermerks II C 2 zur Aufstellung einer Studiengruppe Endlagerung vom 4.3.1963. Der Entwurf enthält Korrekturen, die erst Anfang Juni vorgenommen wurden.

353 BA B 138 3416. Kurzprotokoll der 30. Sitzung.

354 BA B 106 66641. Vgl. auch die Antwort von I A 2 vom 29.8.1963. Vgl. Reuter-Boysen (S. 152), die mit Bezug auf einen Brief Holtzems an den Geschäftsführer der GSF vom 22.4.64 zu der Einschätzung kommt, "die Detailplanung in Sachen Tieflagerung im Forschungsministerium" sei "schon weit fortgeschritten" gewesen". Tatsächlich bestanden derart konkrete Vorstellungen schon seit mehr als einem halben Jahr.

355 GLAK B 69 689. Erstmalige Bekanntgabe der Gruppenzusammensetzung gegenüber dem Ministerium vom 14.10.1963, nach telefonischer Anfrage Holtzems erstellt. Zur Gruppe gehörten (in der Reihenfolge der Funktionsaufzählung): Stäblein, Hempelmann, Nesselmann, Ramdohr und Krause. Vgl. hierzu auch den weniger spezifischen Vermerk Holtzems in BA B 196 59274. An der ersten Besprechung mit dem BMwF nahm neben Krause jedoch bereits ein Dipl.-Ing. Vomhof teil.

mationen zu untersuchen, daneben die Versenkung im Meer und das Vergraben im Boden. [356]

3.1.4 Die frühe Inangriffnahme im Bereich "Hochaktive Abfälle"

In der 18. Sitzung des AK III–IV/1 am 5. Mai 1960 war dem BMAt auf der Basis der Beratungsergebnisse der AG 4 (siehe Kapitel 3.1.1) empfohlen worden, einen Forschungs- und Entwicklungsauftrag zum Studium der Wärmeabfuhr bei radioaktiven Abfällen höherer spezifischer Aktivität in Salzformationen zu vergeben. Nach weiteren Überlegungen wurde scheinbar eine Zweiteilung der umfangreichen und komplexen Arbeiten für nötig gehalten. Während Mandel am 9. September 1960 gebeten wurde, derartige Fragen "an einem Modell" zu studieren[357], wurde die BfB im September 1961 mit der "Durchführung von Modellversuchen im Laboratorium und im Salzgebirge" beauftragt.[358]

Mitte Mai 1961 wurden im Forschungs- und Entwicklungsprogramm der Gesellschaft für Kernforschung für das Jahr 1961 sogar "Versuche zur Einschmelzung von radioaktiven Abfällen in Glas und Sinterkörpern als für die Langzeitlagerung sicherste Methode" vermerkt. Über die Ergebnisse dieser Arbeiten bzw. die Gründe für ihre Einstellung ist allerdings nichts bekannt.[359]

Die Aufmerksamkeit des AK galt zu dieser Zeit und in den folgenden Monaten zu einem hohen Prozentsatz der Erstellung des Berichts zur Sammlung und Lagerung (siehe Kapitel 3.1.2). In Vertretung Schoppers informierte Weiss am 19. April 1962 die Angehörigen der FK III über die inzwischen bereits Fachkreisen zugängliche Ausarbeitung. Als er hierbei auch die offiziell geltende Position vertrat, die Endlagerungsfrage müsse "im Rahmen von Euratom oder auf anderer internationaler Ebene" gelöst werden, wurde ihm in diesem Punkt von einflussreicher Seite[360] aus gutem Grund widersprochen:

---

356 BA B 106 66641. Besprechungsnotiz vom 28.10.63. Von Seiten des BMwF waren Holtzem, Schwibach und Donth beteiligt.

357 BA B 138 3414. Kurzprotokoll der 20. Sitzung.

358 BA B 102 183852. Anlage 1 zum Antrag der BfB vom 12.7.1961.

359 BA B 138 432. Niederschrift der 15. Gesellschafterversammlung der KBB vom 18.5.1961.

360 Dr. Alfred Boettcher war seit dem 1.4.1960 technisch-wissenschaftlicher Vorstand der späteren "Kernforschungsanlage Jülich", der er bis zum 31.3.1970 blieb [Müller (1996), S. 165 u. 171]. Er gehörte 1964 der FK II

"In der Aussprache regen Dr. Boettcher und Dir. Schöller an, daß sich der Arbeitskreis nunmehr mit Vorrang den mit der Sammlung und Lagerung bestrahlter Kernbrennstoffe zusammenhängenden Fragen widmen möge. Die Lösung dieses Problems vor dem Betrieb einer Wiederaufarbeitungsanlage sei aus technischen Gründen notwendig und für die Rentabilitätsberechnung Voraussetzung.[361]

Die Errichtung einer Wiederaufarbeitungsanlage war nun nichts, das in weiter Ferne lag. Der AK III/2 hatte eine entsprechende Empfehlung Mitte Februar 1962 ausgesprochen und wurde hierin von der FK III mit Nachdruck unterstützt.[362]

Für den AK III–IV/1 hatte der Einwand Boettchers und Schöllers unzweifelhaft Impulscharakter, wurde doch keinen Monat später der Themenkomplex "Beseitigung der hochaktiven Abfälle aus der Aufarbeitung ausgebrannter Kernbrennstoffe" von Straimer auf die Tagesordnung gesetzt. Ohne erkennbare Diskussion kam der AK zu der Auffassung, "daß für die Aufarbeitung und Endlagerung eine Grundkonzeption" erarbeitet werden müsse und bat "um Berichterstattung über den internationalen Stand der Aufarbeitungstechnik".[363] In der Folgesitzung wurde die Bildung eines vorbereitenden Unterausschusses beschlossen, der geeignete Sachverständige mit dem Ziel benennen sollte, die AK-Mitglieder durch Referate mit der Thematik vertraut zu machen.[364]

In dieser Situation dürfte das vom 8. bis 12. Oktober 1962 in Wien veranstaltete IAEO-Symposium zur Behandlung und Lagerung hochradioaktiver Abfälle von besonderem Interesse gewesen sein.

Schmidt-Küster und Donth, die für das BMAt teilgenommen hatten, stellten in ihrem Reisebericht Anfang November 1962 fest, vorerst könne die Lagerung der hochaktiven Lösungen weiterhin in Tanks erfolgen. Zwar sei dies nur eine Zwischenlösung, sie diene aber der teilweisen Abkühlung und gebe Zeit zur Entwicklung des optimalen Verfahrens. Dieses

---

und als Vorsitzender des AK III/2 "Brenn- und Baustoffe für Kernreaktoren" der FK III an [Cartellieri u. a. (1964), S. 489 u. 511). Schöller war Aufsichtsratsmitglied des RWE und wies hier offensichtlich erneut auf den "unsicheren Kostenfaktor" (siehe Kapitel 2.1.1) hin.

361 BA B 138 3317. Kurzprotokoll der 14. Sitzung.

362 Müller (1996), S. 551. Vgl. den Merkzettel zur 26. Sitzung des AK III–IV/1 in BA B 3415 mit dem Hesse auf den Entschluss aufmerksam machte.

363 BA B 138 3415. Kurzprotokoll der 26. Sitzung am 11.5.1962

364 BA B 138 3415. Kurzprotokoll der 27. Sitzung am 3.7.1962. Im Entwurf hieß es noch, der AK wolle sich "beratend in die Planungen für die 30-jato-Anlage (...) einschalten". Auch waren ursprünglich bereits konkrete Referatthemen vergeben worden.

müsse es gestatten, die Abfälle in die feste Form zu überführen. Bei allen bisher entwickelten Verfahren – auch bei der Fixierung von Spaltprodukten in Gläsern – sei die Auslaugbarkeit der Endprodukte aber noch nicht gering genug, um sie direkt in den Erdboden einzubringen. Daher seien in jedem Fall zusätzliche Edelstahlbehälter erforderlich, was – so Schmidt-Küster und Donth – dazu führe, dass die Frage des Lagerungsortes "keine wesentliche Rolle mehr" spiele.

Als dringende Aufgabe für die Zukunft sei die Errichtung von Pilot-Anlagen bezeichnet worden, da man nur so die bislang mehrheitlich im Labormaßstab gewonnenen Erkenntnisse in technischem Maßstab überprüfen könne. Schon jetzt lasse sich aber sagen, dass das Eindampfen der Lösungen nach einer Zwischenlagerung von 10 bis 20 Jahren wohl der billigste Weg sein werde. Das Symposium habe zudem gezeigt, dass es dringend notwendig sei, nach Verwendungsmöglichkeiten für langlebige Spaltprodukte wie Cs-137 und Sr-90 zu suchen, deren Abtrennung und industrielle Verwendung nicht nur die Abfallbeseitigung wirtschaftlicher gestalten könne, sondern auch die Lagerung der übrigen Spaltprodukte wesentlich vereinfachen würde. Auf dem Gebiet der Behandlung und Lagerung hochradioaktiver Abfälle seien seit der Monaco-Konferenz zwar "erhebliche Fortschritte" erzielt worden, man sei aber "noch weit von einem allgemein verwendbaren Verfahren entfernt."[365]

Dass trotzdem an den Absichten zum Bau einer Wiederaufarbeitungsanlage festgehalten wurde, dürfte drei wesentliche Gründe gehabt haben:

Erstens würde die Menge hochaktiver Abfälle gering sein. Zweitens würde sich das Problem ihrer Behandlung und Lagerung zu einer Zeit stellen, die nach ministeriellen Maßstäben außerhalb des langfristigen Betrachtungshorizontes lag. Zwar hielt man die Fertigstellung und Inbetriebnahme der verhältnismäßig kleinen Karlsruher Wiederaufarbeitungsanlage spätestens mit dem 2. Atomprogramm innerhalb der nächsten fünf Jahre für möglich[366], unter Annahme der von Schmidt-Küster und Donth als notwendig erachteten Mindestzwischenlagerzeit von zehn Jahren würde die Frage der Behandlung und Lagerung aber erst in 15 Jahren akut werden. Im schlechtesten, aber sicherheitstechnisch immer noch befriedigenden Fall würde man die Abfalllösungen in neue Tanks umfüllen können. Bis dahin würden – drittens – der Problemdruck in den USA, wo

365 PA AA B 30–277. Sechsseitiger Reisebericht vom 5.11.1962 der ministeriumsintern u. a. an den Leiter der Abteilung II sowie an Straimer und Schwibach verteilt wurde.

366 BMwF (1963), S. 11.

1962 bereits 75 Millionen Gallonen hochradioaktiver Abfalllösungen in Tanks lagerten, gewachsen sein und Ergebnisse aus dem umfangreichen Forschungs- und Entwicklungsprogramms der AEC vorliegen.[367] Auch bei der europäischen Anlage im belgischen Mol würde sich das Problem mit zeitlichem Vorlauf stellen.[368]

Vor diesem Hintergrund wird verständlich, warum die Arbeiten zur Endlagerung hochaktiver Abfälle – wie von Schwibach im September 1962 mit der BfB vereinbart – "zunächst nur vorbereitenden Charakter" haben sollten.[369] Dass diese insbesondere für die geothermischen Aspekte geltende Vorgabe auch für die 1964 bei der GfK begonnenen Versuche zur Verglasung hochaktiver Abfälle (siehe Kapitel 4.1.5.3) formuliert wurde, ist keineswegs unwahrscheinlich. Noch Ende Januar 1963 war man im BMAt der Ansicht, Fragen im Zusammenhang mit der Nutzung, Zwischen- und Endlagerung hochradioaktiver Abfälle seien "noch nicht so dringend". Es sei "daher zur Zeit nur vorgesehen, durch Studien die auftretenden Probleme zu untersuchen und ihre Lösungen vorzubereiten."[370]

Am 18. Dezember 1962 wurde der zwischenzeitlich in seiner personellen Besetzung endgültig festgelegte ad hoc-Ausschuss III "Probleme des Strahlenschutzes und der Abfallbeseitigung bei der Wiederaufarbeitung ausgebrannter Kernbrennstoffe" gebeten, seine Arbeit aufzunehmen. Schwibach wies in diesem Zusammenhang auf den "um Größenordnungen höhere(n) Anfall radioaktiver Abfälle" und die "größere Sicherheit der Lagerung und Beseitigung (...) in (...) fester Form" hin. Schopper und Straimer betonten ergänzend, dass beim Betrieb einer Wiederaufarbeitungsanlage "nicht ein Engpaß bei der Abfallbeseitigung" entstehen dürfe. Die Empfehlung konkreter praktischer Forschungsarbeiten schien aber mit Blick auf den Informations- und Beratungsstand des AK noch nicht angebracht. Erschwerend kam hinzu, dass noch nicht klar war, bei welchen Reaktortypen eine Wiederaufarbeitung überhaupt erfolgen würde.[371]

In den Vordergrund trat damit die Notwendigkeit, sich zunächst ein genaueres Bild der Lage zu machen. Hierzu sollten Unterlagen über den

---

367 Belter (1963), S. 3 und 5. Eine amerikanische Gallone entspricht 3,785 Litern.

368 Vgl. Müller (1996, S. 550). Die Inbetriebnahme der Eurochemic war ursprünglich bereits für 1961 vorgesehen, erfolgte aber erst 1966.

369 BA B 106 66641. Besprechungsnotiz vom 8. Februar 1963.

370 PA AA B 20–200 780. Aufzeichnung der deutschen Delegation für Euratom vom 29.1.1963.

371 BA B 138 3416. Kurzprotokoll der 28. Sitzung.

zu erwartenden Anfall radioaktiver Abfälle aus den im Betrieb und in Planung befindlichen Reaktoren sowie aus der Wiederaufarbeitung zusammengestellt werden. Auf dieser Basis würde auch die Ergänzung des Berichts zur Sammlung und Lagerung durch einen Teil B "Kernbrennstoffabfälle und radioaktive Abfälle aus der Wiederaufarbeitung ausgebrannter Kernbrennstoffe" möglich sein. Schon bei der diesbezüglichen Beschlussfassung wurde der AK am 8. Mai 1963 auf einen in den Folgejahren sehr wichtigen Umstand aufmerksam gemacht: "die Dringlichkeit der baldigen Endlagerung ausgebrannter AVR-Brennelemente". Bereits ab Mitte 1965 würde über ihren Verbleib zu entscheiden sein.[372] Der stets gut informierte Straimer hatte den neuen Faktor in den Überlegungen schon vier Tage vor der Unterrichtung des AK dazu genutzt, die Endlagerungsfrage voranzubringen. Im Rahmen seines knappen, ganz dem Beratungsstand des AK entsprechenden Vortrags vor dem Präsidium der DAtK hatte er das höchste Gremium wissen lassen, eine Lösung der Endlagerungsfrage "werde u.a. mit dem AVR-Reaktorprojekt dringlich."[373] "Besonders interessant" erschien ihm hierfür noch am 23. Juli 1963 "die Einlagerung ausgebrannter hochaktiver Kernbrennstoffe in künstlichen Kavernen in Salzgesteinen."[374]

3.2 Überlegungen und Maßnahmen auf ministerieller Ebene

Die Beseitigungs- und Endlagerungsfrage beschäftigte die Ministerialbeamten in stärkerem Maße als es die Protokolle aus dem Bereich der DAtK deutlich machen. Mit der am 24. Juni 1960 veröffentlichten "Ersten Verordnung über den Schutz vor Schäden durch Strahlen radioaktiver Stoffe“ (Erste Strahlenschutzverordnung bzw. SSVO) hatte man die "Beseitigung radioaktiver Abfälle" (§ 42) insofern geregelt, als diese an eine "nach Landesrecht zu bestimmende Sammelstelle abzuliefern oder auf eine andere (...) zugelassene Weise sicherzustellen oder zu beseitigen"

372 BA B 138 3416. Kurzprotokoll der 29. Sitzung. Siehe zur AVR-Thematik insbesondere die Anlage II (Bericht Dr. Menze).

373 B 138 3300. Protokoll der 15. Sitzung am 4.5.1963. Straimer sprach neben der Errichtung der Zwischensammelstellen lediglich das "Gutachten" der BfB zur "Verwendung von Kavernen in Salzlagerstätten" an. Die bereits im Gespräch befindliche Asse bzw. die Möglichkeit der Einlagerung in aufgelassenen Bergwerken erwähnte er mit keinem Wort.

374 BA B 138 2791. Abschrift eines Vermerks zur IAEO-Generalkonferenz für GL I B.

waren.[375] Geregelt hatte man mit dem bereits am 23. Dezember 1959 verkündeten "Gesetz über die friedliche Verwendung der Kernenergie und den Schutz gegen ihre Gefahren" (Atomgesetz bzw. AtG) auch die Verwahrung, den Besitz und die Ablieferung von Kernbrennstoffen (§ 5).[376] Nicht geregelt hatte man dagegen die Endlagerung, wurde – wie die vorangegangenen Kapitel gezeigt haben – mit intensiveren Beratungen über die Endlagerungsfrage doch erst im Juli 1960 begonnen. Dass die Errichtung eines Endlagers auch als Schaffung einer Sammelstelle für "Atommüll" gesehen werden konnte, die gemäß SSVO nun Länderaufgabe war, sollte zu erheblichen Schwierigkeiten führen.

Wie die wenigen Bruchstücke innerministerieller Kommunikation zeigen, erlangte der Faktor Beseitigung erst im Laufe des Jahres 1961 für die Leitung des BMAt gesteigerte Bedeutung. Während die Diskussion um rechtliche und organisatorische Aspekte der Endlagerungsfrage im ersten Halbjahr 1962 auch die höchste politische Ebene erreichte, verschärfte sich scheinbar der Druck auf Straimer und seine Beamten, die Gesamtkosten der Beseitigung zu reduzieren. Mühsam errungene Festlegungen wurden aufgeweicht und bislang ausgeschlossene Endlagerungsverfahren näher untersucht. Die exakte Abfallmenge war unterdessen nicht bekannt. Bekannt wurde sehr bald nur, dass bereits die ersten Schritte zur Beseitigung der in jedem Fall geringen Mengen im internationalen Vergleich sehr teuer sein würden.

3.2.1 Die "wenig erfreuliche Nebenerscheinung" als mögliches Hindernis

Die Unklarheit im Hinblick auf die Kosten der Beseitigung hielt zu Beginn der sechziger Jahre an. In der Januarausgabe 1961 von "Atom und Strom" erinnerte Friedrich Münzinger, ein viel beachteter Skeptiker, was eine allzu schnelle Nutzung der Kernenergie anbetraf [377], im Rahmen von "Gedanken über den Aufbau einer deutschen Reaktorindustrie" daran, dass man sich, wenn man "mit Aussicht auf Erfolg in ein so kostspieliges Unterfangen wie den Aufbau einer eigenen Reaktorindustrie eintreten" wolle, zunächst Klarheit über die eigenen Voraussetzungen verschaffen müsse. Hierbei seien auch "gewisse, zahlenmäßig nicht erfaßbare, das Reaktorgeschäft aber stark beeinflußende Eigentümlichkeiten von Kern-

375 BGBl I (1960), S. 439.
376 BGBl I (1959), S. 815.
377 Radkau (1983), S. 161.

kraftwerken sorgsam in Rechnung (zu) stellen." Hierzu gehöre z. B., dass "der anfallende Atommüll eine sehr lästige Beigabe" sei.[378]

Um die "sehr lästige Beigabe" und ihre ersten finanziellen Auswirkungen war es bereits am 24. August 1960 in einer Besprechung bei der GfK gegangen, an der auch Staatssekretär Cartellieri teilgenommen hatte. Da sich das Land Baden-Württemberg in Durchführung von § 42 der SSVO in der Frage der Errichtung einer Zwischensammelstelle an die GfK gewandt hatte, befasste man sich unter Punkt 9 der Tagesordnung auch mit diesem Teilaspekt der Beseitigung radioaktiver Abfälle. Der administrative Geschäftsführer der Gesellschaft, Rudolf Greifeld, wies darauf hin, dass "die Kosten dieser Einrichtung selbst unter Berücksichtigung der im Reaktorzentrum bereits vorhandenen Anlagen auf 1 Mio. geschätzt würden" und bat daher um Prüfung, ob nicht auch eine Beteiligung mehrerer Bundesländer denkbar sei.[379] Cartellieri sicherte zu, die Angelegenheit im BMAt weiter zu verfolgen, was auch geschah. Allerdings bekam der Prüfungsvorgang schon bald eine neue Qualität.

"Welche Verhandlungen hat die Bundesregierung geführt oder welche Vorbereitungen für Verhandlungen hat sie getroffen, um ein internationales Abkommen über die *Beseitigung des Atommülls* (Hervorhebung im Original) herbeizuführen?" lautete die hochinteressante Frage des Abgeordneten Bechert, zu der Minister Balke in der Fragestunde des Deutschen Bundestages am 7. Dezember 1960 Stellung nehmen musste.[380] Balke führte ausweichend aus, dass die Bundesregierung auf Ebene der IAEO, der OEEC und von Euratom an der Beratung der Fragen zur Beseitigung des "Atommülls" beteiligt sei und gab Beispiele für jüngste und bevorstehende Aktivitäten. Bechert setzte in anderer Richtung nach:

> "Herr Minister, was ist vorbereitet und veranlasst, um Atommüll in der Bundesrepublik gefahrlos zu lagern?"[381]

Obschon Bechert – zusätzlichen Informationsbedarf signalisierend – zugleich betonte, dass er die diesbezüglichen Bestimmungen der SSVO kenne, waren es eben jene, mit denen Balke den überwiegenden Teil seiner Antwort bestritt. Zunächst hatte er Bechert – wohl mit Blick auf die Endlagerung – jedoch zugestanden, "dieses Arbeitsgebiet" sei dort nicht berührt. Von besonderem Interesse ist in diesem Zusammenhang, dass

---

378 BA B 102 41024.
379 BA B 138 471.
380 BT PA (3. WP). 134. Sitzung, S. 7625f.
381 Ebd.

Balke ankündigte, sein Ministerium bereite "eine besondere Verordnung über die Beseitigung des radioaktiven Abfalls vor."[382]

Arbeiten zu einer derartigen Verordnung sind aus den Akten zu dieser Zeit nicht ersichtlich. Vier Monate später erhielt jedoch der AK III–IV/1 den Auftrag für den Bericht zur Sammlung und Lagerung radioaktiver Abfälle (siehe Kapitel 3.1.2). Wahrscheinlich hatte Balke sich also zunächst nur aus der Affäre ziehen wollen, denn auch sein Hinweis, man habe bereits eine Landessammelstelle in Karlsruhe eingerichtet, entsprach nicht den Tatsachen. Die Errichtung war – wie oben bereits angesprochen – zu dieser Zeit gerade einmal in der Diskussion.

Für das erste Halbjahr 1961 finden sich Spuren einer zunehmenden Diskussion um den Faktor Beseitigung. Im BMWi wies Heesemann Abteilungsleiter Kattenstroth am 13. Februar 1961 im Zusammenhang mit der Inbetriebnahme des ersten Versuchskraftwerks in Kahl am Main auf folgenden Sachverhalt hin:

> "Die verantwortlichen Herren des RWE lassen nicht ausser acht, (...) dass die Beseitigung des "Atommülls" noch nicht befriedigend gelöst ist (die Versuchsanlage zur Aufbereitung des nur zum Teil ausgebrannten Brennstoffes in Mol/Belgien befindet sich im Anlaufen) (...). Diese schwerwiegenden Überlegungen sollten auch in Rechnung gestellt werden, wenn der Bund Bundesgesellschaften zum Bau von Atomkraftwerken anregt."[383]

Dem stellte wenige Tage später ein anderes Referat der Abteilung III gegenüber:

> "Die Beseitigung des Atommülls würde für ein einzelnes Großkraftwerk keine besonderen Probleme aufwerfen. Soweit es um die Verwahrung radioaktiver Spaltgase u.a. geht, sind dafür in der Nähe der Anlage Lagermöglichkeiten für die nächsten 5–10 Jahre vorgesehen. Die Aufbereitung des verbrauchten Kernbrennstoffes wird vertraglich von den Lieferfirmen übernommen und könnte daher entweder in den USA oder in England vor sich gehen. Das Kraftwerk wäre daher auf Mol nicht angewiesen. In übrigen dürfte zum Zeitpunkt des ersten Brennstoffwechsels Mol auch bereits in Betrieb sein.[384]

Die Positionen der beiden Referate sind insofern von Bedeutung, als sie die zwei grundsätzlich möglichen Sichtweisen verdeutlichen: prinzipiell gegen pragmatisch, lang- gegen kurz- bis mittelfristig. Dass es schon bei

382 Ebd.
383 BA B 102 41037.
384 BA B 102 41037. III E 3 an MinDgt Dr. Steinhaus vom 17.2.1961.

mittelfristiger Betrachtung um mehr ging als "ein einzelnes Großkraftwerk" dürfte dem Kommentator der von Heesemann thematisierten Bedenken mit Blick auf das 1. Atomprogramm und seine Aktualisierungen sehr wohl bewusst gewesen sein. In dem Bestreben, den Aufbau einer Atomwirtschaft zu ermöglichen, setzte man – wie bereits in Kapitel 2.1.1 gezeigt – in Teilen des BMWi unverändert auf eine enge Problemdefinition, Problemhandhabung und Problemverlagerung. Auf dem Staatsgebiet der Bundesrepublik würde es mit den im Fokus der Wahrnehmung stehenden hochaktiven Abfällen keine Probleme geben. Dass auch in Mol für diese Abfallklasse zunächst nicht mehr als eine Zwischenlagerung möglich sein würde interessierte ebenso wenig, wie die mit keinem Wort erwähnten Abfälle niedrigerer Aktivität, die beim Betrieb der Reaktoren anfallen würden. Letztlich war eine solche Position durchaus vertretbar, – allerdings unter der Voraussetzung, dass die nächsten fünf bis zehn Jahre intensiv für Forschungsarbeiten genutzt werden würden. Doch auch im hierfür zuständigen BMAt stand Skepsis gegen Zuversicht.

Als der Leiter der Abteilung II, Karl Kaißling, in der 22. Sitzung des AK III–IV/1 am 14. April 1961 die Bitte "von Bundesminister Prof. Balke" übermittelte, bis Juli 1961 einen Bericht zur Sammlung und Lagerung radioaktiver Abfälle (siehe Kapitel 3.1.2) anzufertigen, fügte er erklärend hinzu:

> "Der Minister benötige eine solche Unterlage u.a., um dem Argument entgegentreten zu können, daß auch mit Rücksicht auf die Schwierigkeit der Beseitigung des Atommülls eine Verlangsamung in der Durchführung des Atomprogramms empfehlenswert sei."[385]

Ein möglicherweise verzögernder Einfluss der Beseitigungsfrage auf die Entwicklung der Atomenergie war in den AG und im AK bislang nie thematisiert, zumindest nie protokolliert worden. Zwar war seit den IAEO-Konferenzen der fünfziger Jahre allgemein bekannt, dass sie sich als limitierender Faktor erweisen könnte, offensichtlich war sie jedoch jetzt erst für den Minister und sein Umfeld bedeutsam geworden. Man wird mit einiger Wahrscheinlichkeit auch einen Einfluss des BMWi annehmen können, klingt die Notwendigkeit zur Verlangsamung doch im oben zitierten Rat Heesemanns an, "die Beseitigung des 'Atommülls' " zu bedenken, wenn die Schaffung von Bundesgesellschaften zum Bau von Atomkraftwerken angestrebt werde. Möglicherweise hatte BMWi-Abteilungsleiter

385 BA B 138 3414. Kurzprotokoll.

Kattenstroth seinen BMAt-Kollegen nach Abschluss der Meinungsbildung im BMWi kontaktiert.

Im direkten Zusammenhang mit Kaißlings Vorstoß ergibt sich einer der wenigen Einblicke in die Ansichten der Ministeriumsleitung. Zwei Tage nach der Sitzung des AK zeichnete Kaißling handschriftlich einen von Straimer mit Datum vom Vortag erstellten Sprechzettel zur Vorlage bei Staatsekretär Cartellieri und Minister Balke aus. Er ergänzte:

> "Der von mir in der letzten Sitzung des Arbeitskreises erbetene Bericht wird zeigen, daß die Frage der Unterbringung des Atommülls den Fortgang der Entwicklung bei der friedlichen Nutzung der Kernenergie nicht aufhalten wird."[386]

Cartellieri kommentierte daraufhin am 17. April die sehr zuversichtliche Einschätzung Kaißlings mit einem wesentlich skeptischeren, beinahe besorgten:

> "Hoffentlich wird aber auch eine sichere brauchbare Lösung für das Problem des sogen. 'Atommülls' gefunden."[387]

Abgesehen davon, dass Kaißling also offensichtlich in Machtleihe gehandelt hatte – sonst wäre die Information des Ministers auf diesem Weg und in dieser Form nicht nötig gewesen – zeigt dieser Vorgang, wie wenig Kaißling mit den Teilaspekten der Beseitigungsfrage und ihren spezifischen Problemen vertraut war. Schon konzeptionell konnte der Bericht von vornherein nicht mehr, als dem Minister und dem übrigen Adressatenkreis zu signalisieren, dass intensiv nachgedacht wurde, erste Maßnahmen bereits eingeleitet waren und dass man vor allen Dingen noch Zeit habe. Der Bericht konnte insbesondere nicht zeigen, dass die Frage des "Atommülls" die Entwicklung der Atomenergie nicht aufhalten würde. Wenn Schopper – wie als Konzession an die Intention Kaißlings – im Bericht mit Blick auf den Abfall aus Kernbrennstoffen meinte, sein Anfall werde "für die nächsten Jahre ohne Schwierigkeiten für die Entwicklung der nuklearen Technik eine vorläufige Unterbringung in Zwischenlagern zulassen"[388], betonte das im Grunde nur die unveränderte Offenheit der wichtigsten Frage.

---

386 BA B 138 3321. Der Sprechzettel sollte Balke eine entsprechende Erklärung anlässlich des fünfjährigen Bestehens der DAtK am 21.4.1961 ermöglichen.

387 Ebd.

388 BA B 138 3415. Bericht "Sammlung und Lagerung...", S. 2.

Cartellieri ließ sich durch die Meinung seines Abteilungleiters denn auch nicht von seiner skeptischen Haltung abbringen. Am 21. April stellte er vor der DAtK im Hinblick auf Schwerpunkte und Zukunftsaufgaben des Ministeriums die "noch nicht gelöste (...) endgültige Beseitigung des Atommülles" heraus und meinte – ganz im Sinne Straimers – sie sei "nur in einer noch engeren Zusammenarbeit zwischen Naturwissenschaftlern, Technikern und Juristen" zu lösen.[389]

Wenige Tage später finden sich weitere Anzeichen dafür, dass die Beseitigungsfrage die Ministeriumsleitung inzwischen in höherem Maße beschäftigte. Kaißling schrieb – scheinbar die Gedanken Cartellieris über eine engere Zusammenarbeit aufgreifend – an Straimer:

> "Ich bitte einer Anregung des Herrn Min entsprechend bei der Sitzung des AK III–IV/1 eine Sonderkommission für die Behandlung der Frage
> Atommüll
> anzuregen. Diese Sonderkommission müßte die Frage sehr schnell und sehr gründlich behandeln, damit dieses ungelöste Problem nicht eine Bremse in der Atomentwicklung wird."[390]

Hatte Kaißling zunächst noch formuliert die "Frage der Unterbringung des Atommülls" dürfe die Entwicklung nicht "aufhalten", so durfte sie sie nun nicht einmal mehr "bremsen". Der unausgesprochene Auftrag an Straimer war unmissverständlich: "Ich erwarte von Ihnen, dass Sie in Kürze für eine reibungslose Beseitigung sorgen!"

Die Einrichtung einer "Sonderkommission" war hierzu allerdings ein wenig Erfolg versprechendes Instrument. Wie Kaißling prinzipiell bekannt sein musste, hatte sich der AK seit Ende 1959 mit Teilaspekten der Beseitigungsfrage befasst und war längst von sich aus zu dem Schluss gekommen, dass es näherer praktischer Untersuchungen durch die BfB bedurfte. Da Kaißlings Auftrag nicht zu organisatorischen Konsequenzen führte, lässt sich annehmen, dass er nach Rücksprache den umfangreichen Forschungsauftrag an die BfB (siehe Kapitel 3.1.3) unterstützte, dessen Vorbereitung Straimer schon Anfang März 1961 eingeleitet hatte.

Die oberflächlichen Äußerungen Kaißlings zur "Atommüll-Frage" sind vermutlich in einen Prozess der umfassenden Lagefeststellung einzuordnen. So hatte er bereits in der 13. Sitzung der FK III am 19. Februar 1961 im Anschluss an einen "Bericht über Planungen und Maßnahmen des BMAt im Rahmen der atomtechnischen Entwicklung in der Bundesrepu-

389 BA B 138 3298. Protokoll der 13. Sitzung.
390 BA B 138 3414. Handschriftlicher Zettel ohne Erstellungsdatum, jedoch am 29.4. von Hesse abgezeichnet.

blik" vorgeschlagen, die FK solle sich nach sorgfältiger Vorbereitung durch eine Arbeitsgruppe mit der Erörterung der Wirtschaftlichkeitsfragen in Abhängigkeit von allen zu berücksichtigenden Einflussgrößen befassen.[391]

Im Mai 1961 wollte Kaißling scheinbar damit beginnen, die bis dahin angestellten Kostenüberlegungen zu systematisieren. Mit einem vorbereitenden "Gutachten über die Ermittlung und Auswertung von Kostendaten bei Kernkraftwerken" wollte er in diesem Zusammenhang Professor H. Bleibtreu beauftragen, mit dem Beamte des BMAt bereits seit Ende Januar in Verbindung standen.[392] Und auch Anfang Juli war Kaißling – nun wieder in der FK III – in dieser Angelegenheit tätig. Nachdem er eine Anfrage des Bundestagsabgeordneten Prof. Jordan in Bezug auf verzögernde Probleme bei der Verwirklichung des Reaktorprogramms verlesen hatte, wurde ein FK-Angehöriger gebeten, bis zur nächsten Sitzung im Kreise der Mitglieder Material über die die Reaktorentwicklung verzögernden Fakten zu sammeln.[393] Inzwischen hatte sich auch das Bundeskanzleramt eingeschaltet. In einem Vermerk zur Wettbewerbsfähigkeit der Atomenergie vom 25. August 1961 folgte man der bisher von Schöller und Löbl vertretenen Linie und stellte fest, die Umwandlungskosten für die Stromerzeugung aus Atomenergie seien zum Teil überhaupt noch nicht endgültig zu übersehen, da eine Reihe dafür maßgebender Fragen noch nicht gelöst sei. An erster Stelle einer längeren Aufzählung wurde dabei das Problem der Beseitigung radioaktiver Abfälle genannt.[394]

Zur Jahreswende 1961/1962 schaukelte sich die Beseitigungsproblematik weiter auf. Ein Grund hierfür waren die fortschreitenden Planungen für die Landessammelstelle in Karlsruhe, die nicht nur auf lokaler Ebene Wellen schlugen. Am 4. Dezember 1961 schrieb das Landratsamt Karlsruhe an den Bundestagsabgeordneten Gottfried Leonhard, um ihn auf tatsächlich bestehende Erwägungen des Ministeriums aufmerksam zu machen, sämtlichen in der Bundesrepublik anfallenden radioaktiven Abfall auf dem Gelände der KBB zwischenzulagern.[395] Den Plänen "in einem

---

391 BA B 138 3316.

392 BA B 138 3567. Der erste Kontakt mit Bleibtreu, der in den USA lebte, war scheinbar am 24.1.1961 zu Stande gekommen. Mit Schreiben vom 31.8.1961 wurde er mit der Erstellung des Gutachtens beauftragt. Es lag Mitte August 1962 vor.

393 BA B 138 3369. Protokoll der 28. Sitzung vom 5.7.1961.

394 BA B 136 6099.

395 BA B 138 471. Vermerk I A 1. Die Anlagen der K II waren bereits seit Januar 1961 für die Zwischenlagerung betriebsfremder Abfälle aus dem gesam-

derart dicht besiedelten Raume (...) einen solchen Gefahrenherd zu schaffen", trete man "mit aller Entschiedenheit entgegen".[396] Leonhard wandte sich daraufhin direkt an Minister Balke, der ihn am 11. Januar darüber informierte, dass lediglich die Errichtung einer Zwischensammelstelle geplant sei.[397]

Auch Bechert wurde wegen der ministeriellen Bestrebungen mobilisiert. Nachdem sich Fritz Erler am 16. Dezember 1961 "wegen des beabsichtigten Atomfriedhofes im Landkreis Karlsruhe" an ihn gewandt hatte, sicherte ihm Bechert mit Schreiben vom 30. Dezember 1961 zu, sich in der nächsten Fragestunde des Bundestages nach den Absichten des Ministeriums zu erkundigen. Dabei offenbarte sich der Hinterfrager und Kritiker – was für eine Gesamtbewertung der damaligen Aktivitäten von großer Bedeutung ist – auch als überzeugter Anhänger des Salzkonzepts:

> "Ich bin der Ansicht, dass der Atomfriedhof für die Bundesrepublik möglichst tief in die Erde in nicht wasserführende Schichten gelegt werden muss. Tiefliegende geologische Salzlager sind dazu durchaus geeignet, denn wo sich Salz hält, da ist kein Wasser." [398]

Wie von Bechert zugesagt, wurde Minister Balke in der Fragestunde des Deutschen Bundestages am 24. Januar 1962 von ihm befragt, ob die endgültige Sammelstelle im Landkreis Karlsruhe liegen werde, was Balke korrekterweise verneinte. Inzwischen auch durch den Bericht zur Sammlung und Lagerung gut informiert, konnte er darauf verweisen, dass in "etwa fünf Jahren" an die Einlagerung in "geeignete Erdschichten (...) z.B. tiefgelagerte Salzschichten" gedacht sei und die BfB zurzeit die geologischen Voraussetzungen prüfe.[399]

Auch in den nördlichen Bundesländern, die sich im Januar 1962 gegenüber dem BMF bereit erklärt hatten, sich an den Kosten für die Einrichtung einer Zwischensammelstelle in Geesthacht zu beteiligen, gab es scheinbar Unsicherheiten in Sachen Zwischen- und Endlagerung und

---

ten Bundesgebiet im Gespräch. Dies zeigt, wie sehr man nach der Empfehlung des AK III–IV/1 bemüht war, Zwischensammelstellen nur nach Bedarf zu errichten.

396 BA B 106 66648.

397 BA B 106 51070. Hier ist der gesamte Schriftwechsel enthalten. Leonhard bedankte sich bei Balke und betrachtete die Angelegenheit als erledigt.

398 AdsD Nachlass Karl Bechert. Mappe 153, Box 59.

399 BT PA (3. WP). 134. Sitzung, S. 296f.

deutlichen rechtlichen Klärungsbedarf.[400] Wahrscheinlich waren es die Folgen dieser Offenheit, die Bundeskanzler Adenauer mit Schreiben vom 1. Juni 1962 dazu veranlassten, schriftlich Position zu beziehen. Leider gibt es auf dieses Schreiben nur einen einzigen Hinweis. In der Ergebnisniederschrift einer Ressortbesprechung vom 15. Juli 1963 wurde festgehalten:

> "Er (RD Pfaffelhuber, D. M.) weist insbesondere darauf hin, daß die Endbeseitigung nur überregional durchgeführt werden könne, (...) die Errichtung einer Gemeinschaftseinrichtung der Länder nicht erstrebenswert sei und diese Möglichkeit im Hinblick auf den Standpunkt der Bundesregierung (vergl. Schreiben des Herrn Bundeskanzlers vom 01.06.1962, teilweise zitiert im Einladungsschreiben des BMwF vom 05.07.1963) vom BMwF auch nicht vorgeschlagen werde."[401]

Die Zeilen sind insofern von herausgehobener Bedeutung, als sie zeigen, dass das bislang als randständig eingestufte Thema der Endlagerung radioaktiver Abfälle noch im Stadium der Diskussion die höchste politische Ebene beschäftigte, – ein unerwarteter Vorgang. Damit stellt sich die Frage, wie das Schreiben des Bundeskanzlers einzuordnen ist und worin sein Anlass lag.

Wie bereits ausgeführt, war mit dem 1. September 1960 die am 24. Juni 1960 im Bundesgesetzblatt veröffentlichte SSVO in Kraft getreten. Sie machte die Beseitigung radioaktiver Abfälle in Zwischensammelstellen zur Landesaufgabe. Mit einiger Wahrscheinlichkeit kamen in den Bundesländern daraufhin auch Überlegungen im Hinblick auf die Zuständigkeit für die Endlagerung in Gang.[402] In Niedersachsen, wo die Spitze der BfB in Personalunion das Niedersächsische Landesamt für Bodenforschung leitete, scheinen die Erkenntnisse aus früheren Forschungen und

---

400 BA B 106 66641. Ergebnisniederschrift vom 17.7.1963. Hier geht es noch im Juli 1963 um eine rechtlich eindeutige Antwort auf ein Schreiben des Nds. Ministers für Arbeit, Soziales und Vertriebene vom 28.2.1963.

401 BA B 106 66641. Ergebnisniederschrift vom 17.7.1963. Die Bestände des Bundesarchivs wurden erfolglos nach dem Schreiben oder wenigstens der Einladung durchsucht. Zwei Anfragen bei der Stiftung Adenauerhaus brachten ebenfalls keine Ergebnisse.

402 Noch am 6.12.1966 vermerkte Pfaffelhuber (BA B 196 22797), dass "für die Errichtung und den Betrieb der Endlager aus dem Subsidiaritäts-Gesichtspunkt heraus eine Zuständigkeit der Länder angenommen werden könne, es aber nicht wirtschaftlich sinnvoll sei, daß 11 verschiedene Länder mehrere Endlager errichten und betreiben, wenn für die gesamte Bundesrepublik ein einziges Endlager ausreicht".

den Beratungen des AK III–IV/1 zu einer Zuspitzung geführt zu haben. Am 15. März 1962 unterbreitete Wager dem Niedersächsischen Minister für Wirtschaft und Verkehr den Vorschlag "an Stelle aufwendiger Anlagen bei der Reaktorstation Geesthacht ein Großmodell zur endgültigen Abfallbeseitigung im Untergrund zu erstellen".[403] Konkret dachte Wager dabei an den Salzdom Klein-Kühren.[404] Dass der Bundeskanzler angesichts derartiger Bestrebungen gebeten wurde, dem Vorhaben Einhalt zu gebieten, erscheint im Abgleich mit der oben zitierten Formulierung in der Ressortbesprechung zumindest nicht unwahrscheinlich.[405]

Derartige Höhepunkte waren aber scheinbar nicht dazu geeignet, die bei den meisten Politikern und Ministerialbeamten vorherrschende Einschätzung der Endlagerungsfrage zu Gunsten der Gruppe Strahlenschutz zu verändern. Im Gegenteil: Im August 1962 meinte Prof. Kurt Jaroschek in einem zu den Akten genommenen Zeitungsartikel:

> "Davy hat recht, daß das Entstehen radioaktiver Abfälle eine wenig erfreuliche Nebenerscheinung ist. (...) Aber ist unsere Welt so, daß wir ihre schwierigen Aspekte verleugnen können? (...) Wir werden mit dem Problem des Atommülls fertig werden müssen. Es ist ein wirtschaftliches Problem, und eine spätere Umfüllung von radioaktiven Materialien in neue Edelstahlbehälter dürfte den Ingenieuren keine Sorge machen."[406]

Die hohe Bedeutung der Einschätzung Jaroscheks wird erst durch zusätzliche Informationen deutlich. Ein früher erstellter ministeriumsinterner Vermerk sprach davon, dass er "in Kreisen der Atomwirtschaft wegen seiner ingenieurmäßig-nüchternen Beurteilung der Entwicklung in der Kerntechnik bekannt" sei und "von Atomphysikern gelegentlich als Pessimist bezeichnet" werde.[407] Wenn also der unbedingt vertrauenswürdige Pessimist das "Atommüllproblem" für ein wirtschaftliches und pragmatisch handhabbares hielt, wieso sollte die Leitung des Ministeriums anderes glauben. Und so konnte sich Jaroschek wenig später dafür bedanken, dass Minister und Staatssekretär "sehr freundlich" zu seinen Ausführung-

---

403 Zitiert nach einem Schreiben Straimers an die BfB vom 11.2.1963 in BA B 102 183852.

404 BA B 106 66641. Notiz über eine Besprechung zwischen Straimer und Martini am 14.3.1963.

405 Schwibach konnte sich – obschon er in der Ressortbesprechung anwesend war – nicht an die näheren Umstände erinnern. Er bezeichnete die oben geäußerte Vermutung aber ebenfalls als "nicht unwahrscheinlich" (schriftliche Auskunft vom 8.4.2003).

406 BA B 138 3567.

407 BA B 138 3567. Vermerk vom 22.10.1959.

en Stellung genommen hatten. Die wiedergegebene Passage war am Seitenrand besonders hervorgehoben worden.

Kaißling war zu dieser Zeit unverändert mit der technisch-wirtschaftlichen Optimierung von Kernenergieanlagen beschäftigt. Mit den für "Reaktoren" und "Grundsatzfragen der Atomwirtschaft" zuständigen Referenten war er sich einig, dass "die Probleme des wirtschaftlichen Transports bestrahlter Brennelemente, der *wirtschaftlichen* Beseitigung (Hervorhebung D. M.) radioaktiver Abfälle und im weiteren Sinne auch die technisch wirtschaftlichen Probleme der Optimalisierung des Brennstoffkreislaufs" lediglich "gewisse (...) Randerscheinungen" darstellen würden.[408] Noch unmittelbar vor seiner Versetzung in den Ruhestand Ende März 1963[409] meinte er in einem für die Gesamtbetrachtung wertvollen Seitenblick:

> "Zusatzanlagen für die Wiederaufarbeitung der Brennelemente, für die Restezerlegung und Resteablagerung erfordern gleichfalls Anlage- und Betriebskosten. Sie *eilen* (Hervorhebung D. M.) in ihrer technischen Gestaltung hinter dem Reaktorbau her, der ihr Entwicklungstempo bestimmt."[410]

Wie schwer musste es Straimer angesichts dieser eindeutigen Prioritätensetzung in den Jahren unter Kaißling gehabt haben, eine sorgfältige und vor allem rechtzeitige Bearbeitung der scheinbar so fernen Endlagerungsfrage durchzusetzen? Und wie bezeichnend ist es, dass die ersten umfassenderen Entwürfe für eine Programminitiative vom März 1963 stammen?[411]

3.2.2 Erste Einschätzungen vom Anfall radioaktiver Abfälle

In der 8. Sitzung der FK IV stellte Schopper am 10. November 1961 in Anwesenheit von Cartellieri, Kaißling und Straimer den nahezu fertiggestellten Bericht zur Sammlung und Lagerung radioaktiver Abfälle vor. In

---

408 BA B 138 3567. Vermerk über eine Besprechung mit Kühne und Finke vom 19.11.1962.

409 BA B 138 434. Kaißling war ab dem 31.3.1963 nicht mehr für den Aufsichtsrat der GfK tätig, am 22.10.1963 ist von ihm als "MinDir a.D." die Rede.

410 GLAK 69 233. Rede im Rahmen einer Informationswoche des DAtF "Friedliche Nutzung der Kernenergie im Spiegel der Nationen" vom 30.3.1963.

411 Auch Wender (1983, S. 150) zeigt die Ablösung eines Abteilungsleiters als günstigsten Zeitpunkt für das Voranbringen bislang nicht durchsetzbarer Interessen auf.

der Diskussion wiesen mehrere Sitzungsteilnehmer darauf hin, dass "Angaben über Art und Umfang des Umgangs mit radioaktiven Stoffen (...) fehlten" und deshalb die Grundlagen des Vorschlags nicht deutlich würden.

Schopper erklärte daraufhin mit Unterstützung der Ministerialbeamten, dass man "von Schätzungen ausgegangen sei, dieses Material jedoch nicht in den Bericht aufgenommen habe." Ergänzend hielt das Protokoll fest:

> "Bei der Erörterung der Frage der Unterlagen über Art und Umfang radioaktiver Abfälle wird erwähnt, dass eine repräsentative Umfrage des BMAt leider keine zuverlässigen Ergebnisse gebracht habe, weil in grossem Umfang keine oder sehr ungenaue Angaben eingegangen seien. Jedoch hätten die Bedarfsschätzungen der grösseren Forschungsinstitute und Anlagen einen guten Anhaltspunkt für Zahl und Auslegung der Zwischensammelstellen geboten."[412]

Die Textstelle suggeriert, das BMAt habe eigens zur Erstellung des Berichts eine Umfrage gestartet. Diese ist in den Akten aber nicht zu finden. Der Charakter des Berichts – es handelte sich um eine unter großem Zeitdruck vorgenommene Zusammenstellung der AK-Beratungen seit 1959 – legt es vielmehr nahe, dass es eine eigens für den Bericht erstellte "repräsentative Umfrage" nie gegeben hat.

Stattdessen könnte es sich bei der angesprochenen Umfrage um das bereits erwähnte Rundschreiben Straimers an die Verwender radioaktiver Isotope vom 28. Februar 1958 handeln, dessen Ergebnis tatsächlich wenig befriedigend ausgefallen war.[413] Möglicherweise wurden diese alten Daten durch telefonische Erkundigungen bei den Forschungszentren und einigen größeren Forschungsinstituten aktualisiert.[414]

Noch in der 26. Sitzung des AK am 11. Mai 1962 hielt sich Schwibach an die oben zitierte Argumentation. Nach dem vermutlichen Anfall radio-

---

412 BA B 138 3323. Cartellieri war nur zeitweise anwesend, der Bericht Schoppers war allerdings der erste Tagesordnungspunkt. Das Zitat ist dem Protokollentwurf entnommen. Verkürzt ist die Aussage auch in der späteren Fassung zu finden.

413 BA B 106 27909. Zwei Tabellen sollten bis zum 31. März 1958 zurückgesendet werden. Das Datum des Eingangs beim BMAt wurde hinter den Adressen vermerkt.

414 Nach regelmäßigen Bestandserhebungen im Hinblick auf den Anfall radioaktiver Abfälle befragt, meinte Schwibach im Informationsgespräch am 23.7.2002, er habe seine Ansprechpartner in Karlsruhe und Jülich jederzeit anrufen können.

aktiver Abfälle befragt, erklärte er, eine Abfrage bei den kleinen und mittleren Anfallstellen lasse "zur Zeit kein brauchbares Ergebnis erwarten". Man müsse die Erfahrungen der im Betrieb bzw. Aufbau befindlichen Zwischensammelstellen abwarten.[415] Das Ministerium verzichtete also bewusst – wohl aus Zeit- und Aufwandsgründen – auf ein konkreteres Bild der Lage.

Wohin das führte, machten Schwibach und Straimer unfreiwillig Anfang März 1963 deutlich, als sie sich im Zuge der Begründung der "Studiengruppe Tieflagerung" an einer Einschätzung der Abfallmengen versuchten. Im Vergleich mit Zahlenangaben aus dem britischen Harwell und der United States Atomic Energy Commission (USAEC), die im vier- bzw. sechsstelligen Bereich pro Jahr lagen, kamen sie zu folgendem Schluss:

> "Der in der Bundesrepublik zu erwartende Anfall ist naturgemäß viel kleiner. Immerhin sind z.B. in Karlsruhe bereits ca. 100 m^3 radioaktive Abfälle eingelagert. Es kann so die z.Zt. in der Bundesrepublik vorhandene Menge radioaktiver Abfälle auf mehrere 100 m^3, evtl. einige 1000 m^3 niedrig- bis mittelaktiver Abfälle geschätzt werden."[416]

Deutlich wird die beachtliche Schwankungsbreite der Schätzung. Sie zeigt klar die Grenzen der AK-Empfehlung vom Mai 1960 (siehe Kapitel 3.1.1) auf, Zwischensammelstellen "nur in den Grenzen des relativ gut abschätzbaren tatsächlichen Bedarfs" einzurichten.[417] Auf welche Größen sollten sich die vor Ort mit der konkreten Planung befassten Personen einstellen?

Wenn die Ministerialbeamten – in Wiederaufnahme der AK-Ansichten von 1960 – trotzdem ausdrücklich darauf hinwiesen, dass in wenigen Jahren "billige Endbeseitigungsmöglichkeiten" verfügbar sein müssten und man bereits jetzt mit vorbereitenden Maßnahmen beginnen müsse, um einen Engpass zu vermeiden, so verkürzte sich dieser Zeithorizont schon zwei Monate später erheblich, als "die Dringlichkeit der baldigen Endlagerung ausgebrannter AVR-Brennelemente" bekannt wurde.[418]

Vor dem AK III–IV/1 stellte ein Vertreter der Versuchsgemeinschaft fest, dass die Lagerung der Brennelemente bei der KFA aus finanziellen Gründen nicht in Betracht komme. Vor Erteilung der Betriebserlaubnis

415 BA B 138 3415. Kurzprotokoll. Vgl. die sehr ähnliche Äußerung Straimers vor den Vertretern der Länderbehörden am 16./17.1.1962 in BA B 138 582.

416 BA B 106 66641. Vermerk II C 2 vom 4.3.1963.

417 BA B 138 3413. Kurzprotokoll der 18. Sitzung. Die zitierte Formulierung ist im Original unterstrichen.

418 BA B 138 3416. Kurzprotokoll der 29. Sitzung des AK III–IV/1 am 8.5.1963.

müsse aber nachgewiesen werden, dass die Lagerung der abgebrannten Brennelemente gefährdungsfrei möglich sei. Praktisch bedeute dies, dass zur abschließenden Besprechung im Zeitraum 30. August bis 4. September 1963 ein prüfungsfähiges Dokument über die Lagerung radioaktiver Abfälle vorliegen müsse.

Möglicherweise liegt in dieser für die weitere Entwicklung sehr bedeutsamen Information der Grund dafür, dass Straimer am 4. Juni 1963 auf dem bereits am 4. März erstellten Vermerk Schwibachs zur Aufstellung der Studiengruppe anmerkte, der Entwurf müsse "der neuen Lage angepasst werden." Die ursprüngliche Betreffsformulierung "Aufstellung einer Studiengruppe Endlagerung für die Aufgabe, die Endbeseitigung radioaktiver Abfälle vorzubereiten und Projektunterlagen für ein Endlager auf Land auszuarbeiten" verkürzte er auf "Aufstellung einer Projektgruppe 'Endlager für radioaktive Abfälle'".[419]

Ein präziseres Bild des Bestandes an radioaktiven Abfällen in der Bundesrepublik und der zukünftig zu erwartenden Abfallmengen sollte sich erst im Laufe des Jahres 1964 einstellen.[420]

3.2.3 Die Erörterung des Kostenaspekts

Sowohl im Ergebnispapier der AG 4 des AK III–IV/1 als auch im Zuge seiner Diskussion war die herausragende Bedeutung des Kostenaspekts für die Intensivierung der Endlagerungsüberlegungen deutlich geworden (siehe Kapitel 3.1.1). Das Endlagerungsverfahren sollte mittelfristig günstiger als eine oberirdische Zwischenlagerung sein und so die insgesamt für die Beseitigung aufzuwendenden Beträge verringern.

Die Bohr- bzw. Erstellungskosten boten bei den anzustellenden Vergleichen erste Orientierung. Bei Beginn der Beratungen im AK III–IV/1 am 22. Juli 1960 wurden die für die Injizierung radioaktiver Abwässer notwendigen Finanzmittel auf 150.000 bis 250.000 DM pro Lagerstätte geschätzt. Die Kosten der bergmännischen Salzgewinnung würden – wie der Gast aus den USA, Dr. Ladenburg, beisteuerte – bei 1 bis 2 Dollar pro Tonne, die der Aussolung[421] dagegen bei 0,5 Dollar liegen. Damit bestä-

---

419 BA B 106 66641. Vermerk II C 2 vom 4.3.1963.

420 Vgl. den detaillierten sechsseitigen Bericht Schwibachs anlässlich der 34. Sitzung des AK III–IV/1 am 12.2.1965 in BA B 196 59274.

421 Vgl. Abb. 2 in Kapitel 3.2.6. Nach dem Niederbringen eines Bohrschachtes in ein Salzvorkommen wird zur Schaffung eines Hohlraums Süßwasser injiziert, das Salz löst. Das salzhaltige Wasser (Sole) wird abgepumpt.

tigte er zumindest tendenziell, was schon auf der Monaco-Konferenz deutlich geworden war: Eine im Aussolungsverfahren erstellte Kaverne würde mit 1,2 bis 4,8 Cent pro Gallone (3,7851 Liter) günstiger sein als bergmännisch erstellte Hohlräume mit 6 bis 23,8 Cents pro Gallone.[422] Die Anlagekosten eines modernen Bergwerks bezifferte Ladenburg denn auch auf 10 Millionen Dollar; bei einer Einlagerung in bereits erschlossene Salzbergwerke könne man allerdings die Kosten "relativ niedrig" halten. Krawczynski argumentierte auf unbekannter Grundlage, "den Kosten für eine unterirdische Endlagerung in Höhe von 10 bis 20 DM/m^3 stehe ein Aufwand von etwa 500 DM/m^3 für eine 40-jährige oberirdische Lagerung gegenüber."[423]

Die von Krawcynski und Wager in der Folgesitzung am 9. September 1960 vorgelegten detaillierteren Berichte zu den Kosten der unter- und oberirdischen Lagerung zeigten immer noch deutliche Schwankungsbreiten, sorgten aber dennoch für eine gewisse, unerwartete Präzisierung.[424] Krawczynski stützte sich in seinem Teil zur "Endlagerung in oberirdischen Räumen" wesentlich auf Erfahrungen aus Karlsruhe. Für schwachaktive Abfälle ermittelte er nun einen Wert von ca. 350–400 DM/m^3 Lagerraum, für Abfälle mittlerer Aktivität 800–900 DM/m^3 und für hochaktive Abfälle gar 8–10.000 DM/m^3.

Wager konnte in seinem Teil zur "Endlagerung in geologischen Strukturen" auf den ersten Blick mit wesentlich niedrigeren Ansätzen aufwarten. 150–200 DM/m^3 Speicherraum waren das Ergebnis seiner – auch nach eigenen Angaben – groben Schätzungen. Am günstigsten sollte die Aussolung einer 10.000 m^3 großen Kaverne sein.

Die Vergleichbarkeit der Werte war allerdings nur eingeschränkt gegeben. Zwar wurden bei beiden Optionen die Kosten für den Erwerb und die Erschließung eines Grundstücks, seine Einzäunung, für ggf. notwendige Lager- und Aufenthaltsräume sowie die Betriebs- und Unterhaltskosten nicht betrachtet, in seinen Modellen berücksichtigte Wager jedoch einzig die Erstellungskosten bei hohem technischem Aufwand. Insbesondere die in Krawczynskis Beträgen enthaltenen Kosten für die Lagerbehältnisse – immerhin 50 bis 60 DM pro 200 Liter-Fass – waren nicht enthalten. Auch stellte Krawczynski in Rechnung, dass man infolge der Festlegung auf Fässer den Kubikmeter umbauten Raumes nur zu zwei Dritteln nutzen können würde. Dies hätte für eine Kaverne aber in minde-

422 Parker u. a. (1960), S. 371.
423 BA B 138 3414. Kurzprotokoll der 19. Sitzung mit Anlage II.
424 BA B 138 3414. Kurzprotokoll der 20. Sitzung, Anlage I.

stens ebenso großem Maße gegolten. Die eigentliche Botschaft der präzisierten Kostenschätzungen war: Die Schaffung eines Kubikmeters oberirdischen Lagerraums würde für schwachaktive Abfälle – entgegen Krawczynskis früheren Aussagen – um die Hälfte billiger als die Schaffung eines Kubikmeters in einer Salzformation sein.

Vor diesem Hintergrund verwundert es nicht, dass beide Berechnungen gemäß Protokoll nicht weiter hinterfragt wurden. Vielmehr wurde der erklärtermaßen grob geschätzte Minimalwert von 150 DM/m^3 Speicherraum für die nächsten Jahre zum Richtwert. Noch am 28. Oktober 1963 erklärte Holtzem[425] als neuer Leiter des Referats "Technische Aufsicht und Überwachung" gegenüber Krause, die mit der Kaverne zu erzielenden Lagerkosten sollten "möglichst nur 100–150 DM/m^3 betragen; 200 DM" seien "noch tragbar".[426] Eine präzisere Kalkulation wäre zu diesem Zeitpunkt längst möglich gewesen: Der spezifizierte Verwendungsplan (Kostenvoranschlag), mit dem die BfB und das Ministerium das Kavernenvorhaben im März 1962 der IAEO anboten, enthielt sogar Positionen für Schleifscheiben und einen Essenszuschuss.[427] Konnte das Kavernenkonzept und mit ihm die Einlagerung in Salzvorkommen im innerministeriellen Durchsetzungsprozess nur so attraktiv erscheinen?

Vor dem Bundestagsausschuss für Atomkernenergie und Wasserwirtschaft nahm Straimer Ende Oktober 1962 eher beiläufig eine sehr aufschlussreiche Bewertung der ministeriellen Absichten vor:

> "Vor zwei Wochen habe man sich auf einer Konferenz der IAEO in Wien sehr eingehend mit der Beseitigung der radioaktiven Abfälle befaßt. Man

---

425 Hubertus Holtzem wurde am 20.12.1918 in Rheinbach bei Bonn geboren. Ab 1938 studierte er zunächst Medizin und Naturwissenschaften in Bonn, von 1940 bis 1942 Pharmazie und Naturwissenschaften in Frankfurt. 1942 Approbation als Apotheker. 1948 Promotion zum Dr. rer. nat. (Chemie, Botanik, Pharmakologie und Physik). Zum 1.5.1963 wechselte er als ORR vom Ministerium des Inneren Rheinland-Pfalz zum BMwF (BA Hausmitteilung BMwF 13/63). Mit Datum vom 15.4.1973 wurde Holtzem im Zuge der Abgabe der Zuständigkeit für die Reaktorsicherheit und den Strahlenschutz vom BMFT in das BMI versetzt, wo er bis zu seiner Pensionierung am 31.12.1979 tätig war. Am 11.4.1979 wurde ihm das Bundesverdienstkreuz am Bande verliehen. Dr. Hubertus Holtzem starb am 15.6.1999 (Privatunterlagen Holtzem).

426 BA B 106 66641.

427 BA B 102 183852. Schreiben des Präsidenten der BfB vom 12.3.1962.

habe unser deutsches Vorhaben als sehr kostspielig und nicht unbedingt notwendig bezeichnet. Wirtschaftlicher sei das englische Verfahren."[428]

Spätestens nach der Konferenz zur Behandlung und Beseitigung hochaktiver Abfälle, die vom 8. bis 12. Oktober in Wien stattgefunden hatte, war man sich also auch außerhalb des BMAt bewusst, im Bereich der Beseitigung einen wirtschaftlich ungünstigeren Weg eingeschlagen zu haben. Mit Blick auf den damaligen Beratungsstand wird man davon ausgehen können, dass sich Straimers Aussage nicht primär auf Überlegungen zur Endlagerung hochaktiver Abfälle, sondern auf die damals spruchreife Konzeption zur Beseitigung schwach- und mittelaktiver Abfälle in Zwischensammelstellen und Salzformationen bezog. Diese würde deutlich teurer als eine Versenkung im Meer und das Vergraben im Boden sein. Interessanterweise waren derartige Informationen im Reisebericht der beiden Vertreter des BMAt (siehe Kapitel 3.1.4) nicht enthalten.

Das besondere Gewicht dieser Feststellung wird erst durch den Blick auf die Aufgaben von Straimers Gruppe deutlich. 1956 hatte das Ministerium in seinem ersten Jahresbericht mit Bezug auf das noch im Entwurf befindliche Atomgesetz die Förderungsfunktion und die Schutzfunktion als Hauptorientierungspunkte seiner Tätigkeit herausgestellt. Während man damals noch meinte, der Schutzfunktion werde durch den Strahlenschutz und hier durch "scharfe Überwachungsbestimmungen und strenge Haftungs- und Strafvorschriften" Rechnung getragen[429], wurde im 2. Atomprogramm für die Jahre 1963–1967 mit Selbstverständlichkeit erklärt, "die Verbesserung, Vereinfachung und Verbilligung des Strahlenschutzes in atomtechnischen Anlagen" stelle eine "besondere Aufgabe des Strahlenschutzes" dar. Schließlich seien die Aufwendungen hierfür "ein wesentlicher Bestandteil" der Gesamtkosten für derartige Anlagen.[430]

Um wie viel die deutsche Konzeption bereits in ihren Anfängen teurer als amerikanische Praktiken war, zeigt ein Vermerk vom 1. Juli 1963:

"In der Bundesrepublik können aber z.Zt. nur die kostendeckenden Gebühren für die Einlagerung in staatliche Sammelstellen angegeben werden, die z.B. in Nordrhein-Westfalen für einen 200-Liter-Behälter 600, -- DM betragen. Dazu kommt der Anschaffungspreis des Behälters von ca. 200, -- DM. Diese Kosten von rd. 4000, -- DM pro m^3 sind mit ca. 30 $ für die Beseitigung von $1m^3$ radioaktiver Abfälle in den Vereinigten

428 BT PA (4. WP). Kurzprotokoll der 9. Sitzung am 25.10.1962.
429 PIA (1956), S. 466.
430 BMwF (1963), S. 10.

Staaten zu vergleichen. (...) Wie hoch die Gesamtkosten für die Beseitigung sein werden, kann z.Zt. noch nicht abgesehen werden."[431]

Damit lagen die Zwischenlagerungskosten bei einem der zukünftig größten Abfallverursacher erheblich höher als die bis dahin schriftlich festgehaltenen Schätzungen, die – was die von Krawczynski im September 1960 ermittelten Beträge anging – die Grundstücks- und Betriebskosten nicht enthalten hatten. Wohl auch deshalb hatten Straimer und der AK bereits nach den ersten Versuchen der Kostenabschätzung eine kostendeckende Gebühr für die Einlagerung in Zwischensammelstellen für nicht vertretbar gehalten[432] und den zuständigen Vertretern der Bundesländer MItte Januar 1962 im Rahmen einer Informationstagung konsequenterweise mitgeteilt, die Kosten der staatlichen Sammelstellen sollten "möglichst niedrig" gehalten werden.[433] In Nordrhein-Westfalen waren derartige Appelle offensichtlich ohne Wirkung geblieben.

In der zweiten Hälfte des Jahres 1963 fanden daher mehrere Gespräche mit Vertretern des Bundeslandes statt, in denen das Referat III C 4 wiederholt, aber erfolglos versuchte, eine Reduzierung der für die Annahme zu entrichtenden Gebühren zu erreichen.[434] Die oben genannten, als "praktisch nicht tragbar" eingestuften Beträge waren allerdings im Vergleich zu einem neuen Problem, das sich in diesem Zusammenhang ankündigte, geradezu vernachlässigenswert klein.

Im Ergebnis einer Besprechung zwischen Holtzem, Schwibach und Vertretern der ebenfalls in Jülich ansässigen AVR am 16. Juli 1963 war die Versuchsgemeinschaft aufgefordert worden, ihre Probleme mit der Lagerung abgebrannter Brennelemente und anderer hochradioaktiver Abfälle zu konkretisieren, was sie mit Schreiben vom 11. Oktober 1963 tat. Auf 137.060 DM veranschlagte man – mit großzügigem Risikozuschlag – die jährlichen Gebühren für die Zwischenlagerung höheraktiver Abfälle, wobei noch nicht klar war, ob die Zwischensammelstelle der KFA diese überhaupt annehmen würde. Für die abgebrannten Brennelemente, die nach Interpretation der AVR an anderer Stelle in staatliche Verwahrung

---

431 BA B 106 66641. Die Berechnung NRWs ging von einer fünfjährigen Einlagerungsdauer aus.

432 BA B 138 3414. Kurzprotokoll der 22. Sitzung am 14.4.1961.

433 BA B 138 582. Ergebnisniederschrift. Die zehnjährige Lagerung eines 200-Liter-Behälters sollte, wie man an anderer Stelle vage und optimistisch meinte, "ca. 150,-- DM" kosten.

434 BA B 106 66654. III C 4 an III C 1 am 30.11.1963.

zu geben sein würden, kam man mit Bezug auf § 4 der Kostenverordnung zum Atomgesetz vom 2. Juli 1962 zu folgendem Ergebnis:

> "Rechnet man sich die allein für die Aufbringung der Gebühren für die Aufbewahrung kernbrennstoffhaltiger Abfälle erforderliche Gesamtsumme aus, so überschreitet diese nach 4 Jahren mit 1,224 Mill. DM bereits den Wert der jährlichen Brennstoffkosten des Kernkraftwerks und erreicht nach 20 Jahren, also der rechnerischen Lebensdauer eines Kernkraftwerks, einen Betrag von 25,704 Mill [sic] DM.
> Nun beträgt aber die Mindestdauer, während der abgebrannte Kernbrennstoff in Verwahrung bleiben muß, 300 Jahre, so daß hierfür Kosten im Gesamtbetrag von 710 Mill. DM aufzubringen wären.
> Es liegt auf der Hand, daß eine solche Gebührenbelastung von der Kernenergiewirtschaft niemals getragen werden kann."[435]

Holtzem beschloss daraufhin, nach Möglichkeiten der direkten Einflussnahme auf das Land Nordrhein-Westfalen zu suchen und legte die alarmierenden Berechnungen der AVR in diesem Zusammenhang auch dem für "Rechts- und Verwaltungsangelegenheiten des Strahlenschutzes" zuständigen Referat vor. Der Bearbeiter konnte die Argumentation der AVR zwar geringfügig entkräften, kam jedoch zu dem Schluss, dass man nicht umhin könne "für die Zwischen- und Endlagerung kernbrennstoffhaltiger Abfälle eine (...) den technischen und betriebswirtschaftlichen Erfordernissen entsprechende Sonderregelung zu treffen." Im Hinblick auf die Gebührenordnung der Landessammelstelle Nordrhein-Westfalens stimmte er der Bewertung Holtzems zu. Sie könne auch nach seiner Ansicht "zu einer Kostenbelastung (...) der Atomkraftwerke führen (...), die außer Verhältnis zu den übrigen Kostenfaktoren" stehe. Langfristig werde so auch "die Wirtschaftlichkeit der Atomstromgewinnung in Frage gestellt". Nichts solle daher unversucht gelassen werden, um negative Auswirkungen der Gebührenordnung auf die Nutzung der Atomenergie zu verhindern.[436]

Die Antwort des nordrheinwestfälischen Arbeits- und Sozialministeriums vom 16. Januar 1964 zeigte sich von den Bemühungen des BMwF jedoch völlig unbeeindruckt. Es war Staatssekretär Hölscher, der argumentierte:

> "Die in Nr. 8.1 der Benutzungsordnung festgelegten Vergütungen (...) sind nach dem Kostendeckungsprinzip errechnet worden und decken die Kosten für die Einlagerung der Abfälle während einer Zeit von 5 Jahren.

435 BA B 196 22797.
436 BA B 106 66654. III C 1 an III C 4 am 19.12.1963.

Die Kosten für die Übernahme der Abfälle können nur dann gesenkt werden, wenn die Einlagerungszeit in der Einrichtung der KFA wesentlich verkürzt wird. Das ist m.E. dann möglich, wenn die Abfälle zur säkularen Einlagerung an eine sogenannte Endsammelstelle alsbald weitergegeben werden können. (...) Das Problem der säkularen Einlagerung radioaktiver Abfälle ist dringlich. Jede Verzögerung bei der Lösung des Problems muß daher vermieden werden."[437]

3.2.4 Die plötzliche Befürwortung der Versenkung im Meer

In der ersten Hälfte des Jahres 1960 hatte eine nicht näher bekannte amerikanische Gesellschaft dem Reaktorzentrum Karlsruhe angeboten, den Transport und die Versenkung radioaktiver Abfälle zu übernehmen. Vor einer diesbezüglichen Stellungnahme wollte der AK III–IV/1 jedoch zunächst Gutachten durch verschiedene Institute einholen.[438] Scheinbar bestand aber in den folgenden Monaten weiterer Diskussions- und Eingrenzungsbedarf, empfahl der AK doch erst am 24. November 1960 konkret, dem DHI einen "Forschungsauftrag über die Versenkung radioaktiver Abfälle im Meer zu erteilen." Zugleich wurde das ausländische Versenkungsangebot verworfen.[439]

Die offizielle Position des Ministeriums zur Versenkung im Meer war zu dieser Zeit eindeutig. Vor dem Bundestagsausschuss für Atomkernenergie und Wasserwirtschaft meinte Straimer am 6. Oktober 1960 in Anwesenheit von Minister Balke, eine Versenkung im Meer werde den Forderungen nach Endgültigkeit und Kontrollierbarkeit nicht gerecht[440] und noch am 20. April 1961 schrieb II C 1 an das Bundesministerium für Ernährung, Landwirtschaft und Forsten:

---

437 BA B 106 66654.

438 BA B 138 3413. Kurzprotokoll der 18. Sitzung am 5.5.1960. Man dachte an das Institut für Meereskunde in Hamburg, das MPI für Biophysik in Frankfurt und das HMI in Berlin.

439 BA B 138 3414. Kurzprotokoll der 21. Sitzung.

440 BT PA (3. WP). Protokoll der 36. Sitzung des Ausschusses. Es ist naheliegend, dass Straimer hier die in 2.1.2.1 herausgestellten Kriterien aus dem Antwortschreiben an Philberth aufgriff.

"Eine unkontrollierte Beseitigung radioaktiver Stoffe, z.B. durch Versenkung von Atom-Müll in das Meer, wird im Hinblick auf die Nicht-Vorhersehbarkeit der damit verbundenen Gefahren abgelehnt."[441]

Für diese Haltung hatte das Ministerium seit der Monaco-Konferenz vom November 1959 (siehe Kapitel 2.2.2) gute Gründe. Die "erhebliche(n) Einwände und Bedenken" waren den deutschen Konferenzteilnehmern im Gedächtnis[442] und bis hinauf zum Minister nicht ohne Wirkung geblieben. So meinte ein deutlich sensibilisierter Balke in der Fragestunde des Deutschen Bundestages am 7. Dezember 1960 zu Bechert, "die wissenschaftlichen Grundlagen für eine wirklich gefahrlose Beseitigung des Atommülls" seien "noch nicht völlig geklärt", was auch die Monaco-Konferenz gezeigt habe.[443]

Den endgültigen Ausschlag für eine Versenkung im Meer scheint die Reise einiger Mitglieder des AK III–IV/1 ins britische Harwell im März 1962 gebracht zu haben.[444] In der 26. Sitzung des AK am 11. Mai 1962 berichteten sie über ihre Eindrücke. Obwohl in der diesbezüglichen Diskussion festgestellt wurde, dass man die Ergebnisse und Erfahrungen auf deutsche Verhältnisse nicht völlig übertragen könne, glaubten die Teilnehmer doch, auch für die Bundesrepublik "nützliche Anregungen" gewonnen zu haben. So erschienen ihnen "die großzügige Handhabung der Sicherheitsvorschriften, die manchmal fast primitiv wirkenden Gebäude, Einrichtungen und Sicherheitsvorkehrungen sowie die Vorteile, die das Versenken in das Meer gerade zur Beseitigung radioaktiver Abfälle" biete, bemerkenswert. Diese Möglichkeit solle auch für die Bundesrepublik noch genauer geprüft werden, da sich die Kosten für die Zwischenlagerung durch die dann gegebene Möglichkeit zur Verwendung billigster Behälter oder des schwach radioaktiven Filtersandes der Abwasserentaktivie-

441 BA B 138 5520. In der 22. Sitzung des AK III–IV/1 am 14.4.1961 (B 138 3414) wurde von unbekannter Seite betont, das "englische Verfahren, radioaktive Abfälle ins Meer einzubringen, gefährde möglicherweise das natürliche biologische Gleichgewicht und sei nicht nachahmenswert."

442 Schopper wies hierauf noch Mitte 1961 im Bericht zur Sammlung und Lagerung (B 138 3415) hin.

443 BT PA (3. WP). 134. Sitzung, S. 7625.

444 Zu der Gruppe gehörten auch Straimer und Schwibach. Bereits am 13.3.1962 teilte Straimer dem Referat I B 2 mit, Euratom solle sich im Rahmen des 2. Fünfjahresprogramms mit Studien und Experimenten zur Versenkung im Meer befassen (BA B 138 735).

rungsanlage zum Einbetonieren "besonders augenfällig" vermindern würden.[445]

Wenige Tage zuvor war die deutliche Positionsänderung bereits auf internationaler Ebene publik gemacht worden. Der "Concept for Waste Management in the German Federal Republic" betitelte Vortrag von Schopper und Krawczynski für ein Symposium in Kjeller/Norwegen schloss mit dem Absatz:

> "The problem of disposal of very low activities, however, still requires further consideration from the economic point of view. For this type of wastes we a r e, after all, considering for the future the possibility of disposal into the sea. This, however, should depend upon the propositions and decisions of the competent international authorities and organizations."[446]

Ziel dieser vorsichtigen Ankündigung dürfte es gewesen sein, die durch die Monaco-Konferenz entstandene Infragestellung der Versenkung im Meer aufzuweichen. Sie war ein Signal an andere Staaten, Gespräche mit der Bundesrepublik aufzunehmen. Möglicherweise ist für diesen ausschließlich wirtschaftlich motivierten Vorstoß von Bedeutung, dass die OECD spätestens seit März 1962 zum Missfallen Großbritanniens beabsichtigte, die Frage der Versenkung radioaktiver Abfälle in die Nordsee international zu regeln.[447]

Mit Schreiben vom 21. Juli 1962 forderte Straimer daraufhin über den Bundesminister für Verkehr beim Deutschen Hydrographischen Institut (DHI) ein Gutachten über die Versenkung radioaktiver Abfälle ins Meer an.[448] Das DHI lehnte zu dieser Zeit jedoch jede Versenkung kategorisch ab.[449]

Straimer konnte das allerdings nicht beirren. Bereits am 25. Oktober 1962 ließ er den Bundestagsausschuss für Atomkernenergie und Wasserwirtschaft beiläufig wissen, man werde an "dem Grundsatz", keine Versenkung im Meer vorzunehmen, nicht festhalten können.[450]

---

445 BA B 138 3415. Vgl. Tiggemann (2004), S. 129f.

446 Privatunterlagen Schopper. Redemanuskript vom 2.5.1962.

447 BA B 136 861. Monatsbericht BMAt.

448 BA B 138 5521. Das Datum des Schreibens ist einem Vermerk vom 10.8.1964 entnommen. An anderer Stelle (siehe Fn 449) wird vom 12.9.1962 gesprochen.

449 BA B 138 5521. Rückblickende Aussage in einer Besprechung am 10.11.1964.

450 BT PA (4. WP). Kurzprotokoll der 9. Sitzung.

Den Durchbruch für die neue Sichtweise erzielte Straimer jedoch erst mit einer ressortübergreifenden Besprechung am 9. Mai 1963. Hier gelang es ihm mit Unterstützung von Schwibach und Krause die einer Versenkung sehr skeptisch bis ablehnend gegenüberstehenden Vertreter des BMV (Dr. Marienfeld), des BML und des DHI von der Notwendigkeit des Vorhabens zu überzeugen.[451]

Vor die Wahl gestellt, radioaktive Abfälle niedriger Aktivität, wie in anderen Ländern bereits üblich, durch Vergraben im Boden oder durch Versenkung im Meer zu beseitigen, scheine es für ein dicht besiedeltes Land mit intensiver Raumnutzung nicht ratsam, "große Areale auf lange Zeiten einer anderen Nutzung zu entziehen." Die Beseitigung der großen Mengen niedrigaktiver Abfälle werde "aus wirtschaftlichen Gründen bereits jetzt dringend notwendig." Auch müssten die in ihrer Aufnahmekapazität begrenzten Zwischensammelstellen "bald entlastet werden." Auf der Basis der umfangreichen amerikanischen Erfahrungen lasse sich sagen, dass eine Versenkung in Tiefen von 2000 Metern und mehr ohne Zerstörung der Behälter und ohne messbare Erhöhung der Umgebungsaktivität machbar sei. Solange nur die Aktivität klar begrenzt werde, seien Fragen nach der Beständigkeit der Behälter und nach möglicherweise existierenden Strömungen bei dieser " ' verzögerte(n) Verdünnung' " nachrangig.

Einem Vorschlag Krauses folgend einigte man sich schließlich auf einen durch Messungen zu begleitenden "Großversuch" mit Abfällen der Zwischensammelstellen. Der Vertreter des DHI, Dr. Joachim Joseph, erklärte sich bereit, dem BMwF einige günstig erscheinende Versenkungsstellen zu benennen und diese vorab genauer zu untersuchen.

Ein von Straimer bis zum Jahresende erbetenes vorläufiges Gutachten sollte eine grundsätzliche Aussage darüber enthalten, ob eine Versenkung im Meer möglich sein würde.

3.2.5 Die unerwartete Untersuchung des oberflächennahen Vergrabens

Mit Schreiben vom 26. Juli 1962 wandte sich Straimer an das Institut für Strahlenschutzkunde der GfK in Neuherberg und erklärte:

---

451 BA B 196 59274. Neunzehnseitige Niederschrift der Besprechung vom 30.7.1963. Auch die Bundesforschungsanstalt für Fischerei, die Kernforschungszentren Karlsruhe und Jülich sowie die Reaktorstation Geesthacht waren vertreten.

"Das in verschiedenen Staaten praktizierte Verfahren der Vergrabung radioaktiver Abfälle im Boden unterliegt nun mannigfachen Einschränkungen, ist aber für Abfälle, die nur geringfügig kontaminiert sind (Aktivitätsbereich ca. 10 $\mu C/m^3$ – 100 $\mu C/m^3$), unter bestimmten festzulegenden Bedingungen u. U. doch sehr erwünscht."[452]

Er bat daher um die Aufstellung einer kleinen Arbeitsgruppe, die die Aufgabe erhalten sollte, ein Gutachten über die Möglichkeiten und Grenzen des Vergrabens im Boden zu erstellen.

Straimers Schritt ist insofern bemerkenswert, als der AK Anfang Juli 1961 auf seine Anregung hin die "oberirdische Endlagerung" wegen "der hohen Bevölkerungsdichte, der möglichen Gefährdung des Grundwassers (...) und in Ermangelung geeigneter geologischer Gegebenheiten (aride Gebiete, Senken unter NN)" für die Bundesrepublik ausgeschlossen hatte. Zwar war das "Vergraben im Boden" in diesem Zusammenhang nicht explizit angesprochen worden, man wird jedoch mit einiger Sicherheit annehmen können, dass die gegen eine Lagerung in Hallen und Bunkern ins Feld geführten Gründe auch gegen das Vergraben sprachen. Möglicherweise trug Straimers Hinweis auf die "mannigfachen Einschränkungen" diesem Stand der Diskussion Rechnung. Fragwürdig erscheint die diffuse Begründung. Was war es, das das Vergraben "u. U. doch sehr erwünscht" sein ließ?

Mit Blick auf die vorher begonnenen, nun zeitlich parallel verlaufenden Bemühungen für eine Versenkung im Meer (siehe Kapitel 3.2.4) wird man auch hier Überlegungen zur Kostenreduzierung annehmen müssen. Die Reise der AK-Mitglieder ins britische Harwell auch in diesem Fall als Auslöser anzunehmen ist nahe liegend, führt aber nur eingeschränkt weiter. Denn zumindest bis Ende 1959 verzichtete man dort aus Gründen des Gewässerschutzes[453] auf das in den weiter nördlich gelegenen Anlagen der Britischen Atomenergiebehörde durchaus übliche Vergraben.[454]

Ausschlaggebend dürfte stattdessen gewesen sein, dass die USA 1962 aus wirtschaftlichen Gründen dazu übergingen[455], 95 Prozent ihrer radioaktiven Abfälle auf staatseigenen Grundstücken oberflächennah zu

452 BA B 138 5523. Entwurf II C 2.
453 Burns (1960), S. 425.
454 Dunster/Wix (1960), S. 403. Zu nennen ist insbesondere die Drigg-Vergrabungsstätte. Vgl. Chandler (1997), S. 56 und 113.
455 Bischof (1980), S. 12

vergraben.[456] Für die Bemühungen zur Einlagerung in Salzvorkommen hatte diese augenfällige Änderung der Beseitigungspraxis scheinbar zunächst verzögernde Wirkung. Anfang März 1963 hielt ein Vermerk fest, die Endlagerung niedrig- bis mittelaktiver Abfälle in geologischen Schichten werde "noch nicht vorgenommen, da die Staaten mit dem höchsten Anfall an radioaktiven Abfällen aus Kostengründen (...) das Vergraben im Boden und die Versenkung im Meer vorziehen" würden.[457] Zog man das Vergraben auch für die Bundesrepublik in den von Straimer vorgesehenen Grenzen in Betracht, erweiterte sich die Menge der auf wenig aufwendige Art zu beseitigenden Abfälle deutlich. Paragraph 42 (2) der SSVO hatte es bis dahin lediglich gestattet, Festabfälle mit einer Halbwertszeit von mehr als hundert Tagen "wie gewöhnliche Abfälle" zu beseitigen, wenn deren mittlere Aktivität 10 Mikrocurie pro Kubikmeter nicht überschritt.[458] Hier ging es nun um das Zehnfache an Aktivität.

Die Aufstellung der Arbeitsgruppe war in den restlichen Monaten des Jahres 1962 kaum vorangekommen. Mit Schreiben vom 16. Januar 1963 forderte Straimer das Institut für Strahlenschutzkunde auf, ihm Bericht über vorbereitende Schritte zur Erstellung des Gutachtens bzw. diesbezügliche Schwierigkeiten mitzuteilen.[459]

Die diesbezüglichen Schwierigkeiten waren vergleichsweise einfacher Natur. Bereits am 28. August 1962 hatte sich Wittenzellner in seiner Funktion als Leiter des beauftragten Instituts an die KBB in Karlsruhe gewandt und um die Benennung eines Ansprechpartners für die Arbeitsgruppe gebeten. Schnurr, dem der Vorgang vorgelegt wurde, bemerkte am 31. August handschriftlich "Ist das Aufgabe der Neuherberger Gruppe?" und der ihm zustimmende Greifeld ergänzte "Kaißling sollte gefragt werden." Ob die Hinterfragung der Absichten Straimers bei seinem Abteilungsleiter sofort in Angriff genommen wurde oder ob der Vorgang lediglich auf Schnurrs Tisch liegen blieb, ist unbekannt. Eine diesbezügliche Erinnerung der KBB durch die GfK blieb jedenfalls ohne erkennbaren Erfolg. Erst am 4. Februar 1963 benannte Schnurr Krause als Ansprechpartner für die Frage der Endbeseitigung radioaktiver Abfälle im Boden.

---

456 BA B 196 59274. Besprechungsniederschrift zur Versenkung im Meer vom 30.7.1963. Vgl. auch das Kurzprotokoll der 30. Sitzung des AK III–IV/1 am 12.7.1963 in BA B 138 3416.

457 BA B 106 66641. II C 2 vom 4.3.1963.

458 BGBl I (1960), S. 439.

459 BA B 138 5523.

Als Gründe für die verspätete Reaktion gab er eine zweimonatige Dienstreise und Urlaub an.[460]

Es sollten weitere dreieinhalb Monate vergehen, bevor sich die Arbeitsgruppe "Beseitigung radioaktiver Abfälle durch Vergraben im Boden" zu ihrer ersten Sitzung am 16. Mai 1963 treffen konnte. Die Fachleute diskutierten über die in Frage kommenden Abfall- und Aktivitätsklassen, besonders geeignete Böden, die Art der Verpackung und Abdichtung sowie notwendige Auflagen. Zudem beschloss man die Erweiterung der Gruppe um zwei Experten auf dem Gebiet des Gewässerschutzes bzw. für Grundwasserströmungen und bat für die kommenden Sitzungen um die Teilnahme eines Vertreters des BMwF.[461]

Nachdem scheinbar auch in der Folgesitzung noch generelle Fragen und mögliche Betätigungsfelder im Vordergrund standen[462], wurden derartigen Überlegungen zu Beginn der dritten Sitzung der Arbeitsgruppe am 15. Oktober 1963 durch Schwibach beendet: Man solle sich speziell mit der sicheren Ablagerung von Flockungsschlämmen des Kernforschungszentrums Karlsruhe befassen.[463]

Es ist auffällig, dass das Vergraben im Boden keine zehn Tage später zur Aufgabe der SG TL gemacht wurde. Da eine Zusammenarbeit mit der Neuherberger Arbeitsgruppe in diesem Zusammenhang mit keinem Wort erwähnt wurde[464], wird man annehmen können, dass die Beauftragung der SG TL zugleich auch das Ende ihrer Zuständigkeit bedeutete. Möglicherweise ist dieser Entschluss auf Kosten- und Aufwandsüberlegungen zurückzuführen.[465]

---

460 GLAK 69 689.

461 BA B 138 5523. Sitzungsprotokoll vom 3.7.1963. Die Gruppe bestand zunächst aus sieben, später 11 Personen. Am 3.7. waren dies: Dr. Aurand (Bundesgesundheitsamt), Dr. Krause (GfK), Dr. Perzl, Dr. Wittenzellner (beide Institut für Strahlenschutzkunde), Dr. Ruf, Dr. Steinbrückner (beide Zoologisch-Parasitologisches Institut, Uni München) und Dr. Salger (Bayer. Geolog. Landesamt). Hinzugezogen wurden Prof. Moser (Forschungsstelle für Radiohydrometrie, Uni München) und Dr. Traub (Bayer. Landesamt für Wasserversorgung und Gewässerschutz). Als Vertreter des BMwF wurde Schwibach benannt.

462 BA B 138 5523. Notiz zur 2. Sitzung der Arbeitsgruppe am 3.7.1963 vom 10.10.1963. Schwibach skizzierte vier mögliche Arbeitsbereiche.

463 BA B 138 5523. Sitzungsprotokoll.

464 BA B 106 66641. Notiz über eine Besprechung am 24.10.1963.

465 Schon auf dem Entwurf des ersten Schreibens Straimers (siehe Fn 452) hatte das Referat I A 2 deutlich gemacht, es gehe davon aus, dass "ein besonderer zusätzlicher Kostenaufwand nicht" eintrete. Anfang Juli 1963 stand jedoch bereits die Einstellung eines Mitarbeiters zur Entscheidung an.

Im Oktober 1964 veranschlagte die SG TL für das Jahr 1965 jedenfalls einen Betrag in Höhe von 10.000 DM für einen Vergrabungsversuch.[466] Ob es sich bei der vom 1. September 1964 bis zum 30. September 1966 vorgenommenen Ablagerung von 600 Kubikmetern Klärschlamm auf ein Versuchsfeld außerhalb des Kernforschungszentrums um diesen Versuch handelte[467], ist unklar. 1967 wurden an der TH Karlsruhe konsequenterweise "Untersuchungen über das Eindringen radioaktiver Verunreinigungen in Grundwässer aus der Ablagerung von Flockungsschlämmen" gefördert.[468]

3.2.6 Das Einbringen der Endlagerung in den Haushaltsplan

Die Beseitigung radioaktiver Abfälle fiel in der zweiten Hälfte der fünfziger Jahre zunächst unter den Titel 630 "Entwicklung von Strahlenschutzmaßnahmen".[469] Hatte das BMAt infolge seiner abwartenden Haltung im Haushaltsentwurf für das Jahr 1957 noch angegeben, es könne zum Transport sowie zur Lagerung radioaktiver Abfälle (...) keine detaillierten Angaben über konkrete Vorhaben machen[470], änderte sich die Lage 1960.

Zunächst waren unter Titel 893 "Maßnahmen zur Förderung von Versuchsanlagen für die Atomtechnik und Isotopentechnik" Mittel für die "Errichtung einer zentralen Stelle für die Einengung und Beseitigung radioaktiver Abfälle" für das Rechnungsjahr 1961 vorgesehen[471], die später aber doch wieder Titel 630, der jetzt "Entwicklung und Durchführung von Strah-

---

Da Krause sowohl Mitglied der Neuherberger Arbeitsgruppe als auch Leiter der SG TL war und ihn die Ablagerung der Flockungsschlämme in seiner Hauptfunktion als Leiter der Dekontaminationsbetriebe der GfK direkt betraf, war die Auflösung der Neuherberger Gruppe vermutlich nahe liegend.

466 GLAK 69 689. Aufschlüsselung der Sachkosten der SG TL für das Jahr 1965 vom Oktober 1964.

467 BA B 106 66648. Eilvermerk UA II 1 an Minister vom 10.6.1974.

468 BA B 138 3410. Kurzprotokoll der konstituierenden Sitzung des AK III/7 am 4.4.1967, Anlage.

469 BA B 126 13728. Vorentwurf zum Bundeshaushaltsplan. Die Gesamtausgaben hatten sich 1956 auf 425.000 DM belaufen und sollten 1957 drei, später zwei Millionen DM betragen.

470 BA B 126 13728. Eingehende Erläuterungen zum Einzelplan 31, hier Titel 630 "Entwicklung von Strahlenschutzmaßnahmen" vom 4.2.1956.

471 BA B 126 14973. Entwurf des Voranschlags für den Haushaltsplan 1961 vom 19.3.1960.

lenschutzmaßnahmen" hieß, zugeordnet wurden. Konkret schienen für 1961 anfangs 1,5 Mio. DM und bis 1964 jährlich 2 Mio. DM erforderlich.[472]

Hierbei handelte es sich jedoch noch nicht um ein Projekt zur Errichtung einer Endlagerstätte, wie man eine Äußerung Straimers vor dem AK III–IV/1 am 9. Dezember 1959 interpretieren könnte.[473] Straimer stellte in der betreffenden Sitzung fest, dass sich das BMAt "schon seit längerer Zeit" um eine geeignete Bundesliegenschaft für eine *Zentralstelle* bemühe.[474] Bereits am 25. Februar 1958 hatte er deren Zweck unmissverständlich definiert:

> "Für die nächste Zeit ist die Errichtung einer Zentralsammelstelle geplant. Bei dieser Sammelstelle sollen die Abfälle gelagert werden bis zu einem späteren Zeitpunkt eine Entscheidung über ihre Wiederverwendung oder ihre endgültige Beseitigung getroffen wird."[475]

Die Schaffung der Zentralstelle war also ein der Endlagerung vorangestellter Zwischenschritt. Hier sollten ursprünglich die von den Zwischensammelstellen der Länder und Großverbraucher kommenden Abfälle sortiert und durch Verbrennung und Pressung eingeengt werden.[476]

Erst im Mai 1962 wurde für das Rechnungsjahr 1963 der sehr geringe Betrag von 250.000 DM explizit für die "Endbeseitigung radioaktiver Abfälle" veranschlagt. In der Begründung hieß es unter Verweis auf die Forschungen der BfB:

> "Wissenschaftliche Untersuchungen (...) haben ergeben, daß eine kontrollierte Endbeseitigung radioaktiver Abfälle durch säkulare Einlagerung in geeignete geologische Schichten (z.B. Salzschichten) möglich und zweckmäßig ist. Als geeignete geologische Schichten werden Salzlagerstätten in Niedersachsen in einer Tiefe von etwa 400 m angesehen. Hierzu müssen in diese Schichten Schächte eingebracht und darin Kavernen ausgehöhlt werden. Die technischen Methoden (...) sind an sich bekannt; die spezielle Projektierung für den vorgenannten Zweck ist durchzuführen. In diesem Rahmen sind Anlagen zur Aufbereitung der radioaktiven Abfäl-

472 BA B 138 8699. Langfristige Planung des BMAt vom 25.11.1960. In einer aktualisierten Fassung vom 31.12.1960 waren von den veranschlagten 7,5 Mio. DM nur noch 3 Mio. DM übrig geblieben.

473 Müller (1996), S. 560. So auch Tiggemann (2004), S. 142.

474 BA B 138 3397. Kurzprotokoll der 17. Sitzung.

475 BA B 138 5520. Schreiben an Eugen Metzger.

476 BA B 138 3397. Kurzprotokoll der 17. Sitzung des AK III–IV/1 am 9.12.1959. Die Verwendung des Zentralstellenbegriffes ist nicht immer derart eindeutig. Erst nach Vorliegen der Empfehlungen der AG 4 Anfang 1960 (siehe Kapitel 3.1.1) ist er mit der Errichtung des Endlagers verknüpft.

le, zur Errichtung der Kavernen sowie zur Einbringung der Abfälle in diese Kavernen zunächst zu planen. Veranschlagt sind vorerst nur die Planungskosten einschl. der Planungen für das Transportsystem. Die Kosten für die Errichtung der Anlagen können erst nach Abschluß dieser Planungsarbeiten berechnet werden. Sie werden auf etwa 10 Mio DM geschätzt. Der Bedarf für die Jahre 1964–1966 wird voraussichtlich 5,5 Mio DM betragen." [477]

Die wiedergegebene Passage ist in zweifacher Hinsicht bemerkenswert. Im Mai 1962 lag weder ein vorläufiges noch ein abschließendes Gutachten der BfB vor. Die Forschungen der Anstalt hatten offiziell erst im Juli 1961 begonnen und waren ursprünglich auf zweieinhalb Jahre veranschlagt worden. Wager informierte den AK III–IV/1 über den Zwischenstand erst am 3. Juli 1962 und legte in der Folgezeit "außer einem knapp vierseitigen Zwischenbericht keine als Studie verwertbaren Unterlagen" vor.[478] Die den bereits thematisierten Druck auf die BfB (siehe Kapitel 3.1.3) zusätzlich erklärende Begründung stützte sich damit maximal auf amerikanische Vorarbeiten, den Stand der Beratungen im AK III–IV/1 und telefonische Rücksprachen. Vermutlich fiel die Bewertung des für die Endlagerung in Aussicht genommenen Weges deswegen so verhalten aus: Lediglich "möglich und zweckmäßig" sollte die Einlagerung sein.

Zudem fällt ins Auge, dass durchgängig von Kavernen – nicht etwa von einem Bergwerk – die Rede ist, was die Präferenzen des Ministeriums unmissverständlich deutlich macht.

Doch auch die zunächst veranschlagten 250.000 DM waren nach den Haushaltsverhandlungen auf Referentenebene vom 22. Juni 1962 strittig. Erläuternd fügte der zuständige Vertreter des BMF hinzu:

> "BMAt beabsichtigt, die Kosten der Planung und der Errichtung von Anlagen zur Dauereinlagerung radioaktiver Abfälle aus dem gesamten Bundesgebiet (...) zu übernehmen. Der Mittelbedarf für diesen Zweck dürfte die vom BMAt geschätzten 10 Mio DM wesentlich übersteigen, zumal die genannten Einrichtungen auch vom Bund unterhalten werden müßten. Planung, Bau und Unterhaltung von Atommüllsammelstellen ist m.E. Sache der Länder, die nach § 42 der Ersten Strahlenschutzverordnung (...) für die Beseitigung radioaktiver Abfälle zuständig sind."[479]

---

477 BA B 126 14974. Auflistung vom 18.5.1962. Die Begründung war vom 15.5.1962.

478 So Straimer in einem Schreiben an die BfB vom 11.2.1963 in BA B 102 183852.

479 BA B 126 14974.

Abb. 2: Aussolung einer Prototyp-Kaverne

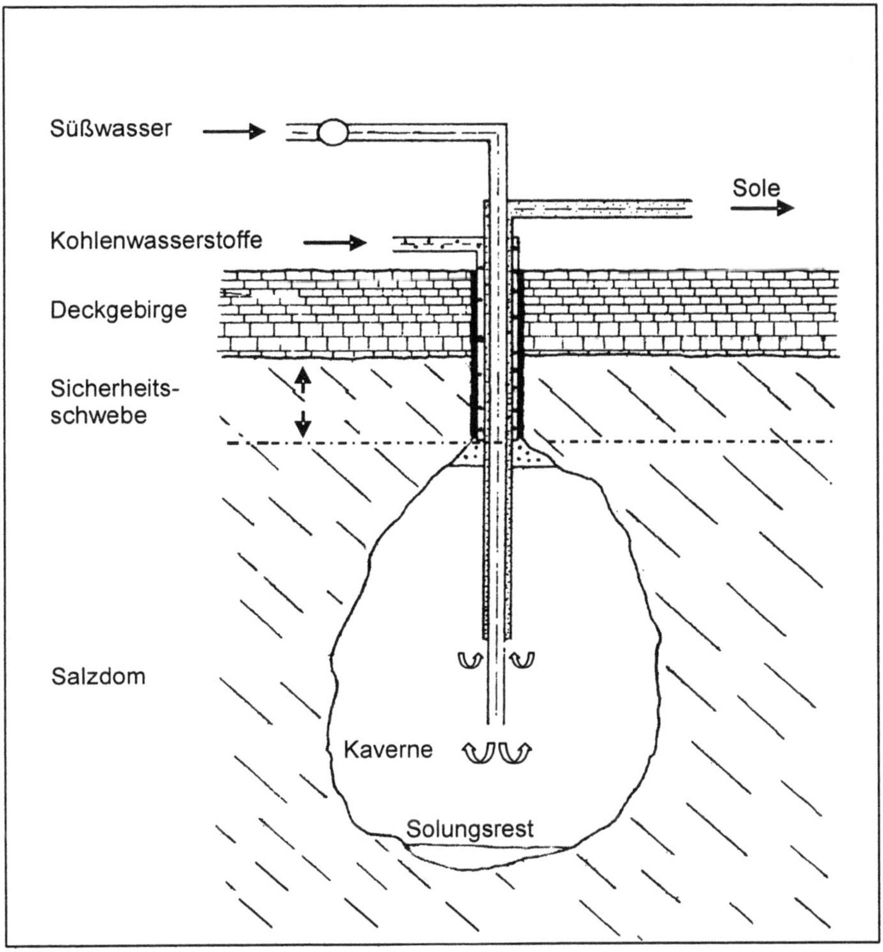

Quelle: Krause/Perzl (1969), S. 80

Der Verweis auf die nicht gegebene Zuständigkeit des Bundes unterstreicht die bereits im Zusammenhang mit dem Schreiben Adenauers vom Juni 1962 vertretene Einschätzung, die rechtliche Lage im Hinblick auf die Endlagerung sei unklar gewesen (siehe Kapitel 3.2.1). Er zeigt auch, dass das diesbezüglich Position beziehende Schreiben des Bundeskanzlers nicht spezifisch genug gehalten, nur eingeschränkt bekannt oder bis dahin noch nicht verwendbar war.

Die Meinungsverschiedenheit über die Zuständigkeit für die Endlagerung sollte noch mindestens bis Mitte 1964 anhalten.[480] Wie Recht der Vertreter des BMF hierbei im Hinblick auf die zu niedrige Kostenschätzung des BMAt hatte, zeigte sich schon Ende 1962. Als Straimer und die Mitglieder des AK III–IV/1 angesichts der problematischen Finanzierungsaussichten ein dreistufiges Vorgehen formulierten (siehe Kapitel 3.1.3), veranschlagten sie die Höhe der hierfür insgesamt erforderlichen Mittel bereits auf 20 Millionen DM. Der AK empfahl daher, eine Beteiligung von Euratom zu prüfen.[481]

3.2.7 Der Euratom-Vertrag "Tieflagerung" – die beinahe verpasste Chance?

Mit der Schaffung des "Beratenden Ausschusses für Kernforschung" bei Euratom im Juni 1961 hatte sich die Informationslage des BMAt über Stimmungen, Tendenzen und neue Forschungsvorhaben generell verbessert.[482] Über das für die Zusammenarbeit mit der Atomgemeinschaft zuständige Referat I B 2 wurde Minister Balke auch über den Fortgang der Arbeiten am 2. Fünfjahresprogramm auf dem Laufenden gehalten.[483] Noch vor der ersten Erörterung des Entwurfs im Beratenden Ausschuss am 23. und 24. Januar 1962 begannen sich im Rahmen einer Besprechung zwischen Vertretern des BMAt und einer französischen Delegation am 12. Dezember 1961 mögliche Themenbereiche des Programms herauszukristallisieren. Der Bericht über die Besprechung hielt im Hinblick auf die Beseitigung radioaktiver Abfälle fest:

> "Beide Delegationen vertraten die Meinung, daß Euratom hier bisher zu wenig unternommen habe und daß Euratom sich nur mit Abfällen hoher

480 BA B 196 59274. III B 3 an BMF vom 8.5.1964.

481 BA B 138 3416. Kurzprotokoll der 28. Sitzung am 18.12.1962.

482 So MinDir Kriele in der 9. Sitzung des Bundestagsausschusses für Atomkernenergie und Wasserwirtschaft am 25.10. 1962 (4. WP/BT PA), S. 17.

483 Im Nachlass Balke (ACDP I–175) finden sich mehrere Akten aus dieser Phase. Aus den Beständen des Bundesarchivs siehe z. B. eine von I B 2 für die Führungsebene erstellte und von Balke handschriftlich kommentierte Zusammenstellung der wichtigsten und interessantesten Posten des Forschungsprogramms vom 1.1.1962 in BA B 138 735. Die Beseitigung radioaktiver Abfälle ist hier mit keinem Wort erwähnt.

> Aktivität beschäftigen solle. Die französischen Vertreter lehnten die Untersuchung der Abfallversenkung im Meer ab und wünschten eine Arbeit von Euratom an der Konzentrierung von Abfällen in Bitumen, Glas, usw."[484]

Diese Vorstellungen konnten die deutsche und die französische Seite jedoch nicht ohne Abstriche in die spätestens mit der 3. Sitzung des Beratenden Ausschusses am 2. Februar 1962 formulierten künftigen Forschungsschwerpunkte einbringen. Zu den insgesamt vier Programmpunkten im Bereich "Behandlung radioaktiver Abfallstoffe" gehörten die von beiden gewünschten Arbeiten zur Behandlung hochaktiver Abfälle, die allerdings durch Forschungen im Zusammenhang mit der Ableitung/ Versenkung radioaktiver Abfallstoffe ins Meer und Arbeiten zur Behandlung und konzentrierten Aufbewahrung schwachaktiver Abfälle ergänzt werden sollten. Darüber hinaus war die "Untersuchung verschiedener Stätten für die dauernde Lagerung aktiver Abfallstoffe" vorgesehen. Für die Arbeiten wurde ein Betrag von 5 Millionen Rechnungseinheiten angesetzt.[485]

Obschon diese Informationen nur wenig später der Abteilung I und der Ministeriumsspitze zur Verfügung standen, scheint die damit verbundene Chance den beteiligten Ministerialbeamten nicht deutlich gewesen zu sein. Am 31. März 1962 vermerkte I B 2:

> "In der Sitzung der Arbeitsgruppe für das Zweite Fünfjahresprogramm am 20./21. März 1962 hat die deutsche Delegation noch keine genauen Angaben über die Arbeiten in Deutschland auf dem Gebiet der Beseitigung radioaktiver Abfälle machen können."[486]

Folgerichtig stellte ein weiterer Vermerk vom 27. Juni 1962 über die für das 2. Fünfjahresprogramm bewilligten Mittel im Bereich "Behandlung

---

484 ACDP I–175–012/2.

485 ACDP I–175–012/2. Kurzbericht über die 3. Sitzung des beratenden Ausschusses vom 22. und 24.1. 1962 in Brüssel, I B 2 am 2.2.1962. Eine Recheneinheit entsprach einem US-Dollar, dessen Wert mit 4 DM angenommen wurde.

486 BA B 138 735. Zuvor hatte Straimer in einer handschriftlichen Information für I B 2 vom 13.3.1962 seine Interessenschwerpunkte dargestellt. Seiner Meinung nach sollte sich Euratom in erster Linie mit geologischen Studien zur Findung von Lagerstätten, mit Transport-, Lagerungs-, Volumenreduzierungs- und Endbeseitigungsfragen im Hinblick auf Abfälle aus der Aufarbeitung bestrahlter Kernbrennstoffe und der Versenkung im Meer befassen. I B 2 erbat sich am 22.3.1962 innerhalb einer Woche eine Zusammenstellung über die Aktivitäten auf dem Gebiet der Abfallbeseitigung. Diese lag am 27.3. vor.

radioaktiver Abfälle" eine geringe Aussicht auf deutsche Beteiligung fest.[487] Und auch vor dem Bundestagsausschuss für Atomkernenergie und Wasserwirtschaft nannte Kriele – im Beisein von Straimer – im Rahmen einer Information zum 2. Fünfjahresprogramm Ende Oktober 1962 die Beseitigungsfrage lediglich am Ende seines Vortrags in einer Aufzählung der übrigen Programmpunkte.[488]

Erst zur 7. Sitzung des Beratenden Ausschusses am 4./5. Februar 1963, für die die im Dezember 1962 verschickte Tagesordnung die Beschäftigung mit letzten Entwicklungen der nationalen Programme und den Forschungsarbeiten der Mitgliedsstaaten auf dem Gebiet der Abfallbehandlung angekündigt hatte, legte das BMwF die seit beinahe einem Jahr ausstehenden Informationen vor.[489]

Der hierzu angefertigte schriftliche Bericht der deutschen Delegation ist von besonderer Bedeutung, sprach das BMwF hier doch erstmalig von einem *Programm* im Umgang mit radioaktiven Abfällen.

In der ersten Stufe sollten lediglich Sammlung und Zwischenlagerung erfolgen. In einer zweiten sollte die Endbeseitigung der beim Betrieb von Reaktoren, Forschungsinstituten, Krankenhäusern und allgemein beim Umgang mit radioaktiven Stoffen anfallenden radioaktiven Abfälle in Angriff genommen werden und schließlich in einer dritten Stufe die Lagerung und Endbeseitigung der hochradioaktiven Kernbrennstoffabfälle aus der Wiederaufarbeitung ausgebrannter Kernbrennstoffe.[490]

Zwar kann man sich bei näherer Betrachtung kaum des Eindrucks erwehren, dass hier die seit Jahren gängige Praxis und seit längerem diskutierte Absichten nachträglich als Programm ausgewiesen wurden, die Vorstellung auf multinationaler Ebene unter dieser Bezeichnung bedeutete aber eine neue, gewichtige Qualität.

Zur zweiten Stufe, der Endbeseitigung von Abfällen, die nicht aus der Wiederaufarbeitung stammten, wurde präzisierend ausgeführt:

---

487 BA B 138 735. Vermerk I B 2. Von Cartellieri und Balke paraphiert.

488 BT PA (4. WP). Kurzprotokoll der 9. Sitzung am 25.10.1962. Straimer nahm in der Sitzung noch ausführlich zur Frage der Beseitigung Stellung, erwähnte eine mögliche Beteiligung von Euratom aber mit keinem Wort.

489 PA AA B 20–200 780. Fernschreiben vom 5.12.62. Vgl. auch I B 2 an mehrere Referate, u. a. II C 2 vom 20.12.1962 in BA B 138 4466. Da die Angaben zur Beseitigung bis spätestens zum 25.1.1963 beim Ratssekretariat vorliegen mussten, wurde der Vorlagetermin bei I B 2 auf den 15.1.1963 festgesetzt.

490 PA AA B 20–200 780. Aufzeichnung zu Punkt 3 b der Tagesordnung vom 29.1.1963. Der Entwurf dieses Programms findet sich als Anhang eines Schreibens vom 24.1.1963 in BA B 138 4466.

"Als nächster Schritt ist geplant, durch einen Projektierungsauftrag die Probleme beim Bau einer solchen Anlage zur Endbeseitigung radioaktiver Abfälle zu studieren. Dabei werden Fragen der Dimensionierung der Kaverne, der Abdichtung des Schachtes, der Art der Beschickung und technischen Ausrüstung, die zu stellenden Anforderungen an die Beschaffenheit der einzubringenden radioaktiven Abfälle zur Verhinderung unerwünschter Reaktionen miteinander oder mit dem Material der Lagerstruktur und die zulässige spezifische Aktivität der Abfälle zu klären sein. Dieser Teil des Programms soll in diesem Jahr in Angriff genommen werden. Dabei wird zunächst nur an die Einlagerung von Festabfällen, deren Aktivität für eine störende Selbsterhitzung zu gering ist, in Betracht gezogen [sic]."[491]

Offenbar hatte Ende 1962/Anfang 1963 im Ministerium noch einmal ein Lagefeststellungsprozess stattgefunden, an dem wegen der Außenwirkung des Schrittes auch die Leitung beteiligt gewesen sein dürfte.[492] Der Blick in diese Richtung zeigt, dass der Entschluss in eine Phase der Veränderung fiel. Denn im Ergebnis der von Adenauer im Dezember 1962 vorgenommenen Kabinettsumbildung war der innerhalb und außerhalb des Ministeriums durchaus umstrittene Balke durch Hans Lenz ersetzt worden.[493] Dieser nahm seine Amtsgeschäfte offiziell am 14. Dezember auf.[494] Möglicherweise war zu diesem Zeitpunkt auch bereits mit der Ende März 1963 erfolgenden Pensionierung von Abteilungsleiter Kaißling zu rechnen. Im Abgleich mit den Empfehlungen des AK III–IV 1 vom 18. Dezember 1962 ist bemerkenswert, dass gegenüber Euratom nicht von dem für 1963 festgelegten Vorprojekt (siehe Kapitel 3.1.3) die Rede war. Hatte man sich trotz der rechtlichen und finanziellen Probleme (siehe Kapitel 3.2.6) zu einer Beschleunigung der Arbeiten entschlossen?

Doch die Information über das Programm des Ministeriums bedeutete offenbar noch nicht zwingend, dass Euratom bei der Realisierung des Projekts eine Rolle zugedacht war.[495] So musste der Euratom-Mitarbeiter Grison am 19. Februar 1963 Krause in einer Arbeitsbesprechung darauf

491 PA AA B 20–200 780. Aufzeichnung zu Punkt 3 b der Tagesordnung vom 29.1.1963.

492 Vgl. Projektgruppe RVR (1973), Kriterien für die Unterrichtung der Leitung, S. 270

493 Radkau (1983), S. 140ff.

494 Müller (1996), Anhang 1.

495 Vgl. den Ergebnisvermerk zur Vorbereitung der Euratom-Sitzung in BA B 138 4466. Hier wurde zwar vereinbart, auch "die Untersuchungen zur Endlagerung in Salzkavernen" im Rahmen des Berichtes hervorzuheben, es wurde jedoch kein Beteiligungswunsch formuliert, wie es für ein Kernkraftwerksprojekt der RWE-Bayernwerk der Fall war.

hinweisen, dass bisher – im Gegensatz zu den anderen Mitgliedsstaaten – weder von deutschen Firmen, noch von den Kernforschungszentren Forschungsanträge eingegangen seien. Krause meinte daraufhin in einer lediglich KBB-intern verteilten Aktennotiz, es sei zu überlegen, ob man nicht bestimmte Arbeiten über das Euratomprogramm laufen lassen solle.[496] Zwar stellte die Bundesrepublik in der 8. Sitzung des Beratenden Ausschusses am 18. Juli 1963 in Aussicht, bald einige Vorschläge zur Endlagerung in Salzlagerstätten zu unterbreiten[497], als die Euratom-Kommission am 28. Juli 1963 interessierte Stellen in der Gemeinschaft aufforderte, Forschungsvorschläge auf dem Gebiet der Behandlung und Beseitigung radioaktiver Abfälle einzureichen, war dies jedoch noch nicht geschehen.[498]

Erst am 16. August 1963 präzisierte Straimer gegenüber der Generaldirektion Forschung und Ausbildung das deutsche Vorhaben. Er habe Schritte unternommen, um die Endbeseitigung von radioaktiven Abfällen u. a. durch Einlagerung in eine künstliche Kaverne im Salzgestein einzuleiten. Die BfB habe in einem vorläufigen wissenschaftlichen Gutachten die Anlage künstlicher Kavernen an mehreren Orten der Bundesrepublik als möglich bezeichnet. Zugleich bat er das BMwF-Referat I A 2, die GfK unverzüglich anzuweisen, einen entsprechenden Forschungsantrag zu stellen.[499]

In Anbetracht der Tatsache, dass damit für Euratom lediglich eine Absichtserklärung erfolgt war, war es nicht ungerechtfertigt, dass der Europäische Kommissar, Botschafter a. D. Heinz L. Krekeler, im Rahmen seines Besuchs bei Staatssekretär Cartellieri am 26. August 1963 noch einmal betonte, wie wichtig es sei, dass auch deutsche Vorschläge eingereicht würden, zumal gute Aussichten bestünden, auf dieses Gebiet erhebliche Euratom-Mittel nach Deutschland zu bringen.[500]

Die Unentschlossenheit des BMAt im Zusammenhang mit Euratom ist von Dezember 1961 bis Ende 1962 mit einiger Wahrscheinlichkeit auf letztlich erfolglose Verhandlungen mit der IAEO über einen Forschungsvertrag zur Errichtung einer Salzkaverne (siehe Kapitel 3.1.3) zurückzuführen. Bereits im Dezember 1959 hatte der amerikanische Geologe Frank L. Parker die BfB besucht. Inzwischen war er zeitlich befristet Leiter der Forschungsabteilung für Abfallbeseitigung der Internationalen Atom-

496 GLAK 69 689.
497 BA B 138 4466. Kurzbericht I B2 vom 22.7.63.
498 BA B 106 66641. Amtsblatt der Europäischen Gemeinschaften Nr. 116.
499 BA B 106 66641.
500 BA B 138 7495. Vermerk I B2 vom 7.1.64.

gemeinschaft und signalisierte der BfB mit Schreiben vom 21. Juli 1961 seine Bereitschaft, die Einlagerung langlebiger Abfälle in Salzformationen durch die Bundesanstalt untersuchen zu lassen.[501] Straimer hatte diese Absicht mit Schreiben vom 14. September begrüßt und die diesbezüglichen Verhandlungen für das BMAt beansprucht.[502] Noch am 20. September 1962 trafen sich Schwibach, Richter-Bernburg und Wager um endgültig festzulegen, welcher Teil der BfB-Studie der IAEO angeboten werden sollte. Man vereinbarte, dass die BfB baldmöglichst einen neu formulierten Antrag zur Weiterleitung vorlegen sollte.[503]

Die Verzögerungen im Jahr 1963 dürften dagegen auf die ab März verstärkt aufkommende Asse-Thematik, die zu konkretisierende Programminitiative sowie die trotz Drucks von Straimers Seite erst mit Datum vom 15. Mai vorgelegte Ausarbeitung der BfB zurückzuführen sein. Dieser vorläufige Bericht trug den wenig spezifischen Titel "Bericht zur Frage der Möglichkeiten der Endlagerung radioaktiver Abfälle im Untergrund", bezeichnete aber in den Einzeldarstellungen 5 und 6 die Salzdome Klein-Kühren und Geesthacht als geeignet für die Anlage einer Kaverne.[504] Weitere mögliche Standorte benannte die BfB am 26. November 1963 mit dem geologischen Gutachten über die Verwendbarkeit der Asse in einer knapp dreiseitigen Kurznotiz. Es handelte sich um Bunde, Dedesdorf, Harsefeld und Krummendeich.[505]

Da der Forschungsantrag der GfK noch einmal komplett umgearbeitet werden musste – neben einer ausführlichen Darstellung des Projekts mit detaillierten Kostenschätzungen war insbesondere der Nutzen für alle Länder der Gemeinschaft hervorzuheben[506] – reichte die SG TL den An-

---

501 BA B 102 183852. Schreiben Martini an BMAt vom 8.8.1961 mit Kopie des Originals.

502 BA B 102 183852.

503 BA B 106 66641. Besprechungsnotiz Schwibachs vom 8.3.1963 mit Notizzettel. Der erste Antrag war am 12.3.1962 gestellt worden. Am 27.3.1962 teilte Schwibach dem BMAt-Referat I B 2 mit, die BfB-Forschungsarbeiten würden "zum Teil in Zusammenarbeit mit der IAEO durchgeführt werden." (BA B 138 735).

504 Privatunterlagen Schopper. Die restlichen Einzeldarstellungen galten Möglichkeiten zur Injizierung und Asse II.

505 BA B 106 66641. Die im Bezug genannten Schreiben sind vom 8.10. und 7.11. In einer Besprechung zwischen Vertretern der BfB und der "Projektgruppe Endlagerung" am gleichen Tag war von Geesthacht nicht die Rede. Stattdessen kamen Heide in Holstein und – unter Vorbehalt – Leutesheim in Baden ins Gespräch.

506 BA B 106 66641. Besprechungsnotiz vom 28.10.1963.

trag auf Errichtung und Versuchsbetrieb einer Salzkaverne erst im Dezember 1963 bei Euratom ein.[507]

3.2.8 Asse II – die "günstige Möglichkeit"

Am 5. März 1963 informierte der Leitende Direktor der BfB, Prof. Dr. Schott, Straimer darüber, dass das Salzbergwerk Asse II zum Verkauf stehe und die Zeit dränge.[508] Weil die BfB bereits Gespräche mit den leitenden Bergleuten und dem zuständigen Oberbergamt Clausthal-Zellerfeld geführt hatte, betonte Straimer am 14. März 1963 in einer eigens anberaumten Sitzung gegenüber dem Präsidenten der BfB nachdrücklich, dass Gespräche mit der Wintershall AG über andere als geologische Fragen ausschließlich Angelegenheit des BMwF seien. Völlig zu Recht wies er darauf hin, dass Wager dem AK III–IV/1 noch Anfang Juli 1962 mitgeteilt hatte, "Wartung, Entwässerung und hydrologische Isolierung" aufgelassener Bergwerke würden "schwierige (...) Probleme" aufwerfen.[509] Die Festsetzung eines Termins zwischen Schopper und Richter-Bernburg zur Besichtigung von Asse II sei – wie Straimer unmissverständlich klarstellte – unerwünscht.[510]

Noch am Vortag hatte er sich konsequenterweise erstmalig an die Wintershall AG gewandt, die völlige Offenheit des noch einzuleitenden Prüfungsprozesses betont und sich zu Vorgesprächen bereit erklärt.[511] Die Antwort der Gesellschaft fiel erwartungsgemäß positiv aus. Man begrüßte das Interesse des Ministeriums und hielt eine baldige Besichtigung für angebracht.[512]

---

507 BA B 196 59274. Vgl. den Monatsbericht an das BK (B 136 861) für Dezember 1963, in dem die Kosten für das auf 3,5 Jahre angesetzte Forschungsvorhaben bereits auf 3,46 Mio. DM beziffert wurden.

508 BA B 106 66641.

509 BA B 138 3415. Kurzprotokoll der 27. Sitzung, zitiert nach dem Erstentwurf. Vgl. Radkau (1983, S. 302), der den Widerspruch zwischen dieser Aussage und dem Kauf der Asse kritisiert. Er führt ihn jedoch unzutreffend auf eine gewisse Leichtfertigkeit und insbesondere Zeitdruck von Seiten der Wintershall zurück.

510 BA B 106 66641. Notiz über die Besprechung. Straimer hatte vom Vorhaben Richter-Bernburgs erst Anfang Februar 1963 durch Schopper erfahren (Eilbrief II Ç 2 an BfB vom 11.2.1963 in BA B 102 183852).

511 BA B 196 22786. Schreiben vom 13.3.1963. Vgl. Reuter-Boysen, S. 147f.

512 BA B 196 22786. Schreiben vom 28.3.1963.

Straimer wollte aber zunächst die Vorlage des bereits im Februar angemahnten BfB-Gutachtens abwarten[513], das er sich bis zum 30. April, spätestens aber zum 15. Mai 1963 erbeten hatte.[514] Infolgedessen stellte er eine Entscheidung in der zweiten Maihälfte in Aussicht.[515] Obschon dieser allgemeine "Bericht zur Frage der Möglichkeiten der Endlagerung radioaktiver Abfälle im Untergrund" tatsächlich mit Datum vom 15. Mai vorgelegt wurde und bereits wesentliche Informationen über das Bergwerk enthielt, schob Straimer die angekündigte Entscheidung aus guten Gründen hinaus.

Noch in der 30. Sitzung des AK III–IV/1 am 12. Juli 1963 äußerte er eine ganze Reihe von Bedenken gegen "den Vorschlag der Bundesanstalt für Bodenforschung". Neben Einwendungen vermögensrechtlicher Art, seien die Unterhaltskosten der Gesamtanlage nicht exakt zu übersehen. Auf lange Sicht scheine es günstiger, eine neue Anlage zu erstellen, zumal sich die Beteiligung von Euratom an einem neuartigen Projekt abzeichne. Daher sei zunächst eine Salzkaverne zu erstellen. Richter-Bernburg und Martini wollten sich damit aber nicht zufrieden geben. Das Bergwerk sei nur noch sechs Monate verfügbar und die Herrichtungskosten trotz des Alters nicht zu hoch, weswegen man handeln und wenigstens eine Voruntersuchung anstellen müsse.

Da beide Seiten auf ihren gegensätzlichen Positionen beharrten, brach Schopper die nachfolgende Diskussion schließlich ab: Aufgrund der Vielschichtigkeit des Problems solle die Studiengruppe Tieflagerung die verschiedenen Argumente prüfen und so die Entscheidungsfindung des AK erleichtern.[516]

Doch hierzu kam es nicht. Denn schon in der Folgesitzung des AK am 1. Oktober 1963 gab Schopper die bis dahin gewahrte Neutralität auf und empfahl nach eineinhalbstündiger Besichtigung des Kalibergwerks Hansa bei Empelde die Verwendung eines alten Bergwerks anstelle eines neuen "auf jeden Fall eingehend zu prüfen."[517] Von einer Entscheidungs*vorbereitung* durch die Studiengruppe war nun aus Zeitgründen keine Rede

513 BA B 102 183852. Eilbrief vom 11.2.1963.
514 BA B 106 66641. Besprechungsnotiz vom 14.3.1963.
515 BA B 196 22786. Schreiben vom 9.4.1963.
516 BA B 138 3415. Kurzprotokoll. Vgl. Tiggemann (2004), S. 141ff.
517 BA B 138 3415. Kurzprotokoll der 31. Sitzung. Richter-Bernburg hatte Schopper bereits mit Schreiben vom 28.9.1962 die Befahrung eines Salzbergwerks vorgeschlagen. Straimer hatte dies damals befürwortet.

mehr.[518] Richter-Bernburg stimmte Schopper erwartungs- und wahrscheinlich absprachegemäß[519] sofort zu. Er erneuerte seine Forderung, man müsse – wenn schon ein aufgelassenes Bergwerk verfügbar sei – mit dem Besitzer über die Übernahme verhandeln.[520]

Zwischen der Position des Ministeriums und seinen Vorstellungen ausgleichend, empfahl er im weiteren Verlauf der Diskussion, "zweigleisig vorzugehen". Man solle die Errichtung einer Kaverne einleiten, zusätzlich aber auch die Verwendung aufgelassener Bergwerke ins Auge fassen, – ein im Hinblick auf die weitere Entwicklung sehr bedeutsamer Vorschlag.[521]

Obschon Schopper ihn in einem Zwischenresümee hierin erneut unterstützte, argumentierte Richter-Bernburg weiter. Er wies – die bisherigen Schätzungen Wagers damit indirekt erheblich korrigierend[522] – auf die bis dahin nie thematisierte Notwendigkeit hin, im Rahmen der Erstellung der Kaverne auch drei Kernbohrungen zum Nachweis der wirtschaftlichen Nicht-Verwertbarkeit des Salzes ausführen zu müssen. Die Kosten hierfür seien bei einer Tiefe von 1000 Metern auf 3 Mio. DM zu veranschlagen. Das Bergwerk koste dagegen immer nur die Beträge zur Instandhaltung, für die im Fall der Asse mit "vielleicht 100.000 DM" gerechnet werden müsse.

---

518 Der Arbeitskreis bat – nachdem Schopper sich nach dem Stand der Aufstellung der Studiengruppe erkundigt hatte – um ein "beschleunigtes Vorgehen". Die Empfehlungen des AK sollten nun *zur Durchführung* an die Gruppe weitergegeben werden.

519 Der Positionswechsel Schoppers ist auffällig. Schwibach meinte im Informationsgespräch, Richter-Bernburg habe sehr intensiv auf Schopper eingeredet. Zudem nahm Straimer an der Sitzung nicht teil, – lediglich Holtzem und Schwibach waren anwesend.

520 BA B 138 3415. Kurzprotokoll.

521 Man mag darüber spekulieren, ob ein Fehlen der Option Asse II zum Ausbau der Zwischensammelstellen oder doch zum Erwerb des als überteuert angesehenen Grundstücks in Oldenswort (siehe Kapitel 4.1.2) geführt hätte. Dass es sich bei dem Vorschlag Richter-Bernburgs um besonderen Weitblick im Hinblick auf die Reaktion der Öffentlichkeit handelte, ist unwahrscheinlich. Wie eine Besprechungsnotiz in BA B 106 66641 vom 10.12.1963 zeigt, hatte er – zumindest im Nachhinein – das "Auftreten technischer Schwierigkeiten" vor Augen.

522 Dieser hatte – allerdings bei einer Tiefe von nur 650 m – Erstellungskosten (Bohrung und Aussolung) in Höhe von 1,5 Mio. DM angenommen. Die zusätzlich erforderlichen 3 Mio. DM bedeuteten also eine Verdreifachung der Kosten.

Zwar hielt ihm Schwibach, dem die sämtliche Planungsgrundlagen verändernde Neuigkeit dieser Informationen offenbar sehr bewusst war, daraufhin entgegen, dass die Entscheidung für eine Endbeseitigung in Salzkavernen unter der Voraussetzung gefallen sei, den so entstehenden sicheren Lagerraum zu tragbaren Preisen erschließen zu können, das Protokoll vermerkte aber keine weiteren Diskussionsbeiträge. Abschließend wurde festgehalten:

> "Der Arbeitskreis empfiehlt (...) dem BMwF, darauf zu achten, daß im Falle des Bergwerks Asse nicht eine günstige Möglichkeit versäumt wird. Das BMwF solle daher Verhandlungen mit der Wintershall AG aufnehmen."[523]

Damit war für Straimer eine ungünstige Situation entstanden, für deren weitere Handhabung den Akten leider keinerlei Hinweise zu entnehmen sind. Sicher berichteten Holtzem und Schwibach schon bei ihrer Rückkehr vom Votum des AK, das spätestens mit Fertigstellung des Protokolls auch Straimers Vorgesetzte erreichen würde. Ein Abweichen von der Empfehlung des Expertengremiums würde ausführlich zu begründen sein. Möglicherweise wurden zunächst die Lage verändernden Angaben Richter-Bernburgs überprüft. Und möglicherweise bedeutete es einfach nur, den Weg des geringsten Widerstandes zu gehen, indem man sich zunächst auf die vom Ergebnis her schließlich offene Prüfung der Asse einließ: Während bei der BfB mit Schreiben vom 8. Oktober 1963 ein Spezialgutachten zur Verwendbarkeit des Bergwerks in Auftrag gegeben wurde[524], informierte Holtzem die Wintershall AG darüber, dass man eine Besichtigung nach wie vor für verfrüht halte.[525]

Die Position von Straimers Gruppe war daher Ende Oktober im Kern unverändert. Zwar wurde – wie von Schopper vorgeschlagen – die Studiengruppe Tieflagerung auch mit der Prüfung der Asse beauftragt, zwar hielt man die Errichtung eines neuen Bergwerks inzwischen aus finanziellen Gründen vorläufig für nicht tragbar, die Nachteile der Asse wurden jedoch weiterhin klar herausgestellt. Die veralteten Förderanlagen, die brandgefährdete Belüftungsanlage, die dauernd nötigen Abdichtungsarbeiten gegen Wassereinbrüche und schließlich die nicht näher bekannte Abbaupraxis sprachen gegen die Anlage. Auch glaubte man zu diesem

---

523 BA B 138 3415. Kurzprotokoll der 31. Sitzung.

524 Das Datum geht aus der Einleitung des Gutachtens hervor (BA B 138 3416).

525 BA B 196 22786. Schreiben vom 18.10.1963.

Zeitpunkt, das Bergwerk nicht für einige Jahre mieten zu können, sondern gleich kaufen zu müssen.[526]

Die Mitglieder der SG TL versuchten inzwischen auftragsgemäß, nähere Informationen über die Aussichten mit der Asse zu gewinnen. Bei einer ersten Besprechung mit dem Oberbergamt am 5. November 1963 schätzte dessen Direktor Börger die umstrittenen Betriebskosten auf 200.000 bis 250.000 DM pro Jahr, immerhin gut das Doppelte der sicherlich situationsabhängig niedrig gewählten Schätzung Richter-Bernburgs.[527]

Richter-Bernburg zeichnete – und dies ist wegen seiner massiven Fürsprache im AK kritisch zu sehen – auch für das mit Datum vom 26. November 1963 vorgelegte Spezialgutachten der BfB zur Verwendbarkeit der Asse verantwortlich.[528] Tatsächlich begannen hier der taktische Einsatz der Zeithorizonte und die punktuelle Ausblendung von Fakten. Während Radkau bereits treffend auf derartige Schwachpunkte des Gutachtens hinweist[529], lässt Tiggemann die nötige Distanz vermissen.[530] Die seit 1900 betriebene Schachtanlage Asse I war infolge einer allzu wirtschaftlichen Gewinnung von Kalisalzen 1906 nach einem Wassereinbruch "in verhältnismäßig kurzer Zeit" ersoffen. Das Vorhaben, die Schachtanlage Asse III mit dem Grubengebäude von Asse II zu verbinden, hatte man wegen "Laugenschwierigkeiten" aufgeben müssen. Hierauf hinweisend, suggerierte Richter-Bernburg, man habe bei der Anlage von Asse II die Fehler der Vergangenheit vermieden. Statt des geringen Abstandes von nur 60 Metern zum Salzspiegel bei Asse I habe man einen Abstand von 190 Metern eingehalten.

---

526 BA B 106 66641. Besprechungsnotiz vom 28.10.1963.

527 GLAK B 69 689. Besprechungsnotiz vom 5.12.1963. Von der Studiengruppe waren Krause, Ramdohr und Hempelmann anwesend.

528 BA B 138 3416. Geologisches Gutachten über die Verwendbarkeit der Grubenräume des Steinsalzbergwerkes Asse II für die Endlagerung radioaktiver Abfälle. Richter-Bernburg unterzeichnete interessanterweise in Vertretung des Präsidenten der BfB. Der Sachbearbeiter war Hofrichter.

529 Radkau (1983, S. 302). Radkau kritisierte, die Feststellung "unter normalen Verhältnissen" bestehe "keinerlei Gefahr des Ersaufens" sei im wesentlichen tautologisch, die Wahrscheinlichkeit des Ersaufens sei nur "für die unmittelbar bevorstehende Zeit" ausgeschlossen und die Gültigkeit der Eignungsaussage auf die Einlagerung schwachaktiver Abfälle beschränkt worden.

530 Tiggemann (2004), S. 143. Er gibt lediglich die beschönigenden Angaben wieder.

Das war, was die Zahlenwerte angeht, korrekt. Den an der Südwestflanke minimalen Abstand zu nicht-salinaren Schichten und den scheinbar bis ins Deckgebirge vorstoßenden Blindschacht 2 (vgl. Abb. 3) erwähnte er dagegen mit keinem Wort.

Diese Schwachstellen blieben den Ministerialbeamten und der Studiengruppe TL dennoch nicht verborgen, wie sich in der ersten Besprechung mit Vertretern der Wintershall AG am 18. Dezember 1963 zeigte. Während die Wintershall die jährlichen Unterhaltskosten nun auf 150.000 DM bezifferte und als Kaufpreis die auch von Ministeriumsseite als relativ niedrig eingestufte Summe von 1 Million DM nannte, hielt Straimer noch immer offen, ob das Ministerium das Bergwerk überhaupt erwerben wolle. Sollte der Fall eintreten, sei "mit mindestens einjähriger Dauer der Verkaufsverhandlungen zu rechnen." Als die Sitzung beendet war und die Vertreter der Wintershall den Raum verlassen hatten, kam man auf den Hauptsorgenpunkt zu sprechen: Nötig sei vor allem "eine sorgfältige Untersuchung des geologischen Risikos eines Wassereinbruchs (...) im Schacht oder an der Flanke des Salzstocks."[531]

531 GLAK 69 689. Besprechungsnotiz vom 8.1.1964. Vom BMAt waren Straimer, Holtzem und Schwibach anwesend. Der Leiter der Bergbauabteilung der Wintershall, Heckmann, hatte während der Besprechung den Wasserzulauf im Schacht im Mittel der letzten 2 Jahre mit 7 Kubikmetern pro Tag angegeben.

4 1964–1979: Die "versuchsweise" Einlagerung und Versenkung

4.1 Denken und Handeln der ministeriellen Ebene in der Implementationsphase

Es hatte Straimer und Schwibach volle drei Jahre gekostet, das Entscheidungssystem des Ministeriums und den AK III–IV/1 auf die Realisierung des favorisierten Kavernenkonzepts festzulegen. Diese Festlegung war durch die Diskussion über die Nutzung des alten Salzbergwerks Asse II im Laufe des Jahres 1963 zunehmend in Gefahr geraten. Ende Januar 1964 besichtigten die zuständigen Ministerialbeamten mit Angehörigen der SG TL das Bergwerk und integrierten es unter dem Druck der AVR-Problematik (siehe Kapitel 3.2.3) schließlich in ihre bisherigen Überlegungen, die sie in modifizierter Form bereits im Juli 1964 als Forschungsprogramm zur Beseitigung radioaktiver Abfälle veröffentlichten. Diese erneute Festlegung des ministeriellen Entscheidungssystems sollte lediglich vier Jahre Bestand haben und schon vorher deutlichen Erosionseinflüssen unterliegen.

Rein quantitativ betrachtet war die Frage der Endlagerung in der Bundesrepublik zu diesem Zeitpunkt nach wie vor nicht sonderlich dringend. Wie eine Anfang 1964 unter Einbindung der zuständigen Länderministerien vom BMwF durchgeführte Erhebung ergab, lagerten in den Landessammelstellen, bei den Forschungszentren, den Reaktorstationen und größeren Instituten insgesamt maximal 500 m^3 an vorwiegend schwachaktiven Abfällen. Hiervon entfielen allein auf das Kernforschungszentrum Karlsruhe als dem größten Abfallproduzenten ca. 280 m^3, während sich beispielsweise bei den Reaktoren in Kahl und Garching jeweils lediglich 9 m^3 angesammelt hatten. Den Gesamtzuwachs für das Jahr 1964 bezifferte man auf etwa 300 m^3. Mit Inbetriebnahme der Karlsruher Wiederaufarbeitungsanlage würde die Abfallmenge allerdings auf 2000 bis 3000 m^3 pro Jahr anwachsen.[532] Zog man die gelegentliche Versenkung im Meer in Betracht, würde eine 10.000 m^3 große Kaverne also für die in den nächsten Jahren zu erwartenden Abfälle völlig ausreichen. Das mit der Asse verfügbare Hohlraumvolumen von etwa 1,4 Millionen Kubikme-

532 BA B 196 59274. Anlage I zum Protokoll der 34. Sitzung des AK III–IV/1.

tern[533] würde dagegen – auch wenn der noch keineswegs sichere wirtschaftliche Durchbruch der Atomenergie gelänge – nur im Verlauf von Jahrzehnten zu füllen sein.

Die als Forschungs- und Entwicklungsarbeiten deklarierten Aktivitäten zur Endlagerung dienten mehreren Zwecken. Sie waren in erster Linie dem Gedanken einer reibungslosen Beseitigung verpflichtet, zielten also auf die Vermeidung eines Engpasses bei der Abfallbeseitigung ab. Sie vermieden zudem eine längere oberirdische Zwischenlagerung und reduzierten so nicht allein mögliche Gefahren, sondern auch die Gesamtbeseitigungskosten für die Abfallerzeuger. Daneben dienten sie der Kostenermittlung bzw. der Suche nach dem wirtschaftlichsten Verfahren.

Der spätestens mit dem 3. Atomprogramm für die Zeit nach 1972 thematisierte Bau einer großen Wiederaufarbeitungsanlage sollte die Aktivitäten zur Endlagerung zumindest vorübergehend unter zusätzlichen Zeit- und Ergebnisdruck bringen. Ziel war es, noch vor Inbetriebnahme der sogenannten WA 2 eine Optimalisierung des gesamten Systems von Lagerung, Verfestigung, Transport und Endlagerung im Hinblick auf die wirtschaftlichste Lösung zu erreichen. Das "endgültige Konzept für die Endlagerung bis etwa zum Jahr 2 000" sollte – wie man im Juli 1972 meinte – "Anfang der 80er Jahre (...) festgelegt werden."[534]

4.1.1 Die Endlagerung in neuen Organisationsstrukturen

Zwischen September und Oktober 1963 kam das BMwF zu dem Entschluss, die Themenkomplexe "Strahlenhämatologie" und "Abfallbeseitigung" in einer neu zu gründenden "Gesellschaft für Kernstrahlenforschung" bearbeiten zu lassen.[535]

Noch Mitte August hatte man allerdings lediglich geplant, das als nötig erachtete Strahlenhämatologische Institut in bewährter Weise an die GfK anzugliedern. Als sich das Ministerium mit Schreiben vom 16. August 1963 in dieser Absicht an das BMF gewandt hatte, war es jedoch mit

---

533 BA B 138 3416. Geologisches Gutachten über die Verwendbarkeit der Grubenräume des Steinsalzbergwerkes Asse II für die Endlagerung radioaktiver Abfälle vom 26.11.1963.

534 BA B 196 5554. Protokoll der 42. Sitzung des AK "Brennstoffaufarbeitung und Abfallbehandlung" am 5.7.1972.

535 Vgl. Reuter-Boysen (1992), S. 5 und S. 79–89. Im Entwurf war "Kernstrahlenforschung" handschriftlich durch "nukleare Strahlenforschung" ersetzt worden.

Rückschreiben vom 29. August daran erinnert worden, dass der Bundesrechnungshof (BRH) bereits die Angliederung der Versuchs- und Ausbildungsstätte für Strahlenschutz an die GfK im Jahr 1961 als unzweckmäßig bezeichnet hatte. Das BMF hatte daher darum gebeten, zunächst den BRH zu unterrichten und ihm dessen Stellungnahme mitzuteilen.[536]

Mit einiger Sicherheit war dieser erste Widerstand Anlass für das BMwF, seine Absichten zu überdenken. Ende Oktober teilte Minister Lenz jedenfalls dem BMF mit, dass sich zwischenzeitlich "eine neue Situation" ergeben habe. Die Versuchs- und Ausbildungsstätte sei in den zurückliegenden Jahren erheblich vergrößert worden. Nun stünden neben der Erweiterung der Gruppe für Hochenergiebestrahlung auch die Eingliederung des Strahlenhämatologischen Instituts und der Studiengruppe Tieflagerung an. Da sich die neuen Elemente – wie die Versuchs- und Ausbildungsstätte – direkt oder indirekt mit Fragen der Kernstrahlung befassen würden und darüber hinaus durch Kostenzuschüsse von Euratom sowie aus Bundesmitteln finanziert würden, biete sich die Zusammenfassung in einer Gesellschaft an.[537]

Genau besehen können diese spürbar bemühten Erläuterungsversuche eines nicht: die Neuartigkeit der Situation begründen. Denn auch die Studiengruppe Endlagerung sollte seit Dezember 1962 mit Selbstverständlichkeit an die GfK angegliedert werden.[538] Aus bestimmten, gegenüber dem BMF nicht offenbarten Interessen wurden im September/Oktober 1963 also seit Monaten mit anderer Zielrichtung geplante Vorgänge einer Neubewertung unterzogen. Da es sich um Vorhaben auf dem Gebiet des Strahlenschutzes handelte, wird man annehmen können, dass diese Interessen wesentlich denen von Straimers Gruppe entsprachen.

Damit darf bereits an dieser Stelle bezweifelt werden, dass es sich bei der Gründung der "Gesellschaft für Strahlenforschung" (GSF) um einen "politischen Schachzug" handelte, wie Reuter-Boysen und Tiggemann meinten.[539] Der Sinn einer organisatorischen Trennung des Abfallerzeu-

536 BA B 196 22758. Von Cartellieri korrigierter, von Minister Lenz unterschriebener Entwurf eines Schreibens an den BMF vom 5. bzw. 23.10.1963.

537 Ebd. Gemäß Entwurf war darüber hinaus die Aufstellung einer "Arbeitsgruppe Umweltradioaktivität" geplant, die jedoch gestrichen wurde.

538 BA B 138 3416. Kurzprotokoll der 28. Sitzung des AK III–IV/1 am 18.12. 1962.

539 Reuter-Boysen (1992), S. 151. Tiggemann (2004), S. 144. So auch Prof. Kühn im Interview am 17.6.2004. Im Grunde liegt hier ein Missverständnis vor. Reuter-Boysen bezieht sich neben einer Auskunft des früheren Referenten Dr. Hans Brieskorn auf Vorgänge im Jahr 1964, setzt ihre für diesen Zeitraum treffenden Ausführungen aber nicht zu den von ihr selbst er-

gers (GfK) vom Abfallbeseitiger (GSF) ist aus späterer Sicht – insbesondere unter Annahme einer kritischen Öffentlichkeit – zwar nur allzu einleuchtend, im Oktober 1963 gab es eine solche Öffentlichkeit aber noch nicht. Zweifelsohne argumentierten die Hauptakteure der (zukünftigen) GSF bereits im ersten Halbjahr 1964 – also nur wenige Monate nach dem Entschluss zur Ausgliederung – tatsächlich mit den theoretischen Vorzügen der organisatorischen Trennung. Da waren aber die Planungen mit dem Salzbergwerk Asse II publik geworden und man hoffte, auf diese Weise die stark beunruhigte Bevölkerung (siehe Kapitel 5.2) besänftigen zu können.[540] Vor der Neubewertung – d. h. noch Mitte August 1963 – war die GfK vielmehr gerade deswegen für die Studiengruppe vorgesehen, weil für sie Fragen der Abfallbeseitigung von großer Wichtigkeit waren.[541]

Erklären lässt sich die Neubewertung folgendermaßen: Mit dem Hinweis des BMF auf den entscheidenden Einfluss des Rechnungshofes war abzusehen, dass bei Beibehaltung der ursprünglichen Position die in diesen Tagen bereits bei I A 2 angezeigte Aufstellung der Studiengruppe Tieflagerung verzögert oder beeinträchtigt werden würde. In diesem Bereich war im Hinblick auf den groben Zeitplan des Jahres 1960, die in Aussicht stehende Euratom-Beteiligung und die eigentlich nicht ausreichende Untermauerung des Salzkonzepts (siehe Kapitel 3.1.3) aber keine Zeit zu verlieren. Vor diesem Hintergrund wurde die auch im Schreiben von Minister Lenz betonte "Möglichkeit einer unmittelbaren Einflussnahme" durch das Ministerium besonders wichtig.[542] Schwibach konkretisierte dieses Interesse durch den Hinweis auf ein starkes Konkurrenzverhältnis zwischen Straimer und Schnurr, dem ehemaligen AL II des BMAt und

---

arbeiteten Umständen der Ausgliederung auf Ministeriumsebene in Bezug. Tiggemann vollzieht diesen Schritt mit Selbstverständlichkeit. Krause sprach im Informationsgespräch am 15.10.2002 ebenfalls den Trennungsaspekt an und meinte, er habe diese Entscheidung selbst nie ganz verstanden, – die Endlagerung sei bei der GSF doch ein "ausgesprochener Fremdkörper" gewesen.

540 BayHStA GSF 86. Entwurf eines Schreibens der GSF-Geschäftsführung an das BMBW vom 6.11.1970.

541 BA B 106 66641. III C 4 an I A 2, vermutlich vom 12.8.1963.

542 Die Möglichkeit der direkten Einflussnahme auf die Forschungsarbeiten war schon in einem Vermerk von I A 2 vom 21. September 1963 formuliert worden. Vgl. Reuter-Boysen (1992, S. 82), die ausführt, das BMwF habe einen Verwaltungsrat für "entbehrlich" gehalten und maximal einen "möglichst klein gehaltenen Aufsichtsrat" in Betracht gezogen, "um die eigene Einflussmöglichkeit gewährleistet zu wissen".

damaligen Geschäftsführer der GfK.[543] Hatte dieser nicht kurz zuvor die Bemühungen Straimers im Zusammenhang mit dem Vergraben im Boden (siehe Kapitel 3.2.5) durchkreuzt und um mehrere Monate verzögert? Die Aussicht darauf, sich bei den weiteren Schritten mit Regelmäßigkeit auf vorgesetzter Ebene dahingehend hinterfragen zu lassen, ob es sich denn auch um eine "Aufgabe der Neuherberger Gruppe" handele, dürfte wenig verlockend gewesen sein. Mit dem späteren Geschäftsführer der GSF, Rudolf Wittenzellner[544], war Straimer nach den Erinnerungen seines Sohnes hingegen befreundet.[545] Und schließlich hatte auch Schwibach zu Wittenzellner bereits seit Studientagen ein sehr gutes Verhältnis.[546] Es handelte sich bei dem Ende Oktober 1963 formulierten Entschluss zur Gründung der GSF also zweifelsohne um einen Schachzug, aber nicht um einen "politischen". Straimer nutzte die unerwartete Gelegenheit, um den Einfluss des alten Rivalen auf seinen Zuständigkeitsbereich erheblich zu beschneiden. Es ist bezeichnend, dass diese neue Institution auch in ihrer Namensgebung nicht den bis dahin üblichen Prinzipien folgte: Im Hinblick auf Karlsruhe – "Gesellschaft für Kernforschung" wurde "GfK" abgekürzt – hätte die Kurzform der "Gesellschaft für Strahlenforschung" eigentlich "GfS" lauten müssen. Etabliert wurde jedoch "GSF", was für den Eingeweihten durchaus als "Georg-Straimer-Forschungsgesellschaft"

---

543 Informationsgespräch mit Dr. Schwibach am 23.7.2002. So andeutungsweise auch im Informationsgespräch mit Dr. Krause am 15.2.2003, der meinte, es seien "persönliche Dinge" mit dabei gewesen.

544 Rudolf Wittenzellner wurde am 24.4.1921 in München geboren. Von 1940 bis 1945 gehörte er dem Sanitätsdienst der Wehrmacht an. 1950 legte er sein Medizinisches Staatsexamen ab und promovierte 1951 zum Dr. med.. Es folgten ärztliche Aus- und Fortbildungsjahre in München, Freising, Wien, Harwell, London, Cambridge, Oxford und Manchester. Studienaufenthalte führten ihn auch in die USA und nach Japan. 1958 wurde er Facharzt für Radiologie. Zum 1.2.1959 trat er in die Versuchs- und Ausbildungsstätte für Strahlenschutz in Neuherberg ein, wo er vom 1.4.1960 bis zum 31.12.1964 als Leiter des Instituts für Strahlenschutz tätig war. Nach Gründung der GSF war er vom 1.6.1964 bis zum 30.6.1981 ihr Geschäftsführer [BayHStA GSF C I 13/Reuter-Boysen (1992), S. 270].

545 Brief Christian Straimers vom 24.4.2004. Die Akten der GSF im BayHStA sind diesbezüglich von Zurückhaltung geprägt. Ein einleitendes "Lieber Herr Wittenzellner" ist eher die Ausnahme. Dem Kritiker mag sich die Frage stellen, ob diese Freundschaft nicht erst über die Jahre entstanden ist. Hierzu ist anzumerken, dass Christian Straimer auch zu wissen glaubte, dass sein Vater und Wittenzellner in derselben katholischen Studentenverbindung waren. Entscheidend ist im Zweifelsfalle, dass es sich hier um ein weniger belastetes Verhältnis handelte.

546 Informationsgespräch mit Dr. Schwibach am 23.7.2002.

interpretierbar war.[547] Doch zunächst wurde der Aufbau der SG TL weiter bei der vermutlich noch einige Zeit ahnungslosen GfK betrieben.

Nachdem allerdings im Februar 1964 der langjährige BMwF-Abteilungleiter Rudolf Kriele als Sondergeschäftsführer mit der Abwicklung der Ausgliederung der Neuherberger Gruppe beauftragt wurde[548], dürfte auch die Frage des Verbleibs der SG TL aktuell geworden sein. Mit Schreiben vom 22. Mai 1964 – dem Tag der Gründung der GSF – betonte die GfK gegenüber dem BMwF, eine Ausgliederung sei aus Effektivitäts- und Kostengründen kontraproduktiv. Zudem schien ihr die Studiengruppe weniger in ein Umfeld zu passen, das vornehmlich medizinisch-biologische Fragen bearbeiten sollte.[549]

Dass sich das Ministerium über diesen Protest nicht einfach hinwegsetzte, hatte letztlich mindestens zwei gewichtige Gründe. Euratom war bei der Entscheidung über die Vergabe des Forschungsauftrags für das Kavernenprojekt und während der gesamten Vorabstimmung verständlicherweise davon ausgegangen, dass die praktische Durchführung der Arbeiten bei der GfK bzw. bei der fachlich scheinbar sehr kompetent wirkenden Studiengruppe liegen werde.[550] Zwar hatte das BMwF die Atombehörde im ersten Halbjahr 1964 über die Ausgliederung des Tieflagerungskomplexes informiert[551], nachdem die Vertreter der GSF aber bei Beginn der Vertragsverhandlungen einen weniger überzeugenden Eindruck hinterlassen hatten, ließ man sich irritiert und um das Gelingen der Forschungsarbeiten besorgt die weitere Mitwirkung der von Krause geleiteten Studiengruppe vertraglich zusichern.[552] Den zeitweilig parallel verlaufenden Bemühungen des Ministeriums, Krause zum Wechsel in die GSF zu bewegen, erteilte dieser schließlich Anfang Dezember 1964 eine Absage.[553] So verblieb die SG TL bei der GfK und bestand formal min-

547 Informationsgespräch mit Dr. Schwibach am 23.7.2002. So auch Prof. Kühn im Informationsgespräch am 17.6.2004 und gegenüber Tiggemann (2004, S. 144) am 4.6.1999. Wie ungewöhnlich die Abkürzung war, lässt sich an mehreren Schreiben ablesen. Selbst Holtzem (BayHStA GSF 137/ 22.6.1964) und Greifeld (siehe Fn 560) sprachen vereinzelt von der "GFS" bzw. "GfS".

548 Reuter-Boysen (1992), S. 86f.

549 BA B 106 66641. So auch Tiggemann (2004), S. 145.

550 GLAK 69 121. Niederschrift über die Abschlussbesprechung mit Euratom-Vertretern über den Tieflagerungsvertrag am 25.11.1964.

551 BayHStA GSF 137. Fernschreiben III B 3 an GSF vom 22.6.1964.

552 Reuter-Boysen (1992), S. 154.

553 BA B 106 66641. Handschriftlicher Brief Krauses an Holtzem vom 6.12.1964.

destens bis zum Frühjahr 1969 fort. Zu diesem Zeitpunkt wurde sie Teil der von Krause geleiteten Abteilung Dekontaminationsbetriebe (ADB).[554]

Die eindeutig gescheiterte Ausgliederung der SG TL hatte für das BMwF zwei problematische Konsequenzen. Zum einen verfügte die GSF als gemäß Gesellschaftsvertrag eigens für "die Durchführung von Forschungen auf dem Gebiet der Tieflagerung radioaktiver Abfälle" geschaffene Organisation[555] für eben diesen Zweck über keinerlei Kapazitäten, zum anderen musste eine Aufgabentrennung zwischen den beiden mit der Endlagerung befassten Organisationen bzw. Organisationseinheiten gefunden werden. In Vorbereitung der Aufsichtsratssitzung der GfK am 12. April 1965 hatte man das Problem der Aufgabenverteilung erneut aufgegriffen. So konnte an diesem Tag Cartellieri als Vorsitzer die Überlegungen des Ministeriums erläutern. Die GSF sollte für den Betrieb der Asse und die Untersuchung der geologischen, hydrogeologischen und bergbaulichen Probleme der Tieflagerung in Salzkavernen zuständig sein. Die SG TL sollte sich – reichlich unspezifisch – lediglich der Untersuchung spezieller kerntechnischer Probleme widmen.[556]

Bereits am 5. April 1965 hatte der Verwaltungsrat der GSF ganz in diesem Sinne die Errichtung eines Instituts für Tieflagerung beschlossen. Die Leitung wurde Prof. Hermann Borchert[557] übertragen, der bereits seit dem 1. Januar 1965 als Gutachter für die Gesellschaft tätig war. Das Institut sollte in Zusammenarbeit mit der GfK und anderen wissenschaftlichen Institutionen, insbesondere der Bergakademie Clausthal und der BfB, die wissenschaftlichen Grundlagen für eine sichere Endlagerung erarbeiten. Zur Herrichtung der Asse und zu ihrem weiteren bergtechnischen Betrieb wurde am selben Tag die Aufstellung einer Betriebsabteilung Tieflagerung beschlossen.[558] Diese sollte – wie Straimer in seiner durchaus einflussreichen Position als stellvertretender Vorsitzender des

---

554 GLAK 69 590. F&E-Plan 1968, A 187.

555 Zitiert nach Reuter-Boysen (1992), S. 86.

556 BA B 138 5765. Vermerk I A 2 vom 20.5.1966.

557 Hermann Borchert wurde am 2.2.1905 geboren. Am 10.5.1929 promovierte er zum Dr.-Ing., die Habilitation erfolgte am 20.7.1935. Am 3.9.1941 wurde er zum außerplanmäßigen, am 7.7.1947 zum ordentlichen Professor ernannt. Seit April 1947 war er Ordinarius für Mineralogie, Petrographie und Lagerstättenkunde an der Bergakademie Clausthal (BA B 106 66641. Vorlage zur 3. Sitzung des VR der GSF am 5.4.1965) Zum 1.7.1973 gab er die Leitung des IfT ab und schied aus der GSF aus (BayHStA GSF 261. F&E-Bericht 1973, S. 173).

558 BA B 106 66641. Auszug aus der Tagesordnung der 3. Sitzung des Verwaltungsrates. Vgl. Reuter-Boysen (1992), S.157f.

Verwaltungsrats ausführte – bemerkenswerterweise "unmittelbar der Geschäftsführung der Gesellschaft für Strahlenforschung unterstehen". Die Leitung der Betriebsabteilung übernahm ab dem 1. Juni 1965 der bereits für die Betreibergesellschaft der Asse tätige Diplom-Ingenieur Egon Albrecht.[559]

Ursprünglich war es Absicht der GSF-Geschäftsführung gewesen, dem Leiter des Instituts für Tieflagerung die wissenschaftliche Gesamtleitung auf dem Gebiet der Endlagerung zu übertragen. Als sich Wittenzellner und Kriele (GSF) am 9. März 1965 mit Schnurr und Greifeld (GfK) trafen, um über die Abgrenzungsprobleme im Bereich der Endlagerung zu sprechen, hielten ihnen die beiden jedoch entgegen, dass ein Geologe mit dieser komplexen, interdisziplinären Aufgabe überfordert sein müsse und schlugen stattdessen einen Koordinierungsausschuss aus Mitarbeitern beider Gesellschaften vor.[560] Zur ersten Sitzung dieses in den Folgejahren zentral wichtigen "Arbeitsausschusses zur Koordinierung der Forschungs- und Entwicklungsarbeiten der GSF und GfK auf dem Gebiet der Tieflagerung radioaktiver Rückstände" (AKoTL) lud Straimer für den 26. April 1965 ein.[561]

4.1.2 Das favorisierte Kavernenkonzept

In den Haushaltsentwürfen des BMAt (siehe Kapitel 3.2.6) und gegenüber Euratom (siehe Kapitel 3.2.7) war seit Mai 1962 ausschließlich von der Erstellung einer Kaverne die Rede gewesen. Noch in der 30. Sitzung des AK III–IV/1 am 12. Juli 1963 hatte Straimer mit Blick auf die Nutzung der Asse seine Präferenz für die Aussolung einer Kaverne in einer Salzformation deutlich zum Ausdruck gebracht (siehe Kapitel 3.2.8).[562] Hierfür wurden im Mai und November 1963 erste geeignete Salzstöcke durch die BfB vorgeschlagen.

Warum das Kavernenkonzept im Vergleich zur Nutzung eines alten bzw. zur Erstellung eines neuen Bergwerks am attraktivsten schien, hatten die Ministerialbeamten schon am 24. Oktober 1963 festgehalten: "diese Lösung" erscheine "als die billigste."[563] Auch in einem Schreiben an die Deutsche Erdöl Aktiengesellschaft (DEA) machte Holtzem am 12. No-

---

559 Reuter-Boysen (1992), S. 158.
560 GLAK 69 689. Vermerk Greifeld vom 15.3.1965.
561 GLAK 69 689. Schreiben Straimers vom 14.4.1965.
562 BA B 138 3416. Kurzprotokoll. Vgl. Tiggemann (2004), S. 147.
563 BA B 106 66641. Besprechungsnotiz vom 28.10. 1963.

vember 1963 deutlich, dass das Vorhaben "entscheidend von den Kosten der Einlagerung bestimmt" sei. Ziel sei es, "wenig aufwendige, aber sehr sichere und preisgünstige Verfahren für die Beseitigung radioaktiver Abfälle zu erschließen."[564]

Abb. 5: Diskutierte Kavernenstandorte

Zur selben Zeit begann die SG TL, sich systematisch mit der Erstellung der Kaverne und Auswahlüberlegungen zu befassen. Am 15. November tauschten sich Krause und Ramdohr mit Vertretern der DEA aus, die im Salzstock Heide eine 19.000 m^3 große Kaverne in mehr als 750 m

564 BA B 106 66641.

Tiefe zur Flüssiggasspeicherung ausgesolt hatten. Neben einer Bestätigung der grundsätzlichen technischen Machbarkeit erhielten die beiden konkrete Informationen über die Bohr- und Solungskosten sowie über den Zeitbedarf für die einzelnen Arbeitsschritte.[565] In weiterer Abstimmung mit der BfB betonten Wager und Richter-Bernburg am 26. November 1963 ihnen gegenüber noch einmal die Notwendigkeit von zwei bis drei Probebohrungen pro Salzstock, um Aufschluss über die geologischen Verhältnisse und damit auch über das Vorkommen wirtschaftlich verwertbarer Salze zu erhalten. Im Gespräch waren zu dieser Zeit Bunde, Dedesdorf, Harsefeld, Krummendeich, Heide, Geesthacht und ein in Süddeutschland bei Leutesheim am Rhein vermutetes Salzvorkommen (siehe Abb. 5).[566]

Mit Datum vom 19. März 1964 legte die BfB in ihrem Bericht "Projekt zur Einlagerung radioaktiver Abfälle in ausgesolten Kavernen" Einzeldarstellungen zu den oben genannten Salzstöcken vor. Ergänzend wurde auf den sehr nahe bei Bunde gelegenen Standort Jemgum eingegangen. Dedesdorf schien nicht mehr von Interesse zu sein.[567] Im Juni 1964 wurden auf Wunsch des BMwF auch detailliertere Informationen zum Salzstock Bremen-Lesum geliefert.[568]

Was die Auswahlkriterien, ihre Gewichtung und auf dieser Basis gebildete Eignungsreihenfolgen angeht, finden sich in den Jahren 1964 bis 1966 zum Teil widersprüchliche Angaben.[569] Man wird allerdings fest davon ausgehen können, dass die Möglichkeit zur Soleableitung in die Nordsee oder in Flussunterläufe über eine möglichst geringe Distanz die Betrachtung von vornherein auf "ein schmales Band entlang der norddeutschen Küste" einschränkte.[570] Anfang 1965 kam die SG TL in Anwendung von fünf Kriterien zu dem Ergebnis, das Vorkommen in Harse-

---

565 BA B 106 66641. Besprechungsnotiz vom 21.11.1963.

566 BA B 106 66641. Besprechungsnotiz vom 10.12.1963.

567 BA B 102 183852.

568 Tiggemann (2004), S. 154.

569 Vgl. Tiggemann (2004), S. 154–159. Hierfür dürfte der Umstand, dass die Euratom-Interessen nur zum Teil denen des BMwF entsprachen, mitverantwortlich sein.

570 GLAK 69 689. Jahresbericht der SG TL 1964, S. 17. Vgl. Ramdohr (1965), S. 7. Vgl. auch die Notiz einer Besprechung mit der BfB am 26.11.1963 (B 106 66641). Hier war die BfB der Ansicht gewesen, die Einleitung der Sole begrenze "die Standortlage einer Kaverne auf einen 50–100 km breiten Streifen an der Norddeutschen Küste." Auch Tiggemann (2004, S. 155) hält die Möglichkeit zur einfachen Soleableitung für das "entscheidende Kriterium".

feld sei am Besten geeignet, es folgten Lesum und Bunde, wo allerdings die Beschaffenheit des Salzes nicht bekannt war.[571]

Während die für Harsefeld zuständigen Behörden in Hamburg-Bergedorf dem Abschluss eines Gestattungsvertrages zustimmten, waren die Verhandlungen mit den für Lesum zuständigen Bremer Behörden wegen der angeblich "sehr ungünstigen demographischen Situation" nicht erfolgreich.[572]

Bis zum Jahresende waren die Vorbesprechungen mit dem Eigentümer des Grundstücks in Bunde, dem promovierten Juristen Enno Conring, so weit fortgeschritten, dass der erfolgreiche Abschluss eines Gestattungsvertrags im 1. Quartal 1966 in greifbare Nähe gerückt schien.[573] Spätestens mit dem 25. Juni 1966 stand der Erfolg der Verhandlungen angesichts erheblicher lokaler Proteste jedoch in Frage. Kriele und Wittenzellner teilten dem Vorsitzenden des Verwaltungsrats der GSF, Ministerialdirektor Dr. Hans Engelhardt, mit:

> "Wir haben nämlich nach den uns zugegangenen Mitteilungen die ernstliche Befürchtung, daß Herr Dr. Conring nicht mehr an dem Vertrag mit der Gesellschaft interessiert ist und gerne einen Vorwand ergreifen möchte, die Vertragsverhandlungen abzubrechen. (...) Bei diesen Gegebenheiten müssen wir also besorgen, daß das ganze wichtige Forschungsvorhaben scheitert."[574]

Wenige Tage später hatte sich die Angelegenheit tatsächlich festgefahren. Zwar hatte Conring mehrere von Seiten der GSF gemachte Änderungsvorschläge akzeptiert, für eine Unterzeichnung jedoch zwei Voraussetzungen genannt. Zum Einen sollten ihm die zuständigen niedersächsischen Ministerien die "öffentliche Notwendigkeit" und "völlige Gefahrlosigkeit" des Projektes bescheinigen, zum Anderen – und das

---

571 GLAK 69 689. Jahresbericht der SG TL 1964, S. 19. Die Kriterien waren Soleableitung, Höhenlage bzw. Hochwassergefährdung, Verkehrsanbindung, Tiefenlage des Salzstocks und Beschaffenheit des Salzes. In einer Bewertungstabelle waren die ersten drei Kriterien unter "Topographie" zusammengefasst worden.

572 BA B 138 4538. Bericht der GSF zur Verlängerung des Vertrags mit Euratom vom 27.6.1966. Vgl. Tiggemann (2004), S. 158.

573 B 138 4538. Bericht der GSF zur Verlängerung des Vertrags mit Euratom vom 27.6.1966.

574 BA B 106 66642.

wog bei weitem schwerer – schloss er eine Vereinbarung solange aus, bis das Vorhaben aus den Schlagzeilen gekommen sein würde.[575]

Die weitere Vorgehensweise wurde am 8. September 1966 im Rahmen einer Besprechung durch Straimer festgelegt. Obschon man den Abschluss der Verhandlungen in Bunde aus den oben genannten Gründen für wenig wahrscheinlich hielt, sollten diese zurückhaltend weitergeführt werden. Zugleich sollte jedoch das Gelände in Geesthacht unverzüglich durch die GSF erworben werden. Von dieser Absicht waren weder das Bundesschatzministerium noch die GfK in Kenntnis zu setzen.[576]

Ohne jeden Zweifel handelte es sich hierbei um eine außergewöhnliche Vorgehensweise, die entsprechende Verwerfungen nach sich gezogen hätte. Sie lässt Rückschlüsse auf die Wichtigkeit zu, die Straimer der Durchsetzung des von ihm favorisierten Projekts zumaß. Hierfür spricht auch, dass die SG TL noch im Dezember 1965 davon ausgegangen war, die Flanken des Salzstocks in Geesthacht, die ihn überdeckenden Gesteinsschichten wie auch der Salzkörper seien "erheblich tektonisch gestört" bzw. "von diesen Störungen noch betroffen."[577] Aufschlussreich ist, dass Straimer der GSF in dieser Situation stärker vertraute als der GfK.

Aber bereits Anfang Dezember 1966 stand auch der Standort Geesthacht nicht mehr zur Debatte. Der AKoTL, dem auch Vertreter der GfK angehörten, kam zu dem Ergebnis, dass bei Salzstöcken, die in einer größeren Tiefe als 400–500 m liegen (Bohrlochteufe ca. 600 m), "die Errichtung einer Kaverne wegen der zu hohen Kosten wirtschaftlich nicht zu vertreten" sei.[578]

Was "wirtschaftlich zu vertreten" war, scheint sich allerdings auf schnell wechselnde Berechnungen gestützt zu haben. Anfang Juli 1966

---

575 BA B 106 66642. Schreiben von Kriele und Wittenzellner an Engelhardt vom 6.7.1966.

576 BA B 196 22799. Kurznotiz über die Besprechung. Teilnehmer waren Holtzem, Schwibach, Wittenzellner und Albrecht.

577 Ramdohr (1965), S. 26.

578 BA B 106 66643. Niederschrift der 7. Sitzung am 6. u. 7.12.1966. An anderer Stelle hieß es spektakulärer: "Unter Berücksichtigung dieser Gegebenheiten (Lage des Geländes in einem Trinkwassereinzugsgebiet und nahe eines Polizeischießplatzes, D. M.) und vor allem im Hinblick auf die Tatsache, dass eine Tiefe von mehr als 600 m technisch und finanziell nicht mehr beherrschbare Probleme mit sich bringt, soll nach Meinung des Ausschusses die Errichtung einer Kaverne in Geesthacht nicht mehr weiterverfolgt werden." Schon Ende Juni 1966 war bekannt, dass eine Kaverne in Geesthacht gegenüber Bunde um mehr als 1 Mio. DM teurer sein würde (siehe auch Fn 572).

hatte die GSF die Investitionskosten für eine 10.000 m^3 große Kaverne (inklusive Probebohrungen, Beschickungseinrichtung und Übertageanlagen) noch auf etwa 2,75 Millionen DM geschätzt, was unter Einbeziehung der Betriebskosten zu Gesamtlagerkosten "von weniger als 350, -- DM je Kubikmeter radioaktiven Abfalls" führen sollte.[579] Mitte April 1967 brachte eine "Wirtschaftlichkeitsstudie einer Anlage zur Einbringung von radioaktiven Abfällen in eine Salzkaverne" jedoch bereits deutlich veränderte Erkenntnisse. Für drei verschiedene Kavernengrößen (10.000, 100.000 und 250.000 m^3) waren die Investitionskosten (4 Mio., 5 Mio. und 5,6 Mio. DM) und die sich daraus ergebenden Einlagerungskosten pro Kubikmeter ermittelt worden. Während die beiden großen Kavernen bei 76 DM und 128 DM liegen sollten, ergab sich für die geplante kleinere ein Wert von 655 DM.[580]

Innerhalb von nicht ganz neun Monaten waren die Investitionskosten damit noch einmal um 1,25 Millionen DM gestiegen, zwischen den Kubikmeterpreisen lagen mehr als 300 DM Differenz. Während dieser Zeit hatte man im Zuge der fortschreitenden Ausarbeitung des Projekts und der damit einhergehenden Detaillierung der Investitionskosten scheinbar auch jene wichtige Neubewertung vorgenommen, die schließlich zur Ablehnung des Standorts Geesthacht führte. Hatte die GSF noch Ende Juni 1966 gegenüber Euratom eine "nicht zu große Tiefenlage" des Salzstocks als Kriterium herausgestellt und präzisiert, dass sie damit "möglichst weniger als 1000 m" meine[581], so wies Krause die internationale Fachwelt im Mai/Juni 1967 darauf hin, dass die Kaverne "so nahe unter der Erdoberfläche angelegt werden solle, wie es praktisch und unter Sicherheitsaspekten zulässig" sei.[582] Die Bohrkosten würden sich nicht allein mit zunehmender Tiefe, sondern auch bei vergleichsweise geringer Vergrößerung des Durchmessers stark erhöhen. Ab Werten oberhalb von etwa 66 Zentimetern sei zudem zunehmend mit technischen Schwierigkeiten zu rechnen.[583] Das bedeutete, dass die Beseitigung der in den Zwischensammelstellen befindlichen 200 Liter-Fässer mit einem Durchmesser von

579 B 138 4538. V. Quartalsbericht der GSF an das BMwF, Anlage: "Das Kavernenprojekt zur Endlagerung radioaktiver Abfälle" vom 6.7.1966.

580 BA B 106 66643. Kurzbericht zur 8. Sitzung des AKoTL, vermutlich als Anlage verteilt.

581 BA B 138 4538. Technischer Bericht anlässlich der Verlängerung des Vertrages mit Euratom vom 27.6.1966.

582 Krause (1967a), S. 491.

583 Ebd., S. 486. Die Schwierigkeiten betrafen die Bohrmethode, die Verfügbarkeit geeigneter Rohre sowie die Auskleidung des Bohrlochs.

etwa 76 cm über die Kaverne nicht machbar sein würde. Der im Februar 1964 angestrebte praktische Vergleich zwischen Bergwerk und Kaverne ließ sich nur durchführen, wenn man einen Teil der Abfälle in 150 Liter-Fässer umfüllen würde.[584]

Bei einem Bohrlochdurchmesser von 66 cm, einer Bohrlochtiefe von 500 m und einer Distanz zur Ableitung der Sole von nur vier Kilometern ging man nun von Gesamtkosten in Höhe von 4,263 Millionen DM aus. Hierin waren bemerkenswerterweise sogar der Rückbau der oberirdischen Anlagen und das Verfüllen des Bohrlochs enthalten.[585] Selbst unter diesen vergleichsweise idealen Bedingungen lagen die Einlagerungskosten damit aber noch einmal etwas über den im April berechneten 655 DM. Im Vergleich zur ersten groben Schätzung Wagers von 1961 (150 DM), die für die Auswahl des Kavernenverfahrens maßgeblich gewesen war, bedeutete das mehr als eine Vervierfachung. Wirtschaftlich sei die Prototypanlage nicht, stellte Krause denn auch fest.[586]

Die SG TL versuchte trotzdem, der Situation noch gute Seiten abzugewinnen. Sie ordnete die Ergebnisse zur selben Zeit folgendermaßen ein:

> "Verglichen mit den jetzigen Zwischenlagerungskosten von DM 1.000 bis 1.500,-/m^3 sind die Einlagerungskosten von DM 650,-/m^3 bei der 10.000m^3-Kaverne noch recht günstig. Im Vergleich zur Versenkung in das Meer (ca. 200 DM/m^3) und mit größeren Kavernen (...) ist die 10.000 m^3-Kaverne noch relativ teuer. Es soll daher versucht werden, die Kaverne evtl. etwas größer zu bauen (15.000 – 20.000 m^3) damit sie noch wirtschaftlicher wird, ohne den Charakter einer Versuchsanlage einzubüßen."[587]

Dennoch wurden in der folgenden Sitzung des AKoTL noch einmal die Kosten einer 100.000 m^3 -Kaverne näher erörtert. Diesmal kam man auf einen Wert von 184,10 DM/m^3 für die Einlagerung schwachaktiver Abfälle ohne Behälter und Transport.[588] Die Transportkosten bewegten sich – wie man angesichts einer Entfernung von mehreren hundert Kilometern zwischen den Hauptabfallverursachern im Süden bzw. Westen der Bundesrepublik und den weit nördlich gelegenen Kavernenstandorten schon

---

584 Schwibach (1967), S. 470.

585 Krause (1967a), S. 489ff.

586 Ebd., S. 492 . "...the little prototype cavity of 10000 m^3 capacity has not yet attained commercial efficiancy."

587 BA B 106 66643. Schreiben GfK an BMwF vom 31.5.1967, S. 5.

588 BA B 106 66643. Kurzprotokoll der 9. Sitzung vom 5. und 6.7.1967.

1964 berechnet hatte – immerhin zwischen 22,60 DM (Asse II) und 30,30 DM (Heide) pro Fass.[589]

Nach dem freiwilligen, primär wirtschaftlich motivierten Verzicht auf die Verwirklichung der Prototypanlage in Geesthacht wurde spätestens seit März 1967 der Salzstock in Oldenswort favorisiert.[590] Die Verhandlungen um das Grundstück – es ging um ein Gesamtareal von 3,6 ha zum Preis von 250.000 DM, das sich in Gemeindebesitz befand – konnten aber in der ersten Jahreshälfte 1968 aus einem sehr einfachen Grund nicht zum erfolgreichen Abschluss gebracht werden: Der Bundesschatzminister "konnte diesem Kaufpreis nicht das Kriterium der Preiswürdigkeit zusprechen."[591]

Damit wird insgesamt deutlich, dass die Realisierung des Kavernenvorhabens nicht allein am Protest der Bevölkerung am jeweils favorisierten Standort scheiterte. Eine entsprechende Bereitschaft des Bundes vorausgesetzt, hätte es – mit erhöhtem finanziellem Aufwand – vermutlich verwirklicht werden können.

Von besonderer Bedeutung ist in diesem Zusammenhang auch eine Besprechung über den Stand des Forschungsvorhabens Salzkaverne am 25. April 1968. Straimer, der schon bald nicht mehr für die Endlagerung zuständig sein würde (siehe Kapitel 4.1.3.1), teilte den Vertretern der GSF, der GfK und den Beamten seines Hauses mit, dass der Erwerb eines Geländes für die Kaverne bis auf weiteres zurückgestellt sei, "weil die Wirtschaftlichkeit der Asse nicht gefährdet werden" dürfe. Man wolle versuchen, Euratom für ein Projekt "Versuchskaverne" in der Asse zu gewinnen.[592] Die neue Prioritätensetzung wurde in der wenig später vorliegenden "Projektstudie zur Erstellung einer Kavernenanlage auf der

---

589 BA B 196 59274. Jahresbericht der SG TL 1964, S. 4. Vgl. Ramdohr (1965), S. 10

590 Tiggemann (2004), S. 163.

591 BA B 196 22793. Vermerk III B 4 vom 19.7.1968. Tiggemann (2004, S. 163f) weist darauf hin, dass der Landkreis schließlich noch eine millionenteure Brücke über die Eider gefordert habe.

592 BA B 196 22793. Als weitere Gründe führte Straimer an, die Kaverne bedeute zusätzliche Kosten für den Bund, sei aber im Hinblick auf die Solung nicht mehr technisch interessant und aufgrund ihrer Unbegehbarkeit für bestimmte Studien ungeeignet.
Wittenzellner hatte bereits 1966 angeregt, bis zum Erwerb eines geeigneten Grundstücks die Forschungsvorhaben Asse und Kaverne miteinander zu verknüpfen (B 106 66643. Protokollentwurf zur 7. Sitzung des AKoTL). So wäre es möglich gewesen, die Beschick- und Fördereinrichtung vor Errichtung der eigentlichen Versuchskaverne zu erproben.

Schachtanlage Asse" mehrfach angesprochen. Während im Text vergleichsweise undeutlich davon die Rede war, die Kaverne sei "keine Konkurrenz, sondern eine sinnvolle Ergänzung der Asse", da sie gerade dort ihre stärksten Seiten habe, wo dem Bergwerk prinzipielle Grenzen gesetzt seien[593], brachte die GSF die Vorteile im Anschreiben auf den Punkt:

> "Die Auffassung über die Notwendigkeit für eine Kaverne hat in jüngster Zeit einen Wandel erfahren, weil in die im Bergwerk Asse vorhandenen Hohlräume zwar alle in der Bundesrepublik anfallenden Mengen niedrigradioaktiver Rückstände zu angemessenen Kosten eingelagert werden können, während die Einlagerung der mittel- und hochaktiven Rückstände in einem Bergwerk mit hohen Kosten verbunden ist. Außerdem zeigt sich bei einer Betrachtung der Einlagerungskapazität des Bergwerkes Asse, daß etwa ab 1980 die Förderkapazität im Wesentlichen mit der Einlagerung mittel- und hochaktiver Rückstände ausgelastet sein würde (...). Eine Kaverne erscheint daher für die Einlagerung von mittel- und hochaktiven Rückständen zweckmäßig."[594]

Damit wird deutlich, dass es hier – trotz unveränderter Beteiligung von Euratom – nicht mehr um die Erschließung einer neuartigen, kostensparenden Erstellungs- und Einlagerungstechnik, um das Prestigeobjekt zur Übertragung auf die Verhältnisse anderer Länder, gehen würde. Denn die nun primär zur Behebung des Kapazitätsengpasses an der Asse beabsichtigte Kaverne sollte zur bis dahin verfolgten zwei wesentliche Unterschiede aufweisen. Zum Einen würde sie erheblich kleiner – das Volumen sollte zunächst lediglich ca. 5000 Kubikmeter betragen – zum Anderen sollte sie mit Blick auf das Carnallitvorkommen an der Asse und die Stabilität des Grubengebäudes nicht mehr ausgesolt, sondern bergmännisch d.h. auf konventionellem Wege erstellt werden. Vor diesem Hintergrund

---

593 BA B 196 22792. Projektstudie vom 1.7.1968, S. 8.

594 BA B 196 22792. Anschreiben vom 2.7.1968. Krause hatte in der Besprechung am 25.4. bereits deutlich auf den Engpass hingewiesen. In diesem Sinne auch GfK/GSF (1971), S. 33: "Ziel dieses Projektes ist es, durch unmittelbares Beschicken der Lagerkaverne von übertage aus den erheblichen personellen und sachlichen Aufwand bei der Einlagerung von radioaktiven Abfällen zu vermindern. Wenn der Zwang entfällt, die Abfälle mitsamt der Abschirmung nach untertage zu transportieren und die entleerten Abschirmbehälter wieder zurückzubringen, kann der Mengendurchsatz bei der Einlagerung wesentlich gesteigert werden". Es würde so auch möglich werden, die "kostspieligen Wartezeiten für die Transport- und Zustellfahrzeuge" zu verkürzen. Wichtig war zudem die Schaffung eines zweiten Ausgangs für die Belegschaft für Notfälle (S. 34).

kann man schwerlich von einer Verlegung des Kavernenprojekts[595] bzw. einer verspäteten Realisierung an der Asse[596] sprechen. Unter "das Kavernenprojekt" wurde Mitte 1968 ein Schlussstrich gezogen.

Im Herbst 1968 ergaben Untersuchungen an der Asse, dass die Erstellung einer Kavernenanlage grundsätzlich möglich sein würde. Weiteren Aufschluss brachte eine Untersuchungsbohrung Mitte 1969.[597] Der Vertrag mit Euratom lief am 31. August 1969 ab und wurde unter Beibehaltung der übrigen Vertragsbestimmungen durch einen Nachtrag vom 31. Dezember 1969 um zwei Jahre verlängert.[598] Für das Haushaltsjahr 1970 wurde die Kaverne zwar unter den Projekten der GSF aufgeführt, es wurden jedoch keinerlei Mittel veranschlagt.[599] Erst am 25. Juli 1973 genehmigte das inzwischen zuständige BMFT die Maßnahme "Erstellung einer Prototyp-Kavernenanlage zur Einlagerung radioaktiver Abfallstoffe". Das Bundesministerium für Bauwesen, Raumordnung und Städtebau hatte zuvor die Kosten für die Untertagemaßnahmen auf 14,09 Millionen DM, für die Übertagearbeiten auf 5,1 Millionen DM festgesetzt. Lediglich 2,2 Millionen DM hiervon waren aus Euratom-Mitteln verfügbar.[600] Anfang 1976 schätzte man die Gesamtkosten der Anlage allerdings bereits auf 40 Millionen DM.[601]

Nachdem zwischen 1974 und 1976 der Schacht niedergebracht werden konnte, wurde zwischen 1976 und 1977 an seinem Endpunkt eine nun doch 10.000 Kubikmeter große Kaverne in gut 1000 Metern Tiefe angelegt.[602] Die weiteren Arbeiten hieran konnten bis 1979 weitestgehend abgeschlossen werden.[603]

Mit Beginn der Planungen der KEWA für den Bau einer großen Wiederaufarbeitungsanlage hatte das Kavernenkonzept neuen Auftrieb bekommen. Bereits Ende März 1972 war es Ziel der KEWA gewesen, die in der Anlage entstehenden Abfälle "in unmittelbarer Nähe" und nach Mög-

---

595 So sinngemäß Reuter-Boysen (1992), S. 159.

596 So sinngemäß Tiggemann (2004), S. 774.

597 GSF/GfK (1970), S. 31.

598 BayHStA GSF 61. Bericht der Geschäftsführung für den Zeitraum 1.10. – 31.12.1969

599 BA B 138 8690.

600 BayHStA GSF 74. BMFT III B 4 an GSF vom 25.7.1973. Der Vertrag wurde wahrscheinlich Ende Juni 1973 von Euratom gekündigt (BA B 196 59245. Ergebnisprotokoll über die Baubesprechung am 8.6.1972). Die Quartalsberichte befinden sich u. a. in BA B 196 107245.

601 Kühn (1976), S. 286.

602 GSF (1996), S. 74.

603 Reuter-Boysen (1992), S. 159.

lichkeit sogar in flüssiger Form zu beseitigen. Man wandte sich an die GSF, als deren Vertreter Albrecht die Erstellung einer Kaverne als "kostengünstigste Endlagermöglichkeit" empfahl. Für einen Moment kamen nun noch einmal die Salzstöcke Bunde, Jemgum, Lesum, Harsefeld, Geesthacht, Heide und Oldenswort ins Gespräch. In Kenntnis der prinzipiellen Nachteile dieser Standorte rückte allerdings eine nur wenige Tage alte Karte der BfB mit den Salzstöcken Nordwestdeutschlands ins Zentrum der Aufmerksamkeit, die eine Reihe bislang nicht berücksichtigter Salzstöcke zeigte. Es erschien daher sinnvoll, auch die BfB in die Beratungen einzubeziehen.[604] Das NLfB benannte – nachdem die KEWA Ende Juni um ein Gutachten über möglicherweise zur Anlage von Kavernen geeignete Salzstöcke gebeten hatte – mit Datum vom 24. November 1972 die Salzstöcke Altenbruch, Osterbruch, Süderhastedt, Krummendeich, Hamelwörden, Scharhörn und Jemgum.[605]

Die Gründe für das Interesse der KEWA an einer Endlagerung in Kavernen waren eindeutig und nicht von der Hand zu weisen. In Kontrastierung zur zentralen Einlagerung in einem Salzbergwerk meinten GfK, GSF und KEWA im September 1972:

> "Gerade das Kavernenprojekt ist für den Betrieb einer Wiederaufarbeitungsanlage von großer Bedeutung. Würde es zu positiven Ergebnissen führen, könnte der mittelaktive Abfall auf relativ wirtschaftliche Weise sicher endgelagert werden, wenn man die Wiederaufarbeitungsanlage über einem Salzstock (...) errichtet.
> Der Transport der Fässer (...), der bei der Anzahl der zu transportierenden Fässer (es fallen bei einer 1.500-jato-Anlage etwa 40. 000 m^3 mittelaktiven Abfalls entsprechend 200.000 Fässer pro Jahr an) mit Risiko verbunden ist und sehr kostspielig werden dürfte, könnte fortfallen.
> Eine weitere Steigerung der Wirtschaftlichkeit ließe sich erreichen, wenn man flüssigen radioaktiven Abfall (...) unmittelbar in eine Steinsalzkaverne ablassen und dort endlagern könnte. Aussagekräftige Untersuchungen über diese Art der Endlagerung (...) liegen noch nicht vor."[606]

Nun begann sich die eng betriebswirtschaftliche Sichtweise der sechziger Jahre, die zur alleinigen Konzentration auf die Asse geführt hatte

---

604 BA B 102 183852. Vermerk III A 3 vom 13.4.1972.

605 BA B 196 107198. Geologisches Gutachten über die Möglichkeiten der Anlage von ausgesolten Speicherkavernen im Gebiet der Elbmündung. Vgl. Tiggemann (2004), S. 383.

606 BA B 196 107198. Die "Untersuchungen über die Möglichkeiten zur Einlagerung von flüssigen radioaktiven Abfällen in Salzkavernen" wurden dem BMBW zur Förderung vorgeschlagen. Hochaktiver Abfall sollte ggf. verdünnt werden.

(siehe Kapitel 4.1.3.4), nachteilig auszuwirken. Dabei hatte man die Situation durchaus voraussehen können. Krause hatte in der bereits erwähnten Besprechung am 25. April 1968 deutlich darauf hingewiesen, dass die Fortführung des Kavernenprojekts ratsam sei. Man werde so bei Beginn der Planungen für die große Wiederaufarbeitungsanlage über erste Erfahrungen mit dieser Beseitigungsmethode verfügen, was auch das Genehmigungsverfahren erleichtern werde. Zudem werde die Möglichkeit zur "Lagerung am Standort zu hohen Einsparungen an Transportkosten führen. (15 Mio. DM in 10 Jahren)." Straimer und Schwibach hatten sich diesen Argumenten, die sich durchaus mit ihren Intentionen des Jahres 1964 deckten, damals nicht anschließen wollen.[607] Festzuhalten ist: Die KEWA setzte in ihren Planungen, auf denen das ein Jahr später formulierte Konzept eines Integrierten Entsorgungszentrums (siehe Kapitel 4.2.2) zum Teil basierte, auf ein Endlagerungsverfahren, für das noch keine belastbaren Erkenntnisse vorlagen. Diesem Umstand Rechnung tragend, wurden durch das BMFT in den Jahren 1974 und 1975 am Battelle-Institut in Frankfurt Studien zu den "Auswirkungen der Einlagerung flüssiger radioaktiver Abfälle in Salzstöcken" gefördert.[608]

Noch im September 1976 gingen BMFT und KEWA davon aus, dass zur Endlagerung der schwach- und mittelaktiven Abfälle des Entsorgungszentrums ein Kavernenfeld angelegt werden würde.[609] Nachdem das NLfB das BMFT Ende desselben Monats darauf hingewiesen hatte, dass man zur Anlage eines Kavernenfeldes mehrere Bohrungen pro Salzstock durchführen müsse[610], begann angesichts der Proteste der Bevölkerung gegen die Standorterkundungsmaßnahmen und der immer stärker ablehnenden Signale der Niedersächsischen Landesregierung im Oktober 1976 die Abkehr von dieser Zielvorstellung. Spätestens Anfang Dezember stellten die Verantwortlichen das Konzept auf zwei Bergwerke um und zogen einen im Prinzip überfälligen Schluss:

> "Die Endlagerung in Kavernen für MAW bzw. LAW stellt eine Methode dar, die durch F u. E-Programme untersucht wird, jedoch bei weitem noch nicht Stand der Technik ist."[611]

---

607 BA B 196 22793.

608 BMFT (1975), S. 348. Der Gesamtförderungssumme betrug 348.358 DM.

609 BA B 102 183852. Ergebnisvermerk über eine Besprechung zum Standorterkundungsprogramm Entsorgungszentrum am 20.9.1976.

610 BA B 196 107231. Schreiben Lüttig vom 29.9.1976.

611 BA B 295 1442. 2. Sitzung des Projektausschusses Endlagerung und Endkonditionierung, Anlage 2 zum Protokoll vom 9.12.1976.

4.1.3 *Asse II – von der günstigen Möglichkeit zum zentralen Element des Beseitigungssystems*

Am 29. Januar 1964 fand endlich die lange aufgeschobene Besichtigung der Asse statt. Holtzem, Schwibach, Krause, Ramdohr und Hempelmann verschafften sich umfassende Eindrücke, deren Bilanz folgendermaßen lautete:

> "Insgesamt kann gesagt werden, daß die Anlage Asse für die Einrichtung eines *Endlagers* (Hervorhebung D. M.) grundsätzlich geeignet erscheint. Positiv zu werten ist vor allem der Preis, der von den Herren der Wintershall gesprächsweise auf 600.000 DM beziffert wurde. (...) Für die Sicherheit der untertägigen Anlagen besteht wohl keine akute Gefahr."[612]

Zurückhaltung bestimmte in Kenntnis der in der zweiten Jahreshälfte 1963 thematisierten Schwachstellen (siehe Kapitel 3.2.8) offensichtlich das Urteil. Man sprach von "grundsätzlicher" Eignung. Dass für die Anlagen "wohl keine *akute* Gefahr" gesehen werden konnte, lässt kurz- bis mittelfristig sehr wohl Bedenken erkennen und auf wenig Vertrauen schließen. Der zentral wichtige Satz: "Positiv zu werten ist vor allem der Preis... ".[613] Denn dieser schien – überschlagshalber – sehr günstige Einlagerungskosten zu garantieren: Bei fünfjähriger Nutzung und einem jährlichen Zuwachs von 250 m^3 ergab sich im fünften Jahr ein Wert von 185 DM pro Kubikmeter.[614]

Das weitere Vorgehen wurde im Rahmen einer Besprechung zwischen den Vertretern des BMwF und der SG TL am 19. und 20. Februar 1964

612 GLAK 69 689. Notiz Krause vom 3.3.1964.

613 GLAK 69 689. Jahresbericht der SG TL 1964. Dort heißt es zur Rolle des Kaufpreises: "Diesen Risiken (Gefahr des Ersaufens, Notwendigkeit laufender Überwachungs- und Instandsetzungsarbeiten und unklare Standzeit des Bergwerkes, D. M.) stand der sehr günstige Kaufpreis von 700.000 DM gegenüber." Schwibach ließ im Informationsgespräch am 23.7. 2002 keinen Zweifel darüber aufkommen, dass er die Asse unter Sicherheitsaspekten für sehr bedenklich hielt.

614 Diesen ebenfalls dem Jahresbericht der SG TL entnommenen Zahlen ist mit Vorsicht zu begegnen. In der von Krause mit Datum vom 28.2.1964 erstellten Notiz zur Besprechung am 19. und 20.2.1964 (GLAK 69 689) waren für den 5-Jahres-Zeitraum noch 1000 DM angenommen worden. Erst für die 10-Jahres-Nutzung ergab sich – angeblich – ein Wert von "vielleicht 200 DM/m^3". Er basierte – unrealistischerweise – auf einem Kaufpreis von nur 500.000 DM und dafür eher pessimistisch veranschlagten Betriebs- und Unterhaltskosten in Höhe von 2,5 Mio. DM. Die Menge der eingelagerten Abfälle wurde dabei mit 15.000 m^3 angenommen.

abgestimmt. Die hierüber angefertigte Notiz ist von zentraler Bedeutung für die Beurteilung der anfänglichen Strategie des Ministeriums. Nachdem bekräftigt worden war, dass das Bergwerk für eine Nutzung von 5 bis 10 Jahren von vornherein sicher erscheine, hielt man fest:

> "Es könnten derart bereits ab 1965 sämtliche Einlagerungswünsche erfüllt und deshalb Zeit für die weiteren Planungen gewonnen werden. (...) Daneben erlaubt das gleichzeitige Betreiben von Kaverne und Bergwerk einen echten Vergleich der beiden Projekte hinsichtlich Betriebskosten, Sicherheit, Arbeitsaufwand, etc.. Aufgrund dieser Erfahrungen wird es möglich sein, zu einem gut fundierten Konzept für ein späteres Endlager zu kommen. Die Errichtung der Kaverne dürfte ca. 5 Jahre dauern. Zur Sammlung von Betriebserfahrungen sind zwei weitere Jahre nötig, so daß nach ca. 7 Jahren mit der praktischen Verwirklichung der endgültigen Anlage begonnen werden kann."[615]

Kaverne und Asse waren zu diesem Zeitpunkt also in erster Linie für wenige Jahre als Prototypanlagen gedacht, wobei insbesondere das Bergwerk – wie die Formulierung "Einlagerungswünsche" zeigt – von Anfang an auch zur Entlastung der Zwischensammelstellen dienen sollte. Mit der Entscheidung für die kurzfristig verfügbare Asse würde man die Zeit bis zur Einsatzbereitschaft der Kaverne überbrücken und dabei in jeder Hinsicht flexibel bleiben.

Keine Zweifel über die Wertigkeit der beiden Projekte ließ Straimer vor dem Bundestagsausschuss für Atomkernenergie und Wasserwirtschaft, dem er am 18. März 1964 erstmals umfassend zur Sammlung und Lagerung radioaktiver Abfälle Bericht erstattete. Nachdem er bereits zu Beginn seiner Ausführungen zum Bereich Endbeseitigung die Aussolung einer Kaverne als "die Methode der Wahl" bezeichnet hatte, hielt der Protokollant des Bundesgesundheitsministeriums abschließend fest:

---

615 BA B 106 66641. Teilnehmer BMwF: Straimer (nur 20.2.), Holtzem und Schwibach. Teilnehmer SG TL: Krause und Ramdohr. Vgl. das Deutsche Forschungsprogramm für die Beseitigung radioaktiver Abfälle als Beilage (Nr. 133) zum Pressedienst des BMwF vom 16.7.1964 (BA B 196 59274) und in Atompraxis (Jahresinhalt 1964, Rubrik "Mitteilungen", S. 544). Vgl. darüber hinaus den Auszug aus dem Kurzprotokoll der 32. Sitzung des AK III–IV/1 am 29.4.1964 in BA B 196 59274. Auch hier erläuterten Schwibach und Krause den sich ergänzenden Charakter von Kaverne (Beseitigung schwach- und mittelaktiver Abfälle) und Bergwerk (allgemeine geophysikalische Untersuchungen und Studien für die Hochaktivlagerung). Ziel sei es "die erforderlichen Unterlagen für eine sichere und wirtschaftliche Beseitigung (...) zu erhalten."

"Erster Schritt: Aussolung einer Versuchskaverne im Raume Hamburg. Zwischenlösung: Anmietung eines aufgelassenen Bergwerks mit rund 4 Mio m^3 Hohlraum ist angeboten; sehr hohe Betriebskosten, aber günstig für die Aufbewahrung ausgebrannter Brennelemente."[616]

Die in späteren Jahren so in den Vordergrund gerückte Asse war zu diesem Zeitpunkt also nicht nur lediglich eine von zwei Prototypanlagen, sie war eine Zwischenlösung. Und sofern die verkürzte Darstellung nicht auch verzerrt, war es die Möglichkeit zur Aufbewahrung von abgebrannten Brennelementen, denen des AVR (siehe Kapitel 3.2.3),[617] die die hohen Betriebskosten rechtfertigen würde. Als wesentlicher Kaufgrund muss daher die zeitweilige Unterbringung solcher Abfälle angenommen werden, die nicht exakt in das Drei-Stufen-Programm des Jahres 1963 (siehe Kapitel 3.2.7) passten.[618]

Zunächst wollte das BMwF jedoch weiteren Aufschluss über die Eigenschaften von Asse II gewinnen. Ein am 1. Juni 1964 auf unbestimmte Zeit abgeschlossener Gestattungsvertrag mit vierteljährlicher Kündigungsfrist erlaubte es, das Bergwerk für Forschungsarbeiten zu nutzen und nähere Untersuchungen durchzuführen. Die Wintershall AG erhielt 80.000 DM im Jahr und wurde darüber hinaus für unmittelbar anfallende

---

616 BA B 106 33880. Vermerk III A 2 vom 20.3.1964. Im offiziellen Protokoll der Sitzung [BT PA (4.WP) 35. Sitzung] wird dies nicht deutlich. Hier wird die Kaverne lediglich am Rande angesprochen, die Asse steht im Mittelpunkt. Hochinteressant ist die dort zu findende Formulierung, die "*Bundesregierung* (Hervorhebung D. M.) sei aber der Ansicht, daß eine Einlagerung in das in Aussicht genommene Bergwerk *noch keine Endbeseitigung* (Hervorhebung D. M.) darstelle. Für Studien- und Forschungszwecke sei jedoch die Anlage geeignet." Die zitierte Version wird für treffender gehalten, weil sie der Bevorzugung der Kaverne (siehe Kapitel 4.1.2) entspricht.

617 Später ging es vorübergehend auch um die Brennelemente des KKN (BA B 106 66642. Protokoll der 2. Sitzung des AKoTL vom 3.9.1965)

618 In einem Schreiben vom 9.4.1964 (BA B 106 66641) hatte Straimer die SG TL aufgefordert, "unverzüglich Verhandlungen über den sofortigen Beginn der geophysikalischen Voruntersuchungen zur Endbeseitigung radioaktiver Abfälle und über die Möglichkeiten der temporären unterirdischen Aufbewahrung ausgebrannter Kernbrennstoffe, die nicht aufgearbeitet werden, (...) aufzunehmen." Krause sprach daraufhin in Aktennotiz Nr.15/64 vom 20.4.1964 davon, dass nunmehr feststehe, dass die schon 1967 anfallenden ausgebrannten Kernbrennstoffe in der Asse vorläufig gelagert werden sollen (BA B 196 22797).

Betriebs- und Personalkosten entschädigt.[619] Sie behielt hierbei – was durchaus als Ausdruck einer Vorsichtshaltung zu werten ist – die bergrechtliche Verantwortung.

Als die inzwischen als Forschungsprogramm formulierten Grundsatzüberlegungen und Planungen von Straimers Gruppe am 16. Juli 1964 vom BMwF veröffentlicht wurden, zeigte sich, dass diese Weichenstellungen mit großer Wahrscheinlichkeit ohne nähere Kenntnis der Ministeriumsleitung erfolgt waren. Als nämlich am 20. Juli 1964 die "Süddeutsche Zeitung" darüber berichtete, dass ein "Sicherer Platz für Atommüll gesucht" werde, bat Staatsekretär Cartellieri den Leiter der Abteilung III um Rücksprache, die letztlich durch Straimer erfolgte. Am 3. August 1964 ließ er seinen Abteilungsleiter wissen:

> "Herr St hat mich heute rufen lassen. Anschließend an einen anderen Besprechungsgegenstand durfte ich die anliegende Rücksprache (Tieflagerung radioaktiver Abfälle) erledigen. Herr St hat die Konzeption, die ich vortrug, gebilligt u. dem Erwerb der Asse II grundsätzlich zugestimmt."[620]

4.1.3.1 Der schnell erweiterte Verwendungszweck

Ende Oktober 1964 unterrichtete Holtzem die Mitglieder des AK III–IV/1 über die mit der Kaverne und dem Bergwerk verfolgten Absichten. Dabei blieb er im Rahmen der bislang bekannten Zielsetzungen, stellte aber – ganz im Einklang mit dem Forschungsprogramm und den Zielsetzungen von Euratom – zusätzliche Aspekte heraus. So sollten die technischen und wirtschaftlichen Erfahrungen mit der Kaverne auch anderen Staaten zur Verfügung gestellt werden, damit diese eine etwaige Übertragung der Prototypanlage auf ihre Verhältnisse prüfen könnten. Das Salzbergwerk Asse II sollte aufgrund seiner Begehbarkeit zum Experimentieren und für Modellversuche dienen[621], in der Funktion als Ausweichlager für besondere Fälle sei auch an die temporäre Einlagerung ausgebrannter Kernbrennstoffe gedacht.[622]

---

619 Reuter-Boysen (1992), S. 153. So auch das Protokoll einer Besprechung zwischen Vertretern der GfK und der Wintershall AG am 11.5.1964 in GLAK 69 689.

620 BA B 196 22786.

621 Diese Experimente und Versuche waren bereits in der Besprechung am 19. und 20.2.1964 (GLAK 69 689) konkret benannt worden. Es handelte sich u. a. um Wärme- und Bestrahlungsversuche für die Hochaktivlagerung.

622 BA B 196 59274. Kurzprotokoll der 33. Sitzung vom 29.10.1964.

Während man Anfang 1965 zur Beruhigung der Bevölkerung (siehe Kapitel 5.2) noch immer betonte, für einen Zeitraum von zwei Jahren sei keine Einlagerung radioaktiver Abfälle beabsichtigt[623] und Straimer vor dem Bundestagsausschuss gar von vier Jahren sprach[624], wurden schon bald nach dem Zustandekommen des Kaufvertrags am 12. März 1965[625] Interessen laut, die wesentlich über begrenzte Einlagerungsstudien mit den Abfällen der Zwischensammelstellen hinausgingen. Die von Straimer bereits im Februar 1964 thematisierten "Einlagerungswünsche" nahmen an Intensität zu.

So stellte der AKoTL im Rahmen seiner 1. Sitzung am 26. April 1965 ohne tiefer gehende Begründung fest, die bisherige Zusage, zunächst kein radioaktives Material einzulagern, habe fortan zu unterbleiben. Es habe sich herausgestellt, "daß doch große Serienversuche die Einbringung erheblicher Mengen r.a. Materials erforderlich machen" würden.[626]

Und nachdem Straimer Mitte Mai dem zuständigen Bundestagsausschuss mitgeteilt hatte, man wünsche, "die Asse als Endlager radioaktiver Rückstände herzurichten"[627], konnte Holtzem in einer Besprechung am 30. Juni 1965 einem repräsentativen Teilnehmerkreis als Vertreter des BMwF mitteilen, dass die Nutzung der Asse als Endlager durchaus geplant sei und ergänzte:

---

623 BA B 196 22786. Vermerk vom 28.8.1964.

624 BT PA (4. WP) Kurzprotokoll der 50. Sitzung am 21.1.1965. Möglicherweise handelt es sich hier um eine Verzerrung durch den Protokollanten, da die im Folgesatz thematisierte Überführung der Abfälle "in eine feste Form (Granulat)" sowie insbesondere die Umhüllung "mit einem Mantel aus Spezialstahl" für schwach- und mittelaktive Abfälle sicher nicht in Betracht gezogen wurden. Vielleicht hatte Straimer auch lediglich deutlich machen wollen, dass im Anschluss an die vier Jahre dauernden "Versuchseinlagerungen" die Routineeinlagerung erfolgen sollte.

625 In der 61. Sitzung des Bundestagsausschusses am 13.5.1965 wurde der schnelle Kauf (siehe Kapitel 5.2, Fn 1226) gleich zweimal thematisiert. Straimer verwahrte sich gegen den Eindruck der Überrumpelung, nannte die oben wiedergegebenen Unterhaltskosten und stellte fest: "Das Pachtverhältnis war sehr teuer und weil zu teuer entschloß man sich zum Kauf [sic]." (BA B 106 66641. Kurzprotokoll, am 24.5. von Holtzem unterzeichnet). Der Erwerb der Asse war Straimer am 20.2.1964 von III B 3 (Holtzem) und der SG TL vorgeschlagen worden. Der Pachtvertrag diente auch dazu, das zum Betrieb nötige ortsansässige Fachpersonal zu halten (BA B 106 66641, III B vom 3.4.1964).

626 BA B 106 66641. Protokoll der Sitzung.

627 BA B 106 66642. Kurzprotokoll der 61. Sitzung des Ausschusses am 13.5. 1965, von Holtzem am 24.5. 1965 unterzeichnet.

"Die Entscheidung aber, ob das Salzbergwerk Asse als Endlager benutzt werden soll, wird erst nach eingehendem Studium aller Sicherheitsaspekte gefällt werden. Dabei wird schrittweise vorzugehen sein, nämlich:
Einlagerung niedrigaktiver Abfälle zu Versuchszwecken
Einlagerung niedrigaktiver Abfälle zur Endbeseitigung
Einlagerung hochaktiver Abfälle zu Versuchszwecken
Einlagerung hochaktiver Abfälle zur Endbeseitigung."[628]

Auffällig an dieser Vorgehensweise ist die Nicht-Erwähnung mittelaktiver Abfälle, die vermutlich darauf zurückzuführen ist, dass zu diesem Zeitpunkt die Kaverne für diese Abfallkategorie vorgesehen war. Hervorhebenswert ist insbesondere, dass hier nun im Hinblick auf die Hochaktivlagerung nicht länger vom "Ausweichlager in besonderen Fällen" die Rede war. Im Hinblick auf die Fragestellung dieser Arbeit ist des weiteren von erheblicher Bedeutung, ob die Entscheidung zur Nutzung der Asse als Endlager tatsächlich "erst *nach* eingehendem Studium *aller* Sicherheitsaspekte" getroffen wurde.

Schon bald entwickelten sich die Dinge in die neue Richtung weiter. Am 4. August 1965 schrieben Ramdohr und Schnurr an die GSF und teilten folgendes mit:

"Infolge des laufenden Ausbaus des Kernforschungszentrums Karlsruhe steigt unser Anfall an radioaktiven Abfällen ständig stark an. Bis zum Spätherbst dieses Jahres werden unsere Lagerhallen gefüllt sein. (...)
Wir bitten Sie, noch in diesem Jahr alle Vorkehrungen zu treffen, so daß noch in diesem Jahr mit der Versuchseinlagerung von radioaktiven Abfällen begonnen werden kann. Andernfalls müssten wir umgehend Maßnahmen zum Bau einer neuen Lagerhalle ergreifen, was wir angesichts der Finanzlage dringend vermeiden wollen."[629]

Ungewöhnlich war, dass daraufhin die GSF das Ministerium auf den Schwachpunkt dieser sehr kostenorientierten Begründung hinwies. Mit Schreiben vom 20. August 1965 stellten Kriele und Wittenzellner fest:

"Der von der GfK gewählte Ausdruck der "Versuchslagerung" müsste hinsichtlich des Umfangs der Versuche noch genauer präzisiert werden. Nach dem Schreiben handelt es sich nicht um eine Versuchslagerung ei-

628 BA B 196 22799. Besprechung über den Stand und weiteren Ausbau des Forschungsprogramms für das Salzbergwerk Asse. Vertreten waren die BfB, das NLfB, die GSF sowie mehrere niedersächsische Landesbehörden.
629 BA B 106 66642.

ner begrenzten Anzahl von Fässern, sondern um die Aufnahme eines erheblichen Teiles der radioaktiven Rückstände der GfK (...)."[630]

Die beiden Geschäftsführer der GSF entlarvten jedoch nicht allein das Vorhaben der GfK, sie wiesen auch in aller Deutlichkeit auf die Konsequenzen hin:

"Wenn mehr als eine reine Versuchslagerung in begrenztem Umfang geschieht, sind neue politische Demonstrationen zu besorgen, die gleichzeitig mit dem Vorwurf der Unaufrichtigkeit und der Unglaubwürdigkeit unserer Erklärungen verbunden werden werden [sic]."[631]

Kriele und Wittenzellner baten das Ministerium daher um seine ausdrückliche Zustimmung.

Leider ist die weitere Diskussion dieser Angelegenheit anhand der eingesehenen Akten nicht lückenlos verfolgbar. Fest steht lediglich, dass sich bereits drei Tage vor dem oben zitierten Schreiben der GSF-Geschäftsführer Angehörige der Gesellschaft der neuen Situation bedienten, um der seit Ende Juli im Raum stehenden Forderung der Betriebsabteilung Tieflagerung nach 18 zusätzlichen Personalstellen Nachdruck zu verleihen. War diese bis dahin lediglich mit den "unverzüglich in Angriff zu nehmenden Arbeiten für die bergtechnische Herrichtung der Asse II" begründet worden, so ergänzten Albrecht und Schindler, als sie am 17. August 1965 in der Sache im Ministerium (I A 2) vorsprachen, die Bewilligung "erspare der GfK den Bau einer neuen Lagerhalle (Baukosten ca. 1,8 Mio. DM)".[632] Das Problem bestand nun darin, dass bei den nicht sonderlich lange zurückliegenden Wirtschaftsplanbesprechungen Ende Mai/Anfang Juni 1965 weder der Personalmehrbedarf noch der Bau der Lagerhalle besprochen worden waren. Hinzu kam die allgemeine Finanzlage. III A 3 ließ III A 5 am 25. August wissen:

"Eine Erhöhung des Stellenplanes für die "Tieflagerung" für 1966 ist nicht möglich, da die derzeit gebotenen Sparmaßnahmen eher eine Kürzung

630 BA B 106 66642.
631 Ebd.
632 BA B 196 22795. Schreiben III A 5 (Holtzem) an I A 2 vom 28.7.1965 mit zwei handschriftlichen Vermerken, hier Vermerk I vom 24.8.1965.

des Voranschlages in Titel 647 befürchten lassen. Es wird mit allen Mitteln versucht, dies zu verhindern."[633]

Wenn also die erste Einlagerung im Salzbergwerk Asse II erst am 4. April 1967 – 20 Monate nach dem Einlagerungswunsch der GfK – erfolgte, so ist anzunehmen, dass diese Verzögerung nicht auf die Rücksichtnahme auf frühere Versprechungen und den Willen zur Vermeidung der von Kriele und Wittenzellner befürchteten Demonstrationen beruhte. Im Gegenteil: Ziel Straimers war es seit dem 30. August 1965, "mit der Einlagerung baldmöglichst zu beginnen."[634] Dem standen in erster Linie haushaltstechnische Regeln entgegen. Vom noch nicht abgeschlossenen Schachtausbau, der den "Transport der Fässer nach untertage sehr erschwert(e)", ließ man sich dagegen letztlich nicht abhalten.[635]

Bemerkenswert erscheint, dass der GSF-Führung die oben wiedergegebene Strategie des Ministeriums – d. h. die erste Erweiterung des Verwendungszwecks – nicht bekannt war. War diese bis dahin nur vor der GfK besprochen worden und die GSF-Leitung tatsächlich nicht informiert?

Wenn es in der Folgezeit auch so aussah, als sei der Kurs festgelegt, so müssen die im Folgenden zitierten Zeilen aufhorchen lassen. Am 11. Februar 1966 wandte sich der Leiter des Instituts für Tieflagerung, Hermann Borchert, an Dr. Otto Leible, den für Bergbaufragen zuständigen Referenten des Bundesschatzministeriums[636], um ihm die Einladung zu einer Tagung zum Thema "Endbeseitigung und Tieflagerung radioaktiver Rückstände" zukommen zu lassen. Er ergänzte:

---

633 Ebd., Vermerk II vom 25.8.1965. Hiervon waren die GSF und Albrecht scheinbar bereits in einer Besprechung mit Straimer (III A) am 20.8.1965 unterrichtet worden.

634 So Straimer in der 2. Sitzung des AKoTL (BA B 106 66642). Über einen Erweiterungsbau in Karlsruhe ist nichts bekannt. Es erscheint angesichts der Zielsetzung und Bemühungen der UA III auch unwahrscheinlich, dass die Investition (Zeitansatz für Planung, Bau und Genehmigung) nach 1966 noch vorgenommen wurde. Entweder war die Lage also weniger dringend als im August 1965 dargestellt oder man behalf sich zwischenzeitlich anderweitig.

635 So H. Kolditz in einer GSF-internen Information. ("Schachtrichtfest bei der Betriebsabteilung für Tieflagerung"/BayHStA GSF 263). Krause gab 1971 in der "atomwirtschaft" (S. 466) sehr offen Auskunft darüber, dass eine Unterbrechung der Ausbauarbeiten und "gewisse Improvisationen" nötig waren, um die "schon recht stark gefüllten Zwischenlager zu entlasten".

636 Leible war für die Bewilligung der Gelder für die Ausbauarbeiten zuständig und insofern eine Schlüsselfigur.

"Ich kenne die Konzeption, die sie für weit richtiger halten als unsere Bemühungen im alten Einschachtbetrieb Asse. Sie dürfen auch sicher sein, daß ich die anderen Wege, die wirklich auch mir als höchst wichtig und endgültig sogar möglicherweise vorziehbar vorschweben, intensiv weiterverfolge. In diesem Zusammenhang wäre ich Ihnen aber für die Übersendung tunlichst detaillierter Unterlagen dankbar, wo denn nun wirklich die wahrscheinlich besten Objekte vorhanden sind, wie die Dimensionen und technische etc. Verhältnisse liegen.
Unabhängig von alle diesem gibt es aber höchstgewichtige Gründe, warum wir uns augenblicklich sehr stark auf Salzlagerstätten im allgemeinen und die Asse im besonderen konzentrieren, [sic] In diesem Zusammenhang darf ich Sie ebenso dringlich wie herzlich bitten, mit schriftlicher und auch mündlicher Kritik an den derzeitigen Vorhaben im allgemeinen und den Essener Vorträgen im besonderen möglichst eine gewisse Zurückhaltung zu über [sic]."[637]

Die Textstelle wirft eine ganze Reihe von Fragen auf. Zunächst ist es interessant, dass Borchert offen vom "alten Einschachtbetrieb" sprach. Die "anderen Wege" können – das ergibt sich aus dem zweiten Absatz – nichts mit einer Einlagerung in Salzvorkommen zu tun haben. Was aber sind die geheimnisvollen "höchstgewichtigen Gründe", die zur Konzentration auf die Asse führten? Wenn Borchert und Leible sich doch bereits über die Thematik ausgetauscht hatten, warum hatte Borchert diese dann scheinbar nicht erwähnt? Und warum legte er diese Gründe auch in einer Situation nicht offen, in der er Leible zur Zurückhaltung mit Kritik bewegen wollte? Waren die "höchstgewichtigen Gründe" denn nicht auch höchstüberzeugend?

Der "alte Einschachtbetrieb" offenbarte seine Nachteile zweieinhalb Monate später und sollte auch in den Folgejahren in vielerlei Hinsicht Thema bleiben. In den frühen Morgenstunden des 27. April 1966 lösten sich 25 Meter Schachtwassersammelleitung vom Niveau 275–300 m und stürzten ab. Schäden an Mauerwerk und Korb sowie erhöhte Wasserzuflüsse waren die Folge. Noch am gleichen Tag wies GSF-Geschäftsführer Kriele in einem Bericht an das BMwF, den er ausdrücklich auch zur Unterrichtung der Leitung vorgesehen hatte, eindringlich auf die drohende Schließung des Bergwerks hin, falls nicht sofort 200.000 DM für die not-

---

637 BA B 196 22787. Im Rahmen des Informationsgesprächs am 17.6.2004 wurde das Schreiben Herrn Prof. Dr. Kühn in der Annahme vorgelegt, der "zweite Mann" im Institut für Tieflagerung könne hierzu mehr sagen. Prof. Kühn bestätigte, dass es sich um die Unterschrift Borcherts handelt. Weder zu den "anderen Wegen" noch zu den "höchstgewichtigen Gründen" ergaben sich Hinweise.

wendigsten Reparaturarbeiten bereitgestellt würden. Lediglich "einem glücklichen Umstand" sei es zu danken, "dass der bisherige Zustand noch kein Menschenleben gefordert" habe.[638]

Insofern war es nur konsequent, dass der AKoTL Anfang Dezember 1966 feststellte, dass der Einbau einer Vorbausäule[639] unbedingt erforderlich sei, wenn man die Asse für mehr als fünf bis acht Jahre, insbesondere für mehrere Jahrzehnte, nutzen wolle. Die Kosten hierfür wurden grob auf 3,5 bis 4 Mio. DM geschätzt.[640] Dies war allerdings eine geringe Investition im Vergleich zu den Kosten für die Erstellung eines zweiten Schachtes, den die Bergbehörde längerfristig zur Evakuierung des Personals im Notfall forderte und der – bei Eignung der Asse zur Einlagerung hochaktiver Abfälle – zur Abführung der entstehenden Wärmemengen notwendig schien. Hierfür wurden nach grober Schätzung 15 bis 20 Mio. DM veranschlagt.[641] Die in dieser Situation von Krause erneut zur Diskussion gestellte Errichtung eines neuen Bergwerks wäre noch einmal mit erheblich höheren Kosten verbunden gewesen und hätte vor allem einen entscheidenden Nachteil gehabt: Sie hätte zehn bis 15 Jahre gedauert.[642]

Es erscheint nicht abwegig, anzunehmen, dass derartige Investitionssummen die so kostenorientierten Bemühungen Straimers und seiner Mitarbeiter beinahe ad absurdum führten. Schritt für Schritt trat nun ein, was Straimer zu den nicht überschaubaren bzw. sehr hohen Betriebskosten vorausgesehen hatte. Für die zur Herrichtung des Bergwerks nötigen Beträge wären Bau und Erweiterung mehrerer Zwischenlager auf Jahre hinaus möglich gewesen.

---

638 BA B 196 22801. Kriele dramatisierte wahrscheinlich ein wenig, um die seit Oktober 1965 vom Oberbergamt Clausthal unverzüglich geforderte Instandsetzung voranzubringen. Diese hatte sich – wie Kriele meinte – trotz "intensiver Bemühungen" von Straimers Unterabteilung an haushaltsrechtlichen Fragen festgefahren.

639 Die rund 320 Meter lange Vorbausäule bestand aus einem Stahlblechzylinder, der innen mit Stahlbeton armiert und nach außen mit Bitumen hinterfüllt wurde [GfK/GSF (1969), S. 6f].

640 BA B 106 66643. Kurzprotokoll der 7. Sitzung vom 6. u. 7.12.1966. Vgl. zum Zustand des Schachtes rückblickend den Bericht Ebelings vom 18.2.1969 in BA B 22795. Der Schacht habe sich "bei der Übernahme durch die G.S.F. in einem sehr schlechten Zustand befunden" bzw. "erhebliche Schäden" aufgewiesen. Die Zuflüsse hätten "im Sommer 4 – 6, im Winter 6 – 10 Liter je Minute" betragen.

641 BA B 106 66643. Kurzprotokoll der 7. Sitzung.

642 BA B 106 66642. Protokollentwurf zur 6. Sitzung des AKoTL am 4.10.1966.

Zur selben Zeit bestärkte die Entwicklung in den USA die Ministerialbeamten allerdings in ihrem Tun. Schwibach hatte Straimer – wahrscheinlich im Januar 1967 – einen Artikel aus "Nucleonics Week" mit der Bitte um Kenntnisnahme vorgelegt, in dem ein Sprecher der amerikanischen Atomenergiekommission seine Überzeugung zum Ausdruck brachte, die Einlagerung in Salzvorkommen sei die bestmögliche Lösung. Straimer kommentierte:

"Danke sehr – also Ausbau der Asse!"[643]

Allerdings war dies wegen ihrer extrem weitreichenden finanziellen Konsequenzen keine Entscheidung, die Straimer als Unterabteilungsleiter ohne Zustimmung höherer Ebenen hätte treffen können.[644] Die für die Jahre 1963 bis 1967 im 2. Atomprogramm für den Strahlenschutz insgesamt veranschlagte Summe betrug gerade einmal 18 Mio. DM.[645] So wurden zunächst weitere Studien (siehe Kapitel 4.1.3.2) in Auftrag gegeben. Doch obwohl deren Ergebnisse wenige Monate später vorlagen, verging das Jahr 1967 ohne konkretes Ergebnis.

Ende April 1968 zeichnete sich die neue Zielrichtung bereits ab, als Straimer im Rahmen einer Besprechung über den Stand des Forschungsvorhabens Salzkaverne mitteilte, dass der Erwerb eines Geländes für die Kaverne bis auf weiteres zurückgestellt sei, weil insbesondere die Wirtschaftlichkeit der Asse nicht gefährdet werden dürfe.[646] Doch erst am 19. Juli 1968 hielt ein Vermerk die neue Lage explizit fest:

> "Inzwischen haben verschiedene Studien und geologische und bergtechnische Gutachten sowie experimentelle Arbeiten und zwei Einlagerungsversuche gezeigt, daß das Salzbergwerk Asse nach Abschluß der zur Zeit laufenden Instandsetzungsarbeiten ausreichende Sicherheit bietet, um die in der Bundesrepublik anfallenden radioaktiven Abfälle aller Aktivitäts-

---

643 BA B 196 22787. Ein mit "Solving the waste disposal problem" überschriebener Aufsatz hob im Februar 1967 ergänzend die Sicherheits- und Kostenvorteile einer Einlagerung in Salzvorkommen hervor und wies mit Blick auf Krypton (Kr) [85] und Tritium auf Forschungsbedarf hin (BA B 196 22788).

644 In einem der mehreren Entwürfe zur 6. Sitzung des AKoTL kommentierte Straimer die Feststellung, die Entscheidung über die endgültige Verwendung der Asse müsse möglichst bald fallen, mit einem "Sehr richtig!". Entweder bedeutete das ein "Ist mir bewusst!" oder es war ein "Ja, auch ich warte darauf!" (BA B 106 66642).

645 Vgl. Müller (1996), S. 346.

646 BA B 196 22793. Notiz vom 9.5.1968 über eine Besprechung am 25.4.1968.

klassen für die nächsten Jahrzehnte aufzunehmen. Alle Planungen und Maßnahmen für eine zentrale, endgültige Lagerung dieser Abfälle sind daher inzwischen darauf abgestellt, die Lagerungskapazität der ASSE so optimal und unter Berücksichtigung der bisherigen Investitionen so wirtschaftlich als möglich zu nutzen."[647]

Innerhalb von etwa vier Jahren hatte sich der Verwendungszweck des Salzbergwerks Asse II damit deutlich erweitert. Es sollte nicht mehr für nur fünf bis zehn Jahre zu Forschungs- und Einlagerungszwecken dienen, sondern nun für Jahrzehnte als einziges Endlager für alle Aktivitätsklassen. Die Errichtung des Routineendlagers um das Jahr 1971/72 stand damit nicht mehr zur Debatte.

Es ist zumindest bemerkenswert, dass diese neue Zielsetzung nicht länger im Verantwortungsbereich von Straimer lag. Dieser hatte im Rahmen der ministeriumsinternen Kommunikation mit Schwibach zwischen November 1966 und Mai 1967 zwar deutlich gemacht, dass er die Nutzung des Bergwerks als Endlager über Jahrzehnte anstrebte, in diesem Zusammenhang aber auch immer wieder die zentrale Bedeutung der Standfestigkeit des Grubengebäudes als Voraussetzung für eine solche Entscheidung unterstrichen.[648] Die Zuständigkeit für den Strahlenschutz wurde ihm jedoch spätestens mit dem 1. Mai 1968 entzogen. Er blieb weiterhin Unterabteilungsleiter und erhielt den zukunftsträchtigen Bereich der Datenverarbeitung zum Aufbau. In der oben angesprochenen Sitzung am 25. April war deswegen auch bereits sein "Nachfolger", Dr. Günter Schuster, anwesend. Schuster hatte bis dahin das Referat für "Reaktoren" bzw. "Reaktorentwicklung" geleitet.[649]

---

647 BA B 196 22793. Vermerk III B 4 zur Errichtung einer Salzkaverne.

648 BA B 106 66642. Protokollentwurf zur 6. Sitzung des AKoTL. Hier wurden die beiden grundsätzlichen Möglichkeiten – temporäre Nutzung der Asse "als Versuchsfeld" oder spätere Nutzung "als Endlager" – gegenübergestellt. Straimer strich die letztgenannte Möglichkeit – wie auch auf Seite 10 – dick am Rand an. Auf der Folgeseite bemerkte er zur Erstellung eines neuen Bergwerks, dieser Weg könne nur beschritten werden, "wenn das Grubengebäude der Asse unsicher" sei. Zwei Seiten weiter ergänzte er "Nicht die Sicherheit des 1. Schachtes ist allein maßgeblich. Grubengebäude!" und kommentierte die Ankündigung, die Standfestigkeit "an der südlichen Salzflanke auf der 490 m-Sohle genau" zu untersuchen mit einem sehr deutlichen "Wichtig". Als Ebeling im Mai 1967 (BA B 196 22795) feststellte, aus bergmännischer Sicht stehe der "langfristigen Verwendung der Grube" nichts entgegen, schrieb Straimer "Wenn dem so ist, dann sollte die Frage der Errichtung eines 2. Zugangs zur Asse II nicht mehr zu lange hinausgeschoben werden."

649 BayHStA GSF 70. Organigramm BMwF.

Mit dem Entschluss zur umfassenden und langfristigen Nutzung der Asse rücken die im ersten Satz des oben zitierten Vermerks angesprochenen Studien und Gutachten – die zwei Einlagerungen können schwerlich die Eignung für Jahrzehnte bewiesen haben – in den Mittelpunkt des Interesses. Sie werden im folgenden Kapitel detailliert untersucht.

Höchst aufschlussreich im Hinblick auf den Schwerpunkt der Arbeit ist, dass die Asse bei "ausreichende(r) Sicherheit (...) so wirtschaftlich als möglich" genutzt werden sollte. Wie aber war "ausreichende Sicherheit" definiert? Ließ sie sich zu diesem Zeitpunkt überhaupt konkret festlegen?

Sehr bemerkenswert ist mit Blick auf die Folgejahre der Umstand, dass diese hier scheinbar immer noch ministeriumsinterne Festlegung zur Politik der Bundesregierung wurde. Sowohl im Umweltprogramm von 1971[650] als auch in seiner dritten ergänzten Auflage von 1973 war unter "Radioaktive Abfälle" zu lesen:

> "Die Bundesrepublik Deutschland hat (...) mit dem Salzbergwerk Asse bei Wolfenbüttel ein Endlager geschaffen, das nach vollem Ausbau die bis zum Jahr 2000 anfallenden etwa 250.000 Kubikmeter radioaktiver Rückstände aufnehmen kann."[651]

Eine so weitreichende und offizielle Aussage konnte nicht ohne Abstimmung mit den Niedersächsischen Landesbehörden getroffen werden. Wenn diese sich in den Jahren 1978/1979 im Hinblick auf eine Einlagerungsverlängerung für die Asse querstellten und den Charakter als Endlager betonten, dann war das etwas, was sie jahrelang mitgetragen hatten. In einem Schreiben des Niedersächsischen Ministeriums für Wirtschaft und öffentliche Arbeiten hieß es noch Anfang April 1971 mit Selbstverständlichkeit:

---

650 BMI (1971), S. 43.

651 BMI (1973), S. 95. In seinem Buch "Kernkraft heute und morgen" meinte Robert Gerwin 1971, "ein mit neuen Fördereinrichtungen ausgestattetes Salzbergwerk in der Nähe von Braunschweig" werde "auf Jahrzehnte hinaus den gesamten Atommüll der Bundesrepublik aufnehmen..." (S. 83). Für den Bereich des BMBW war im Tätigkeitsbericht der Bundesregierung für 1972 zu lesen: "Die Endlagerung von niedrig radioaktiven Abfällen im Salzbergwerk Asse verläuft planmäßig. (...) Der Ausbau dieses Endlagers für radioaktive Abfälle, das auch international als im Sinne des Umweltschutzes vorbildliche Anlage anerkannt ist, wird fortgesetzt." [PIA (1973), S. 632]. Auch im Rahmen der Beantwortung von Bürgerfragen zum Kernkraftwerk Geesthacht/Krümmel wurde darauf verwiesen, dass die Asse "mit Sicherheit als Endlager für radioaktive Abfälle bis weit über das Jahr 2000 hinaus" ausreiche (BA B 106 66749/7.9.1972).

"Der Arbeitsplan für die Einlagerung radioaktiver Abfallstoffe im Salzbergwerk Asse II ist bereits in der Besprechung am 23.06.1966 erörtert worden. Er umfaßt nach der Erweiterung um zwei Stufen, die radioaktive Stoffe mittlerer Aktivität betreffen, nunmehr folgende Abschnitte:

Erste Stufe:	Wissenschaftliche Untersuchung ohne Verwendung radioaktiver Stoffe
Zweite Stufe:	Versuchseinlagerung radioaktiver Stoffe mit niedriger Aktivität
Dritte Stufe:	Dauernde Einlagerung radioaktiver Stoffe und Abfälle niedriger Aktivität
Vierte Stufe:	Versuchseinlagerung radioaktiver Abfälle mittlerer Aktivität
Fünfte Stufe:	Dauernde Einlagerung radioaktiver Stoffe mittlerer Aktivität
Sechste Stufe:	Versuchseinlagerung geringer Mengen radioaktiver Stoffe hoher Aktivität
Siebente Stufe:	Dauernde Einlagerung radioaktiver Stoffe und Abfälle hoher Aktivität"[652]

Es fällt nicht schwer, in diesem "Arbeitsplan" das oben bereits wiedergegebene schrittweise Vorgehen Holtzems vom Juni 1965 wiederzuerkennen. Er ist deswegen von zentraler Bedeutung, weil er sehr klar vor Augen führt, wie Ministeriumsangehörige und Wissenschaftler über den gesamten Betrachtungszeitraum von der "Versuchsanlage" Asse sprechen konnten, ohne dabei die Unwahrheit zu sagen. Denn differenziert und formal logisch betrachtet waren in einer der drei Abfallkategorien immer auch "Versuche" in Vorbereitung oder Durchführung. "Versuch" war hierbei allerdings – was schwach- und mittelaktive Abfälle anging – weder im streng wissenschaftlichen Sinne noch im Hinblick auf das Langzeitverhalten der Abfälle gemeint. Bereits im Mai/Juni 1967 – also gerade eineinhalb Monate nach der ersten Einlagerung – erklärte man der internationalen Fachwelt:

"Since the storage of low-level wastes does not raise problems of principle, the decisive point will be to find solutions which ensure easy transportation and charging operations, permit almost complete use of the existing mine rooms and exclude as far as possible contamination hazards. The storage of medium- and high-level wastes which do not produce heat dif-

652 BA B 196 59274. Einladung zu einer Besprechung am 29.4.1971 vom 6.4.1971.

fers from the storage of low level wastes only in the necessity of providing radiation protection."[653]

Wenn BMBW und niedersächsische Landesbehörden Ende April 1971 den Abschluss der Versuchsablagerung schwachradioaktiver Rückstände feststellten und davon sprachen, dass "ab Sommer 1971 (...) die dauernde untertägige Einlagerung schwachaktiver Abfälle erfolgen" solle[654], dann war das Bergwerk zwar spätestens zu diesem Zeitpunkt faktisch ein Endlager, aber zugleich zu zwei Dritteln – und damit überwiegend – immer noch ein Forschungs- und Experimentierfeld. Selbst als ein Angehöriger des BMFT 1975 auch die versuchsweise Einlagerung mittelaktiver Abfälle für nahezu abgeschlossen erklärte[655], sollten auf Jahre hinaus weitere Versuche zur Hochaktivlagerung durchgeführt werden.

Im Hinblick auf die Planungen zur Einlagerung dieser Abfallkategorie brachte das im November 1973 formulierte Entsorgungskonzept des BMFT (siehe Kapitel 4.2.2) einen gewichtigen Einschnitt in die mit der Asse verfolgten Pläne. Zwar war es für die Abfälle aus der großen Wiederaufarbeitungsanlage formuliert worden, mit der Entscheidung, hochaktive Abfälle nach ihrer Verglasung für mehrere Jahrzehnte in "engineered storage" oberirdisch zu lagern, war aber auch eine "dauernde Einlagerung radioaktiver Stoffe und Abfälle hoher Aktivität" in der Asse nur noch sehr

---

653 Krause (1967b), S. 522f. Bereits am 15.10.1964 hatte Holtzem erklärt, die 2. Phase des Forschungsvorhabens Asse sei "in erster Linie auf lagerungstechnische Studien abgestellt". Man wolle technische Untersuchungen über die Einbringung, Untertage-Hantierung und Lagerung radioaktiver Abfälle durchführen (BayHStA GSF 198. BMwF III B 3 an den Niedersächsischen Sozialminister und den Niedersächsischen Minister für Wirtschaft und Verkehr). Konsequenterweise nannte die Geschäftsführung der GfK im Rückblick auf die Zeit vom 4. April – dem Tag der ersten Einlagerung – bis 30. Juni 1967 die Erprobung der "technischen Einrichtungen für den Transport und die Manipulation der Abfälle untertage" als Hauptzweck der Versuche. Daneben sollten "Beobachtungen über Korrosion der Behälter, Kontamination von Luft und Boden etc. durchgeführt werden." (BA B 196 59245, Auszug aus dem Bericht der Geschäftsführung ohne Datum).

654 BA B 196 59274. Ergebnisniederschrift der Dienstbesprechung über die Endlagerung radioaktiver Abfälle am 29.4.1971. Dem BMBW – Holtzem war der einzige Vertreter des Ministeriums – mit Datum vom 13.5.1971 übersandt. "Endabgelagert" war handschriftlich unterstrichen und am Rand mit einem Ausrufungszeichen versehen worden. Der Abschluss der Versuchseinlagerung schwachaktiver Abfälle war bereits in der Einladung zweimal angesprochen worden.

655 BA B 196 33220. Randl (BMFT 315) in einer Besprechung am 7.4.1975. Ergebnisprotokoll.

eingeschränkt aktuell. Hatte man Ende November/Anfang Dezember 1972 vor internationalem Publikum noch sehr selbstbewusst einige für die Einlagerung hochaktiver Abfälle besonders günstige Eigenschaften des Bergwerks hervorgehoben und die endgültige Beseitigung von 50 bis 100 Glasblöcken pro Jahr ab 1976/77 angekündigt[656], war nun bald von der unverzichtbaren Möglichkeit für rückholbar ausgelegte Versuche zur Hochaktivlagerung die Rede.[657]

Im Bereich der schwach- und mittelaktiven Abfälle sollte die mit Investitionen von "ca. 100 Mio. DM" baulich hergerichtete Asse[658] jedoch – nach deutlichen Meinungsverschiedenheiten zwischen BMI und BMFT[659] – weiter ihre gewohnte Funktion erfüllen. Am 23. Juni 1978 stellte die GSF im Hinblick auf die zum 31. Dezember 1978 auslaufende Einlagerungsgenehmigung für schwachaktive Abfälle den Antrag auf Fortsetzung der "Einlagerungsversuche".[660] Neben etwa 100 Stahlbehältern mit inzwischen als mittelaktiv eingestuften AVR-Brennelementen sollten jährlich rund 30.000 Behälter mit schwachaktiven Abfällen eingelagert werden, ab 1981 sollten 4000 Fässer mit mittelaktivem Abfall hinzukommen.[661] Im BMI, das den Endlagerungscharakter der Asse zum Leidwesen der GSF bereits seit 1976 immer wieder offen angesprochen hatte[662], meinte man dazu:

656 Kühn (1973), S. 925f. Vgl. Krause/Perzl (1969), S. 84.

657 BA B 106 52526. Maßnahmenkatalog UA II 3 vom 1.10.1973.

658 Albrecht/Perzl (1978), S. 6.

659 Am 24.2.1978 wurden die Mitglieder der Leitung der EGT darüber informiert, dass das BMFT im Hinblick auf die Asse in mehreren Punkten "in krassem Widerspruch zum BMI" stehe und "Tendenzen des BMI " wahrnehme, "die Asse zu vereinnahmen." (BayHStA GSF 168).

660 BA B 106 52462. Aufzeichnung RS I 1 zur künftigen Verwendung des Versuchslagers Asse vom 14.9.1978. Die Genehmigung zur Einlagerung mittelaktiver Abfälle war bereits am 31.3.1977 ausgelaufen.

661 BA B 106 65311. Bericht über die Entsorgungslage, vorgelegt zur 5. Sitzung des Rates für die friedliche Nutzung der Kernenergie am 7.2.1979 (RS I 7).

662 BA B 196 107260. GSF an BMFT vom 20.12.1976. Das Referat 315 wurde gebeten, dem BMI bewusst zu machen, "daß bei der Asse der Entsorgungscharakter *nicht* im Vordergrund steht, sondern die Erprobung von Methoden und die Durchführung von Langzeitversuchen."

> "Im Rahmen dieses Programms würden während der nächsten Jahre praktisch alle endlagerfähig anfallenden radioaktiven Abfälle aus der Bundesrepublik Deutschland in die ASSE eingelagert werden können."[663]

Während die Bundesseite davon ausging, die Niedersächsische Landesregierung werde das Forschungs- und Entwicklungsprogramm auf der bisherigen Rechtsgrundlage genehmigen, bestand Niedersachsen unter Verweis auf die seit 1976 im Atomgesetz explizit geregelte Endlagerung spätestens mit dem 8. September 1978 auf einem Planfeststellungsverfahren.[664] In einem Gespräch mit Bundesinnenminister Baum stellte Ministerpräsident Albrecht an diesem Tag die Forderung nach einem derartigen Vorgehen[665], weswegen Niedersachsen am 26. September 1978 im Länderausschuss für Atomkernenergie auf Abteilungsleiterebene die zeitlichen Konsequenzen seiner Position unmissverständlich deutlich machen konnte. Zur "künftigen Verwendung der Asse" wurde festgehalten:

> "Praktisch handele es sich hier um Endlagerung; dem müsse letztlich durch ein Planfeststellungsverfahren Rechnung getragen werden. Für ein solches Verfahren sei von einem Zeitbedarf bis 1985 auszugehen (2 Jahre Vorbereitung; 2 Jahre Verfahren; 1 Jahr Umrüstung entspr. den Auflagen; 2 Jahre Rechtsstreit zum Sofortvollzug)."[666]

Die nun folgenden Bemühungen der Bundesregierung, die Niedersächsische Landesregierung von dieser Haltung abzubringen, unterstreichen, dass das Salzbergwerk Asse II zum zentralen Element im Beseitigungssystem der Bundesrepublik und damit ohne Alternative geworden war.

Zunächst hatte man sich zum Ziel gesetzt, für die Zeit bis zum Abschluss des Planfeststellungsverfahrens eine Übergangsregelung zu erreichen[667], worauf sich die niedersächsische Seite aber nicht einließ. Mehr als eine "rückholbare Einlagerung" würde nicht möglich sein.[668] So

---

663 BA B 106 65311. "Bericht über die Entsorgungslage" vom 30.1.1979. Inhaltlich identisch bereits am 13.7.1978 in der Arbeitsaufzeichnung zur Sitzung des Länderausschusses für Atomfragen auf AL-Ebene am 26. September 1978 (BA B 106 52462).

664 BA B 106 65311. Vermerk AL 3 vom 2.2.1979.

665 BA B 106 52462. Ergebnisvermerk vom 11.9.1978.

666 BA B 106 52462. Ergebnisniederschrift vom 23.10.1978.

667 BA B 106 52462. Aufzeichnung RS I 1 zur künftigen Verwendung des Versuchslagers Asse vom 14.9.1978.

668 BayHStA GSF 87. Schreiben der Nds. Ministerin für Wirtschaft und Verkehr (Birgit Breuel) an BMFT (Hauff) und BMI (Baum) vom 27.10.1978.

sah bereits am 24. Oktober 1978 der Chef des Bundeskanzleramts "überquellende Landessammelstellen"[669] und Bundesinnenminister Baum präzisierte am 14. Dezember 1978 in einem Schreiben an das Auswärtige Amt, das BMWi und das BMFT, bei "Ausbleiben einer baldigen Lösung für die weitere Verfügbarkeit der Asse wie bisher (...) würden nach spätestens 1 bis 11/2 Jahren die vorhandenen Zwischenlagerkapazitäten bei den Ländern erschöpft sein."[670]

Mit Schreiben vom 5. März 1979 forderte das BMFT daher die inzwischen gegründete Entwicklungsgemeinschaft Tieflagerung (EGT) auf, "ggf. unter Zurückstellung laufender Forschungsarbeiten alles (...) zu tun, um die Antragsunterlagen sowohl für die Zwischenlager-Konzeption als auch für das Planfeststellungsverfahren für die Asse so schnell wie möglich bereitzustellen."[671] Als im August 1979 der Antrag auf Planfeststellung eingereicht wurde, waren sich BMFT, BMWi und BMI bemerkenswerterweise einig, Ziel der gemeinsamen Anstrengungen müsse "die Verfügbarmachung der ASSE II wie vor dem 1.1.1979" sein.[672] Andernfalls drohe der "Erstickungstod für die Kernenergie".[673]

4.1.3.2 Von der frühen Definition des GAU zur späten Analyse des Risikos

Obschon die zuständigen Ministerialbeamten und Wissenschaftler am 18. Dezember 1963 "eine sorgfältige Untersuchung des geologischen Risikos eines Wassereinbruchs" zum drängendsten Ziel erklärt hatten (siehe Kapitel 3.2.8), war die Frage der Sicherheit der Asse vor Ersaufen – dem als GAU (Größter Anzunehmender Unfall) definierten Ereignis[674] – im November 1965 weiterhin nicht annähernd geklärt. Der als Sachverständiger hinzugezogene Bergdirektor a. D. Viktor Ebeling[675], hatte ein

---

669 BA B 106 65311. Schreiben in Vorbereitung der 5. Sitzung des Rates für die friedliche Nutzung der Kernenergie an AA, BMI, BMWi und BMFT. Handschriftliche Notiz.

670 BA B 106 65311.

671 BayHStA GSF 168. So zitiert in der 3. Leitungssitzung der EGT bzw. 20. EGT-Sitzung am 13./14.3.1979.

672 BA B 196 34632. Ergebnisniederschrift einer Besprechung am 18.6.1979.

673 BA B 196 34632. Ergebnisprotokoll über eine Besprechung am 3.8.1979.

674 Vgl. zur Entstehung und den Grenzen der MCA (Maximum Credible Accident)- bzw. GAU-Betrachtungsweise Radkau (1983), S. 357–360.

675 Er war – nach eigenen Angaben – 40 Jahre lang bei der Salz-Detfurt AG beschäftigt und danach in der Bundesrepublik, Frankreich, den USA und Kanada als Gutachter für Schachtausbaufragen tätig. Ebeling, der durch

entsprechendes Gutachten für den Bereich des Schachtes zunächst abgelehnt, sich aber schließlich doch umentschieden. Seinen Gesinnungswechsel begründete er in einer Stellungnahme, die eine sehr interessante Innenansicht ermöglicht, folgendermaßen:

> "Wie sich bei den Verhandlungen beim Oberbergamt Clausthal zeigte, hat die Bergbehörde, vor allem Oberbergamtsdirektor Dr. Börger, grosse Sorgen, dass die Asse früher oder später Opfer eines Laugeneinbruchs wird. Ich sehe die Laugengefahr nicht so gross an und würde durch meine in diesem Sinne abgefassten Ausführungen ein wenig dazu beitragen, die Bedenken der Bergbehörde etwas zu zerstreuen und der GSF den Alpdruck zu nehmen, sie hätte mit der Asse ein Laugenloch übernommen, das jeden Augenblick absaufen könnte."[676]

Wenn man bedenkt, dass das Bergwerk zu diesem Zeitpunkt schon mehrere Monate (12. März 1965) im Besitz des Bundes und die Einlagerung von radioaktiven Abfällen in größerer Menge in konkreter Planung war, ist die unveränderte Offenheit dieser Frage durchaus bemerkenswert. Und ebenso bemerkenswert ist es, dass zu ihrer Klärung kurzfristig offensichtlich nicht viel unternommen werden konnte. Hier ging es nicht um neue Messungen und Analysen, sondern um Einschätzung. Es ging – wie Ebeling selbst meinte – um "Zerstreuen" und nicht um Überzeugen. Damit stellt sich die Frage, wie die Beteiligten ihre Absichten verantworten wollten.

Richter-Bernburg vorgeschlagen worden war, verstarb 1969 (BA B 196 22787 und BayHStA GSF 86).

676 BA B 196 22787. Anlagen zum Schreiben GSF an BMwF vom 3.11.1965. In rot mit "Eilt" ausgezeichnet. Ebeling schlug schließlich den Umfang und den Auftragstext selbst vor. Als Grundlage für seine Stellungnahme sollten Gutachten der BfB vom 26.4.1963, des NLfB über mögliche Folgeerscheinungen der Stilllegung der Schachtanlage Asse vom 15.10.1964 sowie ein Bericht Borcherts über den Stand der Forschungsarbeiten und geplante Untersuchungen in und auf Asse II dienen. Der Titel des Ende August 1965 vorgelegten Gutachtens lautete: "Gutachten über den Zustand und die Sicherheit des Schachtes Asse II". Eine detaillierte Mängelbeschreibung lieferte Ebeling rückblickend in einem Schreiben an die GSF vom 18. Februar 1969. Der Schacht "befand sich bei der Übernahme durch die GSF in einem sehr schlechten Zustand" und konnte "nicht längere Zeit ohne Gefahr in Betrieb gehalten werden" (BA B 196 22793).

Wie schon die BfB Ende November 1963 in ihrem Gutachten zur Verwendbarkeit der Asse[677], argumentierte das IfT im Oktober 1966 in der Kurzfassung einer ausführlicheren Sicherheitsstudie[678] folgendermaßen:

> "Die nachfolgende Betrachtung zeigt, dass selbst bei dem grösstmöglichen Störfall, den man sich vorstellen kann, nämlich bei einem Wassereinbruch in das Grubengebäude, keine radioaktiven Stoffe in die Umwelt gelangen könnten. Das eindringende Süsswasser würde so lange Salz auflösen, bis es eine gesättigte Lauge bildet. Dann käme der Auslaugungsvorgang zum Stehen. Da das Salz jedoch vollkommen dicht gegen Lauge ist, wäre diese sicher im Salzstock eingeschlossen und könnte nicht nach aussen entweichen. Die Erfahrung beim "Versaufen" mehrer alter Salzbergwerke zeigt eindeutig, dass die Lauge im Salzhorst versiegelt bleibt. (...) Es ist damit selbst bei dem grössten überhaupt denkbaren Unfall, der sich bei den Aktivitäten der Versuchslagerung ereignen könnte, ausgeschlossen, dass radioaktive Stoffe aus dem Bergwerk heraus in den Biozyklus gelangen." [679]

Diese sehr eindeutige Aussage, die geradezu einen Freibrief zur Verwendung der Asse bedeutete, war unter anderem aus wasserrechtlichen Gründen zwingend notwendig gewesen. Als nämlich Anfang November 1964 Vertreter des BMwF, der SG TL, der GSF und der Niedersächsischen Landesbehörden über Genehmigungsfragen im Hinblick auf die Einlagerung in der Asse gesprochen hatten, war festgehalten worden, dass auch im Falle eines Wassereinbruchs keine wasserrechtliche Genehmigung erforderlich sei, "wenn gutachtlich festgestellt" werde, "daß (...) eine Kontamination des Grundwassers nicht zu besorgen" sei.[680] Ein Ende April 1965 bei GSF und BMwF vorliegendes Gutachten über die

---

677 BA B 138 3416. Geologisches Gutachten über die Verwendbarkeit der Grubenräume des Steinsalzbergwerkes Asse II für die Endlagerung radioaktiver Abfälle vom 26.11.1963, S. 20–23. In einer Besprechung zwischen BMwF, GSF, IfT, Bergamt, Oberbergamt und NLfB am 21. 10. 1965 wies Holtzem auf ein unbekanntes Gutachten des NLfB hin, "nach dem eine Verseuchung des Grundwassers mit Sicherheit auszuschließen" sei (BA B 106 66642).

678 BA B 196 22798. Sicherheitsstudien zu den Forschungsarbeiten und der Versuchslagerung niedrig radioaktiver Abfälle im Salzbergwerk Asse II vom 1.11.1966.

679 BA B 196 22790.

680 BayHStA GSF 198. Ergebnisniederschrift der Besprechung am 3.11.1964. Vonseiten des BMwF nahmen u. a. Holtzem, Pfaffelhuber und Schwibach, von Seiten der GfK Krause und Rahmdohr teil. Für die GSF war Wittenzellner anwesend.

mögliche Gefährdung des Trinkwassers der umliegenden Gemeinden hatte diese Sicherheit nicht erbringen können.[681]

Wesentliche Grundannahme des oben wiedergegebenen, noch bis in die siebziger Jahre verwendeten Ersauf-Modells war, dass das Grubengebäude stabil und nach außen weitestgehend unversehrt bleiben würde.[682] Das wiederum war – neben Art und Ort des Wassereinbruchs – wesentlich vom Verhalten des den Asse-Salzstock durchziehenden Carnallits bzw. Carnallitits abhängig.[683] Bereits im Bericht der BfB zur Endlagerung radioaktiver Abfälle im Untergrund vom 15. Mai 1963 war kurz die deutlich höhere Süßwasserlöslichkeit von Carnallit angesprochen worden[684] und auch in ihrem Gutachten zur Endlagerung in ausgesolten Kavernen hatten die Bearbeiter Mitte März 1964 offen darauf hingewiesen, dass das Antreffen einer Carnallitschicht "den Aussolungsvorgang erheblich stören" und eine unkontrollierbare Ausdehnung bewirken würde.[685] Auch der spätere Leiter des IfT war sich der Eigenschaften des

---

681 Prof. Dr. W. Semmler: "Gutachten über die Gefährdungsmöglichkeit der Trinkwasserversorgung der Gemeinden in der Umgebung des Kali-Bergwerks Asse II durch Einlagerung von radioaktiven Abfällen in den aufgelassenen Grubenbauen" vom 6.4.1965, mit Schreiben vom 28.4.1965 dem BMwF übersandt. Semmler sprach sich zwar nicht gegen eine Einlagerung aus, wies aber deutlich darauf hin, dass eine einheitliche Basis – verwendet wurden Trinkwasseranalysen von 1887, 1951, 1952 und 1963 – ratsam sei und hielt eine hydrogeologische Gesamtuntersuchung der Asse für erforderlich, "um auch die noch vorhandenen Unklarheiten zu beseitigen."(BA B 196 22787).

682 Noch in den Antwortentwürfen auf zwei ausführliche Anfragen Becherts in den Fragestunden des Deutschen Bundestages am 25.2. und 1. bzw. 3.3.1972 wurde mit der Abdichtungs- und Stützwirkung der gesättigten Salzlösung argumentiert. Durch die Verfestigung der Abfälle vor der Einlagerung und durch die Metallverpackung als Vorsorgemaßnahmen sei "eine Verseuchung des Grundwassers (...) ausgeschlossen." Selbst bei Vollaufen der Grube sollte ein Kubikmeter der Salzlösung im ungünstigsten Fall nur eine mittlere Aktivität von einigen Hunderttausendstel Curie aufweisen. Die Antwortentwürfe wurden von allen Vorgesetzten bis zum Minister abgezeichnet (BayHStA GSF 202).

683 Vgl. den Asse-Querschnitt auf Seite 132. Carnallit ist im Gegensatz zu Steinsalz (NaCl) ein Mineral, in dessen Kristallstruktur Wassermoleküle eingebaut sind ($KMgCl_3$ $6H_2O$). Carnallitit bezeichnet eine Mischform mit weiteren Mineralien (Vgl. Herrmann, S. 144–147).

684 Privatunterlagen Schopper. S. 8 des Berichts.

685 BA B 102 183852. "Projekte zur Endlagerung radioaktiver Abfälle in ausgesolten Kavernen" vom 19.3.1964, S. 7. Die Sachbearbeiter waren Hofrichter und – siehe Fn 687 – Richter-Bernburg.

Carnallits bewusst: Vor dem AK III–IV/1 charakterisierte ihn Borchert im Februar 1965 als "extrem löslich" und "extrem fließfähig".[686]

Nun konnte man diesen unbequemen Faktor gegenüber Abgeordneten und der Bevölkerung ausblenden[687], wissenschaftlich musste man sich im Zuge des bergrechtlichen Genehmigungsverfahrens wenigstens ansatzweise mit ihm auseinandersetzen. So gingen in der Langfassung der Sicherheitsstudien IfT und GfK im November 1966 davon aus, dass sich bei schnellem Ersaufen der Grube im Schachtbereich zwischen 625 und 710 m durch Auflösung des Carnallits ein 280.000 Kubikmeter großer Hohlraum in zylindrischer Form mit einem Durchmesser von 30 Metern bilden, aber ohne wesentliche Folgen bleiben würde.[688]

Noch Ende Mai 1967 wies der von derartigen Betrachtungen ganz und gar nicht überzeugte Sachbearbeiter des Oberbergamts Clausthal-Zellerfeld die GfK berechtigterweise auf die Notwendigkeit hin, die Abfallstoffe angesichts der Laugengefahr so zu fixieren, dass sie und ihre Transportbehälter auch "Laugen ungünstigster Zusammensetzung" standhalten würden und ergänzte in einer Gründlichkeit, die erst in den siebziger Jahren üblich werden sollte :

> "Von diesen Forderungen sollten wir m.E. nicht abgehen, ihre Erfüllung müßte nachgewiesen werden. (Von den Versuchen auf der Asse sind solche Nachweise kaum zu erhoffen. Da bei diesen ersten Versuchen – sicherlich bewusst – nicht mit Methoden verstärkter Beanspruchung, künstlich beschleunigter Alterung u.ä. gearbeitet wird, können verwertbare empirische Ergebnisse hier erst nach relativ langen Zeiträumen erwartet werden. Gesicherte Versuchsergebnisse als Nachweise, eine der wesentlichen Voraussetzungen für eine säkular sichere Endablagerung radioak-

686 BA B 196 22787. Kurzfassung des Referats, gehalten in der 34. Sitzung am 12. 2. 1965.

687 Vor dem Nds. Ausschuss für Wirtschaft und Verkehr meinte Richter-Bernburg am 2. 12. 1966, selbst wenn das Zusammenbrechen einiger Abbaukammern zum allmählichen Volllaufen führen würde, würde die schnell entstehende gesättigte Kochsalzlauge "eine gewisse Stützwirkung ausüben." In Asse II seien "keine hochlöslichen Salze, sondern nur Steinsalz vorhanden" (Protokoll der 69. Sitzung/BA B 196 22788).

688 BA B 196 22798. Sicherheitsstudien zu den Forschungsarbeiten. Die Möglichkeit von Brüchen in den darüber liegenden Steinsalzschichten wurde gesehen, diese sollten sich jedoch schnell totlaufen. Zu den Folgen der Hohlraumentstehung siehe auch Fn 689. Auch in den Strecken sollte eine Lösung von Carnallit erfolgen.

tiver Stoffe, können m.E. nur aus umfangreichen Versuchsreihen im Labor gewonnen werden.)"[689]

Scheinbar ging das Oberbergamt auch tatsächlich nicht von seinen Forderungen ab, fand doch eineinhalb Jahre später eine Besprechung statt, in der das Thema "Verpackung und Bedingungen für die Einlagerung niedrigaktiver Abfälle" zur Diskussion stand. Es wurde vereinbart, auf Basis der Benutzungsbedingungen der Sammelstelle in Neuherberg einen Entwurf auszuarbeiten und diesen Mitte 1969 zu besprechen.[690] Dessen Überarbeitungen zogen sich jedoch noch bis in die zweite Jahreshälfte 1970 hin, wobei offen bleiben muss, ob schließlich ein signifikanter Zugewinn an Langzeitsicherheit erreicht wurde. Gestatteten die bis dahin "ohne letztlich verbindlichen Charakter" geltenden und zudem nicht allen Industriefirmen bekannten Minimalforderungen durchaus, ein Fass mit "losem, krümeligem und trockenem Konzentrat" ohne jede Verfestigung abzuliefern[691], wurden nun Fixierungsmaterialien vorgeschrieben und dabei lösliche klar von "nicht löslichen" unterschieden: Die einen durften sich "im Laufe einer Woche", die anderen – wie z. B. Bitumen und Beton – "auch nach mehreren Monaten" nicht in Wasser bzw. Salzlauge lösen.[692] Ein kurzer Seitenblick auf die Rahmenbedingungen der Einlagerungen zwischen 1967 und 1969 zeigt sehr schnell, warum BMwF, GSF und GfK nicht an den angemahnten, zeitintensiven "gesicherten Versuchsergebnissen" interessiert waren: Es ging um die seit 1965 drängende Entlastung der Zwischensammelstellen, – ein Umstand, auf den der Sachbearbeiter wahrscheinlich mit "sicherlich bewußt" anspielte. In konsequenter Ausrichtung auf die oben wiedergegebenen Vorstellungen zum

---

689 BA B 196 22788. Schreiben vom 31.5.1967. Den Annahmen der Sicherheitsstudien hielt er entgegen, dass die beschriebenen Auswirkungen "möglich, aber nicht sicher" seien. Bei langsamem Ersaufen könne der Hohlraum deutlich größer werden. Ein hierbei entstehender Bruch müsse sich nicht zwangsläufig im jüngeren Steinsalz totlaufen.

690 BayHStA GSF 61. Bericht der Geschäftsführung für den Zeitraum 1.10.–31.12.1968.

691 BA B 106 66654. Ergebnisprotokoll einer Besprechung zwischen GSF/GfK und AEG/Preußenelektra vom 28.3.1968.

692 BA B 196 59274. Bedingungen für die Lagerung von schwachradioaktiven Abfallstoffen vom Juli 1971. Vgl. GfK/GSF (1971). Hier finden sich auf den Seiten 6–9 auch nähere Erläuterungen. Die auf dieser Basis vom Bergamt Goslar 1971 erteilte Genehmigung zur Routineeinlagerung von schwachaktiven Abfällen galt bis zum 31. Dezember 1975. Zum 1.1.1976 traten neue Bedingungen in Kraft [GfK/GSF (1976), S. 13].

Ersaufen des Bergwerks bestand wenig Anlass zu einer aufwendigen, kostentreibenden und vor allem nachträglichen Konditionierung.

Wie stark der Glaube an die in diesen Vorstellungen zentral wichtige Stabilität des Grubengebäudes gewesen sein muss, zeigte sich insbesondere im Rahmen einer Besprechung zwischen den Vertretern des Oberberg- bzw. Bergamtes, Teilen der SG TL, der Geschäftsführung der GSF, dem IfT sowie der Betriebsabteilung Wolfenbüttel am 10. November 1967. Übereinstimmend waren die Anwesenden unverändert der Ansicht, "daß für die Asse als möglicher maximaler Unfall nur das Ersaufen der Grube in Betracht" komme. Durch den Einbau der Vorbausäule – Ebeling hatte der GSF Anfang Juli mitgeteilt, durch sie sei "die Gefahr eines Wassereinbruchs in den Schacht für Jahrzehnte" bzw. "für ein Jahrhundert gebannt"[693] – sei ein Ersaufen *während der Einlagerung* "kaum anzunehmen". *Im Laufe von Jahrhunderten* ergab sich jedoch ein völlig anderes Bild:

> "Wenn man säkulare Zeiträume betrachtet, muß man davon ausgehen, daß die Grube zu einem nicht vorauszusehenden Zeitpunkt vollständig mit Salzlauge gefüllt sein wird. Bei allen Sicherheitsbetrachtungen wird angenommen, daß kein Raum der Grube trocken bleibt. Für die Einlagerungstechnik ergibt sich damit die Notwendigkeit, dieses Vollaufen mit Lauge bereits planmäßig in alle Überlegungen einzubeziehen."[694]

Man muss diese Aussage auf sich wirken lassen. Über Jahre hatten BMwF, GSF und weitere beteiligte Institutionen argumentiert, es komme im Kern darauf an, den Kontakt der Abfälle mit Wasser zu vermeiden und im selben Atemzug die völlige Trockenheit von Salzvorkommen betont. Und obwohl hier offensichtlich allen Anwesenden klar war, dass dieses Schlüsselkriterium für das Salzbergwerk Asse II langfristig nicht zutreffen würde, wurden die extensiven Einlagerungspläne weiter verfolgt. Dass das "planmäßige Einbeziehen" darin bestand, den Zugang zu den Einlagerungskammern durch zwei im Abstand von mehreren Metern errichtete Mauern zu verschließen, deren Zwischenraum möglichst dicht mit Salz verfüllt und zum Druckausgleich mit dünnen Verbindungsrohren versehen werden sollte, erscheint auf den ersten Blick logisch und wirksam. Die Frage ist aber, wie sicher und auf welcher wissenschaftlichen Grundlage man von solchen Annahmen ausgehen konnte. Sehr einfache Versuche zum Vollaufen des Grubengebäudes wurden scheinbar erst ab 1973 im

693 BA B 196 22788. Abschrift eines Schreibens vom 2.7.1967.
694 BA B 196 22790. Ergebnisprotokoll (GSF) vom 15.12.1967.

Labor unternommen.[695] Wäre hier nicht die Begrenzung auf schwachaktive Abfälle niedriger Halbwertszeit geboten gewesen?

Stattdessen stand im Juli 1968 für die ministerielle Ebene vorgeblich die Eignung für die Einlagerung *aller* Arten von Abfällen (siehe Kapitel 4.1.3.1) fest. "Verschiedene Studien und geologische und bergtechnische Gutachten sowie experimentelle Arbeiten" hätten gezeigt, dass die Asse "ausreichende Sicherheit" biete. Hiervon konnte jedoch weder zu diesem Zeitpunkt noch am Ende des Betrachtungszeitraums dieser Arbeit mit Gewissheit die Rede sein. So hatte Schwibach noch Ende Oktober 1966 Straimer wissen lassen:

> "Weiterhin hat der Arbeitsausschuß (zur Koordinierung der Arbeiten auf dem Gebiet der Tieflagerung, D. M.) auf dieser Sitzung (der sechsten, D. M.) wegen der noch auszuräumenden Schwierigkeiten es auch abgelehnt, das Programm einer routinemäßigen Einlagerung von AVR-Brennelementen zu empfehlen. Bis vor allem die noch offenen Sicherheitsfragen der Hochaktivlagerung geklärt sind, wird man daher auf die Durchführung eines AVR-Programms verzichten müssen. Sicherheitsstudien sind beim Institut für Tieflagerung eingeleitet. Die bis jetzt vorgelegten ersten Ausarbeitungen konnten noch nicht überzeugen. Eine Vertiefung und evtl. Ergänzung dieser Arbeiten ist notwendig."[696]

Mit den "ersten Ausarbeitungen" dürften die verschiedenen Versionen des seit Mai 1965 erstellten Sicherheitsberichts gemeint gewesen sein. Darüber hinaus waren bis September 1966 zwei Gutachten von hoher Bedeutung vorgelegt worden.[697] Neben einer Studie Ebelings zur "Frage des Niederbringens eines 2. Schachtes für das Salzbergwerk Asse II" hatten sich Kühn und Borchert am 13. bzw. 15. September geäußert. Die Titel: "Studie über die Gefahr eines Wasser- oder Laugeneinbruchs in das Grubengebäude des Schachtes Asse II" und "Vorläufige Beurteilung der lagerstättenkundlichen und bergtechnischen Verhältnisse der Schachtanlage Asse II im Hinblick auf die Eignung für die endgültige Tieflagerung radioaktiver Rückstände." Zudem hatten Borchert und Dreyer am 12. Oktober 1966 das Gutachten "Gebirgsmechanische Untersuchungen an Salzgesteinen des Werkes Asse II bei Wolfenbüttel unter besonderer Berücksichtigung der Standfestigkeit der Grubenbaue" vorgelegt.

---

695 BayHStA GSF 110. F&E-Bericht 1973.

696 BA B 196 22790. Schreiben vom 28.10.1966.

697 BA B 196 22788. Schrifttumsübersicht vom 1. März 1967. Vgl. zudem den "BMwF Pressedienst" der Jahre 1967–1969. Hier wurden sämtliche Forschungsberichte aufgelistet.

Straimer erwog dessen Veröffentlichung in der Reihe "Forschungsberichte des BMwF", wusste aber nicht recht, was er von den Ausführungen halten sollte. Holtzem wandte sich daher mit Schreiben vom 22. November 1966 an die GSF und bat sowohl um eine ausführliche und auswertende Zusammenfassung als auch um eine kritische Stellungnahme durch Ebeling und Albrecht.[698] Die Zusammenfassung lag dem Ministerium am 3. Februar 1967 vor, die Stellungnahme Ebelings am 8. Mai.

Es ist diese Stellungnahme, die für die Ministerialbeamten ausschlaggebend war.[699] Ebeling kam auf der Basis der sechzigjährigen Abbauerfahrung in der Asse und aktuellen Beobachtungen zu dem Ergebnis, vom "bergmännischen Standpunkt aus" sei die Standsicherheit gegeben, weswegen "einer langfristigen Verwendung der Grube für die Einlagerung in dieser Hinsicht nichts entgegen" stehe. Daneben zeigte er jedoch auch die deutlichen Grenzen der diese Perspektive ergänzenden Arbeiten von Borchert und Dreyer auf. Die Repräsentativität der an wenigen Stellen entnommenen Probeblöcke sei ebenso fraglich wie die Übertragung einer unter vereinfachten Laborbedingungen gewonnen theoretischen Pfeilerformel auf die komplizierten Grubenverhältnisse. Eine wissenschaftlich allgemein anerkannte Berechnungsmethode gebe es nicht.

Das schienen auch Borchert und Dreyer zu berücksichtigen, als sie in dem am 8. August 1967 vorgelegten zweiten Gebirgsdruck-Bericht "Gebirgsmechanische Untersuchungen an Salzgesteinen des Werkes Asse II bei Wolfenbüttel unter besonderer Berücksichtigung der Konvergenz der Grubenbaue und der tatsächlichen Belastung von Pfeilern, Schweben und Schächten" mehrfach betonten, bis jetzt seien kaum Aussagen möglich. Die Asse müsse zur Beurteilung der säkularen Sicherheit auf Jahre weiter beobachtet werden.[700]

Mit dem in der ersten Hälfte des Jahres 1968 getroffenen Entschluss, das Bergwerk "so wirtschaftlich als möglich" zu nutzen, gehörte offensichtlich also auch die Ankündigung, über die Nutzung als Endlager "erst *nach* eingehendem Studium *aller* Sicherheitsaspekte" zu entscheiden (siehe Kapitel 4.1.3.1), der Vergangenheit an.

Die bereits mehrfach angesprochene erste Sicherheitsstudie hatte ihren Ursprung in dem Bemühen, den zuständigen Bundestagsausschuss ruhig zu halten. Wegen des seit März 1964 anhaltenden Widerstandes

---

698 BA B 196 22795.

699 BA B 196 22795. Während das Gutachten von Borchert und Dreyer nur an einer Stelle mit einer Bemerkung versehen wurde, wurde hier deutlich unterstrichen und kommentiert.

700 BAB 196 22795. "Gebirgsmechanische Untersuchungen... ", S. 59f.

von Bevölkerung und Kreistag hatte der den Wahlkreis Wolfenbüttel vertretende Abgeordnete Dr. Morgenstern die ständigen Mitglieder im Januar 1965 als Gast auf die Situation und die bestehenden Bedenken hingewiesen und den Verzicht auf das Vorhaben gefordert. Nachdem Straimer demgegenüber betont hatte, dass "alle Sicherheitsvorkehrungen getroffen würden", gab der Ausschuss die Frage, "ob bei Wolfenbüttel eine Lagerstätte für Atommüll einzurichten" sei, zur Beratung an die Fraktionen weiter.[701] Als Morgenstern den Vorsitzenden zwei Monate später in einem Brief auf den Kauf der Asse und frühere Süßwassereinbrüche in vier benachbarten Schächten hinwies, beschloss der Ausschuss Anfang April, "das *BMwF* um einen *schriftlichen Bericht* (...) zu bitten".[702] Straimer kündigte dem Bundestagsausschuss daraufhin am 13. Mai 1965 einen Sicherheitsbericht an, der – wie im Genehmigungsverfahren bei Kernkraftwerken bereits üblich – zur Information der Öffentlichkeit ausgelegt werden sollte. Daraufhin vertagte der Ausschuss eine Stellungnahme zum Asse II-Projekt abermals.[703]

Der erste, inklusive Karten und Abbildungen noch 108 Seiten starke Entwurf wurde dem Ministerium am 30. Dezember 1965 übersendet, eine auf 57 Seiten und 24 Abbildungen gekürzte Fassung lag zum 1. November 1966 vor.[704]

Der Entstehungsprozess dieser "Sicherheitsstudien zu den Forschungsarbeiten und der Versuchslagerung niedrig radioaktiver Abfälle im Salzbergwerk Asse II" ist insofern von Bedeutung, als sich an ihnen scheinbar bereits die Akzentverschiebung in den ministeriellen Absichten ablesen lässt, d. h. wie der Beseitigungszweck vor den Versuchs- und Forschungszweck trat.

---

701 BT PA (4. WP). Kurzprotokoll der 50. Sitzung am 21.1.1965.

702 BT PA (4. WP). Kurzprotokoll der 57. Sitzung am 1.4.1965.

703 BT PA (4. WP). Kurzprotokoll der 61. Sitzung. Vgl. das von Holtzem am 24.5.1965 gefertigte Kurzprotokoll. Die Abgeordnete Geißendörfer hatte ausdrücklich darauf bestanden, die Erstellung des Sicherheitsberichts in das Protokoll aufzunehmen (BA B 106 66641).

704 BA B 196 22798. Unter Federführung von Ramdohr wirkten Kühn, Albrecht und Krause an der Erstellung mit. Teil 1 des Berichts enthielt eine "Beschreibung des Bergwerks und der geplanten Arbeiten". Teil 2 befasste sich mit "Sicherheitsstudien über mögliche Störfälle und Gegenmaßnahmen". Hier wurde neben technischen Störungen auch auf Gebirgsbewegungen und nachträgliche Abbauwirkungen eingegangen. Eine unkontrollierbare Kettenreaktion wurde korrekterweise als unmöglich angesehen. Die Gefahr eines Wassereinbruchs wurde sehr ausführlich behandelt. Teil 3 beschrieb besondere Schutz- und Sicherheitsmaßnahmen.

Noch Mitte Februar 1965 hatte Borchert im Rahmen der Unterrichtung des AK III–IV/1 – völlig im Einklang mit den Vorstellungen des Ministeriums von 1964 – vom "Experimentierfeld Asse" gesprochen, diese Formulierung allerdings ungewöhnlich deutlich im Vortragstext betont.[705] Holtzem war 14 Tage später im Rahmen einer Besprechung zur Koordinierung der beabsichtigten Forschungsarbeiten von einem durchaus differenzierten Sicherheitsbegriff ausgegangen[706] und hatte sich am 24. September 1965 im Hinblick auf eine Einlagerung in Kaverne und Bergwerk zu der allerdings einmaligen Formulierung verstiegen, "für diese Einrichtungen" sei "eine *absolute* Sicherheit (Hervorhebung D. M.), auf säkulare Zeiträume berechnet, zu fordern."[707] Dass auch die Arbeitsebene zu dieser Zeit noch von einer grundsätzlich vorsichtigen, experimentell geprägten Einlagerungsphase ausging, machte der erste Entwurf der zwischenzeitlich "Memorandum über die sichere Lagerung niedrig- und mittelaktiver Rückstände (außer Kernbrennstoffen) im Salzbergwerk Asse II" genannten Sicherheitsstudie deutlich.[708] Aufgabe der Versuche sei es, "aus der Beobachtung des Verhaltens eingelagerter Rückstände Schlüsse für die zukünftige routinemäßige Einlagerung von Abfallstoffen zu ziehen", wozu "als erstes das Korrosionsverhalten des Behältermaterials gegenüber Salz geprüft" werde. Die Füllung eines Streckenstücks auf der tief gelegenen 850 m-Sohle mit Salzlauge sollte darüber hinaus im Hinblick auf die Vorgänge beim Ersaufen eines Bergwerks zur Messung der "Verteilungsgeschwindigkeit von Radiotracern" dienen. Doch obwohl derartige Vorhaben bereits im Februar 1964 zwischen Straimer, Holtzem, Schwibach und der SG TL vereinbart worden waren[709], wurden sie aus dem Entwurf gestrichen.[710] Dies ist insbesondere bemerkenswert, weil vergleichbare Versuche in den siebziger Jahren nachgeholt werden mussten. Die Notwendigkeit, über derartige Erkenntnisse zu verfügen, wurde also früh klar gesehen. Es wurde aber aus bestimmten Gründen darauf verzichtet.

---

705 BA B 196 22787. Kurzfassung des Referats.

706 BA B 196 22787. Ergebnisniederschrift über die Besprechung zur Koordinierung der Forschungsarbeiten am 26.2.1965.

707 BA B 196 22787. Gliederungsvorschlag für eine Merkpostenaufstellung zum Sicherheitsbericht.

708 BA B 106 66642. Entwurf des Protokolls zur 5. Sitzung des AKoTL.

709 GLAK 69 689. Besprechungsnotiz SG TL vom 28.2.1964. Simuliert werden sollten die Konvektion von Lösungen, die Ausbreitung der Aktivität und die Korrosion der Behälter. So deswegen auch im Jahresbericht der SG TL von 1964 in BA B 196 59274.

710 BAB 196 22787.

Diese Gründe dürften zum einen im schwierigen Verhältnis zwischen Straimer und Schnurr und dessen einflussreicher Position zu suchen sein. Als beide am 30. August 1965 im AKoTL auf die zwischen GSF und GfK umstrittene Entlastung der GfK-Zwischensammelstelle (siehe Kapitel 4.1.3.1) zu sprechen kamen, war es Schnurr, der betonte, dass "eine Versuchslagerung nur ein Ausweich [sic]" sei. Straimer meinte schließlich, dass "neben der Beachtung aller Bedenken auch dem Bedürfnis der GfK Rechnung getragen werden müsse." "Die Einlagerung" solle "aber als Forschung" laufen.[711] Zum anderen war auf ministerieller Ebene eine deutliche Verschiebung der Machtverhältnisse eingetreten. Hatten sich Pretsch und Straimer seit Juni 1961 als Gruppenleiter für die "Nutzung der Kernenergie" bzw. den "Strahlenschutz" unter einem externen Abteilungsleiter (Kaißling/Wolf) gegenübergestanden[712], war Pretsch spätestens im Juli 1965 zum Abteilungsleiter befördert worden.

Die GSF legte den Sicherheitsbericht im Rahmen der Gespräche zur Klärung der rechtlichen Voraussetzungen des Versuchsbetriebs am 23. Juni 1966 auch Vertretern der niedersächsischen Behörden vor. Diese reagierten nach längerer Erörterung allerdings mit Unverständnis: Der Bericht sei "für das Betriebsplanverfahren und für das atomrechtliche Genehmigungsverfahren weder notwendig noch ausreichend."[713]

Dennoch war mit dieser Ausarbeitung eine wichtige Vorleistung für die im Dezember 1970 fertiggestellten "Sicherheitsstudien für die Einlagerung radioaktiver Rückstände im Salzbergwerk Asse II" erbracht. Sie sind nicht zuletzt deswegen von zentraler Bedeutung, weil sie im Kern bis 1977 nicht mehr aktualisiert wurden.[714] Nachdem die Reparaturarbeiten im

---

711 BA B 106 66642. Protokoll der 2. Sitzung vom 3.9.1965.

712 atw, Jahresinhalt 1961, Rubrik "Personalien", S. 414. Pretsch war am 7.6.1961 mit der Leitung der Gruppe II B "Nutzung der Kerntechnik" beauftragt worden.

713 BA B 106 66642. Vermerk III A 6 zu einer Besprechung im Niedersächsischen Landesamt für Bodenforschung vom 30.6.1966.

714 BA B 196 107260. Vermerk 315 (Randl) für PStS vom 29.3.1977. GSF und Bergbehörde hatten sich im Dezember 1976 auf eine Aktualisierung geeinigt. Im Juli 1975 war die Sicherheitsstudie um einen Teil "Endlagerung verbrauchter Brennelemente aus dem AVR-Versuchskernkraftwerk im Salzbergwerk Asse ergänzt worden. Die für das Jahr 1977 zu erwartenden Ergebnisse der Untersuchungen zum Ersaufen des Kalibergwerks Ronnenberg sollten abgewartet werden und Berücksichtigung finden (Fernschreiben Kühn an Randl vom 29.3.1977). Siehe insbesondere das Protokoll der eigens zur Aktualisierung anberaumten Besprechung vom 26.5.1977 in BA B 196 107260.

Schacht im September 1969 abgeschlossen worden waren, trat nun im Hinblick auf einen Wassereinbruch die Möglichkeit in den Vordergrund, dass durch Konvergenzbewegungen oder Zubruchgehen von Kammern Verbindungswege in wasserführende Schichten geöffnet werden könnten. Diesen Fall hielt man für "höchst unwahrscheinlich"[715], obschon klar war, dass die frühere Bergwerksbetreiberin im oberen Teil der südwestlichen Flanke mit dem Salzabbau so weit gegangen war, dass hier zwischen manchen Abbaukammern und dem möglicherweise wasserführenden Buntsandstein neben einer nur 10 Meter dicken Restschicht kompakten Steinsalzes[716] lediglich etwa 30 Meter an sonstigen Gesteinsschichten lagen.[717] Von diesem Bereich sollte sich das Wasser über den Blindschacht 2 über die einzelnen Sohlen verteilen.[718]

Wenn auch in diesem Zusammenhang in ungewohnter und unerwarteter Offenheit – man betrachte das eingangs zitierte Ersauf-Modell vom Oktober 1966 vor diesem Hintergrund noch einmal neu – festgestellt wurde, dass "selbst eine gesättigte Steinsalzlösung" in der Lage sei, "den Carnallit anzugreifen"[719], so verzichtete man letztlich darauf, hieraus weitergehende Schlüsse zu ziehen. Die Begründung lautete:

> "Weil sämtliche Carnallitabbaue vollversetzt sind, wird in den folgenden Ausführungen nur Steinsalz berücksichtigt."[720]

Das Gutachten zur Verwendbarkeit der Asse vom November 1963 war in diesem Punkt allerdings deutlich weniger selbstbewusst gewesen. Hier sprach man davon, dass die Abbaukammern "*meist* (Hervorhebung D. M.) mit Steinsalzmaterial" und lediglich "*weitgehend* (Hervorhebung D. M.) wieder versetzt" worden seien.[721] Außerdem wurde an gleicher

---

715 BA B 196 107268. Exemplar der Sicherheitsstudien, S. 94.
716 Schwibach (1967), S. 474.
717 So Kühn in der Studie über die Gefahr eines Wasser- oder Laugeneinbruchs vom 13.9.1966. Das Oberbergamt hatte schon 1952 zwei Bohrungen auf der 532 Meter-Sohle verfügt, um näheren Aufschluss über den Abstand zu erhalten (BA B 106 66642).
718 BA B 196 107268. Exemplar der Sicherheitsstudie, S. 95 und S. 53.
719 Ebd., S. 96.
720 Ebd., S. 97.
721 BfB: Geologisches Gutachten zur Verwendbarkeit der Grubenräume des Steinsalzbergwerkes Asse II für die Endlagerung radioaktiver Abfälle vom 26.11.1963, S. 6 (BA B 138 3416). Auch Ebeling stellte Anfang Mai 1967 fest, die Carnallit-Abbaue seien "ganz überwiegend" wieder verfüllt worden. Er sprach allerdings von "Fabrikrückständen etc." als Versatz (BA B 196 22795). Borchert hatte schon Mitte Februar 1965 berichtet, die alten Carnal-

Stelle darüber informiert, dass "Abbau" als Kurzbezeichnung für "Abbaukammer" zu verstehen sei. Wenn also auch möglicherweise bis 1970 ein Vollversatz der *Abbaukammern* erfolgt war[722], dann gab es neben dem Schacht immer noch mehrere *Strecken*, die zum überwiegenden Teil durch den Carnallit führten. Waren diese – das Süßwasser sollte sich doch über die Sohlen ausbreiten – für die Stabilität des Grubengebäudes nicht von Belang? Wie würden sich diese aufgeschlossenen Carnallitbereiche auf längere Sicht unter der Einwirkung der gesättigten Steinsalzlösung verhalten?

Die Nicht-Betrachtung des Carnallits ist umso bemerkenswerter, weil sich die Sicherheitsstudie bereits ausführlich mit dem zweiten Hauptzweck des Bergwerks befasste: der Aufnahme der spaltstoffhaltigen Abfälle aus der Wiederaufarbeitungsanlage Karlsruhe. Wenn in diversen Veröffentlichungen lediglich die Anzahl der eingelagerten mittelaktiven Fässer (ca. 1300) genannt wird, von denen der überwiegende Teil aus der WAK stammte, so verstellt diese mengenmäßige Betrachtung – gerade in Kombination mit der Anzahl an schwachaktiven Abfällen (ca. 125.000 Fässer) – den Blick für die qualitative Dimension dieser Abfallkategorie. Ausgehend von der Annahme, der Verlust an Kernbrennstoffen bei der Wiederaufarbeitung werde maximal 1 Prozent des maximal möglichen Durchsatzes (50t pro Jahr) betragen, ergaben sich nach Angaben der WAK pro 200 Liter-Fass beachtliche Maximalmengen an Uran 235 (30 g) sowie Plutonium 239 und 241 (5,4 g).

Die extreme Giftigkeit des Plutoniums war seit den fünfziger Jahren bekannt gewesen und wurde im Verlauf der sechziger und siebziger Jahre zunehmend präzisiert. Bereits 1959 ging man im BMAt davon aus, dass schon ein Millionstel Gramm tödliche Wirkung haben würde[723] und selbst der Leiter der Unterabteilung für "Kerntechnische Entwicklung" im BMwF wies 1968 darauf hin, bei der Handhabung seien "nicht nur ähnliche Kritikalitätsgefahren wie bei hochangereichertem Uran", sondern auch "die ungewöhnliche Giftigkeit des Plutoniums" zu berücksichtigen.[724]

Aber genau dies tat die Sicherheitsstudie nicht. Während die Möglichkeit eines Kritikalitätsunfalls bis ins Detail betrachtet, berechnet und ver-

---

lit-Abbaue seien "praktisch fast nirgends mehr zugänglich" und interessanterweise von "gewissen Brucherscheinungen im Älteren und Jüngeren Steinsalz" gesprochen (BA B 196 22787. Kurzfassung eines Referats vor dem AK III–IV/1).

722 Hierfür fanden sich keine Anhaltspunkte.

723 Radkau (1983), S. 354f.

724 Cartellieri u .a. (1968), S. 207.

worfen wurde, setzten ihre Ersteller – obschon sie einräumten, "während der säkularen Lagerung der Abfälle" könne "eine Veränderung der Lagergeometrie u.a. durch äußere Einflüsse (Wassereinbruch) nicht mit absoluter Sicherheit ausgeschlossen werden" – die Giftigkeit nicht zu den Folgen eines Wassereinbruchs in Bezug.[725]

Mit den Halbwertszeiten[726] von Uran und Plutonium wollte man sich angesichts des Unsicherheitsfaktors scheinbar gar nicht erst befassen. Zwar bedeutete eine "säkulare Lagerung" für Plutonium 241 (14 Jahre Halbwertszeit) eine mehr als angemessene Einschlussdauer, für Plutonium 239 und Uran 235 war hieran bei Halbwertszeiten von rund 24.000 und 700 Millionen Jahren nicht zu denken. Wenn das Volllaufen der Grube – wie oben zitiert – schon bei einer Betrachtung für Jahrhunderte "nicht ausgeschlossen" werden konnte, welcher Schluss hätte dann im Hinblick auf die Eignung der Asse zur Einlagerung von Plutonium 239 gezogen werden müssen?[727]

Die Dringlichkeit dieser Frage wird durch die – im Wortsinn – kurzsichtigen Ausführungen zum Ersaufen der Grube deutlich unterstrichen. So sei "auch bei einer maximal vorstellbaren Zuflußmenge von 5.000 m^3" am Tag noch "genügend Zeit", "um die Belegschaft und (...) einige wichtige Geräte aus der Grube zu bergen." Im Hinblick auf das Lösungsverhalten der eingelagerten Aktivitäten waren zwei Fälle vorstellbar:

> "1. Die eingelagerten Abfälle lösen sich *mit dem* (Hervorhebung D. M.) Vollaufen der Grube.
> 2. Die eingelagerten Abfälle lösen sich nicht *beim* (Hervorhebung D. M.) Ersaufen der Grube."

> „Der erste Fall kann nicht eintreten, da bei der Einlagerung von mittelaktiven Abfällen gefordert wird, daß diese Abfälle in schwer löslichen, d.h. *in dem Zeitraum von ca. einem halben Jahr* (Hervorhebung D. M.) in Salzlauge bzw. Wasser nicht löslichen Materialien eingebettet sind.
> Durch diese Forderung soll bewirkt werden, dass nach einem eventuellen Füllen der Kammer bzw. Sohle mit Lauge oder Wasser sowohl das Auslaugen der Aktivität aus den Abfällen wie auch der Weitertransport in der Flüssigkeit *nur noch über Diffusionsvorgänge* (Hervorhebung D. M.) ablaufen kann. Nimmt man einen mittleren Diffusionskoeffizienten von ca.

725 BA B 196 107268. Exemplar der Sicherheitsstudie, S. 47.
726 Gemeint ist hier die physikalische Halbwertszeit. Sie bezeichnet den "Zeitraum, nach welchem sich die Ausgangsmenge eines Radionuklids durch radioaktiven Zerfall auf die Hälfte verringert hat." [Herrmann (1983), S. 238].
727 Auf Uran 235 wurde hier nicht näher eingegangen, weil die Aktivität natürlicher Uranerzlager als Untergrenze betrachtet wurde.

10^{-5} cm2/sec an und vernachlässigt die Zeit, die zum Auslaugen der Aktivität aus den Abfällen vergeht, so ist für den Aktivitätstransport *über einige 100 Meter* (Hervorhebung D. M.) bei reinen Diffusionsvorgängen ein Zeitraum *von ca. 10^4 Jahren* (Hervorhebung D. M.) abzuschätzen."[728]

Es fällt ein wenig schwer, zu glauben, dass sich Personen, die sich professionell mit der Endlagerung im Sinne eines sicheren Ausschlusses radioaktiver Abfälle aus der Biosphäre befassten, tatsächlich nur die oben zitierten Fälle vorstellen konnten. Man wird hier wohl eine sehr bewusste Beschränkung der Perspektive annehmen müssen. Dass die allmähliche Lösung der Abfälle aus dem Bindemittel schon nach vergleichsweise sehr kurzer Zeit erfolgen würde, war klar und wurde bewusst in Kauf genommen. Zudem wurde mit der Annahme eines lediglich "mittleren Diffusionskoeffizienten" nicht der ungünstigste Fall betrachtet. Selbst dass gewisse (nicht näher bestimmte) Mengen des hochgiftigen Plutonium 239 nach lediglich 10.000 Jahren – nicht einmal einer halben Halbwertszeit – mehrere 100 Meter zurückgelegt haben würden, war offensichtlich absolut akzeptabel. Zieht man nun noch in Betracht, dass für die Einlagerung der spaltstoffhaltigen Abfälle statt der bis dahin genutzten tief liegenden 750 m-Sohle die hochgelegene Kammer 8a auf der 511 m-Sohle gewählt wurde, gewinnt die Inkaufnahme eines "Aktivitätstransport über einige hundert Meter" mit Blick auf die geringe Entfernung zum Deckgebirge (vgl. den Asse-Querschnitt auf Seite 132) zusätzlich an Fragwürdigkeit. Auch dessen war man sich zum Zeitpunkt der Entscheidung im November 1967 voll bewusst:

> "Radioaktive Abfälle mittlerer und hoher Aktivität (Bereich 10^6 – 10^7 Ci) ohne Wärmeentwicklung sollen zunächst in der Kammer 8 a der 511m Sohle gelagert werden, da Gründe der Betriebssicherheit dafür sprechen. Die Bergbehörden und Prof. Borchert würden eine Lagerung möglichst tief in der Grube bei säkularer Betrachtung vorziehen, stimmten jedoch der versuchsweisen Einlagerung in einer Kammer der 511 m-Sohle zu."[729]

Die Unzufriedenheit über diese Wahl schwelte scheinbar hinter den Kulissen weiter, denn obschon Krause und Perzl an der betreffenden Sit-

---

728 BA B 196 107268. Exemplar der Sicherheitsstudie, S. 53.

729 BA B 196 22790. Ergebnisprotokoll über eine Besprechung mit der Bergbehörde am 10.11.1967 vom 15.12.1967. Der Punkt scheint durchaus umstritten gewesen zu sein. Man hielt fest, dass "eine spätere endgültige Entscheidung nicht vorweg genommen werden" und vor Nutzung weiterer Kammern "über den Einlagerungsort (...) noch ausführlich gesprochen werden" solle.

zung teilgenommen hatten, äußerten sie sich Ende März 1969 vor Fachpublikum ungewöhnlich deutlich. Mit Blick auf das oben zitierte Ersaufmodell merkten sie an, nur sofern man den Einlagerungsraum "nicht so nahe am Rande des Salzgebirges angelegt" habe, "daß die Deckschichten nachbrechen", sei "die Salzlauge vollkommen sicher eingeschlossen" und betonten noch einmal vielsagend, nur unter der Voraussetzung, "daß es genügend weit von der Salzgrenze angelegt" sei, biete "ein Lager im Salz die Gewähr für einen völligen Abschluß seines Inhaltes von der Umwelt."[730] Folgt man dieser Interpretation, wird unweigerlich die Frage aufgeworfen, wer unter den im November 1967 Anwesenden so viel Einfluss besaß, dass er sich gegen Borchert, die Vertreter der Bergbehörde und möglicherweise Krause und Perzl durchsetzen konnte. Das Ministerium nahm an der Sitzung nicht teil.

Von weitaus größerer Wichtigkeit wäre es, mehr über die wissenschaftlichen Grundlagen der oben angesprochenen Diffusions- und Transportberechnungen zu erfahren, um beurteilen zu können, wie sicher man sich auf damaligem Wissensstand sein konnte und wie stark hier möglicherweise Sachzwänge das Ergebnis bestimmten. Als nämlich das für die Asse zuständige Oberbergamt am 27. November 1979 das NLfB darum bat, die radiologischen Folgen des Ersaufens der Grube gutachterlich zu beurteilen, meinte der hinzugezogene Präsident der BGR nach Verweisen auf die angespannte personelle Situation und die Komplexität der Verhältnisse im tektonisch beeinflussten Asse-Sattel, das "Hauptproblem" bestehe darin, dass weder "die Bestimmung und Berechnung des Verhaltens der Radionuklide während des Transportes (...)" noch "des strömungsmechanischen Verhaltens (Konvektion, Auflösung – Ausfällung, Entmischungserscheinungen) der Lauge im Grubengebäude" gelöst seien.[731]

Schließlich sei darauf hingewiesen, dass die ab Juli 1971 gültigen Bedingungen für die Lagerung radioaktiver Abfallstoffe im Salzbergwerk Asse auch die Einlagerung von 200 Liter-Fässern mit einem "Gesamtgehalt an spaltbarem Material (Uran-235, Uran-233, Plutonium-239 und Plutonium 241) unter 15 g" in der Kategorie "schwachaktiv" zuließen.[732]

Wie bereits im vorangegangenen Kapitel betont, wurde mit der Formulierung des Integrierten Entsorgungskonzepts im November 1973 eine teilweise Korrektur der mit der Asse verfolgten Absichten vorgenommen.

730 Krause/Perzl (1969), S. 78.
731 BA B 295 1517. Schreiben vom Dezember 1980.
732 BA B 196 59274.

Grundlage für diese Korrektur dürfte – in den Akten fanden sich dafür keinerlei Hinweise – eine umfangreiche Lagefeststellung gewesen sein. Das Ergebnis dieser Lagefeststellung findet sich zwischen bergbaulichen Fachausdrücken, zwar berechtigten, aber Verständnis erschwerenden Vergleichen und Aussagen begrenzter Reichweite im Bericht "Zur Standsicherheit des Salzbergwerkes Asse II als Endlager für radioaktive Abfälle".

Hier wurde im Januar 1974 – also noch vor Veröffentlichung des Entsorgungskonzepts im April – die folgende, nur sehr eingeschränkt überraschende Aussage getroffen:

> "Für Steinsalzbetriebe und für den gesamten Bereich der steilen Lagerung fehlen aber bisher sowohl die notwendigen Informationen über derartige Ereignisse (Gebirgsschläge oder Firstenzusammenbrüche, D. M.) als auch eine Analyse ihrer Ursachen, auf deren Grundlage eine gesicherte Abschätzung der Voraussetzungen für Eintritt, Ablauf und Umfang von Brüchen in einem Baufeld vorgenommen könnte. Das gilt auch für die Vorschriften bezüglich eines angemessenen Sicherheitskoeffizienten für tragende Abbauelemente zur Gewährleistung einer langfristigen Sicherheit nicht verfüllter Kammer-Pfeiler-Systeme. (...) Beruhen aber sowohl die Belastung als auch die Tragfähigkeit von Bergfesten nur auf Schätzwerten, so läßt sich erst bei Vorhandensein einer hinreichenden Anzahl an Informationen mit Hilfe statistischer Methoden eine einigermaßen gesicherte Aussage darüber machen, unter welchen Bedingungen Baufelder standsicher sind und bei welchen Sicherheitskoeffizienten ein Zusammenbruch wahrscheinlich wird."[733]

Hatten nicht Borchert und Dreyer Anfang August 1967 betont, die Asse müsse zur Beurteilung der säkularen Sicherheit auf Jahre weiter beobachtet werden? Hatte nicht das BMI im August 1973 in seiner "Konzeption für die Sicherheit kerntechnischer Einrichtungen und den Strahlenschutz" deutlich gemacht, dass es nun "gegenüber der pragmatischen Sicherheitshaltung früherer Jahre" an der Zeit sei, Wahrscheinlichkeitsuntersuchungen anzustreben, "die für jeden theoretisch denkbaren Störfallablauf die Wahrscheinlichkeit für sein Eintreten und die daraus resultierenden Konsequenzen berechnen oder zumindest abzuschätzen versuchen" (siehe Kapitel 4.2.1). Hier trafen beide Linien und die Neuartigkeit der Aufgabe aufeinander.

Ende Dezember 1973 beauftragte das BMFT die NUKEM mit der Erstellung einer Systemstudie "Radioaktive Abfälle in der Bundesrepublik

---

733 GSF (1974), S. 121.

Deutschland" (SRA).[734] Ziel der in Zusammenarbeit mit den Großforschungszentren und Industriefirmen durchgeführten umfassenden Arbeiten war es, die mit dem Anfall, der Behandlung und Endlagerung verbundenen Probleme zu erfassen, um auf dieser Grundlage ein Entsorgungssystem entwickeln zu können.[735] Eine eigene Risikoanalysegruppe arbeitete an der Vervollständigung der risikoanalytischen Methodik und an einer Konzeption für die Risikoanalyse des gesamten Brennstoffkreislaufs.[736]

Im Verlauf des Jahres 1974 wurde in diesem Rahmen mit Arbeiten zur risikoanalytischen Untersuchung der Endlagerung radioaktiver Abfälle in Salzformationen begonnen. Dabei war das System "Endlager" Teil eines Referenzsystems "Verfestigung und Endlagerung von hochaktiven Abfällen aus Wiederaufarbeitungsanlagen".[737]

Da nur für die Asse hinreichende Kenntnisse der nötigen Parameter vorlagen, diente sie als Modell. Betrachtet wurden 3 Zeitphasen: die Betriebsphase, 1000 Jahre und 1 Million Jahre nach Inbetriebnahme.

Insgesamt stießen die Wissenschaftler bei ihren Berechnungen scheinbar an die Grenzen des Machbaren vor. Aufgrund "des frühen Entwicklungsstandes der Abschätzungsmethodik von Wahrscheinlichkeiten" waren die Ergebnisse noch mit großen Ungenauigkeiten behaftet.[738]

Bis Ende 1976 wurden drei Modelle entwickelt, die die Freisetzung von Radionukliden aus dem intakten Grubengebäude, aus dem vollständig oder teilweise gebrochenen Grubengebäude und durch menschliche Aktivitäten von außen simulierten.[739] Dabei stellte sich die Existenz zweier kritischer Bereiche heraus: die ungenügende gebirgsmechanische Stabilität des Grubengebäudes und der fehlerhafte Schachtausbau im Bereich wasserführender Schichten.

Damit bestätigten die immer detaillierteren Berechnungen die Befürchtungen der frühen sechziger Jahre und stellten die bisher mit der Asse verfolgten Pläne in Frage. So ist es kaum verwunderlich, dass sich die

---

734 GLAK 69 504. Schreiben Nukem an Geschäftsführung GfK vom 4.3.1974. Die endgültige Entscheidung über die Förderung des Vorhabens war noch nicht gefallen.

735 GfK/GSF (1976), S. 52f. Siehe insbesondere die Teilstudien SRA 3 "Forschungs- und Entwicklungsprogramm für die Beseitigung radioaktiver Abfälle" sowie SRA 6 "Die Entsorgung von radioaktiven Abfällen in der Bundesrepublik Deutschland [BMFT (1977)].

736 GfK/GSF (1976), S. 53.

737 Ebd., S. 52.

738 Ebd., S. 53.

739 GfK/GSF (1977), S. 51f.

Berichterstatter nach außen in verschleiernder Weise um Schadensbegrenzung bemühten. Die sicherheitskritischen Bereiche würden "nur für das im Modell definierte hypothetische Endlager" gelten. Bis "zu einem gewissen Grade" könne man allerdings davon ausgehen, dass die Erkenntnisse auch auf "ähnliche Systeme" zutreffen würden.[740]

Mit dem sich 1977 an die Systemstudie Radioaktive Abfälle anschließenden "Projekt Sicherheitsstudien Entsorgung" (PSE) wurde deren Ergebnisse weiterentwickelt und die methodischen Pfade der klassischen Risikoanalyse verlassen, da in Ermangelung statistisch abgesicherter Fehlerraten in der Abschätzung von Wahrscheinlichkeiten für Fehlereignisse nach wie vor eine der wesentlichen Unsicherheiten lag.[741] Diese konnten in der 1. Phase des PSE-Projekts zwar reduziert, jedoch auch bis 1981 nicht auf den gewünschten Stand gebracht werden.[742] So verwundert es nicht, dass auch Ende 1977 der Nachweis der langfristigen Sicherheit des Asse II-Grubengebäudes, die Frage seiner hydrologischen Sicherheit sowie Erkenntnisse zu den Vorgängen während des Volllaufens der Grube und seinen Folgen zu den Bereichen zählten, in denen die Forschungen "mit größtem Nachdruck" betrieben werden sollten.[743]

Zwischen 1975 und 1979 hatten sich im Hinblick hierauf auch von anderer Seite Umstände und Erkenntnisse ergeben, die "eine neue intensive Diskussion über die Sicherheit" der Asse und "insbesondere ihre langfristige Sicherheit" auslösten.[744] Im Sommer 1975 waren im Kalibergwerk Ronnenberg erhöhte Wasserzuflüsse aufgetreten. Nachdem man sich zur Aufgabe und schnellen Flutung der Anlage entschieden hatte, flossen allein durch zwei hierzu niedergebrachte Bohrungen 4 Millionen Liter Wasser ein. Innerhalb von nur zwei Tagen war die Grube geflutet.[745] Zudem führten die Bemühungen zur Errichtung des Entsorgungszentrums (siehe Kapitel 4.2.2) mehr und mehr zur Entstehung einer kritischen Öffentlichkeit, die auch Fragen der Endlagerung mit erhöhter Sensibilität wahr-

---

740 Ebd., S. 52.

741 GfK/GSF (*EGT*, 1978), S. 65ff.

742 Projektleitung PSE (1981), S. 6–1.

743 BA B 102 183852. Forschungs- und Entwicklungsprogramm auf dem Gebiet der Endlagerung radioaktiver Abfälle" von GSF und GFK, August 1977.

744 BayHStA GSF 237. "Kurze Erläuterung von Fragen der Sicherheit des Salzbergwerkes Asse" vom 30.12.1976.

745 Uerpmann (1980), S. 30. Das zulaufende Wasser führte zum Leerlaufen oberflächennaher Hohlräume, die einbrachen und dadurch die darüberliegende Siedlung bedrohten. Durch die Bohrungen trat eine anfängliche Grundwasserabsenkung von 90 Metern auf, die noch in 20 Kilometern Entfernung zu geringen Pegeländerungen führte.

nahm. Schließlich war durch die rechtliche Regelung der Endlagerung im Zuge der 4. Novelle zum Atomgesetz 1976 für Landespolitik und Bergbehörde ein Bezugspunkt entstanden, der die bisherige Genehmigungspraxis fragwürdig erscheinen ließ.

In dieser Situation hatte Wittenzellner Schmidt-Küster bei einem Besuch am 15. Dezember 1976 versprochen, ihm einige Informationen zur Sicherheit von Asse II zukommen zu lassen.[746] Wesentlicher Bestandteil dieser Informationen war ein Papier des IfT, das sich durch ungewohnte Offenheit auszeichnete. Es wies auf deutliche Konvergenzbeträge in einem Pfeiler auf der 553 m-Sohle, den teilweise sehr geringen Abstand zum Deckgebirge und insbesondere die Notwendigkeit zur Korrektur der seit 1970 nicht mehr aktualisierten Sicherheitsstudien hin:

> "Das in diesen Sicherheitsstudien als größter anzunehmender Unfall dargestellte Ersaufmodell trifft nicht mehr zu. Die zwischenzeitlichen Untersuchungen haben ergeben, daß nicht das Steinsalz, sondern der im Grubengebäude aufgeschlossene Carnallit das schwächste Glied in diesem Modell ist."[747]

Die Reichweite dieses internen Eingeständnisses kann vor dem Hintergrund der bisherigen Ausführungen kaum hoch genug eingeschätzt werden. Es stellte in seiner Absolutheit sämtliche Einlagerungsentscheidungen seit 1967 in Frage. Angesichts der oben bereits beschriebenen, frühzeitig bekannten Eigenschaften von Carnallit wird man annehmen müssen, dass dieser Faktor wider besseres Wissen zugunsten einer reibungslosen Beseitigung ausgeblendet wurde.

Was diese nun realistischere Betrachtung der geo- und hydrologischen Faktoren in letzter Konsequenz bedeutete, ließ die wenig später vorliegende vorläufige Kurzfassung der "Untersuchungen über einen angenommenen Wassereinbruch in das Salzbergwerk Asse als 'Größter anzunehmender Unfall' " erahnen.[748] Wenn hier auch noch insgesamt keine Aussage zu den Wahrscheinlichkeiten und Zeithorizonten gemacht wurde, hieß es neben dem deutlichen Hinweis auf die Carnallitzersetzung, ein Wassereinbruch scheine "bei technischer Vorsorge, entsprechender Abfallbehandlung und -lagerung nicht zur Abgabe unzulässig ho-

---

746 BayHStA GSF 237. Schreiben Wittenzellners an Schmidt-Küster vom 14.1.1977.

747 BayHStA GSF 237. "Kurze Erläuterung von Fragen der Sicherheit des Salzbergwerkes Asse" vom 30.12.1976.

748 BayHStA GSF 237. Die Dissertation des Dipl.-Chemikers Uerpmann wurde erst 1980 veröffentlicht.

her Mengen an Radioaktivität aus dem Versuchsendlager zu führen."[749] Mit anderen Worten: Mit der Abgabe gewisser Mengen an Radioaktivität aus dem Endlager Asse II war durchaus zu rechnen.

War die Konvergenzbewegung auf der 553 m-Sohle Ende 1976 Gegenstand "einer lebhaften, jedoch noch nicht abgeschlossenen Diskussion"[750] gewesen, so schienen sich aus den Lageveränderungen spätestens gegen Ende des Betrachtungszeitraumes "großräumige Deformationstrends" ableiten zu lassen.[751] Im Februar 1977 wurde in größerem Kreis bereits festgestellt, dass der Pfeiler zwischen den Abbauen 4 und 5 innerhalb von 15 Jahren um 50 bis 60 Zentimeter gewandert war und sich ähnliche Werte auf der 532 m-Sohle verzeichnen ließen. Auch die 511 m -Sohle war – allerdings in geringerem Ausmaß – betroffen. Damit stellte sich die brennende Frage, ob das sehr dünne Salzpolster der Südflanke zum Ausgleichen der Kriechbewegungen ausreichen würde und wie sich die aufliegenden Deckgebirgsschichten verhalten würden. Verschärfend kam hinzu, dass das NLfB diese Mantelschichten inzwischen als "im streng wissenschaftlichen Sinne nicht dicht" bezeichnete und auf der 511 m-Sohle die Einlagerung der mittelaktiven Abfälle erfolgt war. Für die betroffene Kammer 8a sollte daher ein vom Bergamt gefordertes Verfüllungskonzept "schnellstmöglich zur Betriebsplanreife" entwickelt werden.[752]

Um den neuen Entwicklungen gerecht zu werden, beschlossen das BMFT und die EGT im Februar 1979 drei Schwerpunktmaßnahmen, die die langfristige Standsicherheit des Grubengebäudes sowie seine Nutzbarkeit für die nächsten Jahrzehnte sicherstellen sollten: die Verfüllung der Südflanke zwischen der 490- und der 725 m-Sohle, die bis zum Abschluss des Planfeststellungsverfahrens rückholbar ausgelegte Zwischenlagerung und den Aufschluss bis auf eine Tiefe von 950 Metern. Hierfür wurden aufgrund vorläufiger Planungsunterlagen Gesamtkosten von mindestens 230 Millionen Mark angenommen.[753]

---

749 BayHStA GSF 237.

750 BayHStA GSF 237.

751 BayHStA GSF 261. F&E-Bericht 1980, S. 157.

752 BA B 196 107260. Niederschrift über eine Besprechung im Oberbergamt Clausthal-Zellerfeld am 10.2.1977, dem BMFT mit Anschreiben GSF vom 26.5.1977 übersandt.

753 BayHStA GSF 84. "Langfristiges Konzept Asse" der EGT (Stand 18.3.1979). Im Rahmen des Tiefenaufschlusses sollten zwischen der 775 m- und der 950 m-Sohle insgesamt 62 neue Kammern im jüngeren und älteren Steinsalz aufgefahren werden.

4.1.3.3 Kostenstudien und Kostendruck

Spätestens Mitte Juli 1968 stand für die ministerielle Ebene fest, dass das Salzbergwerk Asse II als einziges Endlager für alle Aktivitätsklassen bei "ausreichender" Sicherheit so wirtschaftlich wie möglich genutzt werden sollte. Nachdem die Aufmerksamkeit im vorangegangenen Kapitel dem Sicherheitsaspekt galt, scheint es nun nötig, der Frage nachzugehen, was den erheblichen Kostendruck bewirkte.

Ein Blick auf die Haushaltsentwicklung zeigt, dass sich die Bundesrepublik ab 1966 kurzzeitig in einer Rezession befand, die sich nachhaltig auf die Staatsfinanzen auswirkte. Bereits am 14. Juli 1965 beschloss das Kabinett, Ausgabenverpflichtungen für die kommenden Rechnungsjahre nur noch in unabweisbaren Fällen zuzulassen und forderte die Ressortminister auf, sämtliche Programme für das Jahr 1966 im Hinblick auf die Möglichkeit einer Einschränkung und zeitlichen Streckung zu prüfen und spürbar zu kürzen.[754] Von den Sparmaßnahmen, die Ende August 1965 sogar zur Ablehnung des WAK-Projektes durch den Bundesfinanzminister führten[755], waren scheinbar auch die Forschungsarbeiten zur Einlagerung in Salzvorkommen betroffen, knüpfte Richter-Bernburg doch an ein unbekanntes Schreiben des BMwF vom 9. Dezember 1965 folgendermaßen an:

> "In dem oben angeführten Erlaß wird zum Ausdruck gebracht, daß sie gezwungen sind, alle Anträge auf Forschungsvorhaben 'auf den unbedingt benötigten Bedarf zu kürzen.' "[756]

Richter-Bernburg nahm sodann eine Bewertung der bis dahin miteinander abgestimmten Fragenkomplexe vor, sah in der Zurückstellung einiger Forschungsschwerpunkte den "einzig gangbare(n) Weg" und gestattete sich, "darauf hinzuweisen, daß die Arbeiten zu den übrigen Forschungspunkten (...) eine gewisse Zeit erfordern" würden.[757] Wer nach

---

754 Karl-Bräuer-Institut (1966), S.15f.

755 Issel (2003), S. 155.

756 BA B 102 183852. Bereits am 30.8.1965 hatte Kriele den Verwaltungsrat der GSF "über die angespannte Finanzlage des Bundes" informiert, die "erhebliche Kürzungen erwarten lasse." (BayHStA GSF 139).

757 BA B 102 183852. Er hielt die "Weiterführung der Forschungen zu Fragenkomplex IV (...) für besonders vordringlich, die Arbeiten im Rahmen von Punkt V für unumgänglich." Aus dem Schreiben geht der Themenbereich der Fragenkomplexe aber leider nicht hervor. Die Zuordnung kann daher maximal auf der Basis eines vorläufigen Antragsentwurfs der BfB vom

Gründen für den später teilweise unzureichenden Stand der Wissenschaft sucht, findet hier also möglicherweise den Ausgangspunkt.

Man mag nun versucht sein, die ausgeprägt wirtschaftliche Nutzung des Salzbergwerks Asse II als konsequente Umsetzung des Sparkurses auf der Ausführungsebene anzusehen. Doch hier trügt der Schein.

Denn nach weiteren Kürzungsrunden zwischen Oktober 1965 und Januar 1966 wurde der Etat des BMwF im Haushaltsentwurf 1966 schließlich um 28 Prozent (281 Mio. DM) erhöht.[758] Hierbei stiegen allein die Mittel für Kernenergieforschung und -nutzung im Vergleich zum Vorjahr um 93,4 Millionen auf 483 Mio. DM.[759] Auch in den Folgejahren erhöhte sich der Etat des Wissenschaftsministeriums kontinuierlich: Zwischen 1967 und 1971 stieg er im Rahmen der mehrjährigen Finanzplanung des Bundes um durchschnittlich 16 Prozent pro Jahr von 1,603 Mrd. auf 2,94 Mrd. DM. In der zeitgenössischen Presse wurde dies als wesentliche Leistung Stoltenbergs hervorgehoben.[760]

Das bedeutet: Wenn es einen Kostendruck im Bereich der Endlagerung gab, dann entstand er durch ministeriumsinterne Prioritätensetzungen. Um nähere Erkenntnisse über diese zu gewinnen, erschien es angebracht, die Perspektive zu erweitern und zu fragen, welche Zielsetzungen die Ministeriumsspitze in den Jahren 1967 bis 1968 verfolgte.

Die Ernennung Stoltenbergs zum Bundesminister für wissenschaftliche Forschung im Oktober 1965 bedeutete für die Weiterentwicklung der Kernenergie eine neue Qualität.[761] War Atompolitik bis dahin lediglich ein Politikfeld unter vielen gewesen, so wurde sie unter seinen tatkräftigen und ambitionierten Anstrengungen bis 1967 zu einer gesamtwirtschaftlichen Angelegenheit.[762] Die hohen Ziele des Ministers werden in seinen Interviews und Reden überdeutlich. So sagte Stoltenberg am 18. Mai 1967 in einem Vortrag zur Eröffnung der Ausstellung "electric 2000" in Hamburg:

> "Die deutsche Industrie ist heute in der Lage, Kernkraftwerke mit Reaktoren erprobter Konstruktion anzubieten, die in ihrer technischen Qualität und im Preis den Wettbewerb mit ausländischen Anbietern bestehen können. Sie stützt sich dabei auf Erfahrungen, die sie bei ihren Forschungs-

---

9.2.1965 (BA B 196 22787) erfolgen. Dieser kennt aber nur vier Fragenkomplexe.

758 Karl-Bräuer-Institut (1966), S. 24.

759 Ebd., S. 36.

760 ACDP I–626. Schreiben vom 6.7.1967.

761 Radkau (1983), S. 210.

762 Ebd., S. 216.

und Entwicklungsarbeiten, (...) vor allem bei der Errichtung der großen Demonstrationskraftwerke in Gundremmingen, Lingen und Obrigheim gewonnen hat. Die nächste Stufe werden nun kommerzielle Kraftwerke sein. (...) ihre Stromerzeugungskosten werden 15 bis 20 Prozent unter denen ihrer stärksten Konkurrenten im Bundesgebiet liegen. Mehr noch: diese Stromerzeugungskosten sind die niedrigsten, die zur Zeit überhaupt auf der Erde möglich sind. Für die Volkswirtschaft ist gerade dieser letzte Punkt auf längere Sicht wahrscheinlich gar nicht wichtig genug zu nehmen."[763]

Sinngemäß äußerte sich der Minister im Laufe des Jahres 1967 noch einige Male[764], – am knappsten und präzisesten anlässlich der Pressekonferenz zum Dritten Atomprogramm am 14. Dezember 1967:

"Wir haben es im Jahre 1967 in Deutschland erreicht, daß die erste Generation der Leichtwasser-Reaktoren in die volle kommerzielle Nutzung übergeht. (...) die neuen großen Kraftwerke der ersten Generation in Stade und Würgassen werden einen Strompreis von etwa 2,2 Pf. pro KW-Stunde haben, gegenüber einem Strompreis von 2,5 bis 3 Pf. bei modernen Öl- oder Kohlekraftwerken. Insoweit ist das erste Ziel der deutschen Atompolitik erreicht."

Das erste Ziel der deutschen Atompolitik war es also – um das Wesentliche beider Zitate zusammen zu führen – schnellstmöglich konkurrenz- und exportfähige Kernkraftwerke zu bauen. Wie aber war der Ende des ersten Zitats gegebene Hinweis auf die Bedeutung für die Volkswirtschaft gemeint? Hier präzisierte Stoltenberg knapp einen Monat später in einem ZDF-Interview:

"(...) Wenn wir moderne Kraftwerke auf Öl- und Kohlebasis 2,5 bis 3 Pfennig pro Kilowattstunde veranschlagen [sic], Leichtwasserreaktoren wie gesagt etwa 2,2 Pfennig, hoffen wir, mit diesen sog. futuristischen Reaktoren einmal auf einen Strompreis von 1,8 oder 1,6 Pfennig herunterzukommen. Das würde in wenigen Jahren eine Ersparnis von hohen Milliardenbeträgen bedeuten. D.h. wenn unsere Konzeption Erfolg hat (...) dann würden wir bis in die 80 er Jahre hinein sämtliche staatlichen und privaten Investitionen auf dem Gebiet der Kernforschung wieder amortisieren."[765]

Im Hinblick auf diese außerordentlich viel versprechende "Konzeption" des Ministeriums stellt sich die Frage, inwieweit es sich dabei um pure

763 ACDP I–626 133/2.
764 Ebd. So zum Beispiel am 8.6. und 7.11.1967.
765 ACDP I–626 028/2. Interview in den "Themen des Tages" am 11.1.1968.

Außendarstellung handelte oder ob Stoltenberg und die hinter ihm stehenden Ministerialbeamten tatsächlich an die Möglichkeit einer derartig schnellen Amortisation glaubten. Die Grundlagen derartiger Berechnungen und die diesbezüglichen Kommunikationsprozesse sollten wegen ihrer Bedeutung für die Beurteilung der kerntechnischen Entwicklung in der Bundesrepublik baldmöglichst Gegenstand weiterer Forschung sein. Eines ist in aller Deutlichkeit festzuhalten: Der Preisvorsprung von Strom aus Kernenergie betrug zur Jahreswende 1967/1968 nach der sicherlich nicht nachteilig gewählten Darstellung des Ministeriums verschwindend geringe 0,3 Pfennig.

Die starke Betonung wirtschaftlicher bzw. volkswirtschaftlicher Aspekte in den öffentlichen Äußerungen des Ministers dürfte weitere Gründe gehabt haben. So war das BMWi spätestens seit Januar 1967 der Ansicht, die zunehmend wirtschaftliche Nutzung der Kernenergie mache eine Neuregelung der Zuständigkeiten zwischen BMWi und BMwF erforderlich, da es sich bei den nun stärker im Vordergrund stehenden Fragen der Wirtschafts-, Energie- und Industriepolitik – im Gegensatz zur Forschungspolitik der vergangenen Jahre – der Sache nach um ureigenstes Aufgabengebiet des BMWi handele.[766] Man hatte jedoch die Verhandlungsbereitschaft Stoltenbergs in diesem Punkt falsch eingeschätzt und musste im Verlauf des Jahres 1968 erkennen, dass dieser keineswegs zur Abtretung von Kompetenzen bereit war.[767] Es erscheint also naheliegend, dass Stoltenberg die oben zitierten konkreten Wirtschaftlichkeitsbetrachtungen auch anstellte, um die wirtschaftspolitischen Fähigkeiten seines Hauses nachhaltig zu unterstreichen und weitergehende Ansprüche des BMWi von vornherein abzuwehren.

Für die Endlagerung lässt sich vorläufig Folgendes schließen: Maßgeblich verantwortlich für den Kostendruck war ab 1967/68 die Absicht

---

766 BA B 102 194162. Entwurf eines Schreibens III/III B 5 an Staatssekretär Dr. Neef von Ende Februar bzw. Anfang März 1967.

767 Im oben genannten Schreiben war davon ausgegangen worden, "daß Minister Stoltenberg einer solchen Überprüfung nicht unfreundlich gegenübersteht." Stattdessen hatte er schon Mitte Februar 1967 – die Entwicklung scheint sich etwas überschnitten zu haben – einen Passus aus einem zwischen beiden Ressorts abgestimmten Entwurf herausgestrichen, der eine Überprüfung der Zuständigkeit von Fall zu Fall vorsah. Nach weiteren scheinbar eskalierenden Schreiben zwischen beiden Ministern im Januar und Februar 1968 kam man im BMWi zu der Ansicht, um einer noch stärkeren "Verhärtung der Standpunkte" vorzubeugen, sollten fortan Gespräche geführt werden (Schreiben Heesemann an Staatssekretär v. Dohnanyi vom 27.8 .1968 in BA B 102 194162).

der politischen Führung, den Preis für aus Kernenergie gewonnenem Strom schnellstmöglich (weiter) zu reduzieren. Die mit hohen Millionenbeträgen anzusetzende Schaffung eines neuen Bergwerks und die ebenfalls millionenteure Errichtung der Kaverne hätten bei einem angeblichen Vorsprung von Kern- vor Kohlekraftwerken von nur 0,3 Pfennig möglicherweise die Bilanz verdorben.

Zweifel daran, dass eine Investitionssumme von 20 bis 30 Millionen DM eine solche Wirkung gehabt haben könnte, sind nicht von der Hand zu weisen. Man wird jedoch auch registrieren müssen, dass sich der als skeptisch bekannte RWE-Berater Löbl bereits im November 1966 in der "atomwirtschaft" in ähnlicher Zielrichtung geäußert hatte. Zum wiederholten Mal hatte er die Notwendigkeit einer "gefahrlosen Beseitigung und Unterbringung der kumulativ anwachsenden bedeutenden Mengen an radioaktiven Spaltprodukten" herausgestellt und – so Radkau – vorgerechnet, dass sich der Vorsprung der Kernenergie "bei einer Veränderung der Ausgangsdaten leicht in Nichts auflösen" könne.[768]

So gehörte die Frage "Können die radioaktiven Abfälle vieler Kernkraftwerke noch bewältigt werden?" denn auch zu denjenigen, die die Redakteure der "atomwirtschaft" mit ihrer Reihe "Acht Argumente gegen die Kernenergie" entkräften wollten. Holtzem und Schwibach konnten hier – nach dem Entschluss zum Ausbau der Asse – im Dezember 1968 der interessierten Fachwelt erklären, dass die Beseitigung der in den kommenden 30 Jahren in Kernkraftwerken und Wiederaufarbeitungsanlagen anfallenden radioaktiven Festabfälle in der Größenordnung von einigen 100 000 m^3 "*vor allem* (Hervorhebung D. M.) im Bergwerk Asse" "sicherheitstechnisch einwandfrei und wirtschaftlich tragbar möglich" erscheine. Während die hervorgehobene Einschränkung unscheinbar, aber treffend den Stand der Erkenntnisse widerspiegelte, verwischte die Hauptbotschaft sie wieder:

> "Bei einer Vorausschau ist es nur möglich, skizzenhaft zu zeigen, daß vieles bereits heute einwandfrei gelöst ist, während für die Probleme der nächsten Jahrzehnte die einzuschlagenden Wege bekannt oder schon beschritten sind. Die radioaktiven Abfälle sind ein wichtiges Problem der Kerntechnik, sie stehen aber deren Einsatz auch im großen nicht entgegen."[769]

---

768 Radkau (1983), S. 211.
769 Holtzem/Schwibach (1969), S. 26.

Damit bietet sich neben dem Kostenaspekt eine weitere und vermutlich gewichtigere Erklärungsmöglichkeit: Mit der Entscheidung zur umfassenden und dauerhaften Nutzung des Salzbergwerks Asse II setzte das Ministerium ein wichtiges psychologisches Signal. Hatten nicht die "Herrn des RWE" seit 1957 (siehe Kapitel 2.1.1) immer wieder die Beseitigungsfrage dazu genutzt, ihre Weigerung zum Einstieg in die Kernenergie zu untermauern? Hatte nicht auch die "Vereinigung Deutscher Elektrizitätswerke" noch im September 1967 gegenüber dem BMWi angemerkt, eines "der wichtigsten Probleme für die Inhaber von Kernanlagen" sei "die Lagerung und Beseitigung von radioaktiven Abfällen."[770] Nun wurde die letzte große Hürde aus dem Weg geräumt. Es ist nicht auszuschließen, dass die "Kurswende", die das RWE laut Radkau um 1968 "ziemlich abrupt" vollzog[771], auch auf die Benennung der Asse als Endlager zurückzuführen ist.

Stützen lassen sich die bisher im Hinblick auf den Wirtschaftlichkeitsaspekt gezogenen Schlüsse zusätzlich mit einem Auszug aus der Einleitung zur "Kostenstudie über die Endlagerung radioaktiver Abfälle" vom Oktober 1967. Hier formulierten GfK und GSF:

> "Ziel der technischen Anwendung der Kernenergie ist die Gewinnung von elektrischer und thermischer Energie zu niedrigeren Preisen als mit klassischen Energieträgern (...). Dies kann nur erreicht werden, wenn die Wirtschaftlichkeit ein erklärtes Ziel bei allen Teilschritten des kerntechnischen Zyklus ist, wobei kaum erwähnt zu werden braucht, daß die Sicherheit selbstverständliche Voraussetzung ist."[772]

Dies zeigt, dass der Arbeitsebene die Ziele der politischen Führung sehr genau bekannt waren. Insgesamt dürfte die Kostenstudie von zentraler Bedeutung für die Entscheidung zur ausgeprägt wirtschaftlichen Nutzung der Asse gewesen sein, kam sie doch in einem Vergleich der Optionen Standortlagerung/Kaverne/Versenkung und Asse für alle Abfallarten zu dem Schluss, das Bergwerk sei "in der Gesamtbilanz die kostengünstigste Lösung."[773] Hierzu wurden zwei wesentliche Ergänzungen gemacht:

---

770 BA B 102 123372. Stellungnahme zum Referentenentwurf zur Änderung des Atomgesetzes anlässlich der Ratifizierung der europäischen Atomhaftungskonventionen vom 11.9.1967.

771 Radkau (1998), S. 221.

772 BA B 196 22792. 1. Fassung.

773 Ebd.

"2. Mehrere parallel betriebene Endlagerverfahren werden, wenigstens bis 1980, die spezifischen Kosten pro m^3 Abfall erhöhen.
3. Höhere Einlagerungsmengen pro Jahr, im Maximum bis zur vollen Kapazitätsauslastung, wirken sich bei einem Salzbergwerk bzw. einer Kaverne kostenreduzierend auf den spezifischen Endlagerpreis aus."[774]

Dies erklärt, warum Straimer in einer Sitzung am 25. April 1968 davon sprach, die Wirtschaftlichkeit der Asse dürfe durch die Kaverne nicht gefährdet werden und erklärt auch, warum das ursprünglich breit angelegte Forschungsprogramm des Jahres 1964 nur teilweise weiter geführt bzw. vorzeitig zum Abschluss gebracht wurde.

Straimer hatte in eben jener Sitzung darüber hinaus einleitend ausgeführt, es sei nun notwendig, die "frühzeitig" festgelegte Endlagerungskonzeption einer Überprüfung zu unterziehen. Man müsse sich entscheiden, ob man die radioaktiven Abfälle zentral in einem Bergwerk bzw. einer Kaverne oder lokal "am Standort größerer kerntechnischer Anlagen" lagern wolle. Wenn er dann mit scheinbarer Selbstverständlichkeit meinte, man müsse für diese lokale Lagerung nach Möglichkeiten der Tieflagerung suchen[775], fällt es im Wissen um seine Anstrengungen zur Durchsetzung des Salzkonzepts schwer, zu glauben, dass es sich hierbei um eine Position handelte, die er ernsthaft vertrat. Wer hatte dann aber die Überprüfung der Endlagerungskonzeption thematisiert? Die Vermutung liegt nahe, dass Straimers Konzeption spätestens im Zuge der Arbeiten am 3. Atomprogramm in die Kritik geraten war. Für ministerielle Verhältnisse ungewöhnlich verhalten, war sie bereits im ersten Entwurf vom August 1967 lediglich als "zweckmäßig" und "gangbarer Weg" bezeichnet worden.[776] Es ist nicht unwahrscheinlich, dass daraufhin die Diskussion über kurz- bis mittelfristig geeignetere Möglichkeiten einsetzte.

Auffällig ist, dass auch die Kostenstudie die Option einer Standortlagerung detailliert berechnete. Hierbei handelte es sich aber eindeutig um eine oberirdische Lagerung in speziellen Bunkern, die von den ausgewiesenen Fachleuten der GfK und GSF seltsamerweise mehrfach als Endlagerung bezeichnet wurde. Es gibt zwei Möglichkeiten: Entweder sollten die Kosten einer oberirdischen Lagerung erneut – d. h., wie schon 1960 – lediglich zur Kontrastierung dienen oder es ging in diesen Monaten ange-

774 Ebd.
775 GLAK 69 394. Besprechung über den Stand des Forschungsvorhabens Salzkaverne. Straimers alter Widersacher Schnurr vermerkte auf dem Protokoll nicht völlig zu Unrecht: "Ziemlich verworren!"
776 BA B 138 3546.

sichts der zu investierenden Millionenbeträge und mit Blick auf das europäische Ausland um viel mehr: die Abkehr von der Tieflagerung.

Die Kostenstudie war jedenfalls erkennbar bemüht, das alte Salzbergwerk "schönzurechnen". Indem die Transportkosten zum Endlager nicht berücksichtigt wurden, erschien es bei den mengenmäßig besonders ins Gewicht fallenden niedrigaktiven Abfällen mit 140 DM/m^3 sogar günstiger als die Versenkung im Meer.[777]

Interessant an den Ausführungen Stoltenbergs zu den Stromkosten aus Kernenergie sind insbesondere die konkreten Zahlen, die mit Sicherheit ohne detaillierte Endlagerungs- und Wiederaufarbeitungskosten gerechnet waren.

Als der zu diesem Zeitpunkt für die IAEA tätige Amerikaner Parsons Egon Albrecht im Januar 1967 bat, ihm nähere Angaben "bezüglich der Kosten und Wirtschaftlichkeit der Tieflagerung radioaktiver Abfälle im Salzgestein" zu machen, verwies Albrecht korrekterweise darauf, dass man "noch in den ersten Anfängen der Kostenzusammenstellung und anschließenden Wirtschaftlichkeitsberechnung" stecke. Solange man "selbst noch keinen Überblick über diesen gesamten Fragenkomplex" habe, sei es "beim besten Willen nicht möglich, auch nur näherungsweise Zahlenwerte zu nennen, die sich dann später unter Umständen als völlig falsch herausstellen" würden.[778] An diese Linie hielt sich auch Krause, als er Ende Mai/Anfang Juni 1967 vor internationalem Publikum auf die Kostenfrage zu sprechen kam. Auf der Basis der an der Asse begonnenen Arbeiten sei es noch nicht möglich, definitive Angaben zu machen. Da man belastbare Wirtschaftlichkeitsstudien gerade erst eingeleitet habe, sei es lediglich möglich, vorläufige Schätzungen abzugeben. Als Krause daraufhin den mit 63 DM/m^3 sehr niedrigen Preis für die Förderung von Salz als Orientierungswert angab, wollte das auch seine Zuhörer nicht recht überzeugen. Schließlich hatte er in seinem Vortrag darauf hingewiesen, dass man stillgelegte Bergwerke zwar billig kaufen könne, die sehr hohen Unterhaltskosten diese Ersparnis aber wieder nichtig machen würden.[779]

Den Verdacht, dass das BMwF die Stromerzeugungskosten allzu eng berechnete, hatte auch der als kritisch bekannte Abgeordnete Karl Bechert. Auf seine vergleichsweise späte mündliche Anfrage vor dem Deutschen Bundestag am 16. Januar 1969, ob denn in den vom Ministerium

777 BA B 196 22792. 1. Fassung.
778 BA B 196 22788. Schreiben vom 24.2.1967.
779 Krause (1967b), S. 527 und S. 530f.

und den Kernkraftwerksbetreibern angegebenen Stromkosten auch die Kosten für Versicherungen, An- und Abtransport radioaktiven Materials und die Atommülllagerung enthalten seien[780], antwortete Stoltenberg am Folgetag schriftlich:

> "In den **Stromkosten für die vom Bund geförderten Demonstrationskernkraftwerke in Gundremmingen, Lingen und Obrigheim** sind die Kosten für Versicherungen, für Transporte sowie für die Wiederaufarbeitung der abgebrannten Brennelemente enthalten; die letzteren umfassen auch die Lagerung der radioaktiven Abfälle (Hervorhebung im Original)."[781]

Schriftliche Antworten vor dem Bundestag sind – wie noch an anderen Stellen deutlich werden wird – sehr sorgfältig zu lesen. Hier ist zunächst festzustellen, dass die unpräzise Frage Becherts nach der "Atommülllagerung" die wahrscheinlich wahrheitsgemäße Aussage zuließ, Lagerungskosten seien enthalten. Gemeint waren hiermit wohl in erster Linie die Kosten für eine Zwischenlagerung an den europäischen Wiederaufarbeitungsstandorten.

Wie Wolff in seiner Geschichte der im belgischen Mol gelegenen Eurochemic zeigt, wurde dort mit der Verfestigung der bei der Wiederaufarbeitung anfallenden hochaktiven Lösungen erst 1975 begonnen. Brennelemente aus Gundremmingen wurden dort erstmals 1973 aufgearbeitet, solche aus Lingen und Obrigheim scheinbar gar nicht.[782] Auch der Blick auf die Kritikalitätsdaten der drei genannten Kraftwerke gibt Anlass zur Skepsis. Zwar lieferte Gundremmingen am 12. November 1966 erstmals Strom ans Netz, es hatte aber in den Jahren 1967 bis 1969 mit Anlaufschwierigkeiten zu kämpfen. Lingen wurde erst am 31. Januar 1968, Obrigheim am 22. September desselben Jahres kritisch.[783] Wenn in die Berechnung der Stromkosten Beträge für die Lagerung radioaktiver Abfälle aus der Wiederaufarbeitung einflossen, dann also auf der Basis von Schätzungen bzw. abgeleitet aus den generellen Zahlungen der Bundesrepublik für die Wiederaufarbeitung im Ausland.

---

780 BT PA (5. WP). BT-Drucksache V/3705, Fragen 123 und124.

781 BT PA (5. WP). 209. Sitzung am 17.1.1969.

782 Wolff (1996), S. 349–353. Vgl. Gelfort (1978, S. 48), der die Eurochemic (Mol) ebenfalls als erste Möglichkeit zur Entsorgung (ab 1966) angibt. Es folgten Windscale (1968) und La Hague (1974). Mit "Entsorgung" dürfte hier allerdings lediglich die Anlieferung der Brennelemente gemeint sein.

783 Müller (1996), S. 372–384.

Als Bechert seine Frage formulierte, war Stoltenberg aber bereits seit etwa einem halben Jahr in Teilen von seiner demonstrativen Euphorie abgerückt. Am 25. Juli 1968 – gerade einmal fünf Tage nach Erstellung des die Wirtschaftlichkeit der Asse betonenden Vermerks – formulierte er:

> "Aber auch der technischen Beherrschung des Brennstoffkreislaufes, also der sicheren Versorgung mit natürlichem und angereichertem Uran, der Brennelementefabrikation und -refabrikation unter Einbeziehung plutoniumhaltiger Kernbrennstoffe, der erforderlichen Wiederaufarbeitungskapazität, der nuklearen Sicherheit und der *wirtschaftlichen* Abfallagerung (Hervorhebung D. M.) werden in unserem Lande noch beträchtliche Anstrengungen gelten müssen. Da in der Bundesrepublik bisher die Aktivität vor allem dem Aufbau der Reaktorindustrie galt, ist in der jetzigen zweiten Phase der Kerntechnik das Augenmerk stärker als vorher auf die Probleme des Brennstoffkreislaufs zu richten."[784]

Die Äußerung Stoltenbergs ist insofern außerordentlich bemerkenswert, als er mit seiner Formulierung von der "zweiten Phase der Kerntechnik" suggerierte, man habe die Probleme dieses Bereiches absichtsvoll hintangestellt, um im Kernbereich, der Reaktortechnik, den Rückstand aufzuholen und international konkurrenzfähig zu werden. Das mag aus ministerieller Perspektive und insbesondere mit Blick auf die in den ersten drei Atomprogrammen für Reaktorentwicklung aufgewendeten Mittel richtig erscheinen. Man wird jedoch betonen müssen, dass die Weichen für eine deutsche Wiederaufarbeitungsanlage frühzeitig gestellt waren und dass sich die Bundesrepublik mit dem Salzbergwerk Asse II nicht nur in guter Ausgangsposition befand, sondern nach den inzwischen vorgenommenen Einlagerungen sogar weltweit führend war.

Doch woher kamen die zur "Versuchseinlagerung und -versenkung" verwendeten Abfälle eigentlich? Zweifelsohne stammte der größte Teil – wie in offiziellen Stellungnahmen meist betont – tatsächlich aus den Kernforschungszentren. Dort waren aber auch die Zwischensammelstellen der Länder eingerichtet worden. Der seltenere, recht unscheinbare

---

784 ACDP I–626 027/1. Grußwort zur Sonderausgabe von "Nuclear Engineering". Am 14.5.1969 äußerte sich Stoltenberg auf der Informationstagung des österreichischen Atomforums nahezu identisch. Hier sprach er auch von der Nutzung der Abfälle und meinte, die mit dem Brennstoffkreislauf "zusammenhängenden Fragen sind vielleicht noch umfassender als diejenigen auf dem Gebiet der Reaktorentwicklung Aufgaben der Industrie ...." (I–626 026/2).

Hinweis auf "Zulieferfirmen der Reaktorindustrie" ließ eine genauere Betrachtung nötig erscheinen.[785]

Am 8. November 1966 hatte sich Schwibach mit einem Mitarbeiter des Forschungslaboratoriums der Firma Siemens in Erlangen getroffen. Der über das Treffen angefertigte Vermerk hielt das Anliegen der Siemens AG folgendermaßen fest:

> "Durch Auflage bei der Genehmigung sind die Siemens-Werke in Erlangen verpflichtet worden, ausreichenden Lagerraum für die Lagerung der in den nächsten vier Jahren voraussichtlich anfallenden radioaktiven Abfälle zu schaffen. Tatsächlich stehen nur zwei Räume zur Verfügung, die nur den Bedarf von etwa zwei Jahren aufnehmen können. (...) Der Neubau eines Lagers, wie er dem Wortlaut der Genehmigung von 1966 nach bis 1970 erfolgen müßte, würde 230.000 DM kosten. Siemens hat daher daran gedacht, die Abfälle u.U. in Neuherberg (der Zwischensammelstelle des Landes Bayern bei der GSF, D. M.) einzulagern."[786]

Anstatt die Siemens AG auf die Genehmigungsauflagen zu verweisen und auf ihre Umsetzung zu drängen, zeigte bereits der sehr geringe Betrag von 230.000 DM – scheinbar in dem Bestreben, den Fortgang der friedlichen Nutzung der Kernenergie nicht zu bremsen – seine Wirkung. Im von Straimer gebilligten Entwurf des Schreibens, das die GSF über den Vorgang informieren sollte, wurde darum gebeten, "zu gegebener Zeit in Zusammenarbeit mit der GfK die Einlagerung der radioaktiven Abfälle der Firma Siemens in das Salzbergwerk Asse im Rahmen der Versuchslagerung radioaktiver Abfälle vorzubereiten."[787]

Das war kein Einzelfall. Im Mai 1967 wandte sich die Kernreaktorteile GmbH, eine Tochtergesellschaft von AEG und General Electric, an das Ministerium, um einen Verbleib für die nach einjährigem Produktionsbetrieb in größeren Mengen angefallenen radioaktiver Abfälle zu finden, die den Produktionsablauf erheblich stören würden. Über Presse und Rundfunk habe man von der Bundessammelstelle Asse gehört, in die man die Abfälle nun einlagern wolle.[788] Auch Werner Kliefoth bat in seiner Funktion als Leiter der Zwischensammelstelle der vier norddeutschen Küstenländer in Geesthacht am 17. Juni 1967 angesichts sich langsam füllender Hallen um grundsätzliche Klärung, "ob eine 'Versuchslagerung' " in der

785 Vgl. z. B. BMwF PD (3/1968), S. 25.
786 BA B 196 22790. Vermerk vom 9.1.1967.
787 Ebd.
788 BA B 196 22790. Schreiben vom 19.5.67.

Asse möglich sei.[789] Sehr aufschlussreich, aber begrifflich unpräzise, begründete auch die Nukem, die bis Oktober 1967 versucht hatte, für die Verbringung niedrigstaktiver uranhaltiger Abfälle auf eine Industriemüllhalde die Genehmigung des BMwF zu erreichen, ihren Einlagerungswunsch:

> "Ein wichtiger Aspekt sind die Kosten, die heute in Deutschland für die End- und Zwischenlagerung sämtlicher radioaktiver Abfälle aufzuwenden sind. Die Abfallproduzenten müssen heute für die Endlagerung radioaktiven Materials in den Landessammelstellen fast DM 1500,-/m^3 bezahlen, wobei der Staat einen erheblichen Betrag pro m^3 zuschießen muß."[790]

Das Problem der hohen Kosten für die Zwischenlagerung bestand also offenbar nicht allein in Nordrhein-Westfalen, wo es in der zweiten Hälfte des Jahres 1963 (siehe Kapitel 3.2.3) brisant geworden war. Zudem hatten sich Straimer und seine Referenten scheinbar mit ihrer bereits im März 1964 vor dem Bundestagsausschuss als "Meinung des BMwF" ausgegebenen Ansicht wenigstens teilweise durchgesetzt, die "öffentliche Hand" solle die Betriebskosten der Zwischensammelstellen "als Beitrag zur Förderung der Atomwirtschaft übernehmen."[791] Als im Rahmen des ersten Treffens der Arbeitsgemeinschaft "Radioaktive Abfälle" der Kernforschungszentren am 22. Januar 1965 auch die Kosten der Abfallbeseitigung intensiv erörtert wurden, beliefen sich die Gesamtkosten der Lagerung von 124 m^3 radioaktiver Abfälle, die in Karlsruhe 1963 angefallen waren, nämlich noch auf 239.000 DM. Die Teilnehmer rundeten den Betrag auf 1920 DM/m^3 Abfall ab.[792]

Diese Ausgangssituation und die Anfragen der Industriefirmen führten dazu, dass sich der AKoTL in seiner 9. Sitzung am 5. und 6. Juli 1967 systematischer mit der Entlastung befasste. Mit Schreiben vom 12. Juli 1967 teilte die GSF mit, man stehe neben GfK, KFA Jülich und Geesthacht sowie den bisher genannten Firmen mit AEG-Telefunken und BBC-Krupp Reaktorbau in Verbindung. Auch an die Farbwerke Höchst AG in Frankfurt sowie an die NUKEM in Hanau wollte man sich wenden und bat

---

789 BA B 196 22790.
790 BA B 138 5523. Schreiben vom 2.8.1967.
791 BA B 106 33880. Vermerk III A 2 vom 20.3.1964.
792 BA B 196 59274. Notiz vom 22.4.1965. Es wurde vereinbart, bei den weiteren Zusammenkünften der Arbeitsgemeinschaft – zwei weitere waren vorgesehen – die Kostenfrage noch eingehender zu erörtern. Der Notiz ist nicht klar zu entnehmen, ob der Betrag ausschließlich für eine einjährige Lagerung galt.

um möglichst schnelle Mitteilung der Adressen weiterer an einer Versuchseinlagerung interessierter Stellen: Die bevorstehenden Reparaturarbeiten am Schacht der Asse würden eine Einlagerung nach dem 1. Januar 1968 für mindestens zwölf Monate unmöglich machen.[793] Es kam diesbezüglich jedoch zu einer Verschiebung, so dass die Firmenabfälle im Rahmen der zweiten Versuchseinlagerung bis zum 1. April 1968 eingelagert werden konnten.[794] Im Rahmen der dritten Einlagerung im Herbst 1969 kamen zusätzlich Abfälle aus Gundremmingen (Kernkraftwerk RWE-Bayernwerk GmbH), dem Kernkraftwerk Obrigheim und von der Versuchsatomkraftwerk Kahl GmbH hinzu. Die NUKEM stellte nach der GfK mit 1000 Fässern den mit 200 Fässern größten Anteil.[795] Anfang Dezember 1969 meinte die Geschäftsführung der GSF gegenüber dem BMBW unter Hinweis auf Schreiben der Interatom, der AEG und der GKSS man "werde zunehmend von den Firmen bedrängt, verbindliche Kosten für die Einlagerung radioaktiver Abfallstoffe anzugeben." Gegenüber der AEG hatte man darauf hingewiesen, man könne diese zwar noch nicht verbindlich mitteilen, schätze sie aber auf etwa 100 DM für ein 200 Liter-Fass mit schwachaktiven Abfällen. Scheinbar war man sich des sehr niedrigen Betrags bewusst, fügte man doch hinzu, man gehe "davon aus, daß der zukünftige Preis für die Einlagerung radioaktiver Abfallstoffe nicht streng nach üblichen kaufmännischen Grundsätzen errechnet" werde.[796] Zudem wurde der AEG versichert, dass es mit der 1971 beginnenden Routineeinlagerung "ohne weiteres" möglich sei, die jährlich anfallenden 300 Fässer zu fest vereinbarten Terminen abzunehmen.

Dieser kurze Exkurs verdeutlicht zwei Dinge. Alle Beteiligten waren sich darüber klar, dass es sich hier nicht primär um eine Versuchseinlagerung handelte. Vielmehr wurde die Industrie unter Rücksichtnahme auf ihre Belange systematisch von radioaktiven Abfällen und damit verbundenen Ausgaben entlastet.

In Verbindung mit rechtlichen Signalen im Hinblick auf eine Bundeszuständigkeit[797] wird an dieser Stelle zudem klar, warum Schmidt-Küster 1974 bei der Präsentation des Integrierten Entsorgungskonzepts (siehe Kapitel 4.2.2) feststellen musste, im Bereich der Endlagerung fehle es

---

793 BA B 196 22790.

794 BA B 196 22790. Schreiben GSF an BMwF vom 14.12.1967.

795 BA B 196 22790. Vor der "Versuchseinlagerung" aufgestellte Übersicht ohne Datum.

796 BayHStA GSF 69. Schreiben vom 5.12.1969.

797 BA B 106 41351. Protokoll einer Besprechung am 23.11.1967.

Abb. 6: Einlagerung schwach- und mittelaktiver Abfälle in Asse II

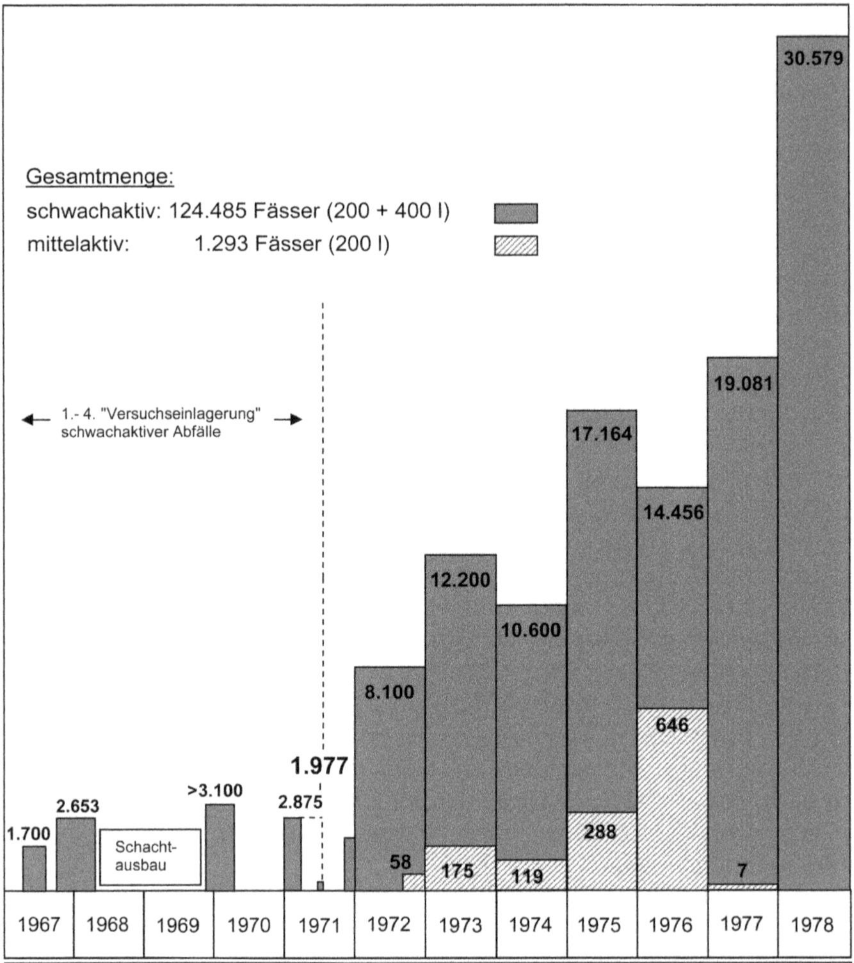

In Anlehnung an Jürgens (1979) und Herrmann (1983), korrigiert und präzisiert. Die Angaben sind für die Jahre 1968 bis 1978 den Jahresberichten Endlagerung der GfK / GSF (EGT) entnommen, für 1967 und teilweise auch für 1968 dem "BMwF Pressedienst" (3 u. 8 / 1968). Die vier "Versuchseinlagerungen" fanden in den folgenden Zeiträumen statt: April - Juli 1967, Oktober 1967 - April 1968, November 1969 - März 1970, Januar 1971 - März 1971 mit Ergänzung am 21. und 22. Juli 1971. Im November 1971 begann die "Routineeinlagerung" schwachaktiver Abfälle. 400-Liter-Fässer wurden erst ab 1976 verwendet. Im Abgleich mit der offiziellen Mengenangabe vor dem Deutschen Bundestag [BT PA (8. WP). Anlage 2 zum stenographischen Bericht der 140. Sitzung am 7.3.1979, S.11113f] ergibt sich für schwachaktive Abfälle (124.600) eine geringfügige Differenz, die wahrscheinlich auf Rundungen zurückzuführen ist.

noch völlig an Industrieinitiative. Die Bundesregierung bzw. die für Kernenergie zuständigen Ministerien hatten der Industrie über Jahre signalisiert, dass die Endlagerung Bundesaufgabe sein sollte und die entstehenden Abfälle kostenlos eingelagert. Die Endlagerung im Salzbergwerk Asse II ist eindeutig auch als Subventionierung der Atomindustrie zu sehen.

Diese Praxis sollte sich erst Jahre nach der Thematisierung des Verursacherprinzips im Rahmen des Umweltprogramms vom Oktober 1971 und seiner Festschreibung im Entsorgungskonzept vom November 1973 ändern: Ab dem 1. Januar 1976 wurden für die Einlagerung in das Endlager Asse II Gebühren erhoben. An vorderster Stelle der hiermit zu erreichenden Ziele stand offiziell die Deckung der Betriebs- und Investitionskosten.[798] Konsequenterweise bildeten die mit einem Teuerungszuschlag versehenen Personal-, Sach- und Verwaltungsgemeinkosten aus dem vorläufigen Wirtschaftsplan 1975 die Grundlage für die Ermittlung der Einlagerungsgebühren. Die Beträge schwankten je nach Dosisleistung und Gewicht der Abfälle zwischen 150 und 2.180 DM.[799]

Mit der in zähem Ringen mit der niedersächsischen Landesregierung ausgehandelten Option zur rückholbaren Zwischenlagerung hätten sich diese Beträge beträchtlich erhöht. Den Haushaltsausschuss des Deutschen Bundestages informierte das BMFT im September 1979 – sicherlich nicht ohne Hintergedanken – darüber, dass sie verfahrensbedingt "voraussichtlich um den Faktor 10 höher liegen" würden. [800]

4.1.4 Die Versenkung im Meer

Am 24. Oktober 1963 war der SG TL zur Aufgabe gemacht worden, sich näher mit den praktischen Aspekten einer Versenkung im Meer zu befassen.[801] Nachdem in den restlichen Monaten des Jahres die Einholung von Informationen zum Kavernenprojekt (siehe Kapitel 4.1.2) und zur Asse

798 Für Forschungsvorhaben aufgewendete Beträge wurden nicht mit eingerechnet. Die hereinkommenden Mittel sollten zur Reduzierung der Dosisleistung an der Oberfläche angelieferter Behälter, zur besseren Verfestigung und Verpackung der Abfälle sowie zur Minimierung des gesamten Abfallvolumens eingesetzt werden [GfK/GSF (1976), S. 7]. Vgl. die Diskussion des Entwurfs in BA B 196 33220, Aktennotiz vom 7.4.1975.

799 GfK/GSF (1976), S. 8–12.

800 BA B 196 59261.

801 BA B 106 66641. Besprechungsnotiz vom 28.10.1963.

(siehe Kapitel 3.2.8) im Vordergrund gestanden hatten, fand am 3. Januar 1964 auf Initiative der Firmen Lohrum und Stinnes-Rhein-Reedereien in Leopoldshafen eine Besprechung mit Vertretern der Studiengruppe statt. Krause, dem die Ministerialbeamten am 24. Oktober 1963 verdeutlicht hatten, dass für die spätere Auswahl dieses Beseitigungsverfahrens "neben der als selbstverständlich vorauszusetzenden Sicherheit die Wirtschaftlichkeit entscheidend sein" solle[802], schrieb daraufhin am 17. Januar an das BMwF:

> "Es ist bemerkenswert, daß die Kosten für das Versenken aggressiver chemischer Abfälle und Gifte, wie es von den genannten Firmen z.Zt. durchgeführt wird, für einen verhältnismäßig geringen Betrag erfolgen kann. Selbst unter Beachtung gründlicher Sicherungen dürfte sich dieser Wert beim Transport radioaktiver Abfälle nicht auf mehr als das Doppelte des in der Notiz genannten Preises (150,-- DM/to, D.M.) erhöhen."[803]

Krause sprach sich daher für eine versuchsweise Versenkung im Meer aus und verknüpfte seine Empfehlung mit dem Hinweis, man könne bei dieser Gelegenheit durch Verwendung von 313 200-Liter-Fässern zu je 350 kg aus dem Kernforschungszentrum Karlsruhe Lagerraum für neue Abfälle zurückgewinnen. Weitere Fragen solle man in einer gemeinsamen Besprechung klären, für die das am 29. Oktober 1963 eingegrenzte Gutachten des DHI[804] (siehe Kapitel 3.2.4), wenigstens aber eine vorläufige Stellungnahme, "wünschenswert" sei.

Mit Datum vom 9. Juni betonte das DHI in einem kurzen Schreiben, dass man Gebiete für eine Versenkung "nur mit gewissen Vorbehalten" benennen könne. Während von allen Gebieten "nördlich des Nordausganges der Nordsee" abzusehen sei, könne man einen bestimmten Bereich 1100 Seemeilen südwestlich von Irland mit Einschränkungen in Erwägung ziehen. Besser geeignet seien ein Gebiet in der Iberischen Tiefsee-Ebene und insbesondere ein Bereich im nördlichen Teil der großen Kap Verden-Tiefsee-Ebene nordwestlich von Madeira mit einer durchschnittlichen Wassertiefe von 4500 Metern. Die endgültige Auswahl des Versenkungsgebietes solle man gemeinsam und in Absprache mit der Bundesforschungsanstalt für Fischerei treffen.[805]

In ersten Gesprächen mit der OECD-ENEA, die vom 4. bis 6. Mai in Bergen und am 7. Juli 1964 in Paris stattfanden, teilte die Bundesrepublik

---

802 Ebd.
803 BA B 106 66641.
804 BA B 138 5521. Ausführlicher Vermerk vom 10.8.1964.
805 BA B 138 5521.

daraufhin den Vertretern der anderen europäischen Staaten mit, dass sie "im Zusammenhang mit einer Studie des DHI" die Versenkung schwachaktiver Abfälle des Kernforschungszentrums Karlsruhe beabsichtige und eine Beteiligung an den begleitenden Untersuchungen oder der eigentlichen Versenkung begrüßen würde.[806] Sie hielt sich damit an ihre Ankündigung vom Mai 1962, Schritte zur Versenkung nur im Einvernehmen mit internationalen Behörden und Organisationen (siehe Kapitel 3.2.4) zu unternehmen.

Der Zusammenhang mit der Studie des DHI war hierbei tatsächlich nur im weiteren Sinne gegeben. Denn spätestens in den ersten Gesprächen mit Vertretern des Instituts war deutlich geworden, dass wegen des geringen Kenntnisstandes über Durchmischungs- und Anreicherungsvorgänge mit einem abschließenden Gutachten in absehbarer Zeit nicht zu rechnen sein würde. Die Entscheidung über die Ausrichtung der Abfallbeseitigung würde aber schon vorher zu treffen sein. Dem DHI, das man vor diesem Hintergrund anscheinend benutzte, um möglichen Konflikten im Zuge der Zusammenarbeit frühzeitig begegnen zu können und sonstige Widerstände zu minimieren, wurden 1964 für die "Untersuchung von Diffusions- und Vermischungsvorgängen" – und wohl auch zur Unterstützung seiner weiteren Kooperationsbereitschaft – 97.500 DM gezahlt. Von zentraler Bedeutung war des Weiteren die Entwicklung von Messsonden für große Tiefen, ohne die eine Untersuchung des Verhaltens der Abfälle am Versenkungsort nicht machbar sein würde. Sie sollte im Folgejahr finanziell gefördert werden.[807]

Am 29. Oktober 1964 befürwortete der über seinen Bedeutungsverlust in Fragen der Beseitigung radioaktiver Abfälle scheinbar verstimmte AK III–IV/1 nach "einer sehr eingehenden Diskussion über den Sinn und Zweck der Probeversenkung", die Absichten des Ministeriums unter bemerkenswerten Auflagen.[808] Obschon die Vorbereitungen auf die Initiative des AK vom Mai 1962 zurückzuführen waren und der Mehrheit der AK-

---

806 BA B 138 5521. Ausführlicher Vermerk vom 10.8.1964.

807 Ebd.

808 BA B 196 59274. Kurzprotokoll der 33. Sitzung. Schon im Anschluss an den Bericht Holtzems über die USA-Reise hatte Schopper angemerkt, dass er es für zweckmäßig halte, die im Rahmen derartiger Informationsreisen zu erörternden Fragen, "vorher im Arbeitskreis zu behandeln." Bald darauf machte Holtzem klar, dass er lediglich gedenke, "dem Arbeitskreis entsprechend dem Arbeitsfortschritt auch weiterhin" zu berichten. Im Informationsgespräch am 23.7.2002 bejahte Schwibach für die Jahre nach 1962 einen Boykott der FK IV ausdrücklich.

Mitglieder sowohl die frühere Umstrittenheit einer Versenkung im Meer als auch die Gründe für die plötzliche Neubewertung bekannt sein mussten, stellte man fest, durch die Versenkung dürfe "keine Gefährdung der Umwelt eintreten". Der Versenkungsort müsse so gewählt werden, dass in der Folgezeit "Kontrollen möglich und Messungen durchführbar" seien. Dies hätte – entgegen den bisherigen Planungen des BMwF – ein Gebiet mit geringer Wassertiefe und größerer Nähe zum Festland erfordert. Schließlich bestand der AK noch darauf, es müsse es sich um eine einmalige Aktion handeln.[809]

Straimer zeigte sich, als er der FK III am 14. Dezember 1964 die neue Sicht der Dinge erläuterte, von den Forderungen allerdings unbeeindruckt. Seine Ausführungen machen weniger deutlich, wie selbstbewusst er inzwischen in der Frage der Versenkung im Meer geworden war, als unter welchem Druck er stand:

> "Die Meerversenkung radioaktiver Abfälle der üblichen Art (in Beton fixiert und mit einer Radioaktivität von höchstens einigen hundert Curie, D. M.) ist ungefährlich und soll daher unter voller Berücksichtigung der internationalen Belange auch von der Bundesrepublik Deutschland gelegentlich zur Entlastung der Abfallsammelstellen praktiziert werden. Das wissenschaftliche Gutachten des Deutschen Hydrographischen Instituts zu dieser Frage wird dabei zu beachten sein."[810]

Obschon die Bundesrepublik dem Generaldirektor der ENEA mit Schreiben vom 23. Februar 1965 offiziell den Vorschlag unterbreitete, eine gemeinsame Studie zur Versenkung im Meer durchzuführen, sollten bis zu ihrer Realisierung noch mehr als 2 Jahre vergehen.[811] Sie fand schließlich nach der ersten Einlagerung in der Asse statt, was insofern von Bedeutung ist, als das Ziel der gelegentlichen Entlastung der Zwischensammelstellen von schwachaktiven Abfällen bis dahin nicht erreicht wurde und von da an weit in den Hintergrund trat. Nachdem ab April 1968 noch nicht einmal die favorisierte Kaverne die Wirtschaftlichkeit der Asse gefährden durfte, dürfte der Entlastungsgedanke – was schwachaktive Abfälle anging – gegenstandslos geworden sein. Es blieb vermutlich auch aus diesem Grund letztlich bei einer einmaligen Versenkungsaktion.

Der Vorschlag der Bundesrepublik fiel in den Zuständigkeitsbereich des ENEA-Ausschusses für Gesundheit und Sicherheit. Dieser griff das

809 Ebd.
810 BA B 138 3317. Anlage V zum Protokoll.
811 BA B 138 5522. Vermerk I B 3 vom 31.1.1966.

Vorhaben auf und arbeitete es in ein Programm ein, das am 23. November 1965 vom Direktionsausschuss der ENEA gebilligt wurde.[812]

Obschon sich die Wissenschaftler des DHI noch Ende Januar 1966 unter Verweis auf die geringe Aktivität der vorgesehenen Abfälle einig gewesen waren, dass die Versenkung auch dann "als ungefährlich" einzustufen sei, "wenn sich das Untersuchungsgebiet (...) als ungünstig erweisen sollte", begann ihre Unterstützung bald zu bröckeln. Am 31. Mai 1966 teilte das DHI Holtzem mit, auf der Grundlage der bisher mit dem Forschungsschiff "Meteor" im Untersuchungsgebiet gewonnenen Ergebnisse lasse sich noch nicht sagen, ob es geeignet sei. Wesentliche Erkenntnisse seien nicht vor Ende 1966 zu erwarten.[813] Scheinbar war es dem DHI auch gelungen, den zuständigen Referenten des BML erneut für seine Sichtweise einzunehmen. Dieser wandte sich nämlich mit Schnellbrief vom 6. Juni 1966 mit der Bitte an das BMwF, die Entscheidung über das Versenkungsgebiet zurückzustellen. "Zwischenzeitlich" sei ihm "bekannt geworden, (...) daß die hydrographischen Verhältnisse (...) anders" seien, als "man ursprünglich angenommen" habe.[814]

Die Verzögerungsversuche des DHI und BML konnten – mit Blick auf frühere Festlegungen und den möglichen außenpolitischen Schaden – verständlicherweise nicht verhindern, dass am 26. und 27. September 1966 erstmalig der "Organisationsausschuss der ENEA für die Versuchsversenkung radioaktiver Abfälle in den Atlantik " in Paris tagte. Schon hier begann sich abzuzeichnen, was die auch im Rahmen der Tagung betonte "völlige Ungefährlichkeit der Aktion" aus heutiger Sicht stark in Frage stellt. Hatte Straimer – wie oben zitiert – an eine Aktivität "von höchstens einigen hundert Curie" gedacht, offenbarte Frankreich, dass es neben 27.000 Fässern mit 200 Curie auch 27.000 bis 32.000 Fässer mit einer Aktivität von 5000 bis 6000 Curie versenken wollte.

Während Spanien und insbesondere Portugal vor diesem Hintergrund einen genauen Untersuchungsplan für die Zeit nach der Versenkung forderten, bekräftigten die Vertreter der übrigen Staaten, dass man "keine laufenden Kontrollen vorgesehen" habe. "Von Zeit zu Zeit" würden fran-

812 Ebd.

813 BA B 138 5522. Fernschreiben DHI an BMwF. Das DHI hatte am 10.11.1964 eine Voruntersuchung im Februar/März 1965 und eine zusätzliche Untersuchung im August 1965 in Aussicht gestellt (B 138 5521).

814 BA B 138 5522.

zösische und deutsche Schiffe "Untersuchungen" im Versenkungsgebiet durchführen.[815]

Um die Bedenken beider Länder zu zerstreuen, wurde vom 12.–14. April 1967 eigens ein Seminar der ENEA in Lissabon veranstaltet. Doch Portugal stand der Versenkung 400 Meilen vor der portugiesischen Küste auch danach sehr kritisch bis ablehnend gegenüber. Es bemängelte den fehlenden wissenschaftlichen Erkenntnisstand und forderte eine Verschiebung. Diese Möglichkeit dürfte jedoch auch deswegen nicht in Betracht gekommen sein, weil Mitte März in der französischen, belgischen und britischen Presse Artikel über die bevorstehende Aktion erschienen. Die Zeitung "Aurore" wusste am 16. März 1967 zu berichten, dass ab Juni ein gechartertes Schiff mehrere europäische Häfen anlaufen werde, um Fässer aufzunehmen, die man in großer Tiefe vor der portugiesischen Küste versenken wolle. In der Bundesrepublik, war es scheinbar "Die Welt", die zu dieser Zeit über das Vorhaben berichtete.[816] Zumindest ein Leser forderte das Bundesministerium für Gesundheit daraufhin auf, die Versenkung zu verhindern.[817]

Als am 14. Juni 1967 ein Vertreter der portugiesischen Botschaft mit eben diesem Ziel den zuständigen Unterabteilungsleiter des Auswärtigen Amtes aufsuchte[818], war es – wie der nachfolgend zitierte Bericht der Geschäftsführung der GfK für die Zeit vom 1. April bis 30. Juni 1967 zeigt – längst zu spät:

> "Anfang Mai wurden 480 Fässer mit radioaktiven Abfällen aus dem Kernforschungszentrum vom Rheinhafen Karlsruhe mit einem Binnenschiff nach Emden transportiert und dort am 19. Mai in das bereits mit englischen Abfällen beladene Seeschiff "Topaz" umgeladen. Nach Zuladung holländischer, belgischer und französischer Abfälle (in Ijmuiden, Zeebrugge und Cherbourg) wurde die Ladung in der Zeit vom 30.5. – 5.6.1967 im Atlantik versenkt. Nennenswerte Zwischenfälle oder Kontaminationen traten bei der gesamten Aktion nicht auf. Die seit längerer Zeit geplante Versuchsversenkung im Rahmen der ENEA hat damit ihren vorläufigen Ab-

---

815 BA B 138 5522. Auf einer Besprechung mit Angehörigen des Auswärtigen Amtes am 19. November 1964 (B 138 5521) hatten diese lediglich Bedenken geäußert, das Vorhaben könne Vorwürfe bzw. Angriffe der russischen Seite, die die Versenkung im Meer auf der Monaco-Konferenz strikt abgelehnt hatte, zur Folge haben.

816 PA AA B 35–98. Aide-Mémoire der Portugiesischen Botschaft vom 12.6.1967.

817 BA B 138 5521. Antwort Schwibachs an Dr. J. G. Schnitzer vom 17.5.1967.

818 PA AA B 35–98. AA an BMwF vom 21.6.1967. Vgl. III A 5 an III C 2 vom 26.6.1967 (B 138 5522).

schluß gefunden. Es ist vorgesehen, das Versenkungsgebiet künftig weiter zu überwachen."[819]

Folgt man der Ansicht, dass es keine "nennenswerten Zwischenfälle oder Kontaminationen" gab, so gibt es dennoch zwei erwähnenswerte Umstände, die zum Teil ein geringfügig anderes Licht auf die Aktion werfen. Zum einen zeigte das Beladepersonal zu Beginn der Arbeiten "eine gewisse Scheu" vor seiner Tätigkeit und "leistete in geringem Umfang passiven Widerstand." Es hatte aus Presseberichten über das Kavernenprojekt am Standort Bunde den Eindruck gewonnen, "daß jeder Umgang mit radioaktiven Abfällen in höchstem Maße gefährlich sei."[820]

Zum anderen stellte der für die Überprüfung der Ladung zuständige Gewerberat in einem Schreiben an den Regierungspräsidenten Aurich fest, abgesehen davon, dass ihm nicht bekannt gewesen sei, dass bereits 750 t britische Abfälle an Bord waren, hätten diese mit bis zu 1 R/h gestrahlt, während die deutschen Abfälle eine maximale Strahlung von 50mR/h aufgewiesen hätten. Zudem hätten die deutschen Fässer verschraubte und zusätzlich verschweißte Deckel gehabt, während die englischen Fässer überhaupt keine Deckel besessen hätten.[821]

Scheinbar nutzte also nicht nur Frankreich, sondern auch Großbritannien die maßgeblich auf Betreiben der Bundesrepublik zustande gekommene Versenkungsaktion, um sich höherer Aktivitäten zu entledigen. Man wird annehmen können, dass die deckellosen britischen Fässer weniger stabil und korrosionsbeständig als die deutschen waren. Dies könnte stärkere Beschädigungen im Absinkprozess und damit eine weitflächigere Verteilung des Inhalts oder eine verfrühte Freisetzung am Meeresgrund zur Folge gehabt haben. Mit einiger Wahrscheinlichkeit ist die später von deutscher Seite erhobene Forderung nach einem besonderen Ausschuss, der Abfälle und Verpackung auf ihre Eignung prüfen sollte, als Voraussetzung für die Zustimmung zu einer neuen Aktion auf genau diesen Umstand zurückzuführen.[822]

Was die tatsächlichen Gesamtkosten der Versenkung angeht, finden sich unterschiedliche Angaben. Ab dem Hafen Emden betrugen die Kosten 21.940 DM. Das entsprach 121,88 DM pro to bzw. 182, 80 DM pro m^3

---

819 BA B 106 66654.

820 BA B 138 5521. Von Krause erstellter Zwischenbericht vom 29.5.1967. Vgl. Tiggemann (2004), S. 131f.

821 BA B 138 5521. Bericht Weingarten vom 22.5.1967.

822 PA AA B 35–170. Fernschreiben BMwF an AA vom 15.5.1968.

Abfall.[823] Die "atomwirtschaft" meldete fast drei Jahre später, die Kosten für den Transport per LKW zum Karlsruher Rheinhafen und die anschließende Binnenverschiffung nach Emden hätten 112 DM/m^3 Abfall, die des Seetransports einschließlich der Versenkung 215 DM betragen.[824] Die "Kostenstudie über die Endlagerung radioaktiver Abfälle in der Bundesrepublik bis Ende 1980" vom Oktober 1967 berücksichtigte die Transportkosten innerhalb der Bundesrepublik explizit nicht und wartete für die Versenkung im Meer mit einem Wert 215,57 DM/m^3 bei überdurchschnittlichem Gewicht und 172,45 DM/m^3 bei durchschnittlichem Gewicht auf.[825] Wenn Schwibach im Juli 1968 die deutschen Kosten auf etwa 200 DM/m^3 Abfall bezifferte und hinzufügte, dieser Wert sei "eine erste Vergleichszahl für das", was man "in der Asse für niedrigaktive Abfälle erreichen" müsse[826], wird deutlich, dass die Versenkung im Meer – entgegen den Angaben der Kostenstudie – kurz- bis mittelfristig das günstigste Beseitigungsverfahren war.

Insgesamt lässt sich die Tatsache, dass es sich für die Bundesrepublik um eine einmalige Versenkungsaktion handelte, durchaus in beschwichtigender Weise verwenden.[827] Zwar ist richtig, dass sich die Bundesrepublik an den Aktionen von 1968 und 1969 nicht beteiligte, sie nahm aber – insbesondere mit Blick auf spezielle Abfallarten – nicht grundsätzlich von diesem Beseitigungsverfahren Abstand. Im Rechnungsjahr 1969 wurden dem DHI scheinbar erneut 90.000 DM für "Versuche zur Auffindung geeigneter Versenkungsstellen für radioaktive Abfälle" gezahlt[828] und obschon bereits Anfang 1971 angenommen wurde, dass eine für 1972 geplante UN-Konferenz zum Themenkomplex Umweltschutz die generelle Ächtung der Versenkung radioaktiver und anderer toxischer Stoffe im Meer bringen würde[829], bejahte das zuständige Referat noch im

---

823 BA B 106 66643. Kurzprotokoll der 9. Sitzung des AKoTL vom 5./6.7.1967. Die Kostenstudie (siehe Fn 825) kam auf Gesamtkosten von 20.695 DM ab Emden bzw. 114, 97 DM/to.

824 atw, Jahresinhalt 1970, Rubrik "Kernbrenn-, Bau- und Betriebsstoffe", S. 308.

825 BA B 196 22792, S. 16.

826 BA B 138 5522. Information Schwibachs für Holtzem und den UAL III B. Vgl. Tiggemann (2004), S. 132.

827 Vgl. Reuter-Boysen (1992, S. 145), die nur auf die Absicht zur Versenkung hinweist. Vgl. Tiggemann (2004), S. 132.

828 BA B 138 3411. Kurzprotokoll der 7. Sitzung des AK III/7 am 29.11.1968.

829 BA B 138 4722. Kurzprotokoll über die 3. Sitzung des ENEA-Arbeitskreises "Verfahren zur Behandlung radioaktiver Rückstände in West-Europa" am 18./19. März 1971 in Paris vom 31.3.1971.

Februar 1972 Versenkungsaktionen aus "technischer und strahlenschutzpolitischer Sicht".[830] Es war in diesem Jahr lediglich auf Haftungs- bzw. Versicherungsfragen zurückzuführen, dass eine erneute Beteiligung der Bundesrepublik ausblieb.[831]

Noch am 26. Juni 1975 empfahl die Strahlenschutzkommission dem BMI, bei den zuständigen Gremien eine Versuchsversenkung von in Druckgasflaschen gefülltem Krypton anzuregen.[832] Wohl infolge der für Fragen der Entsorgung zunehmend sensiblen Öffentlichkeit war sich die Arbeitsgruppe "Endkonditionierung und Endlagerung" Ende Oktober 1976 im Hinblick auf derartige Kryptonflaschen und verfestigte tritiumhaltige Wässer allerdings einig, dass die Beseitigung im Meer "zur Zeit nicht als Konzept vorgestellt", das Forschungs- und Entwicklungspotential dieser Methoden "allerdings deutlich unterstrichen werden" solle.[833] Mitte Dezember 1977 war die Versenkung verfestigter Tritiumwässer im Atomgesetz zwar noch nicht geregelt, international hatte die Bundesrepublik diese auch nach der Londoner Konvention[834] erlaubte Art der Beseitigung bereits paraphiert.[835]

4.1.5 Hochaktive Abfälle – das Langzeitproblem

Schon 1961 war am Institut von Mandel an der TH Aachen mit Forschungsarbeiten zur "Lagerung hochaktiver Abfälle in Steinsalzlagern" begonnen worden. Hierbei handelte es sich im Wesentlichen um Berechnungen zu den thermischen Problemen, die auf der Basis amerikanischer Untersuchungen durchgeführt wurden. Sie zielten in den ersten Jahren insbesondere auf die Entwicklung eines Konzepts zur Vermeidung eines

---

830 BA B 138 4722. Vermerk IV C 4 vom 10.2.1972. Vgl. atw, Jahresinhalt 1970, Rubrik "Strahlenschutz und Sicherheit", S. 414.

831 BA B 196 1495. So Krause in Unterrichtung des Sachverständigenkreises zur "Behandlung und Beseitigung radioaktiver Abfälle" in der konstituierenden Sitzung am 17.3.1972.

832 Pfaffelhuber (1976), S. 80f.

833 BA B 295 1442. KEWA-Projektleitung, Bericht über die Besprechung am 29.10.1976.

834 Gemeint ist die "London Convention for the Prevention of Marine Pollution by Dumping of Waste and other Matter", die im August 1975 in Kraft getreten war. Vgl. BMFT (1978), S. 81–86.

835 BA B 295 1442. DWK-Protokoll der 10. Sitzung des Projektausschusses TP 5/6 am 20.12.1977.

folgenschweren Unfalls bei der Lagerung hochaktiver Abfälle in Kavernen ab.[836]

Das Ende Januar 1963 zur Information von Euratom vorliegende Programm der Bundesrepublik Deutschland für den Bereich der Abfallbehandlung und -beseitigung (siehe Kapitel 3.2.7) hatte die Zwischen- und Endlagerung hochradioaktiver Abfälle aus der Wiederaufarbeitung ausgebrannter Kernbrennstoffe als dritte und letzte Stufe vorgesehen. Ergänzend wurde hierzu ausgeführt:

> "Für die Bundesrepublik ist, da sich auf ihrem Gebiet noch keine Reprocessing-Anlage befindet, das Problem der Lagerung und Endbeseitigung oder sonstigen Nutzbarmachung der Kernbrennstoffabfälle noch nicht so dringend. Es ist daher zur Zeit nur vorgesehen, durch Studien die auftretenden Probleme zu untersuchen und ihre Lösungen vorzubereiten. Von besonderem Interesse sind dabei Forschungsvorhaben, die auf eine Lagerung der Kernbrennstoffabfälle in fester Form anzielen [sic]."[837]

Sowohl die weiteren Arbeiten im Bereich der thermischen Probleme als auch die Bemühungen zur Verfestigung werden in den nächsten beiden Kapiteln verfolgt.

Um die im Zitat deutlich werdende, auf den ersten Blick erstaunliche Gelassenheit zu verstehen, mit der man in den Anfangsjahren an die Verglasung der hochaktiven Spaltproduktlösungen der als Versuchsanlage eingestuften WAK ging, muss man sich vor Augen führen, dass der Bau einer kleinen Wiederaufarbeitungsanlage zwar bereits 1962 beschlossen worden war (siehe Kapitel 3.1.4), tatsächlich aber erst im Januar 1967 begann.[838]

---

836 BA B 196 22787. Ergebnisniederschrift über eine Besprechung zwischen BMwF, GfK, BfB, Borchert und Mitarbeitern von Mandel (Dipl.-Ing. Brandes und Dr. Schmidt) am 26.2.1965. Die Arbeiten waren nach dem Bekanntwerden der Dringlichkeit einer Lagerung der kugelförmigen AVR-Brennelemente auf Kritikalitätsberechnungen für diese spezielle Abfallart ausgedehnt worden, konnten aber infolge fehlender Abbranddaten bis mindestens Februar 1965 nicht präzisiert werden.

837 BA B 138 4466. Entwurf vom 24.1.1963. Der Text wurde zur Vorlage bei Euratom nicht mehr verändert.

838 Vgl. Issel (2003), S. 160–166. Issel stellt darüber hinaus knapp fest (S. 179), die Arbeiten zur Verglasung seien "als Grundlagenforschung betrieben" worden, bei der man "die Entwicklungen im Ausland beobachtet und bewertet" habe.

Der größte Teil der in der Bundesrepublik anfallenden Brennelemente würde vorteilhafterweise in den anderen europäischen Anlagen (Eurochemic, Windscale, La Hague) wiederaufgearbeitet werden[839], wo sich das Problem der Verfestigung – wie bereits in Kapitel 3.1.4 angesprochen – mit deutlichem zeitlichem Vorlauf und in größerem Ausmaß stellen würde. Bis zur Inbetriebnahme einer industriellen Wiederaufarbeitungsanlage in der Bundesrepublik würde daher "der Anfall an hochaktiven Spaltproduktlösungen (...) durch die Nominalbelastung der WAK begrenzt" bleiben.[840] Mit max. 2,4 m^3 höchstaktiver verfestigter Abfälle pro Jahr rechnete man im Oktober 1966[841], ein Jahr später ging man – dem weitgehend entsprechend – für die Zeit bis 1980 von insgesamt ca. 33 m^3 aus.[842]

Wenn mit dem 3. Atomprogramm (1968–1972) auch die bereits im Zitat angesprochene "sonstige Nutzbarmachung" und mit ihr die Abtrennung von Strontium-90, Cäsium-137 sowie der Actiniden[843] aus den Spaltproduktlösungen verstärkt thematisiert wurde[844], so dürfte allen Beteiligten klar gewesen sein, dass derartige Abtrennverfahren bis zum ersten Anfall hochaktiver Spaltproduktlösungen aus der WAK nicht zur Verfügung stehen würden. Ihre Abfälle würden daher das übliche Gemisch aus Spaltprodukten und Actiniden enthalten.[845] Dies war für die Endlagerung insofern von erheblicher Bedeutung, als für den Zerfall der Spaltprodukte etwa tausend Jahre, für den der Actiniden mehr als 1 Million Jahre anzusetzen sind.[846] Man wird also annehmen können, dass man sich der Tragweite des Vorhabens bewusst war, als man Mitte 1968 den Entschluss zur Nutzung der Asse II als Endlager (siehe Kapitel 4.1.3.1) für die verglasten hochaktiven Abfälle der WAK fasste. Dass für die Einlagerung spätestens ab 1970 die tief, weit vom Salzrand entfernt und im Älte-

839 Vgl. Gelfort (1978), S. 48. Vgl. auch BMwF (1968), S. 34.
840 BA B 196 1187. Protokoll der 1. Sitzung des Ad-hoc-Ausschusses "Behandlung und Beseitigung hochradioaktiver Abfälle" des AK III/7 am 7. 7. 1970.
841 BA B 196 22793. Vorläufige Schätzung der jährlichen Abfallmenge bis 1972.
842 BA B 196 22792. Kostenstudie über die Endlagerung radioaktiver Abfälle in der Bundesrepublik bis Ende 1980. In diesem Wert waren vermutlich auch verfestigte Abfälle aus der "Heißen Chemie" in Karlsruhe enthalten.
843 Vgl. Eschrich (1978), S. 250–255. "Actiniden" bezeichnet die Elementgruppe, die die auf das Actinium (Ordnungszahl 89) folgenden 14 Elemente der Ordnungszahlen 90–103 umfasst [Herrmann (1983), S. 236]. Zu ihnen zählen Uran, Plutonium, Neptunium, Americium und Curium.
844 BMwF (1968), S. 20 und S. 35.
845 Vgl. BMFT (1978), S. 72f.
846 Halaszovich (1980), S. 4. Vgl. Herrmann (1983, S. 72), Abb. 13.

ren Steinsalz gelegene 775 m-Sohle vorgesehen war[847], trug dem offensichtlich ansatzweise Rechnung.

Für die theoretischen Arbeiten zur Wärmeproblematik an der TH Aachen gab das Ministerium im Zeitraum von 1964 bis 1972 – nach eigenen Angaben – insgesamt 413.157 DM aus.[848] Die ergänzenden Arbeiten der BfB wurden in den Jahren 1966 bis 1969 mit insgesamt 209.000 DM gefördert.[849] Die Kosten der praktischen Versuche des IfT ließen sich auf der Quellengrundlage dieser Arbeit nicht beziffern.

Ebenfalls im Dunkeln liegen die Aufwendungen für die in Karlsruhe durchgeführten Arbeiten zur Verglasung. Sie wurden 1969 – im Einklang mit den bereits erwähnten Zielsetzungen des 3. Atomprogramms – durch Entwicklungsarbeiten der Lurgi Apparatebau GmbH (Frankfurt) zur Behandlung hochaktiver Abfälle aus Wiederaufarbeitungsanlagen und insbesondere zur Abtrennung von Transuranen ergänzt, die bis 1972 mit 450.000 DM gefördert wurden.[850] Im gleichen Zeitraum sollten bei der TH Aachen mit insgesamt 131.400 DM unterstützte Untersuchungen Aufschluss über eine wirtschaftlich optimale Strategie bei der Beseitigung hochaktiver Abfälle bringen.[851]

4.1.5.1 Die weitgehend gelöste Wärmeproblematik

Am 10. Juli 1964 wurde Brandes, ein Mitarbeiter am Lehrstuhl Mandels, von Krause beauftragt, den Abstand zu berechnen, in dem Zylinder mit bestrahlten Brennelementen und verfestigte hochaktive Reprocessing-Abfälle angeordnet werden könnten, um eine ausreichende Wärmeableitung zu gewährleisten. Besonders zu beachten war, dass bei Füllung des Endlagerbergwerks mit Wasser keine kritische Anordnung entstehen würde. Darüber hinaus sollte Brandes sich mit der Berechnung der Wärmeentwicklung in den Abfallbehältern für die abgebrannten Brennelemente des AVR-Reaktors sowie der Berechnung des maximalen Durchmessers einer Salzkaverne bei Einlagerung hochaktiver Abfälle und ausgebrannter Brennelemente befassen.[852]

---

847 GfK/GSF (1971), S. 16f.
848 BMFT/BMBW (1973), S. 335.
849 BA B 102 183852. Anlage zum Bewilligungsantrag für das Rechnungsjahr 1970.
850 BMFT/BMBW (1973), S. 333.
851 Ebd., S. 335.
852 BA B 106 66641. Besprechungsnotiz vom 14.7.1964.

Im Februar 1965 war zumindest die BfB unter Verweis auf diese theoretischen Vorarbeiten der Ansicht, es erscheine sinnvoll, "den Schwerpunkt der Untersuchungen nun mehr auf die experimentelle Seite zu verlagern"[853]. Diese Forderung unterstrich der für die BfB tätige Pakistaner Irshad Mufti in seinen "Theoretische(n) Untersuchungen zur Änderung des geothermischen Feldes bei der Einlagerung radioaktiver Abfälle im Salzgebirge" im Dezember 1966 erneut.[854] Mit seiner Arbeit hatte er – nach eigener Einschätzung – eine Methode zur Vorausberechnung des Temperaturanstiegs in kugel-, zylinder- oder andersförmigen Hohlräumen vorgelegt, die "für Abfälle aller Art ohne Rücksicht auf Abstammung, Alter oder Isotopenverteilung anwendbar" sein sollte.[855] Wie sich zeigte, erfolgte der Temperaturaufbau wesentlich schneller als die Abkühlung und betraf in nennenswertem Umfang lediglich einen Bereich von etwa 20 Metern um das Hohlraumzentrum.[856] Hochinteressant war mit Blick auf das für die Wiederaufarbeitungsanlage in Karlsruhe vorgesehene Verfahren schließlich sein Hinweis, dass die bei einer Wiederaufarbeitung im Purex-Prozess erfolgende Reduzierung der Abfallvolumina "eine große Zunahme der radioaktiven Konzentration und folglich auch der spezifischen Wärmeabgabe der Abfälle" bewirke. Statt einer Wärmeabgabe von 15–20 W/gal nach einer Abkühlzeit von 120 Tagen sei für Purex-Abfälle gleichen Alters mit 220 W/gal zu rechnen. Mufti kam daher zu dem Schluss, "daß das Problem der unterirdischen Ablagerung von hochaktiven Abfällen hinsichtlich der Geothermik mehr und mehr problematisch" werde.[857] Um die strukturelle Stabilität des jeweiligen Einlagerungshohlraumes zu gewährleisten, sei es nötig, "weit unter dem Schmelzpunkt" des Steinsalzes zu bleiben. Dies lasse sich entweder durch "eine Reduzierung der Hohlraumgröße oder eine Verminderung der Konzentration des Abfalls " erreichen. Andernfalls müsse dieser "für längere Zeit vor der Ablagerung an der Oberfläche abgekühlt werden."[858]

Die längere Kühlzeit war fester Bestandteil von Überlegungen, die GfK, BfB und IfT zwischen 1966 und 1967 anstellten. Während die Brennelemente nach 150 Tagen wiederaufgearbeitet werden sollten, war für die hierbei anfallenden Spaltproduktlösungen zunächst eine Kühlzeit

---

853 BA B 196 22787. Vorläufiger Antragsentwurf für ein Forschungsvorhaben vom 9.2.1965.
854 Mufti (1966), S. 85.
855 Ebd., S. 1.
856 Ebd., S. 80. So auch in den Schlussfolgerungen auf S. 91.
857 Ebd., S. 90.
858 Ebd., S. 81.

von bis zu sechs Jahren vor ihrer Verfestigung und anschließenden Verbringung in das Endlager vorgesehen.[859] "Die interessanteste Frage" bei der Untersuchung der thermischen Probleme sei – wie Kühn Ende Mai/Anfang Juni 1967 der internationalen Fachwelt erläuterte – welcher Prozentsatz der von den hochaktiven Abfällen erzeugten Wärme dann durch das Steinsalz abgeleitet und welcher Prozentsatz über die Belüftungsanlage des Bergwerks abgeführt werden könne.[860] Bei Einbringung der Abfälle in lediglich 3 bis 4 Meter tiefe Bohrungen würde nach Ansicht der GfK "der überwiegende Teil" mit dem Luftstrom durch den Schacht abtransportiert werden, wodurch sich erhebliche Konsequenzen für den Untertagebetrieb bzw. für die Auslegung der Belüftungsanlage ergeben würden. Eine stärkere Wärmebelastung des Gebirgskörpers schien daher wünschenswert.[861] Kappelmeyer, der als Angehöriger der BfB bereits Anfang 1966 die in den verschiedenen Bereichen der Asse herrschenden Ausgangstemperaturen ermittelt hatte, errechnete Mitte 1967 annäherungsweise, dass sich ein Anstieg der Lufttemperatur von 20 Grad Celsius über einer Wärmequelle nach einer Distanz von 2000 Metern um die Hälfte verringert haben würde.[862] Unter Betonung des Umstands, dass die tatsächliche Wärmeabgabe der künftigen Endlagerprodukte und die dann als ökonomisch vertretbar geltenden Kühlungsanstrengungen noch unbekannt seien, hielt er es für möglich, alle bis 1990 in der Bundesrepublik anfallenden hochaktiven Abfälle in einem einzigen Bergwerk zu lagern.[863]

In der Asse war inzwischen der Temperaturversuch I a durchgeführt worden, Temperaturversuch I b lief und Temperaturversuch II war in Vorbereitung. Für den Versuch I a waren drei Heizelemente mit einem Durchmesser von 11 Zentimetern und einer Länge von 132 Zentimetern in vertikaler Ausrichtung im Salz vergraben und für elf Wochen auf eine Temperatur von fast 400 Grad Celsius erhitzt worden. 24 in Abständen von fünf bis 400 Zentimetern angebrachte Thermometer zeigten, dass die

---

859 BA B 106 66642. Ausarbeitung der SG TL zur 7. Sitzung des AKoTL am 1.12.1966.

860 Kühn (1967), S. 517ff. Übersetzt aus dem Englischen.

861 BA B 106 66642. Ausarbeitung der SG TL zur 7. Sitzung des AKoTL am 1.12.1966.

862 Kappelmeyer/Mufti (1967), S. 541ff.

863 Ebd., S. 546. Diskussion des Vortrags. An anderer Stelle (S. 541) meinte Kappelmeyer, nach 1980 würde die Wärmeproduktion der Abfälle so hoch sein, dass es ökonomisch unmöglich werden würde, die gesamte Wärmemenge allein über die Belüftungsanlage abzuführen.

Temperatur überall schnell anstieg und nach einer Woche auf beinahe stabilem Niveau stagnierte. Schon in einer Entfernung von fünf Zentimetern lag die Temperatur nur noch knapp über 200 Grad, in vier Metern Entfernung bei etwa 40 Grad Celsius.[864]

Die im April 1968 begonnenen Schachtbauarbeiten wirkten sich allerdings deutlich verzögernd auf die Fortführung der Wärmeversuche aus. Eine Kontrolle der Versuchsanlage im Temperaturfeld II war nur einmal pro Woche möglich. Schließlich führte ein Fehler im Regelsystem der Wasserhaltungsanlage zu einer Überflutung des Versuchsfeldes, die die Geräte teilweise unbrauchbar machte. Man entschloss sich daher, das Programm abzubrechen und nach Abschluss der Schachtbauarbeiten fortzuführen.[865] Erst im Januar 1970 wurde das Temperaturfeld II in teilweise veränderter Auslegung erneut in Betrieb genommen.[866]

Fünf Monate zuvor hatte Schwibach für den 30. September 1969 zu einer Besprechung über den Stand und die Koordinierung der Forschungsarbeiten eingeladen.[867] Bereits im Februar 1969 hatte er bei der Geschäftsführung der GSF angeregt, das IfT möge sich mit Blick auf die Wärmewirkungen der Hochaktivlagerung intensiver mit dem Einsatz von hochfrequentem Wechselstrom zur Ortung von Laugeneinschlüssen auseinandersetzen.[868] Amerikanische Untersuchungen zogen nämlich schon seit Januar 1968 in Betracht, dass die im Salz enthaltene Feuchtigkeit und kleinere Laugenvorkommen zur Hitzequelle hin wandern könnten.[869]

1970 konzentrierte man sich allerdings darauf, eine automatische digitale Registriereinrichtung zur kontinuierlichen Aufzeichnung der Temperaturen an 70 Messstellen "zum fehlerlosen Laufen" zu bringen. Parallel wurden Wärmeleitfähigkeitsuntersuchungen mit einer eigens entwickelten Sonde vorgenommen, die zeigen sollten, inwieweit sich die Wärmeleitfähigkeit des Salzes bei höheren Temperaturen verändern würde. Die für 1971 geplanten Arbeiten hatten angesichts der für Ende 1973 vorgesehenen Einlagerung hochaktiver Glasblöcke aus Karlsruhe (siehe Kapitel

---

864 Kühn (1967), S. 517f.
865 GLAK B 69 590. F&E-Plan 1968, A 187.
866 GfK/GSF (1971), S. 18.
867 BayHStA GSF 69. Schreiben vom 25.8.1969. Die TH war allerdings nicht mehr durch Mandel, sondern durch das Institut für Elektronische Anlagen und Energiewirtschaft (Prof. Dr. Denzel) beteiligt.
868 BayHStA GSF 71.
869 BayHStA GSF 70. Anschreiben Schwibachs vom 19.1.1968 mit Kopien aus dem ORNL-TM-1887.

4.1.5.3) die Weiterentwicklung beider Geräte und die Auswertung der hiermit gewonnenen Daten zum Gegenstand.[870]

Mit dem 1973 auf ministerieller Ebene gefassten Entschluss, die Asse nicht zum Endlager für die große Wiederaufarbeitungsanlage zu machen, sondern nach einer vergleichenden Untersuchung mehrerer Standorte ein Integriertes Entsorgungszentrum zu errichten, wurden im Hinblick auf die Wärmeproblematik neue Hindernisse deutlich. Die bis dahin auf den Nahbereich um die Wärmequellen konzentrierten Versuche des IfT lieferten Erkenntnisse über das Verhalten der Asse-Salze, – eine verallgemeinernde Übertragung auf die geologischen Verhältnisse anderer Lagerstätten war nur mit starken Einschränkungen möglich. Ende Oktober 1975 erklärten GfK und GSF daher die Übertragbarkeit zukünftiger Versuche zum Forschungsziel, und hielten die Entwicklung geeigneter Berechnungsverfahren für erforderlich.[871]

Bis November 1976 gelang es, die immer noch von der TH Aachen und der inzwischen zur BGR gewandelten BfB entwickelten Berechnungsmethoden deutlich zu verfeinern. Die Wissenschaftler der BGR sahen sich nun in der Lage, "die Vorausbestimmung der Temperaturen für jede technisch machbare Lagerstrategie" zu leisten. Für ein Salzvorkommen mit einer Mächtigkeit von 100 x 250 x 800 m, in das 20 Jahre lang der hochradioaktive Abfall einer Wiederaufarbeitungsanlage mit einer Kapazität von 1500 Tonnen im Jahr eingebracht werden sollte, kamen sie zu folgenden Ergebnissen:

"a) die Temperaturen im Inneren eines Lagerkomplexes erreichen erst 20–30 Jahre nach Beendigung der Einlagerung ihren Maximalwert.
b) Innerhalb und in der unmittelbaren Umgebung des Lagerfeldes herrschen gebietsweise weit über 100°C, die über Jahrzehnte und Jahrhunderte erhalten bleiben.
c) Die Temperaturen nehmen mit zunehmender Entfernung von den Lagerkavernen schnell ab; Temperaturerhöhungen von 10°C sind jedoch bis in Entfernungen von mehreren hundert Metern (Salzrand) zu erwarten.

870 BA B 102 183852. Anlage zum Antrag "Strahlenschutz 506" für das Jahr 1971.

871 BayHStA GSF 167. Protokoll des 1. Koordinierungsgesprächs zwischen GfK und GSF am 30. u. 31.10.1975.

d) Die Temperaturwelle breitet sich sehr langsam aus; sie trifft z.B. in 900 m Entfernung von der Lagerkaverne erst nach ca. 700 Jahren mit 2°C Temperaturerhöhung ein."[872]

Dies veranschaulicht eindrucksvoll die räumliche und zeitliche Dimension der Wärmewirkung bei der Hochaktivlagerung. Unbedingt zu vermeiden war angesichts der bis zum Salzrand möglichen Temperaturerhöhungen eine Beeinflussung der Strömungsverhältnisse im Grundwasser der Deckgebirgsschichten. Durch eine Reduzierung der Lagerungsdichte würde dies einwandfrei möglich sein. Eine weniger dichte Einbringung würde allerdings eine weniger wirtschaftliche Nutzung des Salzstocks bedeuten. Längere Kühl- und Lagerungszeiten würden an anderer Stelle zu Buche schlagen.

Mit Blick auf die präzisierten Berechnungen der BGR konnte Kühn vor dem Bundestagsausschuss für Forschung und Technologie sechs Monate später durchaus treffend die Ansicht vertreten, man könne "das (...) Temperaturproblem zum großen Teil als gelöst" betrachten. Neben der Notwendigkeit, den Schmelzpunkt des Glases zu beachten, sei es wichtig, den mit 804 Grad Celsius darunter liegenden Schmelzpunkt des Natriumchlorids (reines Steinsalz) nicht zu überschreiten. Die Temperaturbereiche, die man aktuell für die Endlagerung anstrebe, würden zwischen 350 und 400 Grad Maximaltemperatur im Salz und damit 400 Grad von diesem Punkt entfernt liegen. Durch die Veränderung einiger Parameter sei man darüber hinaus in der Lage "erheblich unter diesen (...) Temperaturen zu bleiben und erhebliche Sicherheitsbarrieren (...) aufzubauen."[873] Dieser Zusatz war insofern von Bedeutung, als Kritiker inzwischen einwendeten, dass Steinsalz häufig nicht in reiner Form vorliege. Sie thematisierten nun den Carnallit und seine besonderen Eigenschaften. Diese waren den Verantwortlichen Ministerialbeamten und Wissenschaft-

---

872 BA B 102 183852. Statusbericht über "Geophysikalische Untersuchungen an Salzformationen im Hinblick auf die Endlagerung hochradioaktiver Abfälle in geologischen Körpern", dem BMWi mit Schreiben der BGR vom 22.11.1976 übersandt. Die abweichende Kleinschreibung des "die" unter "a)" entspricht dem Original. Vgl. die ähnlichen Ausführungen Kühns (S. 25f) vor dem Bundestagsausschuss für Forschung und Technologie am 25.5.1977 [BT PA (8.WP). Stenographisches Protokoll zu TO-Punkt 2 der 9. Sitzung]. Er meinte, man könne die 20-Jahres-Produktion einer 1400 Jahrestonnen-Anlage unter Nutzung 50 Meter tiefer Bohrlöcher "auf einer Fläche von 700 x 700 m" unterbringen.

873 BT PA (8.WP). Stenographisches Protokoll zu TO-Punkt 2 der 9. Sitzung am 25.5.1977, S. 58f.

lern allerdings seit mehr als einem Jahrzehnt bekannt. Schon im März 1964 hatte die BfB angesichts von Überlegungen, auch die Kaverne mit höheraktiven, wärmeentwickelnden Abfällen zu beschicken, darauf hingewiesen, dass Carnallit im Gegensatz zu Steinsalz bereits "bei Temperaturen von rd. 160°C instabil" werde, schmelze und Kristallwasser freisetze.[874] Nachdem die Temperaturversuche in der Asse gezeigt hatten, dass dieser Wert in geringer Entfernung von der Wärmequelle um ein Vielfaches unterschritten wurde, war man wahrscheinlich der Ansicht, dass es kein Problem geben würde, solange nur eine größere Partie reinen Steinsalzes zur Verfügung stehen würde. Möglicherweise kalkulierte man zu dieser Zeit auch bereits ein, dass bestimmte Mischformen von Carnallit eine höhere thermische Belastbarkeit aufweisen.[875] Dass sich die wissenschaftliche Meinung im Mai 1977 dennoch bereits im Umbruch befand, machte im gleichen Monat der zur Gelsenberg AG gehörende Wilfried Heimerl deutlich. "Früher" sei im Hinblick auf die im Steinsalz zulässige Maximaltemperatur "ein Wert von 400 Grad Celsius angenommen" worden. "Heute" sei "man wesentlich vorsichtiger."[876]

Nachdem die Reaktorsicherheitskommission (RSK) und die Strahlenschutzkommission (SSK) im Oktober 1977 dem Konzept eines Integrierten Entsorgungszentrums die grundsätzliche sicherheitstechnische Realisierbarkeit bescheinigt hatten, gehörte das Verhalten des Carnallits denn auch zu den Bereichen, in denen beide Kommissionen noch Bedarf für weitere Forschungs- und Entwicklungsarbeiten sahen. Zu Recht, wie eine erste Diskussion von Wissenschaftlern der PTB, der BGR, der EGT, der DWK sowie mehrerer Universitäten im Juli 1978 ergab. Inzwischen hatte sich gezeigt, dass die Temperaturempfindlichkeit des Carnallits deutlich höher als angenommen war. Die Freisetzung von Wasser durch das "äußerst komplexe" Mineral setzte bereits bei 70 Grad Celsius ein und schon vorher begann eine Verformung. Die Festlegung einer Temperatur unterhalb derer sicherheitstechnisch relevante Veränderungen des Carnallits auszuschließen waren, gehörte damit zu den wichtigsten Zielen.[877] Dass bei Berechnungen der TH Aachen zu den Auswirkungen der Einlagerung

---

874 BA B 102 183852. BfB-Bericht "Projekte zur Endlagerung radioaktiver Abfälle in ausgesolten Kavernen" vom 19.3.1964, S. 7f.

875 So jedenfalls Kühn auf eine Frage des späteren Bundesforschungsministers Riesenhuber im Verlauf der Anhörung des Bundestagsausschusses für Forschung und Technologie am 25.5.1977 [BT PA (8.WP). Stenographisches Protokoll zu TO-Punkt 2 der 9. Sitzung, S. 41.]

876 Heimerl (1977), S. 42.

877 PTB-SE-1 (1979), S. 9.

hochaktiver Abfälle inzwischen nur noch von einer Temperatur von 200 Grad Celsius an der Oberfläche der eingelagerten Abfallkokille ausgegangen wurde, trug diesem Umstand offensichtlich Rechnung.[878]

Insgesamt lagen in der zweiten Hälfte der siebziger Jahre also Ergebnisse von Berechnungen und aus Versuchen mit elektrischen Erhitzern vor. Die praktische Bestätigung durch die Einlagerung echter hochaktiver Glasblöcke stand noch aus. Unbearbeitet war in diesem Zusammenhang – wie die BGR im Oktober 1976 feststellte – ein weiterer wichtiger Aspekt der Wärmeproblematik: die Auswirkungen der großen Wärmeproduktion hochradioaktiver Abfälle nach dem Ersaufen eines Bergwerks. Diesbezüglich ließ sich eine Erhitzung der im Grubengebäude befindlichen Sole annehmen, die zu Konvektionsströmungen und im schlechtesten Fall bis zum Sieden führen würde. 1976 begann die BGR mit Voruntersuchungen, die sie 1977 ausweiten wollte.[879]

Diese Forschungslücke ist insofern besonders hervorhebenswert, als Borchert schon im Februar 1965 darauf hingewiesen hatte, dass "die örtlichen Bewegungen von +_ kontaminierten Salzlösungen, auch unter dem Einfluß von Heizstellen und Temperaturgefällen" zu untersuchen sein würden.[880]

4.1.5.2 Die lange vernachlässigte Verglasung?

1964 wurde im Kernforschungszentrum Karlsruhe mit Arbeiten zur Verglasung hochradioaktiver Abfalllösungen begonnen.[881] Für diese Verfestigungsmöglichkeit lagen in der Bundesrepublik noch keinerlei Erfahrungen vor und auch die USA hatten als Hauptnutzer der Kernenergie erst vor einiger Zeit angefangen, sich des Verfestigungsproblems im Allgemeinen anzunehmen. Dort war man u. a. wegen deutlicher Radiolyseerscheinungen[882] und Wanderungsbewegungen von dem ursprünglichen Konzept abgegangen, hochaktive Abfalllösungen direkt in Salzkavernen

878 Ebd., S. 23.

879 BA B 102 183852. Fortsetzungsantrag der BGR für das Forschungsvorhaben "Strahlenschutz 506" im Rechnungsjahr 1977, dem BMI mit Schreiben vom 28. 10. 1976 übersandt.

880 BA B 196 22787. Kurzfassung eines Referats anlässlich der 34. Sitzung des AK III–IV/1 am 12.2.1965.

881 BA B 196 46591. III B 6 an I A 2. F&E-Vorhaben 20/64/7 bzw. 21/70/3. Vgl. Issel (2003), S. 179–182.

882 Unter Radiolyse versteht man die Zersetzung einer Substanz durch die Einwirkung radioaktiver Strahlung [Herrmann (1983), S. 242].

einzubringen. Neuere Arbeiten zielten – wie Krause, Straimer, Holtzem, Borchert, Ramdohr und Schopper im Rahmen einer mehrwöchigen USA-Reise im Oktober/November 1964 erläutert wurde – auf eine Überführung in den festen Zustand ab. Die hierzu 1963 in Idaho in Betrieb genommene Fließbettkalzinierungsanlage der Phillips Petrolium Company wurde den Gästen aus der Bundesrepublik als "einzige auf der Welt" präsentiert, mit der es möglich sei, die Verfestigung der Lösungen "kontinuierlich im industriellen Maßstab" vorzunehmen.[883]

Das Verfahren schien allerdings "kompliziert" und "nur für große Durchsätze geeignet." Das bei vergleichsweise hoher Temperatur hergestellte Endprodukt musste wegen anhaltender Gasentwicklung belüftet werden und hatte einen entscheidenden Nachteil: Die Spaltprodukte waren nach wie vor "im erheblichen Umfang" wasserlöslich. Für die in der Bundesrepublik erst in einigen Jahren zu erwartenden geringen Abfallmengen hoher Aktivität wollte man daher einen eigenen Weg gehen. Die Spaltstoffe sollten in Gläser mit niedrigem Schmelzpunkt eingeschlossen und danach mit einem ähnlich gearteten, inaktiven Glas umhüllt werden. Die Auslaugrate eines solchen Glasblockes würde – wie man hoffte – "gleich Null" sein.[884]

Scheinbar bestand jedoch auch eine gesunde Skepsis im Hinblick darauf, wie schnell und wie zuverlässig man dieses Ziel erreichen können würde. In einer aufschlussreichen Stellungnahme zu den Möglichkeiten der Lagerung der Abfälle aus der geplanten Karlsruher Wiederaufarbeitungsanlage schrieb Krause im Mai 1965 an die Geschäftsführung der GfK:

> "Es ist vorgesehen, die hochaktiven Flüssigkeiten in glasartige Massen überzuführen. Seit wenigen Monaten werden in den Laboratorien der Dekontamination Versuche zur Herstellung geeigneter Gläser durchgeführt. Nach Meinung vieler Fachleute bietet der Einschluß der Spaltprodukte in Gläsern keine Gewähr dafür, daß im Laufe der zum weitgehenden Abklingen benötigten Zeit von etwa 600 Jahren keine Aktivität aus dem Glas entweichen kann. Deshalb zielen unsere Arbeiten darauf ab, (...) die Si-

883 BA B 196 59274. So Krause am 29.10.1964 im Rahmen der 33. Sitzung des AK III–IV/1, Anlage Ib zum Protokoll. Kurzbericht über die Studienreise vom 10.11.1964 in den Privatunterlagen Holtzems.

884 GLAK 69 507. Stellungnahme Krauses vor dem ad-hoc-Ausschuss "Aufarbeitung von bestrahlten Kernbrennstoffen" vom 9.7.1965.

cherheit durch die Umhüllung *und durch die Art der Lagerung* (Hervorhebung D. M.) zu gewährleisten."[885]

Die Informationen zur Qualität der Gläser entsprachen im Kern dem, was Donth und Schmidt-Küster in ihrem Reisebericht vom November 1962 (siehe Kapitel 3.1.4) festgestellt hatten. Diesbezüglich hatte es also scheinbar keine wesentlichen Fortschritte gegeben. In der Bewertung der noch nicht zufriedenstellenden Beständigkeit gab es jedoch einen bemerkenswerten Unterschied: Hatte die Notwendigkeit zur Verwendung zusätzlicher Edelstahlbehälter bei den Erstellern des Reiseberichts noch zu dem Schluss geführt, die Frage des Lagerortes spiele dann "keine wesentliche Rolle mehr", so waren Krause – und mit ihm die für den Strahlenschutz zuständigen Beamten des BMwF – der Ansicht, es bedürfe der anschließenden Lagerung "in einem Salzbergwerk".[886] Ein Zeithorizont von nur 600 Jahren erscheint hierbei auf den ersten Blick vergleichsweise niedrig, entsprach jedoch älteren Ansichten auf internationaler Ebene.[887] Auch wird man registrieren müssen, dass Krause unter Fokussierung auf die Spaltprodukte vom *weitgehenden* Abklingen sprach.[888] Betont sei: Es ging im Mai 1965 lediglich um die Herstellung "geeigneter Gläser", noch nicht um Versuche zum Einschluss von Spaltprodukten.

Nach der Neuorganisation der DAtK im März 1966, bei der die FK IV sämtliche Arbeitskreise verlor[889], sollte der AK III/7 "Strahlenschutz" die Aufgaben der früheren AK III–IV/1 und IV/3 weiterführen. Folgerichtig erhielt er die Zuständigkeit für Fragen der Behandlung und Beseitigung radioaktiver Abfälle, die er sich im Bereich der Verfestigung hochaktiver

---

885 BA B 138 5523. Mit Schreiben vom 17.5.1966 dem BMwF (Holtzem) unter Hinweis auf teilweise veraltete Passagen zur Verfügung gestellt.

886 Ebd.

887 Lieberman (1958), S. 4ff.

888 Die genauen Umstände der Festlegung auf eine "säkular sichere Lagerung" gehören zu den interessantesten noch offenen Fragen. Noch 1970 meldete die "Atompraxis", eine neue Anlage der französischen Atomenergiebehörde gewährleiste die sichere Lagerung während der "bis zur vollständigen Entaktivierung benötigten 500 Jahre" (Atompraxis, Jahresinhalt 1970, S. 210). 1977 meinte Heimerl (S. 1), wenn man nur die Spaltprodukte betrachte, bestehe das Gefährdungspotential hochradioaktiver Abfalllösungen "für einen Zeitraum von ca. 1000 Jahren". Berücksichtige man die Aktiniden, würden sich "noch wesentlich längere Zeiten" ergeben. Vgl. Breest/Holtzem (1975), S. 608.

889 Vgl. Müller (1990), S. 179.

Rückstände aus der Wiederaufarbeitung mit dem AK III/5 teilte[890] und übernahm den ad-hoc-Ausschuss "Abfallbeseitigung" des AK III–IV/1.[891].

Als im AK III/5 "Aufarbeitung bestrahlter Brennstoffe" am 29. März 1967 Prof. Karl Heinrich Lieser (Kernchemie/TH Darmstadt) einen "Bericht über Forschungs- und Entwicklungsvorschläge auf dem Gebiet der hochradioaktiven Abfälle" hielt, konnte er, im Vergleich zum Erkenntnisstand des Jahres 1965, scheinbar keine wesentlichen Veränderungen erkennen:

> "Im Zusammenhang mit den hochradioaktiven Abfällen, die bei der Wiederaufarbeitung von Brennstoffelementen anfallen, liegen noch viele ungelöste Probleme an. Im Gegensatz zu den technisch schon sehr fortgeschrittenen Verfahren der Wiederaufarbeitung der Brennstoffelemente, befinden sich die chemischen Verfahren zur Weiterbehandlung der hochradioaktiven Lösungen noch im Anfangsstadium."[892]

Lieser vertrat des Weiteren die Ansicht, die Lösung dieser Frage sei "von großer Dringlichkeit" und forderte – im Beisein von Schwibach, Holtzem und Abteilungsleiter Pretsch – konsequenterweise, entsprechende Arbeitsgruppen, insbesondere an den Hochschulen, "intensiv zu fördern".[893] Im Ergebnis kam auch der gesamte AK zu "der Auffassung, daß die Inangriffnahme dieses Problems dringend erforderlich sei."[894]

Die in den Vorschlägen des AK III/7 für das 3. Atomprogramm 1968–1972 im Hinblick auf die Endlagerung anfänglich verwendete Formulierung "Ausarbeitung einer Strategie und Entwicklung von Methoden zur Behandlung hochaktiver Rückstände"[895] wurde allerdings frühzeitig gestrichen. Während in der abschließenden Fassung des Programms im Oktober 1967 im Wesentlichen zu lesen war, man wolle die im Rahmen des 2. Atomprogramms begonnenen Forschungs- und Entwicklungsarbeiten zur Endlagerung fortführen[896], präzisierte man zur Behandlung hochaktiver Spaltproduktlösungen dahingehend, dass man während der Lauf-

---

890 BA B 138 3410. Kurzprotokoll der konstituierenden Sitzung des AK am 4.4.1967

891 BA B 138 3409. Kurzprotokoll der 5. Sitzung. Die fünf Mitglieder waren: Dr. Rattay (Vorsitz), Dr. Krause, Dr. Levi, Dr. Fendler und Dr. Talsky. Von Seiten des BMwF war in der Regel Schwibach anwesend.

892 BA B 138 3410. Anlage IV zum Kurzprotokoll der 3. Sitzung des AK III/5 am 29.3.1967.

893 Ebd.

894 BA B 138 3403. Kurzprotokoll der 3. Sitzung.

895 BA B 138 3410. Kurzprotokoll der 2. Sitzung am 8.5.1967.

896 BMwF (1968), S. 37. Vgl. auch: BA B 138 3301.

zeit des Programms Verfahren zur Verfestigung in Gläsern und keramischen Substanzen entwickeln wolle. In diese Entwicklung sei als "Vorstufe für erste Einlagerungsversuche die Errichtung einer Technikumsanlage für Glasschmelzen (...) einzubeziehen".[897]

Insgesamt war die Notwendigkeit der Entwicklung und Beherrschung des Brennstoffkreislaufs bei der Formulierung des Programms und insbesondere in den ersten Monaten des Jahres 1968 (siehe Kapitel 4.1.3.4) zwar erkannt worden, die Endlagerung wurde diesem Themenkomplex allerdings noch nicht mit Selbstverständlichkeit zugerechnet.[898] So stellte Minister Stoltenberg am 24. Oktober 1968 vor dem Bundestagsausschuss für Wissenschaft, Kulturpolitik und Publizistik die im Bereich des Brennstoffkreislaufs gegenüber dem Vorjahr inzwischen vorgenommene Verdoppelung der Mittel (von 16,7 auf 33 Mio. DM) als Beispiel konzentrierter Förderung dar, betonte aber, dass man insbesondere die Arbeiten an einem Anreicherungsverfahren und an der Verbesserung von Brennelementen vorantreiben wolle.[899]

Im November 1967 referierte Krause im AK III/5 erneut zum Problem der Behandlung und Beseitigung hochradioaktiver Abfälle. Als Dr. Walter Schüller, Geschäftsführer der "Gesellschaft zur Wiederaufarbeitung von Kernbrennstoffen mbH" (GWK)[900], mit Blick auf den bereits seit Anfang des Jahres laufenden Bau der WAK ungeduldig fragte, "welche Vorarbeiten denn noch nötig seien, bis man ernste Pläne machen könne, wie diese Lösungen weiter behandelt werden sollen", offenbarte Krause interessante Gründe für das schleppende Vorankommen. Bis "vor kurzem" habe man geglaubt, "man könne, auf den Erfahrungen im Ausland aufbauend, direkt eine Anlage bauen oder kaufen. Vieles, was als produktionsreis [sic] angesehen wurde, sei jedoch noch lange nicht ausgereift."[901]

Krauses Erklärung ist mit Blick auf den vorbereitenden Gesamtcharakter der Arbeiten glaubwürdig. Wie es scheint, änderten sich also erst im Laufe des Jahres 1967 die Vorzeichen für die weitere Entwicklung im Be-

---

897 BMwF (1968), S. 34.

898 Vgl. BMwF (1968), S. 30–35. Vgl. auch: Cartellieri u. a. (1968), S. 192–230.

899 BT PA (5. WP) 64. Sitzung des Ausschusses.

900 Vgl. Müller (1996), S. 554f.

901 BA B 138 3403. Kurzprotokoll der 5. Sitzung am 17.11.1967. Schon am 23.4.1965 hatte sich im gemeinsamen ad-hoc-Ausschuss der AK II/4 "Aufarbeitung von bestrahlten Kernbrennstoffen" und des AK III/2 "Brenn- und Baustoffe für Kernreaktoren" eine "längere *Diskussion* über das Problem der hochaktiven Spaltprodukte entwickelt. Man beschloss, "die damit im Zusammenhang stehenden Fragen" im Rahmen der nächsten Sitzung "eingehend" zu behandeln (GLAK 69 507/Kurzprotokoll).

reich der Verglasung. Man merkte nun, dass man von den Erfahrungen anderer Staaten nur eingeschränkt profitieren können und in noch stärkerem Maße eigene Wege gehen müssen würde.

Insgesamt veranlassten Krauses Ausführungen den AK zu der Feststellung, eine hochaktive Versuchsanlage müsse bis 1973 den Betrieb aufnehmen, um nach einer kurzzeitigen Lagerung in Tanks eine reibungslose Weiterverarbeitung gewährleisten zu können. Es war Schwibach, der die AK-Mitglieder in dieser Situation darauf hinwies,

> "daß vom Standpunkt der Endlagerung noch sehr viele Probleme untersucht werden müssen, vor allem, um zu lernen, was sich im Bergwerk selbst abspielt. Insbesondere müsse geprüft werden, wie sich die heißen Probekörper im Salz verhalten und wie sie am günstigsten angeordnet werden können. Aus dieser Sicht sei der angenommene Zeitraum viel knapper, da genügend Erfahrungen vorliegen müssen, bevor man mit der Einlagerung größerer Mengen beginnen könne."[902]

Hier – d.h. im November 1967 – zeigte sich also bereits deutlich, wie stark die Forschungen zur Endlagerung durch die Inbetriebnahme einer Wiederaufarbeitungsanlage von der Größe der WAK unter Druck gerieten. Diesen Druck hätten die für die Wiederaufarbeitung und Endlagerung zuständigen Ministerialbeamten in Abstimmung mit der GWK theoretisch durch die Schaffung eines Auffanglagers für die verglasten Abfälle in Karlsruhe oder an der Asse mindern können, doch diese Möglichkeit scheint nicht ernsthaft in Betracht gezogen worden zu sein. Stattdessen wurde die Lagerungsdauer für die Spaltproduktlösungen anscheinend von sechs auf zwei Jahre verkürzt. Für diese Entscheidung dürfte neben dem Willen zur Reduzierung der Lagerrisiken insbesondere der Wille zur Aufwands- und Kostenreduzierung für die GWK ausschlaggebend gewesen sein.[903] Immerhin liefen zu dieser Zeit die Temperaturversuche an der Asse (siehe Kapitel 4.1.5.1) an.

Als GfK und GWK Ende 1967 ein mittelfristiges Rahmenprogramm für das Gebiet der Brennstoffaufbereitung aufstellten, das Arbeiten enthielt, die im Kernforschungszentrum Karlsruhe bis etwa 1975 durchgeführt werden sollten, kam man vor diesem Hintergrund und mit Blick auf die Ziele des 3. Atomprogramms nicht umhin, neben Untersuchungen zur "Abtrennung und Gewinnung von Aktiniden und einzelner Spaltprodukte"

---

902 BA B 138 3403.

903 Bereits am 29.10.1964 meinte Krause (B 196 59274), man bemühe sich in den USA "auch wegen der Lagerkosten und Lagerrisiken (...) sehr, die Reprocessingabfälle in feste Produkte zu überführen."

auch Arbeiten zur Spaltproduktverglasung vorzusehen. Für den letztgenannten Themenkomplex setzte man sich zum Ziel, bis Ende 1968 in kleinem Maßstab (1 Liter Glas) die ersten hochaktiven Gläser (ca. 10.000 Ci/Liter) herzustellen und eingehend zu untersuchen.[904] Eine für Ende 1969 geplante erste Versuchseinlagerung dieser Gläser in der Asse, musste schließlich verschoben werden, da mit den bergmännischen Vorarbeiten wegen der Reparaturen am Schacht nicht rechtzeitig begonnen werden konnte.[905]

Es gibt zu denken, dass der am 24. Juni 1969 vor Vertretern des BMwF präsentierte Statusbericht für das Jahr 1968 eine Senkung des Anspruchsniveaus für die Verglasung offenbarte. In Ausblendung der unklaren Standsicherheit und Unkenntnis der geohydrologischen Verhältnisse an der Asse[906] hatte man dort formuliert, man habe "die Anforderungen an die Auslaugbeständigkeit zu Gunsten einer einfacheren Arbeitstechnik" herabsetzen können, da "die vorgesehene Lagerung der Glasblöcke in einer Salzformation ein Höchstmaß an Sicherheit" biete.[907]

Bereits einen Monat später trafen sich Vertreter der GWK und der GfK, um sich im Hinblick auf die Errichtung zweier Anlagen zur Behandlung der hochaktiven Abfalllösungen abzustimmen.[908] Aufgrund des "äußerst exponierten Standortes" der WAK, schien der GWK eine Dauerlagerung in Tanks "nur als Notlösung" vertretbar. Ihr ging es daher um die Inbetriebnahme einer Verglasungsanlage bis spätestens Ende 1974, wobei sie von einer "etwa 3-jährigen Planungs- und Errichtungszeit" ausging. Die mit 5,53 Mio. DM veranschlagte HAVEL (*H*ochaktiv-*V*erglasung zur *E*nd*l*agerung) sollte fest an die WAK angegliedert werden und dadurch das Abfüllen und den Transport der hochaktiven Lösungen vermeiden.

VERA (*Ver*festigung von hoch*r*adioaktiven *A*bfalllösungen) sollte dagegen als auf dem Gelände des Kernforschungszentrums zu errichtende Mehrzweck-Versuchsanlage in halbtechnischem Maßstab bei einem Kostenaufwand von 5,1 Mio. DM in erster Linie der langfristigen Entwicklung

---

904 BA B 138 3411. Anlage IV zur 5. Sitzung des AK III/7 am 22.3.1968. Ausführlicher Bericht Krauses.

905 BA B 196 22790. GSF an BMwF vom 14.12.1967.

906 BA B 196 22792. Notiz über die Besprechung mit Dr. Perzl am 21.6.1968. Bis dahin waren für geohydrologische Forschung "keine Mittel veranschlagt" worden. In den Jahren 1968/1969 sollten je 50.000, 1970 200.000 und 1971 300.000 DM aufgewendet werden.

907 GLAK 69 502. Statusbericht "Entwicklungsprogramm Brennstoffaufarbeitung".

908 BA B 196 3514. Notiz der Besprechung am 25.7.1969 mit Stellungnahmen der GWK und der GfK.

und Verbesserung von Verfahren zur Abfallverfestigung dienen. Daneben sollten die mit ihr gemachten Erfahrungen in engen Grenzen auch in die technische Auslegung der HAVEL einfließen.

Hervorhebenswert ist in diesem Zusammenhang, dass die ADB die eigenen und ausländischen Ergebnisse auf diesem Gebiet nach wie vor kritisch sah. "Im Hinblick auf die Erfordernisse der Endlagerung" liefere kein Verfahren ein "voll befriedigendes Produkt."[909] Daher wollte man bereits begonnene alternative Arbeiten zum Einschluss in andere Glasarten mit geringerer Neigung zur Rekristallisation und Sedimentation, in glasähnliche Endprodukte mit verbesserten thermischen und mechanischen Eigenschaften, in Alumino-Silikat-Matrixkörper sowie in metallische Matrix-Materialien fortsetzen. Mit Schwerpunkt wollte man sich mit diesen Verfahren allerdings erst in den Jahren 1974 bis 1976 befassen und dann das beste von ihnen – rechtzeitig vor Inbetriebnahme der großen Wiederaufarbeitungsanlage um 1980 – zur technischen Reife entwickeln. Die Jahre davor sollten zur Durchführung von Versuchsprogrammen zur Endlagerung genutzt werden. Konkret sollte es um die Untersuchung des Verhaltens der Glaskörper im Salz, die Entwicklung und Erprobung von Lagerbehältern sowie die Entwicklung und Erprobung der Transport- und Lagertechnik gehen.

Wenn hier auch noch festgestellt wurde, man müsse diese Arbeiten abschließen, bevor sich Mitte 1974 die Notwendigkeit routinemäßiger Einlagerungen aus der HAVEL ergebe, so dürfte den Beteiligten bereits klar gewesen sein, dass man dieses Ziel nur mit starken Einschränkungen halten können würde. Ende 1972 sollte die VERA betriebsbereit sein und dann die erforderliche Anzahl an Testblöcken erstellen. Zur Untersuchung des Verhaltens im Salz hätten damit bis Mitte 1974 bestenfalls anderthalb Jahre zur Verfügung gestanden. Wie viel Zeit wäre für Produkt- und Verfahrensänderungen geblieben? Welche Aussagen hätten derart kurze Einlagerungszeiten im Hinblick auf die Langzeitsicherheit zugelassen? Zum Vergleich: In ihrem "Forschungs- und Entwicklungsprogramm auf dem Gebiet der Endlagerung radioaktiver Abfälle" veranschlagten GSF und GfK im August 1977 bis zum Abschluss einer "*ausreichend* (Hervorhebung D. M.) gesicherten Demonstration der Einlagerung hochaktiver Abfälle in einem repräsentativen Versuchsmaßstab" zehn bis 15 Jahre.[910]

Am 28. Juli 1969 erläuterte Krause den Vertretern des BMwF, Schmidt-Küster und Holtzem, die zwischen ADB und GWK erzielten Ab-

---

909 Ebd.
910 BA B 102 183852.

stimmungsergebnisse und wies erneut darauf hin, "dass auf dem Gebiet der Behandlung hochaktiver Abfälle noch eine Vielzahl von Arbeiten durchzuführen" sei.[911] Das BMwF nahm hiervon und von den ergänzenden Ausführungen der übrigen GfK- und GWK-Vertreter "zustimmend Kenntnis." Die Arbeiten zur Errichtung der Mehrzweckanlage VERA sollten "möglichst rasch" vorangetrieben werden, die Besprechung eines genaueren Zeitplans für die Errichtung der HAVEL-Anlage sollte Mitte 1971 erfolgen.[912]

Doch bereits Ende November 1969 sprach sich das zuständige Referat des BMBW dafür aus, mit den Planungen für die HAVEL nicht bereits 1971 zu beginnen, sondern diese um mindestens zwei Jahre zu verschieben. Ohne die Nutzung der mit der VERA gewonnen Erfahrungen schien ihm das Vorhaben "nicht vertretbar". Man solle den bereits laufenden Informationsaustausch mit anderen Staaten zu einer "echten Zusammenarbeit" ausdehnen und die Arbeiten ggf. im Rahmen von Euratom bearbeiten. Auch könne die VERA zeitweise die Aufgabe der HAVEL übernehmen.[913] GfK und GWK hielten diese Gedanken jedoch für wenig Erfolg versprechend und – was die VERA betraf – für kontraproduktiv.[914]

Während die Meinungsverschiedenheit Anlass für eine weitere Besprechung und anschließenden Schriftverkehr bot[915], verglich Krause in der 10. Sitzung des AK III/7 am 10. April 1970 die in der Bundesrepublik und den USA verfolgten Konzepte zur Verfestigung hochaktiver Rückstände. Während in den USA nach spätestens fünf Jahren eine Verfestigung und nach weiteren fünf Jahren Zwischenlagerung die Endlagerung erfolgen musste, schien ihm für die Bundesrepublik eine frühzeitigere Verfestigung ratsam. Da die ersten aus dem Betrieb der WAK stammenden hochaktiven Spaltprodukte in verfestigter Form bereits Ende 1973 zur Versuchseinlagerung in die Asse gelangen sollten, hielt er weitere Schritte für äußerst dringlich. Der AK beschloss daraufhin die Bildung eines ad-

911 BA B 196 3514. Arbeitskreis Brennstoffaufarbeitung, BA-Notiz-Nr. 35 vom 4. 8. 1969.

912 BA B 196 3514. Besprechungsnotiz vom 4.8.1969.

913 BA B 196 46591. III B 6 an I A 2 vom 24.11.1969.

914 BA B 196 46591. GfK an BMBW vom 20.3.1970. Detaillierte Stellungnahme.

915 Auf dem Schreiben der GfK vom 20.3.1970 (B 196 46591) notierte Holtzem einen Besprechungstermin am 9.4.1970. Der im gleichen Bestand befindliche Vermerk vom 17.9.1970 (IV B 1) spricht von einem zwischen GfK und GWK abgestimmten Schreiben vom 14.5.1970.

hoc-Ausschusses, der Koordinierungsvorschläge für die bei der GWK, KFA Jülich und GfK laufenden Arbeiten ausarbeiten sollte.[916]

Dem Eindruck der unbedingten Notwendigkeit zur Koordinierung schloss sich am 13. April 1970 auch das BMBW an. Acht Mitglieder sollte der ad-hoc-Ausschuss "Behandlung und Beseitigung hochradioaktiver Abfälle" des AK III/7 haben.[917] Ziel der Koordinierungstätigkeit sollte es sein, "die Effektivität und Wirtschaftlichkeit (...) zu erhöhen" und der Atomkommission Informationen nach dem neuesten Stand von Wissenschaft und Technik zur Verfügung zu stellen.[918] Krause, der in der konstituierenden Sitzung am 7. Juli 1970 zum Vorsitzenden gewählt wurde, skizzierte in einer – nach eigenem Ermessen – "realistischen Vorschau" die Ausgangssituation.

Die ersten hochaktiven Spaltprodukte aus der WAK würden 1971 anfallen. Da eine Kühlzeit von 2 bis 3 Jahren erforderlich sei, könne die Versuchsphase der Einlagerung hochaktiver Abfälle in der Asse 1974 begonnen werden und 1975 in den kontinuierlichen Betrieb übergehen. Bis zur Inbetriebnahme einer im großtechnischen Maßstab betriebenen Wiederaufarbeitungsanlage im Jahre 1980 sei mit drei bis vier Kubikmetern Glas (entsprechend einer Menge von 200 bis 250 Glasblöcken) pro Jahr zu rechnen. Bis dahin müsse auch die Verfahrenstechnik im großen Maßstab völlig geklärt sein.

Krauses engagierte Appelle verhallten keineswegs ungehört. In der 22. Sitzung der DAtK am 23. Oktober 1970 unterstützte ihn Winnacker insofern, als er darauf hinwies, dass der AK empfehle, das Entwicklungsprogramm zur Verglasung "mit äußerster Dringlichkeit durchzuführen."[919] Noch in der 23. und letzten Sitzung der DAtK am 19. Oktober 1971 unterstrich eines der Mitglieder mit Blick auf das bald vorzubereitende 4. Atomprogramm "die Notwendigkeit (...), beim Brennstoffkreislauf der Wiederaufarbeitung sowie der Beseitigung und Lagerung radioaktiven Abfalls besondere Aufmerksamkeit zu widmen."[920]

---

916 BA B 196 46591. Kurzprotokoll.

917 BA B 196 1187. IV C 3 an I A 9. Der Ausschuss sollte aus je drei Angehörigen der KFA und der GfK bestehen und durch je einen Vertreter der GWK und der GSF ergänzt werden. Es handelte sich um Merz, Brinkmann, Laser (KFA), Krause, Gruber, Diefenbacher (GfK) sowie Knorr (GWK) und Perzl (GSF).

918 BA B 196 1187. Kurzprotokoll der konstituierenden Sitzung am 7.7.1970.

919 B 138 3304.

920 Ebd.

Die Vorbereitungen zur Errichtung der VERA waren zunächst planmäßig vorangekommen. Die ab Mitte Mai 1970 durch die Oberfinanzdirektion Karlsruhe vorgenommene baufachliche Prüfung verlief trotz des inzwischen um rund 1 Mio. DM erhöhten Kostenvoranschlags ohne Beanstandungen und auch die Bauabteilung des BMF äußerte am 25. August 1970 keine Bedenken.[921] Die am 5. Mai 1971 begonnenen Bauarbeiten wurden jedoch bereits am 19. Oktober 1971 – vorgeblich aus finanziellen Gründen und zur Vermeidung von Risiken beim Transport der hochaktiven Abfalllösungen – wieder eingestellt.[922] Über die finanziellen Gründe ließen sich den Akten keine weiteren Informationen entnehmen. Was die Vermeidung des Transportrisikos angeht, könnten die Ausarbeitung und Veröffentlichung des Umweltprogramms (siehe Kapitel 4.2.1) sowie die gestiegene öffentliche Sensibilität zu einer Neubewertung geführt haben.

Nachdem das BMI Ende 1972/Anfang 1973 die Zuständigkeit für die Bereiche Reaktorsicherheit und Strahlenschutz erhalten hatte, musste Hagen im Dezember 1974 vor der Reaktorsicherheitskommission auf "sehr große Verzögerungen" bei der VERA II verweisen, die er auf "die geforderte Berücksichtigung der sich ständig weiter entwickelnden Sicherheitsdiskussion" zurückführte. Wegen der hieraus resultierenden "Kostenexplosion" und "nicht mehr vorhandener Eignung für das Versuchsprogramm" habe man sich entschieden, den Genehmigungsantrag zurückzunehmen. Intern war man sich im Klaren darüber, dass dieser Schritt "unter optimistischen Annahmen" eine Verzögerung des Versuchsprogramms zur Verglasung um mindestens drei Jahre bedeuten würde.[923] Für die daraufhin konzipierte VERA III wurde – im Idealfall – eine Inbetriebnahme für das Jahr 1979 erwartet. Mit der scheinbar noch 1972 ins Auge gefassten LAVA (*La*gerung und *V*erdampfung hochaktiver *A*bfälle)[924], einer Anlage mit vier Lagertanks zur Erweiterung der WAK-Kapazität, versuchte man daher endlich "eine Entkoppelung des WAK-Betrie-

---

921 BA B 196 46591. Vermerk IV B 1b vom 17.9.1970.

922 BA B 196 46591. Schreiben GfK an BMFT vom 7.11.1974. Es wäre der Frage nachzugehen, inwieweit der Abschluss des URG-Vertrags am 13. Oktober 1971 für den Baustopp ausschlaggebend war. Es ist nicht unwahrscheinlich, dass man zunächst britisch-französische Erfahrungen abwarten wollte.

923 BA B 106 52509. Anlage 3 "Backfitting bzw. Genehmigungsänderungen" und Anlage 2 c "Terminablauf Genehmigungsverfahren VERA II". Durch die Genehmigungsforderungen hatten sich die Anlagenkosten "um fast das Doppelte" erhöht.

924 BMFT (1974), S. 309.

bes von der Verfügbarkeit eines Verglasungs- und Endlagerverfahrens" zu erreichen.[925]

Die Kommunikations- und Abstimmungsprozesse im Zuge der Arbeiten zum 4. Atomprogramm für die Jahre 1973 bis 1977 scheinen ab März 1972 eine klarere Sicht der Notwendigkeiten im Hinblick auf die Verglasung und die Endlagerung in Industrie und Politik gebracht zu haben. So kam beispielsweise der Mitte 1972 zwischen DAtF und KTG abgestimmte Beitrag zu dem Schluss, der Teil des Brennstoffkreislaufes, der sich mit der Wiederaufarbeitung bestrahlter Kernbrennstoffe sowie der Behandlung mittel- und hochaktiver Abfälle befasse, müsse "besonders nachhaltig gefördert werden."[926] Hierbei dürfte von grundlegender Bedeutung gewesen sein, dass erst jetzt – die WAK war vom 7. September 1971 bis zum 18. November 1971 erstmals aktiv in Betrieb gegangen – kernbrennstoffhaltige Abfälle aus der Wiederaufarbeitung auf dem Staatsgebiet der Bundesrepublik angefallen waren.[927]

Schon 1969 hatte die Gelsenberg AG an der KFA Jülich im Rahmen eines Programms zur "Wiederaufarbeitung thoriumhaltiger Kernbrennstoffe" mit der Entwicklung eines alternativen Verglasungsverfahrens begonnen. Im Unterschied zu den Karlsruher Arbeiten, bei denen Borosilikatglas verwendet wurde, setzte man dabei auf Phosphatglas. Hiervon unabhängig hatte man 1971 bei der Eurochemic die Entwicklung eines Verfahrens zur Einbettung hochradioaktiver Substanzen in eine Metallmatrix eingeleitet. Nachdem Anfang 1973 ein erster Kontakt zwischen der Eurochemic und Gelsenberg zu Stande gekommen war, entwickelte man ab Ende 1973 gemeinsam das PAMELA (*P*hosphatglasverfestigung mit *a*nschließender *Me*talleinbettung zur sicheren *L*agerung von hochaktivem *A*bfall)-Verfahren.[928] Die Besonderheit dieses Verfahrens lag darin, dass nicht Glasblöcke von 10 bis 15 Zentimetern Radius, sondern Glaskügelchen mit einem Durchmesser von vier bis fünf Millimetern hergestellt und in Blei eingegossen wurden. Das Metall erhöhte die Stabilität und die Korrosionsbeständigkeit des Endprodukts und wirkte als zusätzliche Barriere. Ab Dezember 1974 wurde in Jülich eine Versuchsanlage kleinen Maßstabs (5–10 Liter Spaltproduktlösung pro Stunde) mit echter Abfalllösung betrieben.[929] Hierzu wurden bis Ende 1976 interessanterweise insgesamt

925 BA B 106 52509. Anlage 3 "Backfitting bzw. Genehmigungsänderungen".
926 GLAK 69 985. Schikarski an Haxel vom 16.5.1972.
927 Issel (2003), S. 166f. Bei der GfK zeichneten sich nun "deutliche Engpässe" in der Behandlung der Abfälle ab.
928 Heimerl (1977), S. 33f.
929 Heimerl (1975), S. 347.

etwa 200 Liter hochaktiven Abfallkonzentrates der Eurochemic von Mol nach Jülich transportiert, die ungefähr zur Hälfte im PAMELA-Verfahren verfestigt wurden. Vor Abschluss der Erprobungsphase Anfang 1977 konnten im August/September 1975 zwei hochradioaktive Glas-Metall-Blöcke hergestellt werden.[930] Ab 1977 zielte ein gemeinsames Forschungs- und Entwicklungsprogramm der Gelsenberg AG und des Hahn-Meitner-Instituts in Berlin, wo spätestens seit 1973 an der "Verfestigung von Spaltprodukten in keramischen Massen" gearbeitet wurde[931], darüber hinaus auf die Herstellung von Borosilikatglas- bzw. Glaskeramik-Metallblöcken ab.[932] Nachdem die DWK das PAMELA-Verfahren 1978 zur Weiterentwicklung erworben hatte, standen im Januar 1979 Vertragsverhandlungen für eine Demonstrations- bzw. Prototypanlage am Standort der Eurochemic in Mol vor dem Abschluss.[933] Sie sollte allerdings nicht allein die hochaktiven Abfallkonzentrate der Eurochemic, sondern auch die der WAK verfestigen, die zu diesem Zweck in flüssigem Zustand von Karlsruhe nach Mol transportiert werden sollten.[934]

Treffend stellte also ein zwischen BMFT, BMI und BMWi abgestimmtes Positionspapier Anfang November 1976 fest, in der Bundesrepublik seien im Hinblick auf die Verglasung "technische Erfahrungen (...) nur im Labormaßstab vorhanden."[935]

4.1.6 Die vermiedene Lösung auf internationaler Ebene

Vom 20. bis 22. Januar 1964 fand im französischen Saclay die erste Besprechung der IAEO zur Koordinierung nationaler Forschungsvorhaben auf dem Gebiet der Behandlung und Beseitigung radioaktiver Abfälle

---

930 Heimerl (1977), S. 35. Die andere Hälfte des Abfallkonzentrats wurde in einem anderen Verfahren verfestigt.

931 BMFT (1974a), S. 309.

932 Heimerl (1977), S. 38 in Verbindung mit S. 34.

933 BT PA (8. WP). Stenographisches Protokoll der 41. Sitzung des Ausschusses für Forschung und Technologie am 17.1.1979, S. 7. Vgl. Wolff (1996), S. 430–435.

934 Vgl. Issel (2003), S. 181f.

935 AdsD Depositum Matthöfer 264. Positionspapier zur Nutzung der Kernenergie vom 8. November 1976, vorgelegt zum Gespräch mit dem Nds. Ministerpräsidenten Albrecht am 11.11.1976.

statt. Vertreten waren Belgien, Frankreich, Großbritannien, Italien, Japan, Kanada, Schweden, die USA sowie die Bundesrepublik Deutschland.[936]

Diese erste und scheinbar einzige Gelegenheit zur Etablierung einer intensiveren internationalen Zusammenarbeit führte jedoch aus mehreren Gründen, zu denen mit einiger Wahrscheinlichkeit auch eine unzureichende Vorbereitung zu zählen ist, zu keinem nennenswerten Erfolg. Von entscheidender Bedeutung dürfte der Umstand gewesen sein, dass die IAEO lediglich über einen geringen Forschungsetat verfügte, weswegen eine Ausweitung der Aktivitäten im Bereich der Beseitigung nur dann möglich gewesen wäre, wenn die Mitgliedsländer kostenlose Forschungsverträge angeboten hätten. Im Anschluss an eine Diskussion über die möglichst effektive Vergabe der knappen Fördermittel hielt Krause folgendes Ergebnis fest:

> "Der Vorschlag eines umfangreichen eigenen Programmes des [sic] IAEA wurde abgelehnt. Auch der Gedanke eines gemeinsamen internationalen, durch Verträge geregelten Forschungsprogrammes fand kein großes Echo. Dagegen erklärten sich die Delegierten übereinstimmend zu einem Austausch der Ergebnisse und Erfahrungen aus ihren eigenen Arbeiten bereit, wobei die IAEA als Koordinator wirken sollte."[937]

Wenn damit auch die im Verlauf der frühen sechziger Jahre vereinzelt zum Ausdruck gebrachten Hoffnungen der Bundesrepublik auf eine Lösung des Beseitigungsproblems auf IAEO-Ebene dahin waren, so dürfte dieses Ergebnis im BMwF kaum als Rückschlag empfunden worden sein. Man sah zu dieser Zeit bereits eine anderweitige, finanziell deutlich lohnendere Möglichkeit in greifbarer Nähe, wie die Instruktionen, die Holtzem Krause vor der Sitzung übermittelt hatte, erkennen lassen:

> "Wie in der telefonischen Unterredung dargelegt, wird es erforderlich sein, darauf zu achten, daß hinsichtlich des deutschen Programms für die Endlagerung radioaktiver Abfälle, soweit eine Beteiligung von Euratom vorgesehen ist, etwaige Ausführungen zu diesem Punkt nur informativen Charakter haben. Bei Euratom darf auf keinen Fall der Eindruck entstehen, daß von deutscher Seite daran gedacht ist, dieses von Euratom zu koordinierende Forschungsprogramm etwa der IAEO anzubieten. Soweit von

---

936 BA B 106 66641. Besprechungsnotiz vom 5.2.1964. Während der Vertreter der Tschechoslowakei sein Visum nicht rechtzeitig erhalten hatte, hatte die UdSSR auf eine Teilnahme verzichtet.

937 Ebd. Die Delegierten einigten sich darauf, zweimal jährlich über den Fortgang der Arbeiten in Stichworten zu berichten. Den Eindruck einer unzureichenden Vorbereitung hielt Krause am Ende der insgesamt dreizehnseitigen Besprechungsnotiz fest.

der IAEO auf dieser Sitzung (...) auch die Endbeseitigung der radioaktiven Abfälle angesprochen wird, ist daher eine gewisse Zurückhaltung am Platze."[938]

Sicherheitshalber erwähnte Krause im zweiten Teil der Sitzung, in dem die Vertreter der versammelten Staaten einen Überblick über die für eine internationale Zusammenarbeit in Frage kommenden Forschungsprogramme gaben, die Planungen zur Endlagerung im tiefen Untergrund mit keinem Wort. Die USA und Frankreich informierten dagegen über entsprechende Vorhaben und sparten dabei auch den Bereich der hochaktiven Abfälle nicht aus. Diesbezüglich vertrat der französische Delegierte die vermutlich zur Geheimhaltung der konkreten nuklearpolitischen Ambitionen seines Landes vorgeschobene Position, da hochaktive Abfälle "erst in wenigen Ländern anfielen", müssten sie auch "nicht Gegenstand einer internationalen Zusammenarbeit sein".[939]

Die Sorge Holtzems um mögliche Irritationen auf Euratom-Seite war hiervon losgelöst durchaus ernst zu nehmen. Er war es, den Straimer eingestellt hatte, um das favorisierte Kavernenprojekt durchzusetzen.[940] Die diesbezüglichen Vertragsverhandlungen mit der Europäischen Atombehörde hatten scheinbar noch nicht begonnen und sollten noch bis Anfang Mai 1965 dauern.[941] Zudem entsprach es scheinbar den ministeriumsinternen Grundsätzen dieser Zeit, in Angelegenheiten mit außenpolitischer Wirkung besonders verlässlich vorzugehen. So war Euratom das Kavernenvorhaben erst angeboten worden, nachdem Verhandlungen mit der IAEO nicht zum gewünschten Erfolg geführt (siehe Kapitel 3.2.7) hatten.

Im Zuge der weiteren Abstimmung mit Euratom scheint zunehmend deutlich geworden zu sein, dass es der Behörde neben der Realisierung des Kavernenprojekts auch darum ging, "eine Vorklärung als Basis einer Lagerungspolitik der Gemeinschaft zu erzielen."[942] Sie unterstützte daher

938 BA B 106 66641. Briefentwurf vom 14.1.1964.

939 BA B 106 66641. Besprechungsnotiz vom 5.2.1964. Sowohl Schopper als auch Schwibach (Informationsgespräche am 27.4. bzw. 23.7.2002) vermuteten "militärische Gründe". Schwibach erläuterte, aus Art und Menge der im Abfall enthaltenen Spaltprodukte ließen sich Rückschlüsse auf die nuklearpolitischen Ambitionen des jeweiligen Landes ziehen.

940 Informationsgespräch mit Dr. Schwibach am 23.7.2002.

941 Vgl. Reuter-Boysen (1992), S. 154–156 und Tiggemann (2004), S. 148–150.

942 BA B 106 66641. Notiz über die 3. Sachverständigensitzung am 28. 4. 1964 in Brüssel.

auch den Forschungsantrag einer französischen Firma, Karten auszuarbeiten, aus denen die Eignung der Euratom-Länder zur Endlagerung radioaktiver Abfälle ersichtlich sein sollte.[943]

Es deutet also tatsächlich Einiges darauf hin, dass sich Euratom mittel- bis langfristig die gemeinsame Errichtung und Nutzung von Endlagern zum Ziel gesetzt hatte.[944] Noch im März 1968 war man bei der Europäischen Atombehörde der Ansicht, anstelle "einer getrennten, auf die wissenschaftlichen Aspekte beschränkten Bearbeitung (...) wäre besser die Errichtung eines gemeinsamen Unternehmens anzustreben, das auch industrielle Verfahren zur Behandlung und endgültigen Lagerung der radioaktiven Abfallstoffe zu entwickeln hätte."[945] Hierbei beschränkte sich das Interesse schon früh nicht allein auf das Kavernenvorhaben. Bereits in der Anfangsphase der diesbezüglichen Vertragsverhandlungen hatten die Euratom-Vertreter auch ihr Interesse an einem Forschungsvertrag zu einem Salzbergwerk bekundet, was von deutscher Seite jedoch abgelehnt wurde.[946]

Aufgeschlossener standen die Ministerialbeamten einem solchen Anliegen gegenüber, als es mit Schreiben vom 5. April 1965 von der IAEO an sie herangetragen wurde. Zwar machte die IAEO hier deutlich, dass auch sie die Idee international genutzter Beseitigungsplätze noch nicht aufgegeben hatte, sie beeilte sich aber, zu betonen, dass die beabsichtigte Studie zu den Sicherheits- und Wirtschaftlichkeitsaspekten in keinem Fall die Nutzung des Bergwerks zur Beseitigung radioaktiver Abfälle in internationalem Rahmen bedeuten würde.[947]

Da sich auch die ENEA wenig später nach der Möglichkeit einer derartigen Studie erkundigte, sollten die näheren Vorstellungen mit Einverständnis von Staatssekretär Cartellieri am 2. September 1965 im BMwF

---

943 BA B 106 66641. Besprechungsnotiz vom 13. 7. 1964 (SG TL Aktennotiz 21/64).

944 Müller (1996), S. 564 mit Bezug auf Reuter-Boysen. Auf den angegebenen Seiten geht es bei Reuter-Boysen zwar um den Euratom-Vertrag, eine derartige Feststellung wird jedoch nirgends getroffen. Vgl. Tiggemann (2004), S. 148.

945 BA B 136 8330. Kommission der Europäischen Gemeinschaften zur künftigen Forschungstätigkeit vom 6.3.1968. Abschnitt zur Behandlung und Lagerung radioaktiver Abfallstoffe.

946 Tiggemann (2004), S. 148.

947 BA B 138 4813. Im Original: "that such a study (of the safety and economic factors, D. M.) would in no way imply the actual use of that mine for international disposal of radioactive waste."

erörtert werden.[948] Schließlich vermerkte Straimer am 19. November 1965, die IAEO dürfe Forschungsvorhaben in Teilen der Asse durchführen, Gastforscher seien ab 1966 willkommen.[949] Möglicherweise waren es diese Besuche, die im Verlauf des Jahres 1966 zu Irritationen führten. Zumindest sah sich Minister Stoltenberg Anfang Dezember veranlasst, auf die Frage eines Lehrers aus der Nähe von Wolfenbüttel klarzustellen:

> "Es ist nicht beabsichtigt, deutsche Tieflager für radioaktive Rückstände anderen Staaten zur Verfügung zu stellen."[950]

Möglicherweise war inzwischen aber auch bekannt geworden, dass sich die Absichten der IAEO deutlich konkretisiert hatten. Spätestens seit Anfang Juli 1966 waren nämlich die Mitglieder des AKoTL darüber informiert, dass die Atomenergieorganisation nun den *Erwerb* eines Bergwerkes beabsichtige, "um es auf internationaler Ebene für Forschungszwecke zu betreiben." Die Information wurde – wie im Mai 1962 in sehr ähnlicher Situation schon einmal praktiziert – nicht in die Endfassung des Protokolls aufgenommen.[951] Damals war auf dem Symposium in Kjeller "der Gedanke erwogen worden, geeignete geologische Strukturen der Bundesrepublik für die europäische Endlagerung in Aussicht zu nehmen."[952]

Das früh artikulierte Interesse anderer Staaten am Bergwerk Asse II verstärkte sich mit dem Ausbau der Kernenergie in Europa und insbesondere mit der zunehmenden Thematisierung von Umweltschutzgedanken (siehe Kapitel 4.2.1) ab 1970. Von einer Besprechung auf ENEA-Ebene zurückgekehrt, brachte Mehl, der Nachfolger Schwibachs auf der Position des Hilfsreferenten, Ende März 1971 folgende hochgradig aufschlussreiche Eindrücke zu Papier:

> "Bisher unausgesprochenes Ziel der ENEA scheint zu sein, Länder, die keine geeigneten Endlager für radioaktive Rückstände besitzen (insbesondere die Niederlande, Belgien, Dänemark, Finnland, Norwegen), zu der gemeinsamen Forderung nach einem "internationalen" Endlager zu bewegen. Herr Williams (Deputy Director General der ENEA, D. M.) denkt

---

948 BA B 138 4813. Vermerk I B 3 vom 2.7. sowie Einladungsschreiben vom 25.8.1965.
949 BA B 138 4813.
950 BA B 196 22787. Vermerk III A 5 mit Entwurf des Antwortschreibens vom 1. bzw. 9.12.1966. Von Stoltenberg am 8.12. unterschrieben.
951 BA B 106 66642. Entwurf ohne Datum zur 5. Sitzung am 4./5.7.1966.
952 BA B 138 3415. Entwurf des Kurzprotokolls der 27. Sitzung des AK III–IV/1 am 3.7.1962.

dabei wohl primär an das Endlager Asse II oder ein entsprechend ausbaufähiges früheres Salzbergwerk in der BRD. Bisher haben die Diskussionen zwar nicht zu der direkten Frage an den Vertreter der BRD zu einer Stellungnahme zu entsprechenden Plänen geführt, jedoch sind auf Symposien der IAEA und ENEA bereits mehr oder weniger versteckt entsprechende Fragen aufgetaucht. Es wird deshalb vorgeschlagen, die Frage bald zu klären, ob und unter welchen Bedingungen die BRD sich bereit erklären könnte, radioaktive Rückstände aus anderen Ländern zur Endlagerung anzunehmen. Darüber hinaus wäre zu klären, ob die BRD einem internationalen Endlager auf ihrem Boden zustimmen könnte."[953]

Auf diesen Klärungsprozess finden sich in den ausgewerteten Aktenbeständen keine weiteren Hinweise. Rückschlüsse auf seine Dauer und sein Ergebnis sind jedoch möglich, weil die Bestrebungen der ENEA in der Folgezeit auch den Mitgliedern des Deutschen Bundestages nicht verborgen blieben. Wie der Abgeordnete Flämig Mitte Juni 1972 in einer schriftlichen Anfrage erklärte, seien "nach Ansicht maßgeblicher Sachverständiger aus verschiedenen Ländern der Europäischen Gemeinschaften Maßnahmen zur Lagerung von Atommüll auf Gemeinschaftsebene notwendig". Er wollte daher von der Bundesregierung wissen, ob sie diese Einschätzungen teile und ob sie bereit sei, der "Schaffung der erforderlichen Befugnisse bzw. der (...) Schaffung eines gemeinsamen Unternehmens zuzustimmen, falls die Kommission der Europäischen Gemeinschaften einen entsprechenden Vorschlag machen würde".[954]

Der Parlamentarische Staatssekretär Raffert (BMBW) antwortete – ebenfalls schriftlich – die Frage der Endlagerung radioaktiver Abfallstoffe bedürfe bis zu ihrer endgültigen Klärung noch eingehender Studien. Abgesehen von den notwendigen nationalen Bemühungen sei die Bundesregierung der Auffassung, dass "dies ein wichtige *Forschungsaufgabe für die Europäischen Gemeinschaften"* sei. Die verklausulierte Verneinung der Frage Flämigs schloss konsequenterweise mit dem vielsagenden Hinweis, das Zustandekommen einer gemeinschaftlichen Aktion sei – nach Vorliegen der Ergebnisse der an verschiedenen Stellen der Gemeinschaft durchgeführten Untersuchungen – "weniger eine Frage der vertraglichen Kompetenz als der Zustimmung aller beteiligten Mitgliedstaaten."[955]

---

953 BA B 138 4722. Kurzprotokoll über die 3. Sitzung des ENEA-Arbeitskreises "Verfahren zur Behandlung radioaktiver Rückstände in West-Europa" am 18./19.3.1971 in Paris.

954 BT PA (6. WP). 193. Sitzung am 16.6.1972, Anlage 56, S. 11307.

955 Ebd. Antwort vom 15. 6. 1972. Hervorhebung (fett) im Original.

Die übrigen Mitgliedsstaaten wurden sich im Laufe der kommenden acht Monate scheinbar zunehmend einig. Konkreter als gegenüber Mehl anderthalb Jahre zuvor offenbarten sie ihre Interessen gegenüber Wittenzellner auf einer Konferenz in Paris vom 27. November bis 1. Dezember 1972. Nach zahlreichen privaten Unterhaltungen stellte sich dem Geschäftsführer der GSF die Lage folgendermaßen dar:

> "Ein Teil der europäischen Staaten, wie etwa Frankreich, Holland, Belgien, Österreich liebäugeln mit dem Gedanken, eine zentrale Stelle mit der Abfallbeseitigung zu beauftragen; alle denken selbstverständlich, dies könnte am besten an der Asse bewerkstelligt werden."[956]

In diesem Sinne sprach sich der Ausschuss für Energie, Forschung und Atomfragen des Europäischen Parlaments mit Zwischenbericht vom 10. Januar 1973 für die Schaffung eines Gemeinschaftsnetzes von Lagerorten für radioaktive Abfallstoffe aus.[957] Dieser Empfehlung folgte das Parlament Mitte Februar 1973.[958]

Vor diesem Hintergrund sind die Formulierung des Integrierten Entsorgungskonzepts im November 1973 und seine Präsentation im April 1974 (siehe Kapitel 4.2.2) beinahe als unklug zu bezeichnen. War die Bundesrepublik in der Lösung der Endlagerungsfrage bis dahin offensichtlich innerhalb Westeuropas bereits führend, so würde sie mit der Realisierung des Entsorgungszentrums innerhalb kurzer Zeit den Schritt an die Weltspitze machen, der die bestehenden Begehrlichkeiten noch verstärken würde.

Sie reagierte hierauf – unter Beibehaltung der im Juni 1972 von Raffert ansatzweise offenbarten Strategie – mit einer Mischung aus Mitarbeit und Blockade.

Wie ein Angehöriger des zuständigen BMFT-Referats Mitte Dezember 1974 vor der Reaktorsicherheitskommission in eher verharmlosender Formulierung darlegte, ermutige man die "europäischen Nachbarn, sich die in ihrem Lande vorhandenen geologischen Formationen anzuschauen und dort Experimentierlagerstätten vorzubereiten". Mittelfristig könne man

---

956 BayHStA GSF 183. Wittenzellner an MinDgt Sahl (BMBW) vom 11.12.1972.

957 BA B 102 290953. Mitteilung der Kommission an den Rat über einen Aktionsplan vom 3.8.1977.

958 AdsD Depositum Hans Matthöfer 264. Amtsblatt der Europäischen Gemeinschaften, Nr. C 125/15 vom 8.6.1976.

so "erprobte Alternativen zum Salz erwarten und einen denkbaren Druck der Nachbarn zur Benutzung deutscher Salzlager vermeiden."[959]

Hinter den Kulissen scheint es angesichts des keineswegs lediglich "denkbaren" Drucks der Nachbarstaaten allerdings rigoros um Interessendurchsetzung gegangen zu sein. Zumindest wurde in der Koordinierungsbesprechung des BMFT vom 9. Mai 1975 "aus dem Kabinett" darüber berichtet, "daß sich StM Wischnewski sehr darüber erregt habe, daß von Seiten des BMFT die Verabschiedung des EG-Programms für radioaktive Abfälle im EG-Ministerrat verhindert worden sei."[960]

Trotz aller Vorsicht und trotz begrüßenswerter Strategie holte die Frage einer nicht allein nationalen Entsorgung die Bundesregierung an anderer Stelle ein, wie der Fall des in Luxemburg bei Remerschen an der Mosel geplanten Kernkraftwerks zeigt. Die Arbeitsgruppe "Reaktorsicherheit und Strahlenschutz" des Innenausschusses wurde am 17. März 1976 über den Stand der diesbezüglichen Planungen informiert. Da das Kraftwerk nicht nur von deutschen Firmen gebaut werden sollte, sondern das zu 50 Prozent an der Betreibergesellschaft beteiligte RWE auch 50 Prozent der erzeugten elektrischen Energie in das deutsche Netz einspeisen wollte, war das BMFT bereit, die Beseitigung der radioaktiven Abfälle "in einem deutschen Endläger" und die Wiederaufarbeitung im geplanten Entsorgungszentrum zuzusagen. Als Konsequenzen einer Zusage gab der vortragende Ministeriumsvertreter zu bedenken:

"- die Abnahme der radioaktiven Abfälle würde einen Präzedenzfall darstellen. Andere kleinere Staaten könnten ebenfalls von der Bundesrepublik erwarten, daß sie deren radioaktive Abfälle und Endlagerung übernimmt, z.B. Österreich, Schweiz, Niederlande, Dänemark u.a. [sic] Es stehe zu befürchten, daß diese Staaten den Kauf eines von deutschen Herstellern zu liefernden Kernkraftwerkes von der Zusage der Bundesregierung abhängig machen könnten, die Entsorgung solcher Kernkraftwerke zu übernehmen,
- der geplante deutsche Entsorgungspark würde frühzeitig belastet und gegebenenfalls zu einem "Europäischen Entsorgungspark" werden können."[961]

---

959 BAB 295 1427. Überarbeitete Tonbandabschrift der 100. Sitzung der RSK am 11.12.1974.

960 AdsD Depositum Hans Matthöfer Box 98. Protokoll vom 12.5.1975. Vgl. atw, Jahresinhalt 1975, Rubrik "Kernbrenn-, Bau- und Betriebsstoffe", S. 161.

961 BT PA (7. WP). Innenausschuss, Ergebnisniederschrift der 13. Sitzung der Arbeitsgruppe, S. 6ff. Vgl. BA B 106 80082. Dass die Ministerialbeamten

Die Arbeitsgruppe hielt daraufhin eine weitere Erörterung im Innenausschuss, ggf. mit den Ausschüssen für Forschung und Technologie und für Wirtschaft für geboten.

Wie konkret und berechtigt die Befürchtungen des BMFT waren, verdeutlicht ein Gespräch, das keine zwei Monate später zwischen Staatssekretär Haunschild und dänischen Regierungsvertretern geführte wurde. Die beteiligten Ministerialbeamten erklärten der dänischen Seite, auf deren Wunsch der Termin vereinbart worden war, "unmißverständlich", eine Entsorgung dänischer Abfälle könne im geplanten deutschen Entsorgungszentrum nicht in Aussicht gestellt werden. Dennoch musste Forschungsminister Matthöfer wegen anderslautender Pressemeldungen am 22. Juni 1976 feststellen, Zusagen zur Entsorgung seien "gegenüber keinem anderen Land als Luxemburg (Remerschen) erfolgt oder beabsichtigt."[962]

Mit den zur selben Zeit massiv wachsenden Widerständen gegen die Realisierung des Integrierten Entsorgungszentrums wurde nun allerdings in der Bundesrepublik der Ruf nach einer internationalen Lösung laut. Neben dem niedersächsischen Ministerpräsidenten Albrecht[963] wollte bald auch der niedersächsische CDU/CSU-Abgeordnete Schröder von der Bundesregierung wissen, welche außerhalb des Staatsgebietes der Bundesrepublik gelegenen Alternativen geprüft worden seien und welche Möglichkeiten diesbezüglich noch in Betracht gezogen würden.

Minister Matthöfer antwortete ihm am 24. März 1977, die Bundesregierung habe "alle ihr zugänglichen Informationen" zur Errichtung derartiger Anlagen im westlichen Ausland mit Blick auf eine mögliche Entsorgung deutscher Kernkraftwerke verfolgt. Weiter führte er aus:

> "Die zum Teil in intensiven Gesprächen und Besuchen am Ort betriebenen Erkundungen und Prüfungen der Bundesregierung haben ergeben,

---

auch den Begriff "Entsorgungspark" verwendeten, gibt zu denken. Sie übertrugen offensichtlich das aus den USA stammende "nuclear parc" (vgl. Kapitel 4.2.2) ins Deutsche und grenzten es geringfügig ein. Die verharmlosende Wirkung des Begriffs wurde von der ortsansässigen Bevölkerung schon bald zu Recht kritisiert.

962 BT PA (7. WP). 257. Sitzung am 2.7.1976, Anlage 93. Schriftliche Antwort von Staatssekretär Hauff auf zwei Fragen des Abgeordneten Seiters. Das Gespräch fand am 5. Mai 1976 statt.

963 Albrecht hatte mit Schreiben vom 7.10.1976 "sein Interesse an internationalen Lösungen in der Frage der Wiederaufarbeitung zum Ausdruck gebracht." (AdsD Depositum Helmut Schmidt 9202, Eilinformation der Gruppe 31 vom 15.12.1976).

daß auf absehbare Zeit kein Land willens oder in der Lage wäre, eine längerfristige oder gar definitive Lagerung von radioaktiven Abfällen hoher Aktivität zu übernehmen (...).
Insbesondere haben die USA, aber auch Frankreich, Großbritannien, die anderen EG-Staaten, andere westeuropäische Länder oder Kanada noch kein Konzept entwickelt, das dem deutschen Konzept annähernd vergleichbar wäre und Aussichten auf Verwirklichung innerhalb der überschaubaren Zukunft böte."[964]

Man wird sich im Wissen um die Abwehr- und Blockadehaltung der Bundesrepublik unschwer vorstellen können, dass andere Staaten nicht zur Annahme radioaktiver Abfälle bereit waren, als das deutsche Projekt ins Stocken geriet. Vor diesem Hintergrund erscheint es vielmehr fraglich, ob tatsächlich "intensive Gespräche" stattfanden.

Sondierungsgespräche scheint es – zum Teil auf höchster politischer Ebene –tatsächlich gegeben zu haben. So hatte trotz gegenteiliger Äußerungen des Schahs der stellvertretende iranische Ministerpräsident und Chef der Iranischen Atomenergieorganisation auf Befragung das Interesse an einer Lagerung radioaktiven Abfalls verneint und auch die Regierungen Dänemarks (Grönland), Australiens, Kanadas und Algeriens hatten derartige Absichten für "indiskutabel" erklärt.[965] Gegenüber Bundeskanzler Schmidt hatte US-Präsident Carter mehrfach betont, dass "die USA (...) nicht bereit sei, die Endlagerung nuklearen Abfalls für andere Staaten zu übernehmen"[966] und auch Sowjet-Botschafter Falin hatte das Ansinnen, Gespräche über die Möglichkeit einer Wiederaufarbeitung in der Sowjetunion zu führen, wider Erwarten "strikt abgelehnt", als BMWi-Staatssekretär Hermes – wahrscheinlich im Oktober 1977 – mit Billigung

964 BT PA (8. WP). 21. Sitzung, Anlage 67, S. 1391.

965 BA B 102 291035. Information für den Bundeswirtschaftsminister vom 7.10.1977. Sie sollte zur Vorbereitung auf ein Gespräch bei Bundeskanzler Schmidt am 10.10.1977 dienen, das dieser "in kleinem Kreis (...) über alle Aspekte der Entsorgung deutscher Kernkraftwerke im Ausland" führen wollte. Diese Frage beschäftigte auch die Abgeordneten: eventuelle Lagerung radioaktiven Mülls im Iran [BT PA (8.WP). 28. Sitzung am 25.5.1977, S. 2023f], längerfristige Zwischenlagerung in den USA [BT PA (8. WP). 53. Sitzung am 28.10.1977, Anlage 30, S. 4144f], Lagerung in den Wüstengebieten Ägyptens [BT PA (8. WP). Drucksache 8/2076], angebliches Angebot Argentiniens an die Schweiz, Atommüll zu lagern [BT PA (8. WP). 155. Sitzung am 18.5.1979. Anlage 26, S. 12432].

966 AdsD Depositum Helmut Schmidt 6595. Vermerk über ein Gespräch des Bundeskanzlers mit dem japanischen Ministerpräsidenten Fukuda am Rand des Londoner Wirtschaftsgipfels am 7.5.1977. So auch ein Vermerk des Referates 413 des AA vom 11.10.1977 in BA B 102 291035.

des zuständigen Kabinettsausschusses an ihn herangetreten war.[967] Die insbesondere militärpolitisch heikle Frage hatte die Staatssekretär- und Abteilungsleiterebene des BMWi und BMFT schon seit Ende September 1976 beschäftigt.[968] Selbst mit Peru führte die DWK 1977 Verhandlungen über die Wiederaufarbeitung deutscher Brennelemente und die Endlagerung der hierbei entstehenden Abfälle. Oberste peruanische Regierungsstellen bezweifelten nach dem Abbruch der Gespräche, "daß diese Verhandlungen ohne Billigung der zuständigen deutschen Regierungsstellen geführt worden" seien.[969]

Wenn man bedenkt, dass Bundeskanzler Schmidt dem Niedersächsischen Ministerpräsidenten Albrecht schon am 11. Februar 1977 mit Blick auf den Kerngedanken des Energieprogramms von 1974 (siehe Kapitel 4.2) "unmissverständlich" erklärt hatte, dass er "eine nationale Lösung der Entsorgungsfrage für unabdingbar halte und es ablehne, die Bundesrepublik durch Verlagerung von Wiederaufarbeitung und Endlagerung in das Ausland in neue einseitige außenpolitische Abhängigkeiten zu bringen"[970], müssen derartige Aktivitäten verwundern. Zwar wird man bis auf weiteres nicht ausschließen können, dass die Bundesregierung positive Signale anderer Staaten ernsthaft weiterverfolgt hätte, eine Äußerung des Bundeskanzlers vom 17. Februar 1977 lässt sämtliche Gespräche jedoch in ganz anderem Licht erscheinen:

> "Was ich Albrecht in Aussicht gestellt habe, ist, daß sich die Bundesregierung zur Erleichterung seiner innenpolitischen Situation zu Konsultationen mit befreundeten Regierungen über Möglichkeiten der Entsorgung im Ausland bereit finden könnte. Diese Konsultationen hätten aber lediglich die Funktion einer taktischen Entlastung; sie würden unseren Willen, ein Entsorgungszentrum in der Bundesrepublik zu errichten, nicht berühren. Über diesen Punkt bestand in dem Gespräch mit Albrecht vollständige Klarheit."[971]

---

967 BA B 102 291305. Ministeriumsinternes Schreiben vom 24.10.1977.

968 BA B 102 291035. Vermerk III B 5 vom 24. 9. 1976. Bereits 1975 hatte ein deutscher Geschäftsmann erste Gespräche in der Sowjetunion geführt und hierüber Anfang November 1975 auch den zuständigen Referenten des BMWi informiert (Hempel an MR Dr. Struck vom 6.11.1975). Vgl. auch den siebenseitigen ausführlichen Vermerk vom 29.9.1977.

969 BA B 102 291305. Ministeriumsinternes Schreiben vom 24.10.1977.

970 AdsD Depositum Helmut Schmidt 9202. Schreiben Schmidts an den Vorsitzenden der SPD-Fraktion im Niedersächsischen Landtag und des Landesverbandes der SPD vom 17.2.1977.

971 Ebd.

4.2 Auf dem Weg zum Integrierten Entsorgungszentrum – Systematisierung, Intensivierung, Politisierung und Öffnung

Früh findet sich in den wissenschaftlichen und ministeriellen Überlegungen der sechziger Jahre der für das Integrierte Entsorgungszentrum wesentliche Gedanke einer räumlichen Zusammenfassung von Wiederaufarbeitung, Abfallbehandlung und Endlagerung.

Bereits der von Schmidt-Küster und Donth Anfang November 1962 über die erste IAEO-Konferenz zur Behandlung und Lagerung hochradioaktiver Abfälle (siehe Kapitel 3.1.4) angefertigte Reisebericht vermerkte als aktuelle Tendenz, die Aufarbeitung der Brennelemente, die Überführung der hierbei entstehenden Lösungen in den festen Zustand und die Lagerung der Abfälle "sollten am gleichen Ort vorgenommen werden."[972]

Da Schwibach und Straimer Durchschläge des Reiseberichts erhielten, ist es nicht verwunderlich, dass auch Straimer Mitte Juli 1963 vor dem AK III–IV/1 meinte, es könne sich später bei großen Abfallproduzenten als zweckmäßig erweisen, "Anlagen zur Endbeseitigung (...) an der Anfallstelle oder in unmittelbarer Nähe zu errichten."[973]

Dieser Ansicht war prinzipiell auch die einflussreiche FK III. Im Protokoll zu ihrer 16. Sitzung am 3. Juli 1964 hieß es:

> "Der Arbeitskreis hat eingehend die Standortfrage für die geplante Wiederaufarbeitungsanlage in Verbindung mit einem Abfallager, etwa einem aufgelassenen Salzbergwerk, beraten. Zunächst erscheint jedoch die Symbiose von Wiederaufarbeitungsanlage und Kernforschungszentrum zwingender."[974]

Diese Aussage ist insofern hochinteressant, als sie nahe legt, dass das knapp zehn Jahre später bei fortgeschrittenem Wissensstand und unter stark veränderten Rahmenbedingungen auftauchende Konzept des "Entsorgungsparks" der konsequente Folgeschritt einer lange vorher festgelegten ministeriellen Gesamtstrategie war.

In den Akten fanden sich hierfür keinerlei Anzeichen. Man wird eher annehmen müssen, dass es im Kern die Möglichkeit zur beträchtlichen Reduzierung der Transportkosten war, die den Gedanken an eine räumliche Konzentrierung von Wiederaufarbeitung und Endlagerung aktuell hielt. Die für die Planung der großen Wiederaufarbeitungsanlage (WA 2)

---

972 PA AA B 30–277.

973 BA B 138 3415. Kurzprotokoll der 30. Sitzung am 12. Juli 1963. Vgl. Tiggemann (2004), S. 229–231.

974 BA B 196 59274.

zuständige KEWA rechnete spätestens im September 1972 allein im Bereich der quantitativ zweitrangigen mittelaktiven Abfälle mit 200.000 Fässern (200 l) pro Jahr.[975] Schon Ende März 1972 – und damit deutlich vor der Formulierung des Integrierten Entsorgungskonzepts – verfolgte das Firmenkonsortium die Idealvorstellung einer "kostenmäßig sehr viel günstiger(en)" Flüssig-Endlagerung in Kavernen (siehe Kapitel 4.1.2) und "in unmittelbarer Nähe der Anlage".[976] Dass Hauptakteure wie Schmidt-Küster und Krause, die in der Phase des personellen und organisationalen Wandels zwischen 1970 und 1973 an Einfluss gewannen, die KEWA in diesem Kurs bestärkten, ist durchaus wahrscheinlich.[977]

Die Jahre zwischen 1971 und 1973 sind in mehrfacher Hinsicht entscheidende Jahre, die insbesondere aus der Perspektive des Strahlenschutzes und der Endlagerung Gegenstand weiterer Forschung sein sollten. Denn 1971 begann nach langjähriger Zurückhaltung – 1968 bis 1970 wurden lediglich drei Kernkraftwerke in Auftrag gegeben – mit der Auftragserteilung für vier weitere Großanlagen der tatsächliche Durchbruch der Kernenergie in der Bundesrepublik.[978] Er vollzog sich wesentlich im Rahmen des am 13. Oktober 1971 abgeschlossenen United Reprocessors-Vertrags, der im Kern besagte, dass die KEWA als deutscher Vertragspartner erst nach Auslastung der Wiederaufarbeitungskapazitäten in Großbritannien und Frankreich unter Nutzung der dort gesammelten Erfahrungen eine Wiederaufarbeitungsanlage in der Bundesrepublik errichten würde. Hiermit war frühestens Anfang der achtziger Jahre zu rechnen.[979] Dieser späte Erfolg der ministeriellen Anstrengungen der sechziger Jahre wurde mit dem 4. Atomprogramm, dessen Erstellung,

---

975 BA B 196 107198. Arbeitsprogramm GfK/GSF/KEWA zu den Möglichkeiten der Einlagerung von flüssigen radioaktiven Abfällen in Salzkavernen (September 1972). Als im Juni 1976 ein Bundestagsabgeordneter die Frage stellte, ob die Endlagerung in unmittelbarer Nähe der Wiederaufarbeitungsanlage nicht "unabdingbare Voraussetzung" für ihre Rentabilität sei, stimmten alle Sachverständigen zu [BT PA (7. WP) Protokoll der 49. Sitzung des Ausschusses für Forschung und Technologie am 2.6.1976, S. 75].

976 BA B 102 183852. Vermerk III A 3 über eine Besprechung zwischen KEWA und GSF (IfT) am 29.3.1972 unter dem Betreff "Endlagerung radioaktiver Abfälle".

977 Vgl. Tiggemann (2004, S. 230), der nachweist, dass Krause 1968 im Zusammenhang mit dem Kavernenprojekt langfristig für eine solche Kopplung eintrat.

978 Kitschelt (1980), S. 133. Vgl. Müller (1996), S. 32 sowie Müller-Brandeck (1986), S. 173–175.

979 Issel (2003), S. 124. Vgl. Tiggemann (2004), S. 264–268. Der Vertrag sollte über eine Laufzeit von 15 Jahren unkündbar sein.

Diskussion und Anpassung sich von Februar 1972[980] bis Dezember 1973[981] hinzog, abgesichert. Bis 1990 sollten mehr als 50 Prozent des erwarteten Strombedarfs aus Kernenergie gedeckt werden.[982] Das teilweise parallel erstellte 1. Energieprogramm vom 3. Oktober 1973 führte konkret vor Augen, was eine derart ambitionierte Zielsetzung bedeuten würde. Bis 1985 sollten 40.000 MWe an Kernkraftwerksleistung zur Verfügung stehen. Bezogen auf das seit Januar 1970 im Bau befindliche 1200 MWe- Kernkraftwerk Biblis A[983] hätte das dem Zubau von mindestens 30 Anlagen gleicher Größe entsprochen.[984]

Nur wenige Wochen nach der Veröffentlichung des 1. Energieprogramms führten Produktionskürzungen der Erdöl fördernden arabischen Länder zu einer weiteren Aufwertung der Kernenergie. Sie sollte nun innerhalb weniger Jahre zum Garant nationaler Unabhängigkeit auf dem Energiesektor werden. Wesentlich steigern ließ sich die angestrebte Kernkraftwerksleistung allerdings nicht mehr: Die Ende Oktober 1974 beschlossene Fortschreibung des Energieprogramms hielt 1985 statt 40.000 MWe nun 45.000 MWe für erforderlich und 50.000 MWe für wünschenswert.[985]

Dieser immer noch mit Skepsis zu sehende kommerzielle Durchbruch der Kernenergie vollzog sich ab 1970 verstärkt unter dem Einfluss von Umweltgedanken. Eine Aufwertung der Belange der Reaktorsicherheit und des Strahlenschutzes war die Folge, die sich auch organisatorisch niederschlug. Anfang 1970 wurde die Zuständigkeit für beide Bereiche in einer eigenen Unterabteilung IV C zusammengefasst. Ihr Leiter wurde der promovierte Jurist Max Scheidwimmer, der bereits seit 1964 für die Gruppe bzw. Unterabteilung "Wirtschaft, Recht und Verwaltung" verantwortlich gewesen war. Es handelte sich für ihn also um eine fachfremde und darüber hinaus nicht förderliche Verwendung.[986] Schon zum 1. Oktober 1971

980 Rembser (1973), S. 163.

981 BMFT (1974b), Vorwort, S. III. In BMFT (1973b) wird dagegen der 5. September (S. 9) genannt.

982 Rembser (1973), S. 165. Vgl. Kitschelt (1980, S. 134), der mit Bezug auf die Fassung vom Februar 1973 noch von 60 Prozent spricht.

983 Vgl. Müller (1996), S. 402ff. Vgl. auch Radkau (1983), S. 215f.

984 Rechnerisch liegt die Zahl höher. Das BMI (vgl. z. B. BA B 106 52522 UAL UA II an Minister vom 5.9.1973) ging jedoch von 30 Anlagen aus.

985 BT-Drucksache 7/2713, S. 3f sowie S. 15ff. Vgl. Issel (2003), S. 115.

986 Organisationspläne BMwF/BMBW zwischen dem 1.7.1964 und dem 10.6.1970 (siehe auch folgende Fn). Möglicherweise fiel die Wahl auf Scheidwimmer, weil er seit dem 13.10.1968 die Funktion des Vorsitzenden des Verwaltungsrats der GSF inne hatte [Reuter Boysen (1992), S. 271].

folgte ihm der Diplom-Ingenieur Wilhelm Sahl nach. Sahl, der zuvor Wissenschaftsreferent an der Botschaft in Tokio gewesen war[987], brachte es nach der Mitte Dezember 1972 beschlossenen Abgabe seines zunehmend wichtigen Aufgabenbereichs an das BMI[988] an der neuen Wirkungsstätte bis zum Abteilungsleiter.

Vor dem Hintergrund eines sicherlich nicht nur formal aufgewerteten Strahlenschutzes wird man sich mit Blick auf die vorangegangenen Kapitel in eher idealistischer Perspektive fragen können, warum die Zeit nach dem Regierungs- und Leitungswechsel im Oktober 1969 von Holtzem und Schwibach nicht dazu genutzt wurde, die Festlegung auf das Salzbergwerk Asse II als einziges Endlager für Jahrzehnte erneut zu thematisieren. Eine Antwort ist, dass Pretsch und Schuster als die für Kernforschung und -technik zuständigen Abteilungs- bzw. Unterabteilungsleiter auch unter Leussink zunächst im Amt blieben und so für Kontinuität sorgten. Eine weitere Antwort ist, dass Schwibach Anfang 1970 das Ministerium verließ. Als Pretsch in der Nacht vom 4. auf den 5. August 1970 plötzlich verstarb[989], wurde Schuster bis Mitte 1971 zur fachlichen Autorität für Kernforschung und Kernenergieentwicklung. Denn der nach mehrmonatiger Vakanz der Abteilungsleiterposition zum 1. Januar 1971 zum Nachfolger Pretschs ernannte Dr. phil. Günter Lehr kam aus dem Bereich der Forschungsplanung, für die er seit dem 1. April 1968 als Unterabteilungsleiter zuständig gewesen war.[990] Wenn Schuster exakt im Januar 1971 im

---

987 bmbw pd 1.9.71, S. 7. Vgl. auch atw, Jahresinhalt 1971, Rubrik "Personalien", S. 504. Scheidwimmer wurde geschäftsführendes Kommissionsmitglied bei der Fraunhofer-Gesellschaft.

988 AdsD Depositum Horst Ehmke Mappe 291. Ergebnisprotokoll über die Koalitionsverhandlungen am 13.12.1972. Der Wechsel der UA IV C war an diesem Tag beschlossen worden. Einzelheiten standen noch aus. Bereits am 14.12. (Ergänzender Vermerk) stand fest, dass von den insgesamt 53 Stellen 7 oder 8 aus dem Bereich der Sicherheitsforschung und -technik im BMFT verbleiben sollten. Ein entsprechender Organisationserlass des Bundeskanzlers war auf den 19.12.1972 datiert (BA B 196 1495. IV B 3 an I B 5 vom 13.8.1973).

989 bmbw pd 19.8.1970 (Todesanzeige).

990 atw, Jahresinhalt 1971, Rubrik "Organisationen", S. 5. in Verbindung mit atw, Jahresinhalt 1968, Rubrik "Personalien", S. 175. Lehr hatte schon in den fünfziger Jahren der für die "Förderung von Forschung und Ausbildung im Bereich der Kernenergie" zuständigen Gruppe des BMAt angehört [Vgl. Cartellieri u. a. (1959), S. 172–177] und war 1960 als Geschäftsführer des Instituts für Plasmaphysik nach München-Garching gewechselt (Vgl. atw, Jahresinhalt 1970, Rubrik "Personalien", S. 508). Vor seiner Rückkehr in

Rahmen von Betrachtungen zur " 'Halbzeit' im 3. Atomprogramm der BRD" abschließend feststellte, es gelte, "den eingeschlagenen Kurs bei durchaus bewegter See unbeirrt weiterzusteuern", kommt dem wohl auch für den Bereich der Endlagerung zentrale Bedeutung zu.[991] Denn schon im Januar 1970 hatte Schuster die Frage der gefahrlosen Endbeseitigung als ein Hauptargument der zunehmend kritisch eingestellten Öffentlichkeit registriert.[992] Als er das Festhalten am bisherigen Kurs zum Ziel erklärte, war Holtzem bereits maßgeblich in die mit Hochdruck betriebenen Arbeiten zum Umweltprogramm eingebunden, die erst Ende September 1971 abgeschlossen wurden.

Wenn – wie die folgenden Kapitel zeigen – wesentliche Impulse im Bereich der Abfallbehandlung und Endlagerung erst nach der Ausgliederung der UA IV C zum BMI zu verzeichnen sind, liegt ein Grund mit Sicherheit in Arbeitsüberlastung bzw. personeller Unterbesetzung der für Reaktorsicherheit und Strahlenschutz zuständigen Referate. Ihr Ausmaß lässt sich anhand der folgenden Information erahnen: 25 neue Stellen waren dem Ministerium in diesem Bereich bei Dienstantritt Ehmkes im Dezember 1972 zugestanden worden.[993]

Ehmke erklärte im Rahmen seiner Begrüßungsrede auch, die Ausgliederung der UA IV C habe "nichts mit den Mühen einer Koalitionsbildung zu tun" gehabt, sondern sei "nach langen Gesprächen mit dem Kollegen von Dohnanyi und auch mit Herrn (Staatssekretär, D. M.) Haunschild" erfolgt, "um dem Ministerium den Interessenkonflikt zu ersparen, gewissermaßen sich selbst genehmigen zu müssen."[994] Bis dahin waren derartige Konflikte folglich größtenteils unterabteilungsintern gehandhabt bzw. durch ein Machtwort des Abteilungsleiters entschieden worden. Bemerkenswert ist die grundsätzlich positiv zu wertende organisatorische Trennung, weil sie schon bald zu einer Quelle für Verzögerungen wurde. Die für den Bereich der Wiederaufarbeitung und Abfallbehandlung entscheidend wichtige Frage des Sicherheitskonzepts für Versuchsanlagen bzw. "noch nicht erprobte kerntechnische Anlagen" wurde zwischen BMI

das Ministerium war er kurzzeitig (1.6.1967–22.4.1968) kaufmännisch-administrativer Geschäftsführer der GSF [Reuter-Boysen (1992), S. 270].

991 Schuster (1971), S. 42.

992 Schuster (1970), S. 29.

993 AdsD Depositum Horst Ehmke Mappe 361. Rede vom 18.12.1972, S. 3f. Vgl. Kitschelt (1980, S. 134–139), der Überlastungen und innere Konflikte auch bei den Genehmigungsbehörden der Länder feststellte.

994 AdsD Depositum Horst Ehmke, Mappe 361. Begrüßungsrede vom 18.12.1972.

und BMFT zum Streitpunkt.[995] Erklärungsbedürftig ist diese Entwicklung insofern, als schon mit der Aufstellung der UA IV C Anfang 1970 als eigentliche Neuerung das Referat IV C 2 "Sicherheit atomtechnischer Anlagen außer Reaktoren" geschaffen wurde.

Mit Schreiben vom 20. Dezember 1973 ermöglichte das BMFT der NUKEM den vorzeitigen Beginn der Arbeiten an einer Systemstudie radioaktive Abfälle.[996] Ziel der in Zusammenarbeit mit den Großforschungszentren und Industriefirmen bis 1977 durchgeführten umfassenden Arbeiten war es, die mit dem Anfall, der Behandlung und der Endlagerung verbundenen Probleme zu erfassen, um auf dieser Grundlage ein Entsorgungssystem entwickeln zu können.[997] Die schon Monate vorher angestrebte Studie steht in Verbindung mit der Formulierung des Integrierten Entsorgungskonzepts für den Beginn einer zeitgemäßen und ernsthaft problemorientierten Abfallbeseitigungspolitik, die im Unterschied zu den intentional vergleichbaren Bemühungen Straimers auch in finanzieller Hinsicht die Unterstützung der Ministeriumsleitung hatte.

Zur Aufarbeitung dieser neuen Politik kann in den folgenden Kapiteln mit Blick auf die Themenstellung und den Schwerpunkt der vorliegenden Arbeit lediglich ein kleiner Beitrag geleistet werden. Dieser Beitrag ist allerdings insofern von erheblicher Bedeutung, als er sich erstmalig auf eine vergleichsweise breite Aktengrundlage stützen kann, deren zentrales Element der elfseitige Maßnahmenkatalog des BMFT-Referates 315 zur "Entwicklung eines integrierten Entsorgungssystems für Kernkraftwerke" vom November 1973 ist. Das betreffende Kapitel befasst sich zunächst ausführlich mit der Entstehung und Einordnung dieses Katalogs, skizziert die Abstimmungsprozesse zwischen den einzelnen Ressorts nach seiner teilweisen Präsentation und liefert im Hinblick auf die Verwirklichung des Integrierten Entsorgungszentrums schließlich knapp einige aus Endlagerperspektive relevante Informationen. Das abschließende kurze Kapitel zu Gorleben ist in erster Linie als Ausblick zu verstehen.

---

995 Vgl. z. B. BA B 136 6103. Schreiben Ehmke an Genscher vom 24.1.1974.

996 GLAK 69 504. Schreiben Nukem an die Geschäftsführung der GfK vom 4.3.1974.

997 GfK/GSF (1976), S. 52f. Siehe insbesondere die Teilstudien SRA 3 "Forschungs- und Entwicklungsprogramm für die Beseitigung radioaktiver Abfälle" sowie SRA 6 "Die Entsorgung von radioaktiven Abfällen in der Bundesrepublik Deutschland" [BMFT (1977)].

4.2.1 Werte- und Prioritätenwandel

Mit Antritt der sozial-liberalen Koalition begannen sich die politischen Rahmenbedingungen für die wirtschaftliche Entwicklung und damit auch für den Bereich der Kernenergie zu verändern.

Bereits in seiner Regierungserklärung vom 28. Oktober 1969 hatte Bundeskanzler Brandt "umfassende, aufeinander abgestimmte Maßnahmen" zum "Schutz der Menschen vor den Risiken für die Gesundheit, die durch die technisierte und automatisierte Umwelt entstehen" angekündigt.[998] Daraufhin bildete die Bundesregierung am 6. Juli 1970 einen Kabinettsausschuss für Umweltfragen, der den Auftrag erhielt, ein Sofortprogramm für den Umweltschutz zu erarbeiten. Dieses wurde am 17. September 1970 von der Bundesregierung verabschiedet. Ab Dezember 1970 wurden 10 Projektgruppen gebildet, deren Arbeitsergebnisse in den ersten Entwurf vom 15. April 1971 einflossen. Dieser wurde daraufhin mit den Bundesressorts abgestimmt[999] und schließlich am 29. September 1971 vom Kabinett gebilligt.[1000]

Sehr anschaulich wurde das neue Denken in Beantwortung einer Großen Anfrage der CDU/CSU-Fraktion vor dem Deutschen Bundestag formuliert. Hier wurde zur Prioritätensetzung ausgeführt:

> "Die Bundesregierung gibt der Bekämpfung der Umweltgefahren Vorrang in ihrem Programm innerer Reformen. Sie ist der Auffassung, daß sich die moderne Industriegesellschaft einer Herausforderung gegenübersieht: Um fortbestehen zu können, muß sie bei der Bestimmung ihrer wirtschaftspolitischen Ziele schon für dieses Jahrzehnt die qualitativen Aspekte menschlichen Lebens gegenüber den bloß quantitativen Aspekten des wirtschaftlichen Wachstums stärker betonen als bisher. (...) Ziel der Umweltschutzpolitik der Bundesregierung ist es, die nachteiligen Folgen oder Nebenwirkungen des technischen Fortschritts und des wachsenden Wohlstands so gering wie möglich zu halten."[1001]

Es war Holtzem, der als Leiter der am 22. Dezember 1970 konstituierten Projektgruppe "Umweltradioaktivität und Strahlenbelastung" die neue Zielvorgabe auf den Bereich der Kernenergie – und damit auch der End-

---

998 Beyme (1979), S. 251–281.

999 BA B 106 29374. Auflistung wichtiger Termine, ohne Datum.

1000 BA B 106 29357. Auflistung wichtiger Termine, ohne Datum. Das Umweltprogramm und die Berichte der Projektgruppen sind in BT-Drucksache VI/2710 zu finden.

1001 BA B 106 29375. Entwurf ohne Datum aus dem Zeitraum September bis Dezember 1970.

lagerung – anzuwenden hatte. Die wesentlichste Forderung lautete konsequenterweise:

> "1. Begrenzung der Umweltbelastung durch Radioaktivität auf das *geringstmögliche* Maß (Hervorhebung D. M.). "[1002]

Die Projektgruppe bildete die Arbeitskreise "Ziele und Maßnahmen", "Umweltbelastungen" und "Radioaktive Rückstände", deren Vorsitz neben Lindackers[1003] zwei seit langen Jahren mit der Gesamtthematik vertraute Persönlichkeiten übernahmen: Schwibach und Krause.[1004]

Von hoher Bedeutung ist, dass das Umweltprogramm in der abschließenden Fassung eine feine, aber gewichtige Änderung der für die Endlagerung erforderlichen Einschlussdauer vornahm, die nicht von der Projektgruppe intendiert war. Zunächst hatte es in den Zwischenentwürfen[1005] und selbst im offiziellen Abschlussbeitrag der Projektgruppe in Fortführung der seit den sechziger Jahren verfolgten Linie noch verharmlosend geheißen, man müsse "bis zum völligen Abklingen der Radioaktivität" mit "mehreren Jahrhunderten" rechnen.[1006] Am 20. September 1971 – also wenige Tage vor der Verabschiedung des Programms – wurde auf einer an die Mitglieder des Kabinettsausschusses für Umweltfragen verteilten Austauschseite jedoch festgestellt, bis zum Zerfall auf Werte, "die für den Umweltschutz unbedeutend" seien, könnten "tausende von Jahren vergehen." Wie das Anschreiben des BMI in aller Kürze mitteilte, ha-

---

1002 BA B 106 29357. Mitgliederübersicht und Zielformulierung vom 11.12.1970.

1003 Dr. Karl-Heinz Lindackers war Direktor beim TÜV-Rheinland. Bereits seit 1966 hatte er als Vorsitzender des AK III/7 "Strahlenschutztechnik" der FK III "Kerntechnik" der DAtK angehört [Müller (1996), S. 19 u. 573ff]. 1969 hatte er die 1970 veröffentlichte Studie "Kernenergie: Risiko und Nutzen" vorgelegt, die am 6. November 1969 zu einer ersten Besprechung über "Grundsatzfragen der Reaktorsicherheit" im BMBW führte (Kurzprotokoll in BA B 106 52527).

1004 BA B 106 29357. Anlage 2 zum Schreiben BMI vom 25. 1. 1971. Schwibach war Anfang 1970 auf die Position des Direktors des Instituts für Strahlenhygiene des Bundesgesundheitsamtes nach Neuherberg gewechselt.

1005 BA B 106 29375. Entwurf des Programms vom 22. 7. 1971 sowie Entwurf "Natur und Landschaft".

1006 BT-Drucksache VI/2710 Materialienband. Beitrag der Projektgruppe, S. 113.

be die "notwendige Ressortabstimmung (...) erst nach Drucklegung abgeschlossen" werden können.[1007]

Die Erhöhung der erforderlichen Einschlussdauer änderte jedoch nichts daran, dass das Salzbergwerk Asse II planmäßig Endlager bis zum Jahr 2000 bleiben sollte. Es wurde in einer Zeit, in der die ministerielle Ebene im Bereich der übrigen Abfallbeseitigung gerade erst begonnen hatte, nach Lösungen zur "langfristigen Ablagerung von Sondermüll" zu suchen[1008], für Außenstehende verständlicherweise zur im Sinne des Umweltschutzes vorbildlichen Anlage. Zu dieser Bewertung dürften auch Positionsveränderungen im Ausland beigetragen haben. Denn auch in den USA wurden "im Zuge des Umweltschutzes wesentlich strengere Maßstäbe angelegt."[1009] Das Vergraben sollte als Beseitigungsmethode für schwach- und mittelaktive Abfälle eingeschränkt werden, Abfälle mit einem höherem Gehalt an den nun immer mehr ins Bewusstsein rückenden Alpha-Strahlern sollten in die in Kansas gelegene Lyons Mine, ein Salzbergwerk, gebracht werden. Für derartige und hochaktive Abfälle hielt inzwischen auch Frankreich Salzbergwerke "für am besten geeignet" und so war sich die Mehrzahl der auf der 4. Genfer Konferenz 1971 mit Fragen der Behandlung und Beseitigung befassten Wissenschaftler einig, dass ihre "Generation die Verpflichtung habe, die von ihr produzierten Abfälle auch sicher zu beseitigen, und daß man mit der Einlagerung in Salzformationen über eine säkular sichere Endlagerungsmethode verfüge."[1010] Doch auch vor diesem Hintergrund ist es nur eingeschränkt nachvollziehbar, dass Holtzem und seine Expertengruppe zu der Bewertung kamen, es gebe im Bereich der Endlagerung weder akute noch langfristig zu erwartende Probleme.[1011]

1007 BA B 106 29373. Im August/September 1971 wurde die Leitung der Unterabteilung "Kerntechnik und Kernforschung" von Schuster auf Schmidt-Küster übertragen (vgl. atw, Jahresinhalt 1971, S. 388). Es wäre zu untersuchen, inwieweit der Wechsel und die späte Änderung zusammenhängen.

1008 BA B 106 29357. Ziel- und Zeitvorgabe für die Projektgruppe Abfall vom 11. 12. 1970. Vgl. auch die an das IfT gerichtete Bitte Hoschützkys (BMI) vom 5.12.1972 zur Erstellung eines Gutachtens über die untertägige Ablagerung von Sonderabfall in BA B 196 59274.

1009 Krause/Diefenbacher (1971), S. 682.

1010 Ebd.

1011 BA B 106 29375. Entwurf Programm "Umweltgestaltung-Umweltschutz" ohne Datum und ohne Korrekturen Genschers in den betreffenden Abschnitten. Man wird sich fragen müssen, inwieweit Schuster Einfluss auf diese Arbeiten nahm.

Umso bemerkenswerter ist es, dass der von Umweltschutzgedanken durchdrungene Beitrag der "Kerntechnischen Gesellschaft" (KTG)[1012] zum 4. Deutschen Atomprogramm schon Anfang Mai 1972 den sehr stark erweiterten Zeithorizont in Bezug zu den Gegebenheiten setzte. Hier hieß es:

> "Im Zusammenhang mit der Endlagerung in Bergwerken müssen ausführliche Untersuchungen durchgeführt werden über die mögliche Beeinflussung der Umwelt besonders unter den langfristigen Aspekten der Endlagerung."[1013]

Mit sehr hoher Wahrscheinlichkeit bedeutete dieser Hinweis auch, dass sich die zuständigen Stellen mit derartigen Fragen bislang nicht ausführlich genug befasst hatten.

Dass Umwelt- und Schutzgedanken nun Ziele mit hoher Priorität waren, an denen sich ministerielles Denken und Handeln zu orientieren hatte und orientierte, zeigte sich im BMI verstärkt ab Juli 1973, wo die UA II "Reaktorsicherheit und Strahlenschutz" bereits seit einiger Zeit an einem Programm "Schutz vor den Gefahren der Kernenergie" arbeitete.[1014] Ende Juni/Anfang Juli erläuterte Staatssekretär Hartkopf ihrem Unterabteilungsleiter, Wilhelm Sahl, seine Vorstellungen für eine Arbeitskonzeption "Reaktorsicherheit und Strahlenschutz", die er nach der Sommerpause mit Minister Genscher erörtern wollte. Hierzu machte er drei Vorgaben: 1.) ein auf optimale Vertrauenswerbung bei der Öffentlichkeit angelegter, "sehr hoch gesteckter" Sicherheitshorizont für kerntechnische Anlagen, 2.) eine hinreichende zeitliche Beständigkeit der Sicherheitsanforderungen für den Betreiber sowie – mit Blick auf die Ziele des 1. Energieprogramms, das kurz vor seiner Verabschiedung stand – 3.) die "Entwicklung einer längerfristigen Standortvorsorgeplanung, die insbesondere den Forderungen des Umweltschutzes und des Schutzes der Bevölkerung vor den nuklearen Risiken einer expansiven Kernenergiewirtschaft samt ihrer Infrastruktur" genügen sollte.[1015]

Die Kernpositionen der in diesem Sinne im August 1973 erarbeiteten "Konzeption für die Sicherheit kerntechnischer Einrichtungen und den

---

1012 Die KTG wurde am 14.4.1969 von einigen Mitgliedern des Deutschen Atomforums gegründet, die sich in der neuen Organisation eine stärkere Berücksichtigung ihrer Interessen versprachen [Müller (1996), S. 200].

1013 GLAK 69 985. Beitrag vom 2. 5. 1972, S. 8.

1014 BA B 106 52522. Übersicht über die konzeptionellen Arbeiten der UA II vom 8. 6. 1973.

1015 BA B 106 52522. Schreiben UAL II vom 6. 8. 1973.

Strahlenschutz" sind für die weitere Entwicklung der Kernenergie in den siebziger Jahren und ihre Bewertung wahrscheinlich von zentraler Bedeutung. Auf das sogenannte Würgassen-Urteil des Bundesverwaltungsgerichts vom 16. März 1972 Bezug nehmend, das den durch das Atomgesetz 1960 festgeschriebenen Zielkonflikt zwischen der Förderung der Kernenergie und dem Schutz vor ihren Gefahren zugunsten des Schutzzweckes entschied, wurde hier gleichfalls die Vorrangigkeit des Schutzgedankens vertreten. Wenn auch zur Behandlung und "Deponie radioaktiver Abfälle" im Vergleich zu 1971 kaum Neues vorgebracht wurde, so machte das sich direkt anschließende Kapitel "Quantifizierung des Risikos" in seiner Kernpassage, die ausdrücklich auch für den gesamten Brennstoffkreislauf galt, den sich seit 1970 vollziehenden Wandel in der sicherheitstechnischen Betrachtungsweise klar deutlich:

> "Gegenüber der pragmatischen Sicherheitshaltung früherer Jahre, in denen Störfälle jenseits eines fest definierten "Größten Anzunehmenden Unfalls" (GAU) nicht betrachtet wurden, werden zunehmend Wahrscheinlichkeitsuntersuchungen angestrebt, die für jeden theoretisch denkbaren Störfallablauf die Wahrscheinlichkeit für sein Eintreten und die daraus resultierenden Konsequenzen berechnen oder zumindest abzuschätzen versuchen."[1016]

Minister Genscher griff die Überlegungen begeistert auf. Auf dem ihm mit Datum vom 5. September 1973 vorgelegten Ziel- und Maßnahmenkonzept vermerkte er am 16. September, es handele sich "um eine erstklassige konzeptionelle Vorlage" und bat "um Vorlage eines Arbeitsplans zur Verwirklichung."[1017]

Den Verantwortlichen des Projekts "Wiederaufarbeitung und Abfallbehandlung" (PWA) im Kernforschungszentrum Karlsruhe war zu diesem Zeitpunkt bereits klar, dass das BMI seine neue Rolle sehr ernst nahm und auch vom BMFT keine nennenswerten Zugeständnisse zu erwarten waren. In Dämpfung allzu optimistischer Annahmen zu den Kosten der Wiederaufarbeitung wurden – neben der niedrigen Verfügbarkeit der Anlagen – zwei Faktoren herausgestellt: die "wesentlich eingeschränkten Abgabegrenzen" für die Abfallbehandlung und "die stark gestiegenen Anforderungen an die Endlagerung radioaktiver Abfälle".[1018]

1016 BA B 106 52522.

1017 BA B 106 52522.

1018 GLAK 69 504. F&E-Programm des geplanten Projekts Wiederaufarbeitung und Abfallbehandlung, mit Anschreiben vom 10. 9. 1973 verteilt.

4.2.2 Das Integrierte Entsorgungskonzept

Seit 1973 befasste sich die Bundesregierung – nach eigenen Angaben – mit der Erstellung eines umfassenden Entsorgungskonzepts, das sie Anfang April 1974 auf der Reaktortagung des Deutschen Atomforums in Berlin vorstellte.[1019] An dieser Tagung nahmen insgesamt 1800 Fachleute (Wissenschaftler aus verschiedenen Gebieten der Kernforschung und -technik, Vertreter der herstellenden Industrie, der Betreiber, von Behörden und Gutachter) sowie 210 ausländische Personen aus 16 Ländern teil.[1020]

Der inzwischen zum Unterabteilungsleiter aufgestiegene Schmidt-Küster (BMFT) führte die Zuhörer in die Überlegungen ein.[1021] Unter Verweis auf die seit Beginn der Ölkrise im Oktober 1973 politisch erstrangige Frage einer gesicherten Energieversorgung unterstrich er Vorteile und Bedeutung der Kernenergie. Voraussetzung für den Erfolg der Kernenergie sei es aber, dass das Gesamtsystem lückenlos funktioniere und es keinerlei Schwachstellen gebe. Am Ende des Brennstoffkreislaufs sei dies jedoch "zweifellos in erheblichem Umfang" der Fall. Erst jetzt zeichne sich "nach sehr langem Zögern" ein stärkeres Engagement der in der KEWA zusammengeschlossenen Industriefirmen für die Aufarbeitung bestrahlter Kernbrennstoffe ab, weswegen man trotz eigener und ausländischer Erfahrungen "erhebliche Mühe" haben werde, die "unverzichtbare Aufarbeitungskapazität" rechtzeitig zur Verfügung zu stellen. Im Bereich der Endlagerung liege man "noch einmal einen deutlichen Schritt zurück." Hier fehle es "noch völlig an ernsthaften Industrievorschlägen."

Die Kerngedanken des Konzepts präsentierte Schmidt-Küster in Form von sechs Grundsätzen, die im Folgenden wörtlich wiedergegeben werden:

1019 BMI (1979), S. 4. Da über das Konzept in Form eines Übersichtsvortrags informiert wurde, ist dieser *nicht* in DAtF/KTG (1974) enthalten. Hier finden sich lediglich sämtliche Fachvorträge, die den Tagungsteilnehmern auf diese Weise zu Beginn der vom 2. bis 5.4. stattfindenden Veranstaltung vorgelegt wurden. Die überarbeitete Fassung des Vortrags erschien in der Zeitschrift "atomwirtschaft" (siehe Fn 1021). Ein erster Entwurf der Rede wurde wahrscheinlich bereits auf der BMFT-AL-Besprechung am 16.10.1973 besprochen. (AdsD Depositum Matthöfer 98). Vgl. zu den folgenden Ausführungen Tiggemann (2004), S. 234–239.

1020 Fröhlich/Edelmann (1974), S. 361.

1021 Schmidt-Küster (1974), S. 340–345. Zur Stellung Schmidt-Küsters: atw, Jahresinhalt 1973, Rubrik "Organisationen", S. 502

"1. Wiederaufarbeitung, Spaltstoffrezyklierung, Abfallbehandlung und Abfallagerung stellen ein integriertes Gesamtsystem dar. Dieses System muß bei dem geplanten Kernenergiezuwachs bis spätestens 1985 in der BRD voll funktionsfähig sein.
2. Für mittel- und schwachaktive Abfälle (MAW, SAW) wird sofortige Endlagerung am Standort der Wiederaufarbeitung vorgesehen. Daraus ergibt sich, daß sich die Standortwahl nach den Lagermöglichkeiten zu richten hat.
3. Hochaktiver Abfall (HAW) wird als verfestigtes Produkt zwischengelagert. Der notwendige Zeitraum zwischen dem Anfall des flüssigen HAW und seiner Verfestigung muß noch überprüft werden. HAW-Zwischenlagerung soll für mehrere Jahrzehnte in rückholbarer Form in geeigneten Bauten erfolgen (*engineered storage*).
4. Die HAW-Endlagerung, für die in der BRD Lagerung in Salzstöcken vorgesehen ist, wird erst nach der sorgfältigen Erprobung der Endlagerkonzepte und damit ohne Umweltrisiko erfolgen.
5. Das *Gesamtsystem* gilt für LWR-, HTR- und Brüter-Brennstoffkreislauf.
6. Die Beseitigung kerntechnischer Anlagen muß in das Gesamtkonzept integriert werden."[1022]

Schmidt-Küster kündigte des Weiteren an, die Kosten für die Wiederaufarbeitung, die Abfallbehandlung, die Zwischenlagerung und die Endlagerung nach dem Verursacherprinzip aufbringen zu wollen. Für die Endlagerung übernehme der Staat in Anbetracht der Langfristigkeit der Maßnahmen, seiner Verantwortung für die Sicherheit nachfolgender Generationen und der privatwirtschaftlich kaum durchführbaren Rückstellung des erforderlichen Kapitals allerdings die Risikoabdeckung.

Was den Entschluss des BMFT zur Erstellung dieses Konzepts letztlich bewirkte, ist – auch nach Einsicht wesentlicher Akten – nicht vollständig klar. Fest steht jedoch, dass es – entgegen den Ausführungen Tiggemanns[1023] – innerhalb kurzer Zeit erstellt und weitestgehend ohne vorherige Abstimmung präsentiert wurde: Es war zum Zeitpunkt seiner Bekanntmachung noch kein Konzept der *Bundesregierung.* Doch zunächst zur Vorgeschichte.

Der Begriff "Entsorgung" war vermutlich Anfang der siebziger Jahre im Bereich der konventionellen Abfallbeseitigung entstanden.[1024] Von dort fand er auch Eingang in die Entwürfe zum Umweltprogramm der Bundes-

---

1022 Schmidt-Küster (1974), S. 342.

1023 Tiggemann (2004) behauptet unzutreffend, das Konzept sei in den Jahren 1972 bis 1974 bzw. 1972 und 1973 entwickelt worden (S. 231, S. 373, S. 383, S. 776).

1024 Vgl. Walprecht (1989), S. 6.

regierung von 1971. Hier war bereits im Ergebnispapier der vorbereitenden Klausurtagung in Bad Neuenahr vom Dezember 1970 allgemein von "Entsorgungskosten für bestimmte Industrien" und "Entsorgungsingenieuren" die Rede.[1025] So war es nur konsequent, dass auch Holtzem mit seiner Projektgruppe "Umweltradioaktivität und Strahlenbelastung" im Januar 1971 zum Stand der Behandlung und Beseitigung radioaktiver Abfälle unter der Bezeichnung "Entsorgungstechnik" Stellung nahm.[1026] Und auch in die abschließende Fassung des Programms floss der Begriff – wenn auch nicht als Überschrift – ein. Im Abschnitt zur Gesamtsituation auf dem Gebiet der radioaktiven Abfälle wurde mit Blick auf das Endlager Asse II festgestellt:

> "Die Entsorgung kerntechnischer Anlagen wirft keine akuten Probleme auf."[1027]

Dies zeigt, dass die erste Übertragung des Entsorgungsbegriffs auf die Kerntechnik deutlich vor der Formulierung des Entsorgungskonzepts im November 1973 erfolgte. Dabei muss jedoch – wie Tiggemann allerdings richtig bemerkt – letztendlich offen bleiben, ob es unter den Angehörigen des 1973 neu gebildeten Referats "Nuklearer Brennstoffkreislauf II" nun der Referatsleiter Manfred Hagen[1028] oder sein Hilfsreferent Rolf-Peter Randl war, der den bereits im Raum befindlichen Begriff erneut aufgriff, konkretisierte und diesmal etablierte.[1029]

1025 BA B 106 29357. Schnellbrief BMI vom 11.12.1970, Anlage 1.

1026 BA B 106 29357. Entwurf Gesamtprogramm für den Umweltschutz, S. 184.

1027 BMI (1971), S. 42. Der Begriff "Entsorgungstechniken" (S. 83) wurde knapp als "Techniken für die Beseitigung von Abwässern, Abfällen und Abgasen" definiert. Tiggemann (2004, S. 233f) sieht dagegen den Ursprung des Entsorgungsbegriffes im Bundesemissionsschutzgesetz vom 15.3.1974.

1028 Manfred Hagen wurde am 2.7.1940 geboren. Von 1960 bis 1964 studierte er Kernphysik an der Freien Universität Berlin. Im Anschluss wechselte er als wissenschaftlicher Mitarbeiter an das Hahn-Meitner-Institut Berlin, wo er bis 1971 blieb und zum Dr. rer. nat. promovierte. Zunächst im Referat für "Grundsatzfragen/Bundesbeteiligungen in der Kernforschung" des BMBW (IV B 1a/Dr. Rembser) eingesetzt, wurde er 1973 Leiter des neu geschaffenen BMFT-Referats "Nuklearer Brennstoffkreislauf II. 1979 wechselte er als Wissenschaftsreferent zunächst nach Brasilien und dann nach Frankreich (1984–1988). Von 1988 bis 1992 war er im Hessischen Umweltministerium als Abteilungsleiter tätig. Seit 1992 arbeitet Dr. Manfred Hagen für die Wismut bzw. Wisutec GmbH in Chemnitz (Informationsgespräch am 23.10.2004).

1029 Tiggemann (2004), S. 22.

Am 14. August 1973 hatten Holtzem und Breest[1030], die nach dem Dienstantritt Ehmkes im Zuge der Umstrukturierung des BMFT im April 1973[1031] mit der UA IV C zum BMI gewechselt waren, unter dem Oberthema "Konzeptionen für die Sicherheit kerntechnischer Einrichtungen und des Strahlenschutzes" (siehe Kapitel 4.2.1) eine für Staatssekretär Hartkopf vorgesehene "Konzeptionelle Strategie zum Waste-Management im Zuständigkeitsbereich des BMI" vorgelegt und im Einklang mit dem Umweltprogramm u. a. die "Kostenregelung nach dem Verursacherprinzip" sowie die "Auswahl und Sicherung geeigneter Gelände für langzeitige Sicherstellung bzw. Beseitigung radioaktiver Abfälle" für notwendig erachtet.[1032] "Möglichst bald" müsse diesbezüglich eine Entscheidung fallen, "um die entsprechenden Anlagen termingerecht errichten zu können", hielten sie am gleichen Tag in einem Vermerk fest. Denn mit der Verwirklichung der bereits im Planungsstadium befindlichen großen Wiederaufarbeitungsanlage (1500 Tonnen pro Jahr) werde die Beseitigungsfrage "sprunghaft an Bedeutung gewinnen." Es sei daher notwendig, "gesetzliche Vorschriften (BMI-Zuständigkeit) und technische Entwicklung (BMFT-Zuständigkeit)" bereits "in nächster Zukunft" soweit voranzutreiben, "daß ein solcher Schritt zur 'Waste-Kommerzialisierung' gerechtfertigt werden" könne.[1033]

Zur weiteren Vorbereitung der gemeinsam zu erreichenden Zielsetzung wurde ein wesentlicher Schritt getan: Die Durchschrift des Strategiepapiers war "für BMFT – Referat IV B 3 (Dr. Randl)" vorgesehen.[1034]

1030 Hans-Christoph Breest wurde am 3.11.1934 in Leipzig geboren. Von 1956 bis 1965 studierte er Physik und Mineralogie an der Universität Bonn. Im Mai 1968 trat er als Diplom-Physiker in das BMwF ein, wo er in der Funktion des Hilfsreferenten zunächst im Referat III B 6 tätig war, dessen Aufgabenbereich "Grundsatzfragen der Kernforschung und -technik" sowie "Angelegenheiten der Kernforschungseinrichtungen" umfasste. Später gehörte er dem Referat "Brennstoffkreislauf" an. 1973 wechselte er zum BMI, wo er u. a. im Projektausschuss für die Entsorgungszentrums-Teilprojekte 5 und 6 ("Endkonditionierung und Endlagerung") mitwirkte. Ab 1986 war Hans-Christoph Breest als Referatsleiter für "Internationale Zusammenarbeit bei kerntechnischer Sicherheit und Strahlenschutz" verantwortlich. 1996 wurde er pensioniert (Informationsgespräch am 12.4.2005/BA B 196 und B 295).

1031 Privatunterlagen Holtzem. Das offizielle Versetzungsdatum war der 15.4.1973.

1032 BA B 106 52526.

1033 BA B 106 52526.

1034 BA B 106 52526. Das Papier wurde – gemäß handschriftlicher Notiz Breests – bis zum 3. 9. 1973 noch einmal überarbeitet.

Es gibt nun einige Indizien dafür, dass zwischen den beiden Referaten, die ohnehin gut zusammenarbeiteten[1035], in den folgenden Wochen ein Austausch stattfand. So wurde die "Konzeptionelle Strategie" am 28. August 1973 überarbeitet und um den Vorschlag zu einer Studie über den Stand und die künftige Entwicklung auf dem Waste-Management-Sektor als einer ersten gemeinsamen Maßnahme ergänzt. In der Fassung vom 3. September wurde das Papier am 10. September 1973 von Minister Genscher gebilligt.[1036]

Im BMFT wurde ein erster inhaltlich unbekannter Vermerk dagegen erst am 28. September 1973 erstellt. Hierauf Bezug nehmend legten Hagen und Randl unter dem Betreff "Entwicklung eines integrierten Entsorgungssystems für Kernkraftwerke" am 22. November 1973 einen insgesamt elfseitigen "Maßnahmenkatalog zur Schließung des LWR-Brennstoffkreislaufs" vor.[1037] Dieser enthielt bereits die oben wiedergegebenen Grundsätze, an denen bis zur Präsentation Schmidt-Küsters Anfang April 1974 lediglich minimale Veränderungen und Ergänzungen vorgenommen wurden. Wichtig ist, dass dieser Maßnahmenkatalog "weisungsgemäß" vorgelegt wurde. Hagen erinnert sich, dass es Staatssekretär Haunschild war, der ihn im Rahmen eines Vortrags zu den Finanzierungsschwierigkeiten für die große Wiederaufarbeitungsanlage ermunterte, seine hierüber hinausgehenden Gedanken schriftlich festzuhalten. Es folgten erste referatsinterne Überlegungen, die man "an einem Wochenende im November des Jahres 1973" zu eben jenem Maßnahmenkatalog vom 22. November verdichtete. Als dieser zwei Tage später Minister Ehmke erreichte, erhielt das Referat sofort die Aufforderung, das Papier dem Minister persönlich zu erläutern. Ehmke zeigte sich schnell überzeugt, gestattete, auf die EVU zuzugehen und erkundigte sich nach dem Finanzbedarf, den Hagen für den Bereich des BMFT zu diesem Zeitpunkt auf acht bis zehn Millionen DM pro Jahr bezifferte.[1038]

Auf der Suche nach den Faktoren, die zur Entwicklung des Entsorgungskonzepts führten, ist an erster Stelle und in aller Deutlichkeit auf die

---

1035 Breest erwähnte im Informationsgespräch am 12.4.2005 nicht ohne Stolz, man habe Randl und ihn auch als "Max und Moritz" bezeichnet. In Teilen des BMI sei er zuweilen auch "als bester Mann des BMFT" gesehen worden. Auch der Maßnahmenkatalog zum Integrierten Entsorgungskonzept (BA B 195 1427) wies auf die "gute Zusammenarbeit" zwischen BMFT und BMI im Bereich "Abfallbehandlung und Endlagerung" hin.

1036 BA B 106 52526.

1037 BA B 295 1427.

1038 Informationsgespräch mit Dr. Hagen am 23.10.2004.

Unzulänglichkeiten der KEWA-Planungen im Hinblick auf die Behandlung und die Endlagerung radioaktiver Abfälle hinzuweisen. Noch im Juli 1973 zog sich die begrifflich nicht immer präzise Weigerung, sich mit diesen Bereichen zu befassen, wie ein roter Faden durch das Verfahrenskonzept. Obschon die Ersteller mit Blick auf die durch den Umweltschutz verschärften Anforderungen, "zu einem späteren Zeitpunkt" durchaus die Möglichkeit sahen, dass die "Endbehandlung zur behördlichen Auflage gemacht" werden könnte und dann den "Gesamtkosten der Wiederaufarbeitung zugerechnet" werden müsse, beschränkten sie sich auf die Wiederaufarbeitung im engeren Sinne.[1039] Das war ein klares Signal an das federführende BMFT.

Gleich mit dem ersten der oben zitierten Grundsätze festzustellen, dass "Wiederaufarbeitung, Abfallbehandlung und Abfalllagerung" als "integriertes Gesamtsystem" anzusehen seien, bedeutete vor diesem Hintergrund den Bezug einer ebenso klaren Gegenposition durch das Ministerium.[1040] Mit den beiden folgenden Grundsätzen kam man den eher vagen Vorstellungen der KEWA allerdings weitestgehend entgegen. Von "geeigneten Bauten" und "engineered storage" zu sprechen sowie für schwach- und insbesondere mittelaktive Abfälle die "sofortige Endlagerung am Standort der Wiederaufarbeitung" vorzusehen, bedeutete sowohl eine gewisse Präzisierung als auch eine klare Absage an die von KEWA-Seite neben der Endlagerung in Kavernen erwogene Zwischenlagerung "in Betonbunkern".

Die drei übrigen Grundsätze scheinen sich an einen erweiterten Adressatenkreis zu richten. Sie sind in hohem Maße Ausdruck administrativ-politischer Selbstverpflichtung und signalisieren erkannten Forschungs- und Handlungsbedarf. Die Endlagerung hochaktiver Abfälle "ohne jedes Umweltrisiko" vornehmen zu wollen war konsequent und uneingeschränkt begrüßenswert. Mit Blick auf den Wissensstand in diesem Bereich und im Bereich der Abfallbehandlung (siehe Kapitel 4.1.5.2) bedeutete dieser Vorsatz – wie Hagen im Informationsgespräch einräumte[1041] – aber auch, aus der Not eine Tugend zu machen.

1039 BA B 295 1427.

1040 Die KEWA blieb auch nach der Präsentation des Entsorgungskonzepts bei ihrer Linie. Ein Papier zum "Bau einer großen Wiederaufarbeitungsanlage" vom 23.4.1974 stellte fest, die "Überführung in eine endlagerfähige Form" sei "in diesem Projekt" ebenso wenig enthalten, wie der "Bau eines Endlagers" (GLAK 69 505).

1041 Informationsgespräch am 23.10.2004.

Insgesamt wird man begründet annehmen können, dass das Integrierte Entsorgungskonzept in erster Linie darauf abzielte, die Industrie noch in der Planungsphase der großen Wiederaufarbeitungsanlage – und damit frühzeitig – auf die Übernahme sämtlicher Folgekosten zu verpflichten. Bei dieser Gelegenheit korrigierten Hagen und Randl zugleich eine Politik, die die Endlagerungsfrage über Jahre als nahezu problemfrei präsentiert hatte.

Der auslösende Faktor für ihren Vorstoß dürfte – neben der Initiative des BMI – eine grundlegende Veränderung der Wiederaufarbeitungs- und Abfalllagerungssituation im September 1973 gewesen sein. So hatte Hagen bereits am 14. September vor dem VDEW-Arbeitsauschuss "Kernbrennstoffkreisläufe" über Ankündigungen der französischen "Compagnie General des Matieres Nucleaires" (COGEMA) und der "British Nuclear Fuels Limited" (BNFL) informiert, die eine Verpflichtung zur Rücknahme der bei der Wiederaufarbeitung entstehenden radioaktiven Abfälle zur Folge haben würden.[1042] Schließlich kam es in der britischen Anlage am 26. September 1973 zu einem schweren Störfall[1043], der deutlich machte, dass auch die bisherigen Planungen zur umfassenden Nutzung ausländischer Wiederaufarbeitungskapazitäten hinfällig werden würden.[1044] Die hierbei zu Tage tretenden technischen Schwierigkeiten dürften das ohnehin "nur verhalten zu erahnen(de)" Engagement der Industrie für die Wiederaufarbeitung kaum gesteigert haben.[1045] Wie Hagen und Randl im Entsorgungskonzept illusionsfrei feststellten, war eine industrielle Betätigung bei Wiederaufarbeitungspreisen, die "weltweit nicht kostendeckend" waren, "augenblicklich uninteressant." Zudem war das Projekt durch die

1042 Tiggemann (2004), S. 232.
1043 Ebd., S. 262.
1044 Günter Scheuten führte 1977 in seiner Funktion als Geschäftsführer der "Projektgesellschaft Wiederaufarbeitung von Kernbrennstoffen" (PWK) vor dem Bundestagsausschuss für Forschung und Technologie die Entstehung des Entsorgungskonzepts auf "den Ausfall der englischen Anlage Ende 1973" zurück [BT PA (8. WP) Kurzprotokoll der 9. Sitzung, Nichtöffentliche Anhörung am 25.5.1977, S. 31]. Vgl. auch Issel (2003, S. 201) der ebenfalls den Wegfall der ausländischen Aufarbeitungskapazitäten als auslösendes Ereignis sieht. Die Bundesregierung habe sich hierdurch mit dem Problem konfrontiert gesehen, "in relativ kurzer Zeit die Entsorgung der Kernkraftwerke von abgebrannten Brennelementen übernehmen zu müssen" und habe daher die terminlichen Vorstellungen der KEWA für die eigene Planung übernommen. Vgl. darüber hinaus Kitschelt (1980, S. 116), der feststellt, die Situation habe sich "dramatisch" gewandelt.
1045 Issel (2003), S. 200.

im Vergleich zur WAK extreme Maßstabsvergrößerung von etwa 1:40 mit erheblichen Unsicherheiten behaftet.[1046] So stellte man Anfang Mai 1974 im Rahmen des zentral wichtigen Karlsruher Projekts "Wiederaufarbeitung und Abfallbehandlung" denn auch fest, "die bisherige Projektarbeit und die Auswertung ausländischer Erfahrungen" hätten ergeben, "daß stärker als ursprünglich erwartet in technologisches Neuland vorgestoßen werden" müsse.[1047]

Die volle Funktionsfähigkeit des Entsorgungssystems trotz dieser wenig günstigen Ausgangsituation "bis spätestens 1985" anzustreben, hieß für die zuständigen Ministerialbeamten, eine gewaltige Aufgabe zu schultern, die sie über einen Zeitraum von mindestens zehn Jahren in erheblichem Umfang beschäftigen würde. Die Verwirklichung des für die weitere Förderung der Kernenergie zentralen Entsorgungszentrums würde dem erst wenige Monate alten Referat "Nuklearer Brennstoffkreislauf II" ein hohes Maß an Leitungsaufmerksamkeit garantieren. Die Chance zur Profilierung, die Hagen bei seinem Vorstoß neben allen sachlichen Notwendigkeiten sah, war durchaus gegeben.[1048]

Insgesamt wird deutlich, dass die Thematik bei der Formulierung des Integrierten Entsorgungskonzepts in mehrfacher Hinsicht nach einer Lösung verlangte. Die Überlegungen des BMI hatten hierbei – wohl auch aufgrund der personellen Kontinuität – nicht den neuartigen und in sich geschlossenen Charakter des BMFT-Konzepts, für dessen Erstellung der noch junge Seiteneinsteiger Hagen maßgeblich verantwortlich war. Allerdings wurden auch im BMFT mit dem Maßnahmenkatalog vom November 1973 lediglich bereits bekannte Gedanken geschickt verdichtet.

Einleitend wurde bereits darauf hingewiesen, dass sich der Gedanke einer Zusammenfassung von Wiederaufarbeitung, Abfallbehandlung und Endlagerung am selben Standort bis ins Jahr 1962 zurückverfolgen lässt.[1049] Spätestens im Mai 1972 waren DAtF und KTG in ihrem Beitrag zum 4. Atomprogramm der Ansicht gewesen, die "Wiederaufarbeitung bestrahlter Kernbrennstoffe sowie die Behandlung der mittel- und hochaktiven Abfälle für eine sichere Endlagerung" müsse "als technologische Gesamtaufgabe angesehen werden."[1050] Schon im Rahmen der öffentlichen Diskussion des 4. Atomprogramms am 12. Februar 1973 hatte

1046 BA B 295 1427.
1047 GLAK 69 504. Auszug aus der 136. Sitzung des WTR vom 6.5.1974.
1048 Informationsgespräch am 23.10.2004.
1049 Tiggemann (2004), S. 229–231.
1050 GLAK 69 985. Mit Schreiben Schikarski vom 16.5.1972 an Haxel übersandt.

Schmidt-Küster erklärt, bis man über "absolut sichere Verfahren für die Beseitigung und für die Endlagerung" verfüge, seien Verfahren zu benutzen, "die unter der Überschrift Engineered Storage (...) geführt" würden.[1051] Und schließlich war am 13. Juni 1973 eine Information des Referates IV B 1 weisungsgemäß bis auf Ministerebene vorgelegt worden, die sich ausführlich mit dem Konzept eines "Nuclear parcs"[1052] befasste. Während der Referent in einer Auflistung der Vorteile dieser "örtlichen Konzentrierung kerntechnischer Anlagen" z. B. die stark eingeschränkte Notwendigkeit zum Transport radioaktiver Abfälle ansprach, wies der Zuarbeiter aus Karlsruhe darauf hin, dass "jetzt die Zeit" sei "um Vorstudien und Systemüberlegungen für dieses Konzept anzustellen." Hierbei handelte es sich um eine Anregung, die das Personal des Referats 315 in Veränderung und Begrenzung des Ausgangsgedankens auf "Anlagen für den Brennstoffzyklus" scheinbar bereitwillig aufgriff.[1053]

Wenn in dem Maßnahmenkatalog auch mehrmals die Notwendigkeit zur Abstimmung mit dem BMI und dem BMWi erwähnt wurde, erfolgte sie in größerem Umfang erst, nachdem Schmidt-Küster das Entsorgungskonzept Anfang April präsentiert hatte.[1054]

Zwar hatte Ehmke in einem Brief an Genscher, in dem es um "Genehmigungsverzögerungen beim Bau von Versuchsanlagen im nuklearen Brennstoffkreislauf" ging, am 24. Januar 1974 auch darauf hingewiesen, dass "voraussichtlich noch in diesem Jahr das Genehmigungsverfahren für eine große Wiederaufarbeitungsanlage mit integriertem Abfallsystem eingeleitet werden" müsse[1055], doch erst am 25. April 1974 wurde der Leiter der UA II des BMI offiziell über folgenden Sachverhalt informiert:

1051 BMFT(1974b), S. 335.

1052 Tiggemann (2004, S. 23) erwähnt unter Verweis auf ein Zeitzeugengespräch mit Randl unzutreffend die Bezeichnung "industrial parc".

1053 BA B 196 52856. Von Ehmke und Staatssekretär Haunschild am 18.6.1973 paraphiert. Die mit Datum vom 24.5. angefertigte Zuarbeit von Dr. Jürgen Zech, der dem Institut für Angewandte Systemtechnik und Reaktorphysik angehörte, nannte den bereits auf der Genfer Konferenz von 1971 gehaltenen Vortrag "Global Effects of Increased Use of Energy" von Weinberg als eine Quelle der Idee. Ursprünglich war es um die Errichtung mehrerer Reaktoren einschließlich der Anlagen für den Brennstoffkreislauf in küstennahen Gewässern gegangen.

1054 Bei der für diese Arbeit verwendeten Version des Maßnahmenkatalogs handelt es sich um eine Ausführung für das BMI. Hierauf hatte UAL Sahl UA II 6 bereits am 20.12.1973 aufgefordert, zu den Sicherheitsauflagen für das Entsorgungszentrum Stellung zu nehmen. Das BMI war also schon vor der Präsentation im April 1974 inoffiziell informiert.

1055 BA B 136 6103. Der Brief ging nachrichtlich an das BK.

"Der BMFT (Ref. 315 = Dr. Hagen, Dr. Randl) hat den Wunsch geäußert, möglichst kurzfristig das Problem "Gesamtsystem Entsorgung" mit Schwerpunkt Wastemanagement zunächst mit den zuständigen Stellen des BMI und später auch des BMWi und BMF zu diskutieren."[1056]

Noch am selben Tag erging die Einladung des BMI zu einem Gespräch auf Referentenebene am 6. Mai 1974,[1057] auf das sich die zuständigen Referate des BMI am 2. Mai hausintern vorbereiteten.[1058] Sehr interessant ist in diesem Zusammenhang, dass sich zu diesem Zeitpunkt die Referate von Hagen und Holtzem einig waren, dass die Endlagerung in die Zuständigkeit des BMI fallen würde. In Übernahme älterer Absprachen zwischen BMFT und KEWA[1059] sah man hier die Notwendigkeit, fünf alternative Standorte für das Entsorgungszentrum zu untersuchen und zunächst ein Endlager für schwach- bis mittelaktive Abfälle aus der Wiederaufarbeitung einzurichten. Unter die Einlagerung im Salzbergwerk Asse II sollte mittelfristig ein Schlussstrich gezogen werden. Lediglich für "eine begrenzte Übergangszeit" d. h. bis zur Verfügbarkeit eines zusätzlichen Endlagers für nicht aus der Wiederaufarbeitung stammende Abfälle, sollte die unter Langzeitaspekten fragwürdige Anlage dienen. Die insgesamt erforderlichen 250 Millionen DM sollten ggf. überplanmäßig für die Jahre 1974 bis 1976 beim BMF beantragt werden, ging man doch davon aus, dass die für den Geländekauf veranschlagten 50 bis 75 Millionen DM "noch 1974, aber spätestens Anfang 1975" bereitstehen müssten.[1060] Die von den Erstellern des Entsorgungskonzepts im BMFT zur Vorauswahl von Standorten und zur Detailuntersuchung eines Standortes in den Jahren 1974 bis 1976 für notwendig erachteten 400.000 bzw. 3 Millionen DM waren verglichen damit Kleinstbeträge.[1061]

1056 BA B 295 1427.

1057 BA B 136 5377.

1058 BA B 295 1427. Information über die Ergebnisse der internen Aussprache an UAL UA II vom 6.5.1974.

1059 BA B 295 1427. Handschriftliche Notiz über einen Besuch von Schlitt und Issel am 26.3.1974.

1060 BA B 295 1427. Anlage zum Schreiben UA II 3 vom 25.4.1974. Ein Indiz dafür, dass die Asse zumindest aus der öffentlichen Wahrnehmung verschwinden sollte, findet sich in einem Artikel Breests und Holtzems vom Dezember 1975 auf Seite 607. Hier suggerierten die beiden, Abfälle aus der Kernforschung und Isotopenanwendung würden sich ohne abschließende Lösung des Problems in den Landessammelstellen anhäufen.

1061 BA B 295 1427. Anlage 3 zum Maßnahmenkatalog: Übersicht "Detaillierung der Einzelmaßnahmen."

In den Haushaltsverhandlungen zwischen BMFT und BMF gab es – nach den Erinnerungen von Hagen – bezüglich des Entsorgungszentrums denn auch keine Probleme. Als Beleg hierfür lassen sich die Angaben der ab 1972 veröffentlichten BMFT-Förderungskataloge heranziehen. Während das Ausmaß der mit der Wiederaufarbeitung und der Behandlung radioaktiver Abfälle verbundenen Projekte noch 1974 deutlich anstieg[1062], wurden 1975 für die Jahre bis 1978 rund 7,94 Millionen DM zur "Untersuchung eines Standorts zur Errichtung einer Anlage für die Entsorgung von Kernkraftwerken " eingeplant.[1063]

Am 22. August 1974 informierte sich der zuständige Referent des Bundeskanzleramts bei Randl über Probleme der Wiederaufarbeitungspolitik[1064] und fertigte am 28. August einen Vermerk, in dem er erstmalig die sechs Grundsätze des BMFT vom April festhielt. Nun war zu klären, was der Bundeskanzler zur Umsetzung des Konzepts beitragen können würde.[1065] Zunächst unterstrich dieser in der Kabinettsitzung am 23. Oktober 1974 noch lediglich die Notwendigkeit einer umfassenden und rechtzeitigen Standortvorsorge für Kraftwerke, Raffinerien und chemische Werke.[1066]

Doch bereits Ende November 1974 war für die UA II des BMI klar erkennbar, dass sich die Realisierung eines funktionsfähigen Entsorgungssystems "aus technischen und Finanzierungsgründen" weiter hinauszögern würde. Im Hinblick auf einen zu erwartenden Stau abgebrannter Brennelemente bei den hierauf nicht vorbereiteten Kernkraftwerken schien sich zumindest ein "wesentlich erhöhtes Sicherheits- (und Sicherungs-) risiko abzuzeichnen", das sich – so UAL Sahl mit einiger Übertreibung – zu "einem sicherheitspolitischen Engpaß ohnegleichen" entwickeln könne. Minister Maihofer wurde dabei über die beabsichtigten Maßnahmen und mögliche Folgen nicht im Unklaren gelassen:

1062 BMFT (1975), S. 331–350.

1063 BMFT (1976), S. 387.

1064 BA B 136 5377. Vermerk über die Terminvereinbarung mit Randl vom 16.8.1974

1065 BA B 136 5377. Konkret fragte Eisenbeiß, ob der Bundeskanzler auf die Erarbeitung des noch "ganz am Anfang" stehenden Sicherheitskonzepts Einfluss nehmen und helfen könne, "den Druck auf die Wirtschaft, insbesondere die EVUs zu verstärken".

1066 BA B 136 5378. Auf die Entwicklung einer gemeinsamen Standortpolitik hatten sich der Bundeskanzler und die Ministerpräsidenten der Länder bereits am 30. November 1973 verständigt.

"Der BMI muß und wird nunmehr in Wahrnehmung seiner Sicherheitsverantwortung (...) seinerseits die Sicherstellung der Entsorgung erzwingen durch Hereinnahme entsprechender Bedingungen in die Genehmigungsvoraussetzungen. (...) Dies wird bei den Antragstellern zweifelsohne zu weiteren Steigerungen der Kosten für Planung und Anlagen und damit zu Spannungen nicht nur zwischen den betroffenen Kreisen der Energiewirtschaft und der Bundesregierung, sondern auch innerhalb der Bundesregierung zwischen dem BMI einerseits und dem BMFT sowie BMWi andererseits führen."[1067]

Die in der Folgezeit praktizierte Politik des konstruktiven Zwanges[1068] stellt unzweifelhaft eine bedeutende und durchaus erfolgreiche Vorgehensweise dar. Schon im Juli 1975 rühmte sich die UA II gegenüber der Leitung, in diesem Zusammenhang getroffene Maßnahmen hätten "zu einer höchst konstruktiven und kooperativen Reaktion seitens der Kernenergiewirtschaft geführt".[1069] Und doch: Wenn in diesem Zusammenhang anderweitig auch potenziell öffentlichkeitswirksam von der "Entsorgungsvorsorge" die Rede war, so war dies aus Endlagerungsperspektive zunächst nicht mehr als ein Schlagabtausch um Minimalforderungen zwischen Parteien, die zur Durchsetzung ihrer Interessen zwingend aufeinander angewiesen waren. Wenn das BMI im April 1975 Lagereinrichtungen für abgebrannte Brennelemente, Wiederaufarbeitungsanlagen, Refabrikationsanlagen für Kernbrennstoffe, Einrichtungen zur Behandlung radioaktiver Abfälle sowie Einrichtungen zur langfristigen Sicherstellung radioaktiver Abfälle als wesentliche infrastrukturelle Elemente der Entsorgung sah und hierbei einzig der letztgenannte Punkt vom Staatssekretär rot hervorgehoben wurde[1070], dann musste allen Beteiligten klar sein, dass der Nachweis des Verbleibs der Brennelemente den Kern des Problems nicht treffen würde. Die auf Wiederaufarbeitung und Zwischenlagerung im Ausland abgestellten Forderungen vermieden genau das, was das BMI vermeiden wollte: den Stau an abgebrannten Brennelementen. Es wäre darüber nachzudenken, ob es hierbei im Kern nicht weniger um Sicherheitsaspekte, als um die Vermeidung der im Atomgesetz vorgeschriebenen Verwahrung in staatlicher Verantwortung ging.[1071]

1067 BA B 106 66356. Das Schreiben enthielt den Entwurf eines Schreibens an die Minister der beiden Ressorts, das mit geringfügigen Korrekturen von Genscher unterschrieben und am 9.12.1974 abgeschickt wurde.

1068 Vgl. Tiggemann (2004), S. 243–249.

1069 BA B 106 52516. UAL UA II an Minister vom 2.7.1975.

1070 BA B 106 52516. UAL UA II an Minister vom 18.4.1975.

1071 BA B 106 87775. Forderungen für die Betriebsaufnahme der KKW Isar und Philippsburg I. Entwurf vom 11.11.1976.

Das zum "Problem Brennstoffkreislauf" und zur "Frage einer verstärkten Öffentlichkeitsarbeit" seit Längerem als notwendig erachtete Ministergespräch ließ währenddessen auf sich warten. Ursprünglich für Ende Februar angesetzt[1072], fand es schließlich am 16. Juni 1975 im BMI statt. Maihofer und Matthöfer kamen – wie bereits seit Mai 1974 auf Referatsebene angestrebt[1073] – zu dem Ergebnis, dass der Standort für das Integrierte Entsorgungszentrum "durch Abstimmung auf Kabinettsebene zwischen BMI, BMFT, BMWi und BMVg gesichert werden" müsse. Das BMI sagte hierbei seine "volle Unterstützung" zu.[1074] Zuvor waren auf Wunsch des BMFT bzw. BMWi die Punkte "Entsorgung" und "Standortvorsorge" in die Unterlagen für ein Bundeskanzlergespräch am 3. Juli aufgenommen worden.[1075]

Im Rahmen der als "Gymnicher Gespräch" bekannt gewordenen Erörterungen mit der Industrie wurden die im Zentrum des Interesses stehenden "wirtschaftlichen und finanziellen Auswirkungen von Umweltschutzmaßnahmen" auch für den Bereich der Kernenergie betrachtet. Konkret ging es um die "Auswirkungen von Sicherheits- und Strahlenschutzmaßnahmen in der Kernenergie".[1076]

In diesem Rahmen wurde endgültig deutlich, wie sehr sich das Denken in Politik und Ministerialverwaltung seit den Bemühungen Stoltenbergs und Pretschs zum wirtschaftlichen Durchbruch gewandelt hatte:

> "Angesichts des Gefährdungspotentials kerntechnischer Anlagen haben die Bundesregierung und die Länder immer wieder darauf hingewiesen, daß der Schutz der Bevölkerung vor den möglichen Gefahren der Kernenergie *absolut Vorrang vor energiewirtschaftlichen Erwägungen* (Hervorhebung D. M.) hat. Dieses Prinzip wird auch in den Kreisen der Wirtschaft anerkannt. Dies hat zur Folge, daß Kostenauswirkungen und sonstige Belastungen durch Sicherheitsvorkehrungen kein Gegenstand einer Erörterung zwischen den für die Sicherheit verantwortlichen Behörden und der betroffenen Industrie sind."[1077]

1072 BA B 106 52534. Information Ministerbüro vom 30.1.1975. Vorher wollte Maihofer mit den BM Friderichs (BMWi) und Ertl (BML) sprechen.

1073 Breest hatte am 6.5.1974 in einer Information für den UAL die Einrichtung einer Arbeitsgruppe mit Vertretern des BMFT angeregt, "um das Problem 'Gesamtsystem Entsorgung' möglichst bald für eine Kabinettsentscheidung reif zu machen" (im Original vollständig unterstrichen).

1074 BA B 106 52509. Notiz über das Ergebnis der Besprechung ohne Datum.

1075 BA B 106 52516. UA II 2 vom 9.6.1975.

1076 BA B 106 52516. Zusammenstellung vom 20.6.1975.

1077 Ebd.

Die Betonung des absoluten Vorrangs des Schutzgedankens ausschließlich auf das inzwischen erstarkte "Interesse zahlreicher Abgeordneter aller Parteien des Deutschen Bundestages"[1078] zurückzuführen und die Ernsthaftigkeit der Aussage in Zweifel zu ziehen, wäre sicherlich verfehlt, deckt sich diese Gewichtung doch im Kern mit den Vorgaben, die Holtzem knapp fünf Jahre zuvor bei der Erarbeitung des Umweltprogramms (siehe Kapitel 4.2.1) für den Bereich des Strahlenschutzes erhalten hatte. Schon Ende Februar 1972 waren im BMBW zudem Stimmen laut geworden (siehe Kapitel 5.2), die eindringlich forderten, das Ministerium müsse "dem Schutz der Bevölkerung vor den Gefahren der Kernenergie *unbedingten Vorrang* (Hervorhebung d. M.)" einräumen.[1079] Es sollte jedoch bis zur Abgabe der Zuständigkeit für die Reaktorsicherheit und den Strahlenschutz an das BMI 1973 dauern, bevor man diese Politik ernsthaft verfolgen konnte.

Hingewiesen sei daher darauf, dass mit den "für die Sicherheit verantwortlichen Behörden" nur das BMI gemeint war. Das BMFT musste als für die Förderung der Kernenergie zuständiger Akteur sehr wohl in derartige Erörterungen mit der Industrie eintreten und verfügte auch über Zahlen zu den Kostenauswirkungen:

> "Das Investitionsvolumen liegt für die Wiederaufarbeitungsanlage bei rund 2 Milliarden Mark. Die resultierende Belastung auf die Kosten einer nuklear erzeugten Kilowattstunde liegt bei etwa 0,15 bis 0,2 DPf. Errichtung und Betrieb des Endlagers für radioaktive Abfälle, in dem derartige radioaktive Abfälle teilweise über außerordentlich lange Zeiträume (einige zehntausend bis hunderttausend Jahre) verwahrt werden müssen, ist eine Aufgabe des Staates. Die laufenden Kosten hierfür (...) machen voraussichtlich 0,1 Pf. pro kWh aus".[1080]

Hierbei handelte es sich allerdings um vergleichsweise optimistische Annahmen. Anfang Februar 1978 schätzte Mandel als führender Vertreter der Elektrizitätswirtschaft die Höhe der Investitionen bereits auf "5 Mrd. DM" und merkte mit Blick auf "Preisgleitung, Zinsen, Steuern und Versicherungen" an, dass hieraus während der Bauzeit "leicht mehr als 12 Mrd. DM (...) zum Beginn der 90er Jahre" werden könnten.[1081]

Schon im Juni 1975 hatte das BMI Andeutungen von Kernenergie-Kritikern registriert, die eine Konzentration auf das Genehmigungsverfah-

1078 BT-Drucksache 7/3871 vom 16.7.1975, S. 3.
1079 BA B 106 66781. Vermerk IV C 1 vom 29.2.1972
1080 BA B 106 52516. Zusammenstellung vom 20.6.1975.
1081 Mandel (1978), S. 21.

ren für die Wiederaufarbeitungsanlage erwarten ließen.[1082] Als die Umweltministerkonferenz am 9. Februar 1976 die Genehmigungsbehörden auf Landes- und Bundesebene bat "Errichtung und Betrieb weiterer Kernkraftwerke nur dann zu genehmigen, wenn die Möglichkeiten der Entsorgung nachgewiesen sind" und die "Errichtung einer Wiederaufarbeitungsanlage sowie einer Anlage zu säkularen Endlagerung radioaktiver Abfälle (...) intensiv voranzutreiben"[1083], war die öffentliche Diskussion an den in Niedersachsen in die engere Wahl gezogenen Standorten bereits im Gange.[1084]

Der Maßnahmenkatalog des BMFT-Referats 315 vom November 1973 hatte den unverzüglichen Beginn der Standortsuche für nötig gehalten und im Rahmen einer im Jahr 1974 abzuschließenden ersten Phase die Vorauswahl von bis zu fünf Standorten vorgesehen. Detailuntersuchungen zur Beurteilung des Endlagerungspotentials sollten in einer zweiten Phase in den Jahren 1974 bis 1976 folgen. Bereits 1975 sollte die Öffentlichkeitsarbeit am ausgewählten Standort einsetzen und bis zur Errichtung des vorrangigen Endlagers für schwach- und mittelaktive Abfälle in den Jahren 1977/78 anhalten.[1085]

Die Arbeiten zur Standortermittlung wurden 1974 planmäßig durchgeführt. Sie umfassten zunächst das gesamte Bundesgebiet und zogen unter Fokussierung auf die Erfordernisse der Wiederaufarbeitung – im Widerspruch zum zwischenzeitlich präsentierten Entsorgungskonzept und zu den frühen Vorstellungen der KEWA – anfänglich auch die Errichtung der Anlage am Rhein, "auf einer Ostseeinsel bzw. Halbinsel" sowie "auf einem Bergrücken im Mittelgebirge" in Betracht.[1086] Ein zwischen BMFT, KEWA, GSF, NLfB, GWK und dem Deutschen Wetterdienst abgestimmter Kriterienkatalog führte zu einer Vorauswahl von 26 Standorten.[1087]

1082 BA B 106 66768. UA II 2 an UA II 6 vom 9.6.1975.

1083 AdsD Depositum Hans Matthöfer Box 70. BMI (RS I 5) vom 2.12.1976.

1084 Vgl. Tiggemann (2004), S. 394–403.

1085 BA B 295 1427. Anlage 3 "Detaillierung der Einzelmaßnahmen". Streng genommen war hier lediglich die Detailuntersuchung eines Standorts vorgesehen.

1086 BA B 196 107231. Ergebnisprotokoll einer Besprechung am 5.8.1976, die der Überprüfung der damaligen Auswahl diente. Vgl. Tiggemann (2004), S. 384, Fn 27.

1087 So Dr. Peter Zühlke, Mitglied der Geschäftsführung der KEWA, im Rahmen der vom Innenausschuss durchgeführten öffentlichen Anhörung zu Fragen des Umweltschutzes am 9. Juni 1976 [BT PA (7. WP). "Die Energiewirtschaft und die Entsorgung der Kernkraftwerke", Anlage zu Protokoll Nr. 114., S. 51]. Issel (2003, S. 216) spricht von 28 Standorten.

Nach weiteren Bewertungsschritten wurden für acht von ihnen Fachgutachten des NLfB und des deutschen Wetterdienstes erarbeitet.[1088] Schließlich wurden im Juli 1975 die vier am besten geeigneten Standorte zur Detailuntersuchung vorgeschlagen. Es handelte sich um:

1. Wahn im Emsland (ca. 25 km nordöstlich von Meppen)
2. Lichtenhorst an der Aller (ca. 20 km nordöstlich von Nienburg)
3. Lutterloh im Naturpark Südheide (ca. 35 km südwestlich von Uelzen) und
4. Lütau in Ostholstein (ca. 15 km östlich von Geesthacht).[1089]

Der Standort Lütau schied allerdings kurze Zeit später – vermutlich wegen seiner Nähe zur DDR-Grenze (siehe Abb. 7)[1090] – aus den weiteren Betrachtungen aus.

Hatte das seit Ende 1974 von Industrieseite über die Standortermittlungsaktivitäten der KEWA informierte Niedersächsische Wirtschaftsministerium der Realisierung des Integrierten Entsorgungszentrums bis dahin zumindest nicht ablehnend gegenübergestanden, änderte sich die Lage nach dem Regierungswechsel im Januar 1976.[1091] Die neue Minderheitsregierung unter Ministerpräsident Albrecht sah sich von Anfang an mit den Protesten konfrontiert, die ab der zweiten Januarwoche am mit Vorrang untersuchten Standort Wahn aufkamen.[1092] Bereits am 18. Februar 1976 kamen das Niedersächsische Wirtschaftsministerium und das BMFT überein, die nötigen Bohrarbeiten bis zum Abschluss der zur Information der Öffentlichkeit eingeleiteten Programme zu unterbrechen.[1093] Als das BMFT am 10. August 1976 nach Gesprächen zwischen Matthöfer und dem Niedersächsischen Finanz- und Wirtschaftsminister Kiep zu dem in Endlagerungsperspektive sehr gewichtigen Entschluss

---

1088 Tiggemann (2004), S. 385f.

1089 BA B 196 107231. Ergebnisprotokoll einer Besprechung am 5.8.1976. Vgl. das Kartenmaterial in KEWA (1977). Die Standorte sind dort detailliert beschrieben. Bezugsstädte und Entfernungen sind eigene Ergänzungen, die geringfügig von den dortigen Angaben abweichen.

1090 Tiggemann (2004), S. 387.

1091 Vgl. Tiggemann (2004, S. 389f) und Issel (2003, S. 216) Das Jahr 1974 wurde auch in einer Besprechungsvorbereitung vom 8.11.1976 als Jahr der ersten Verbindungsaufnahme genannt (AdsD Depositum Hans Matthöfer Box 70, Teilinhalt NEZ).

1092 Arbeitsgruppe "Wiederaufarbeitung" (1977), S. 12 sowie KEWA (1977), S. 6f.

1093 KEWA (1977), S. 32f.

kam, die Erkundungsbohrungen wegen anhaltender Proteste zu stoppen[1094], war es lediglich am Standort Lutterloh gelungen 16 Flachbohrungen und eine Tiefbohrung niederzubringen.[1095]

Abb. 7: Standorte für das Integrierte Entsorgungszentrum (engere und letztendliche Auswahl)

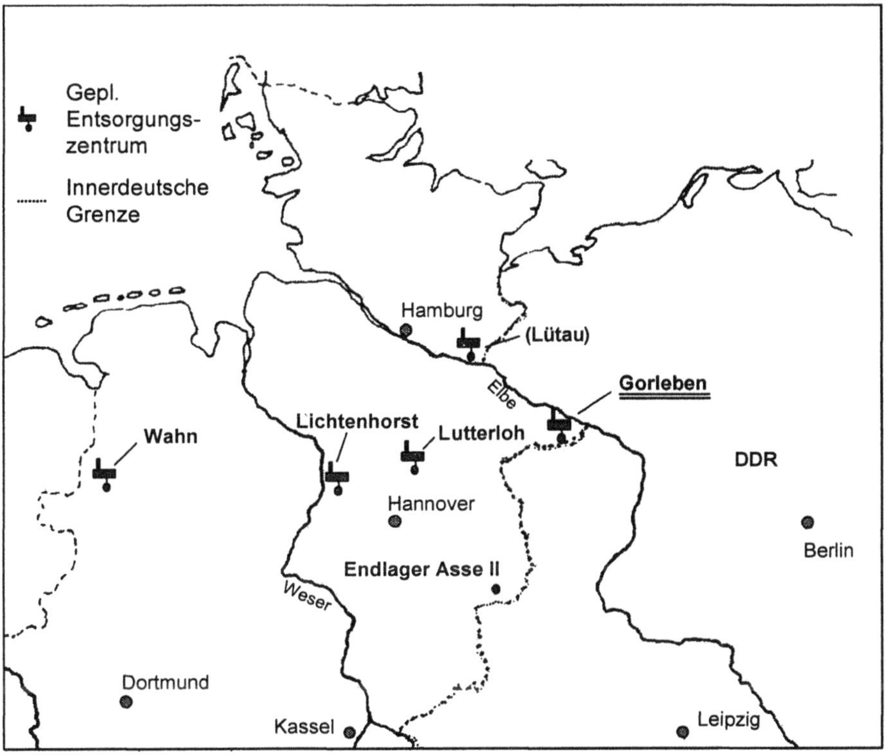

Den Tiefbohrungen kam insofern zentrale Bedeutung zu, als die drei in die engere Wahl gezogenen Salzstöcke lediglich "eignungshöffig" waren. Das hieß, dass man aufgrund ihrer Ausdehnung mit einiger Sicherheit davon ausgehen konnte, dass in ihnen größere Bereiche des besonders günstigen reinen Steinsalzes vorhanden sein würden. Wo genau diese

1094 Issel (2003), S. 217 in Verbindung mit Tiggemann (2004), S. 388 und S. 399–402.
1095 KEWA (1977), S. 7.

Partien innerhalb der Salzstöcke zu finden sein würden, ließ sich ohne die Bohrungen allerdings nicht sagen. Man würde zwar das Genehmigungsverfahren einleiten können, aber erst auf der Basis von drei bis fünf Tiefbohrungen pro Salzstock würden ein qualitativer Vergleich und belastbare Aussagen möglich sein.[1096]

Zwingend erforderlich waren zur Einleitung des Genehmigungsverfahrens dagegen detailliertere Daten über die hydrologischen Verhältnisse, die wiederum nur über die Flachbohrungen zu gewinnen waren. Nähere Informationen zu ihrem Umfang erhoffte man sich von einer Besprechung mit der niedersächsischen Genehmigungsbehörde am 30. September 1976.[1097] In der Auseinandersetzung mit Vertretern des Ministeriums für Ernährung, Landwirtschaft und Forsten ergaben sich an diesem Tag schwerwiegende Probleme. Wie sich erst jetzt herausstellte, lag der Standort Lutterloh in einem für die Wasserversorgung des Landes Niedersachsen vorgesehenen Schutzgebiet und für den Standort Lichtenhorst lag ein Wasserrechtsantrag der Stadtwerke Hannover vor. " 'Keine müde Mark' " solle die PWK mehr für den Standort Lutterloh ausgeben, da er "in jedem Fall abgelehnt" werde. Lediglich der Standort Wahn war aus niedersächsischer Sicht vorgeblich akzeptabel.[1098] Im Rahmen der Besprechungen zur Vorbereitung des Ministertreffens am 11. November 1976 ließ die niedersächsische Seite Ende Oktober/Anfang November denn auch "eine gewisse Tendenz erkennen", die Zahl der Standortalternativen einzuengen: "im Extremfall auf einen Standort."[1099]

4.2.3 Eisenerzbergwerk Konrad – Beseitigung eines Engpasses?

Als sich – nach offizieller Darstellung – 1975 abzeichnete, dass die Erzgewinnung in der Grube Konrad aus Wirtschaftlichkeitsgründen eingestellt werden würde, ergriffen GSF und GfK im Auftrag des BMFT die Gelegenheit, das Bergwerk auf seine Eignung zur Endlagerung schwachak-

---

1096 BA B 196 107231. Ergebnisvermerk einer Besprechung zum Standorterkundungsprogramm im BMFT am 20.9.1976 und ergänzende Informationen des NLfB (Lüttig) vom 29.9.1976.

1097 BA B 196 107231. Ergebnisvermerk einer Besprechung zum Standorterkundungsprogramm im BMFT am 20.9.1976

1098 BA B 196 107231. Protokoll der Besprechung vom 4.10.1976.

1099 AdsD Depositum Hans Matthöfer Box 70, Teilinhalt NEZ. Besprechungsvorbereitung BMFT vom 8.11.1976.

tiver und sperriger Abfälle aus der Stilllegung von Kernkraftwerken, Großforschungszentren und Landessammelstellen zu prüfen.[1100]

Tatsächlich war die Aufmerksamkeit schon wesentlich früher auf das Bergwerk gelenkt worden. Nach den Erinnerungen von Kühn wurde bereits 1973 ein Angehöriger der Betreibergesellschaft bei ihm vorstellig, um eine Untersuchung für Endlagerungszwecke anzuregen. Nachdem auch das zuständige Bergamt einbezogen worden war, wurde das Anliegen im Rahmen eines persönlichen Vortrags mit den Vertretern des BMFT-Referates 315, Hagen und Randl, erörtert. Hier fiel die Idee "auf fruchtbaren Boden". 1974 begann das IfT mit Voruntersuchungen, die schließlich 1975 in den offiziellen Auftrag zur Eignungsprüfung mündeten.[1101]

Mit der endgültigen Einstellung der Erzförderung am 30. September 1976 trat am 1. Oktober ein Gestattungs- und Betriebsführungsvertrag in Kraft, der die Durchführung von Eignungsuntersuchungen regelte. An ihrem Ende sollte der Erwerb des Bergwerks stehen. Die GSF wurde mit der Aufstellung eines Forschungs- und Entwicklungsprogramms beauftragt. Wie bei der Asse wurde ein Teil der Belegschaft für den laufenden Betrieb übernommen.[1102]

Konrad war im Vergleich zum Salzbergwerk Asse II eine junge Grube. Schacht 1 war erst zwischen 1958 und 1960 erstellt worden. Zudem zeichnete sich das Bergwerk durch eine große Tiefenlage (1000–1200 Meter) und eine vergleichsweise hohe Trockenheit aus.[1103]

Nachdem die zuständigen Ministerien und Institutionen jahrelang die Vorzüge von Salz betont hatten, bedeutete die Untersuchung des Eisenerzbergwerks zwar keine Abkehr von der bis dahin verfolgten Linie, aber eine auffällige Erweiterung. Eine kontinuierliche Parallelbetrachtung von Eisenerzvorkommen als Einlagerungsmedium war nicht erfolgt.[1104] Wie

1100 GSF/KfK (1982) S. 1. u. S. 6.

1101 Informationsgespräch mit Prof. Kühn am 17.6.2004. Am Vortragstermin in Bonn nahmen Bergwerksdirektor Prause (Salzgitter Erzbergbau AG), der Leiter des Bergamtes, Fleisch, und Kühn teil. Vgl. Tiggemann (2004, S. 166–169), den Kühn identisch informierte.

1102 GSF/KfK (1982), S. A 1–36

1103 Ebd., S. A 1–4f. Hier finden sich detaillierte Informationen zur Geschichte des Bergwerks.

1104 Tiggemann (2004, S. 166) weist auf den Vorschlag des hessischen Regierungsdirektors Wagner (1959) hin, die Eisenerzgrube Allerheiligen als Endlager zu verwenden und suggeriert damit eine Kontinuität, die es nicht gab. Zwar wurde das Bergwerk für wenige Wochen tatsächlich als "durchaus diskutable Möglichkeit" betrachtet, schon im Januar 1960 sprach sich die AG 4 des AK III–IV/1 jedoch für eine Einlagerung in Salzvorkommen aus.

bemerkenswert der ministerielle Sinneswandel war, wird durch die knappe Anmerkung eines GSF-Vertreters im Rahmen des Karlsruher Projektes "Wiederaufarbeitung und Abfallbehandlung" vom Februar 1974 deutlich. Das Protokoll hielt fest:

> "Untersuchung anderer geol. Formationen werden [sic] von GSF als notwendig erachtet, obwohl das Salz immer noch als die sicherste Lagermöglichkeit angesehen werden muß."[1105]

Wenn Salz unverändert "als die sicherste Lagermöglichkeit" galt, stellt sich die Frage, welche Gründe so gewichtig und zwingend waren, dass man dennoch andere geologische Formationen in Betracht zog.

Leider können sich die folgenden Erklärungsversuche nicht auf die im Zuge der Bearbeitung des Vorgangs angelegten Akten stützen. Mit Blick auf das vorangegangene Kapitel und die oben wiedergegebenen Zwecke der Eignungsprüfung lassen sich aber dennoch einigermaßen gesicherte Schlüsse ziehen.

Wie dargestellt, zeichnete sich ab September 1973 für das BMFT ab, dass die bis dahin nach der Wiederaufarbeitung im Ausland verbleibenden Abfälle in naher Zukunft zurückgenommen werden müssten. Die regelmäßig aktualisierten Abfallmengenschätzungen für das Endlager Asse II hatten zwar schon 1969 die Abfälle der großen Wiederaufarbeitungsanlage miteinbezogen[1106], mit einer derart grundlegenden Veränderung der Abfallbeseitigungssituation hatte man jedoch nicht gerechnet. Schon Ende der sechziger Jahre war für das Salzbergwerk ein Kapazitätsengpass in den achtziger Jahren abzusehen.[1107] Dieser würde sich durch die Rücknahmeforderungen und den zeitgleich mit dem 1. Energieprogramm vom 26. September 1973 beschlossenen massiven Zubau an Kernkraftwerkskapazität erheblich verschärfen.[1108]

Möglicherweise wurde diese Lage durch einen weiteren Faktor kompliziert. Noch im Februar 1972 hatte das BMBW auf eine Anfrage Becherts im Deutschen Bundestag mit demonstrativer Gelassenheit geant-

---

Im April 1960 teilte Schopper dem BMAt schließlich telefonisch mit, dass sich die Angelegenheit erledigt habe, da über die Grube "anderweitig verfügt" worden sei (BA B 106 66654).

1105 GLAK 69 504. GfK/PWA: Besprechungsbericht über die 3. Sitzung des Koordinierungsausschusses vom 13.2.1974.

1106 BA B 196 22797. Abfallmengenschätzung vom November 1969.

1107 BA B 196 22793. Baubesprechung am 21.11.1969. Vgl. BMFT (1977) SRA 6, S. 76.

1108 BT-Drucksache 7/1057 vom 3.10.1973, S. 10f.

wortet, man werde bei einem Ausfall von Asse II "ein anderes stillgelegtes Salzbergwerk als Endlager für radioaktive Abfälle herrichten."[1109] Auch der AK "Behandlung und Beseitigung radioaktiver Abfälle" regte Mitte Oktober 1972 an, "den schon seit Jahren erwogenen Ausbau eines zweiten Endlagers für radioaktive Abfälle ins Auge zu fassen, zumal in den nächsten Jahren weitere Salzbergwerke stillgelegt" würden.[1110] In der Zwischenzeit war aber eine sichere Beseitigung industrieller Sonderabfälle akut geworden. Noch bevor sich der zuständige Referent des BMI, Hoschützky, am 5. Dezember 1972 an das IfT wandte und um die Erstellung eines Gutachtens über die untertägige Ablagerung derartiger Abfälle bat, gab das Regierungspräsidium Kassel im Juni 1972 einen Teilbereich des Salzbergwerks Herfa-Neurode "probeweise" zur Einlagerung von Sonderabfällen frei.[1111]

Bis auf Weiteres lässt sich vor diesem Hintergrund also nicht ausschließen, dass es eine Wechselwirkung zwischen den Planungen zur Endlagerung radioaktiver Abfälle und der Endlagerung industrieller Sonderabfälle gab. Möglicherweise wich man auf Eisenerzvorkommen aus, weil geeignete Salzbergwerke anderweitig benötigt wurden bzw. auf absehbare Zeit nicht mehr zur Verfügung standen.[1112]

Wie eingangs angesprochen, sollte das Eisenerzbergwerk Konrad u. a. zur Endlagerung schwachaktiver Abfälle aus Großforschungszentren und Landessammelstellen genutzt werden. Hierbei handelte es sich um die Abfallkategorie mit dem geringsten Gefährdungspotential. Abfälle dieser Art waren seit 1967 in die Asse eingelagert worden. Eine Endlagerung andernorts würde folglich entweder Kapazität für die besonders umständlich und zeitraubend zu handhabenden mittel- und hochaktiven Abfälle schaffen oder die damals angestrebte mittelfristige Schließung des alten Salzbergwerks ermöglichen.[1113]

Die Frage der Beseitigung von Abfällen aus der Stilllegung von Reaktoren war grundsätzlich ein von Beginn an absehbares, bei Laufzeiten von

---

1109 BayHStA GSF 202.

1110 BA B 196 1495. Kurzprotokoll der 3. Sitzung vom 11. u. 12.10.1972.

1111 BA B 196 59274. Die Erteilung der endgültigen abfallrechtlichen Genehmigung sollte noch bis zum Juni 1977 auf sich warten lassen.

1112 Vgl. die Stellungnahme der Länderarbeitsgemeinschaft Abfallbeseitigung (LAG) zum Beschluss der Ministerpräsidentenkonferenz vom 10.–12.10. 1973 in BA B 196 5371.Standorte für Anlagen zur Beseitigung von Sonderabfällen sollten von den Landesbehörden "*vorrangig gesichert* werden."

1113 BayHStA GSF 69. Ausführungen zu "Transport und Manipulation der radioaktiven Rückstände", dem BMBW mit Datum vom 5.12.1969 übersendet.

20 bis 40 Jahren aber langfristiges Problem, das erst mit der wachsenden Zahl an Kernkraftwerken an Aktualität gewann. Denn erst der im Zuge der Erstellung des 4. Atomprogramms beschlossene starke Ausbau der Kernenergie machte unter Berücksichtigung verschärfter Sicherheitsüberlegungen und der ebenfalls neueren Raumordnungsgedanken klar, dass es nur eine "geringe Zahl verfügbarer Standorte" geben würde.[1114] 1972 war die Frage nach dem Verbleib derartiger Abfälle scheinbar auch von Bechert thematisiert worden. Als im Rahmen des Genehmigungsverfahrens für das Kernkraftwerk Krümmel mit Bezug auf ihn die "jahrhundertelange radioaktive Gefahr" nach der Betriebsphase zum Einwand wurde, beschwichtigte die Genehmigungsbehörde Anfang September desselben Jahres, man werde "alle aktivierten oder schwer zu dekontaminierenden Teile (...) in *die* Endlager für radioaktive Abfälle (Hervorhebung D. M.)" bringen. Schon "bei der Konstruktion von Reaktoranlagen" werde "die später erforderliche Demontage berücksichtigt."[1115]

Doch erst nachdem das Thema auch in der öffentlichen Diskussion des 4. Atomprogramms am 12. Februar 1973 aufgebracht worden war, galt ihm erhöhte Aufmerksamkeit.[1116] Mit dem Integrierten Entsorgungskonzept vom November 1973 wurde die Beseitigung kerntechnischer Anlagen schließlich als wichtiger Konzeptbestandteil hervorgehoben und die Endlagerung sperriger Strukturteile als "'Abfallproblem eigener Art'" bezeichnet.[1117] Die überarbeitete Fassung des Atomprogramms vom 5. Dezember 1973 sah scheinbar entsprechende Programme vor.[1118]

Das noch im April 1973 mit der Aktualisierung des Umweltprogramms erneut als Endlager bis zum Jahr 2000 ausgewiesene Salzbergwerk Asse II bereitete für diese Abfallkategorie allerdings beträchtliche Schwierigkeiten. Die Tragfähigkeit des Förderkorbs der Einschachtanlage war auch nach Beendigung der Umbauarbeiten Ende 1970 mit 9,8 Tonnen relativ begrenzt.[1119] Für Konrad sah die Situation dagegen erheblich günstiger aus:

> "Wichtig für den Betrieb der Grube als Endlager ist, daß die (...) technischen Einrichtungen der Großschachtanlage großzügig dimensioniert sind. Durch angemessene Umbaumaßnahmen können insbesondere die

---

1114 BA B 295 1427. Anlage 2 zum Maßnahmenkatalog.
1115 BA B 106 66749. Vorbescheid nach § 7a Atomgesetz vom 7.9.1972.
1116 BMFT (1974b), Vorwort, S. III.
1117 BA B 295 1427.
1118 BMFT (1974b), Vorwort, S. III.
1119 GfK/GSF (1971), S. 3f.

so wichtigen Fördereinrichtungen (...) dem Stand der Bergtechnik angepasst und dabei auf Nutzlasten von 20 t eingestellt werden."[1120]

Wenn im August 1974 die KWU zunächst die GSF und dann das BMFT-Referat 315 über Überlegungen informierte, "den stillgelegten Reaktor Niederaichbach abzubrechen und die radioaktiven Abfälle in die Asse einzulagern"[1121], dürfte das ein wesentlicher Impuls zur Einleitung der Eignungsprüfung für die Grube Konrad gewesen sein. In Anbetracht der für die Untersuchungen erforderlichen Zeit, aber wohl auch zur Unterstreichung des neuen Kurses gegenüber der Industrie stellte man in der Abteilungsleiterbesprechung des BMFT am 10. Juni 1975 allerdings fest, es gebe keine Probleme im Zusammenhang mit dem Kernkraftwerk Niederaichbach. "Insbesondere (...) die Frage der völligen Beseitigung der Anlage" sei "im Augenblick nicht aktuell."[1122]

Mit Blick auf die seit 1976 stark gestiegene öffentliche Sensibilität für Endlagerungsfragen und eine zunehmend unkonstruktive Haltung der Niedersächsischen Behörden wollte man die Absichten zur Einlagerung von Abfällen aus der Stilllegung von Kernkraftwerken spätestens in der heißen Phase vor dem "Gorleben-Hearing" nicht mehr betonen. Eine für den "Jahresbericht Konrad 1978" erstellte Abhandlung "Berechnungen zur Wärme- und Radiolysegasentwicklung bei der Lagerung von Core-Bauteilen" wurde von der Leitung der EGT gestrichen. Das BMFT hatte sich am 27. März 1979 aus öffentlichkeitspolitischen Gründen dazu entschieden, lediglich schwachaktive Abfälle zum Gegenstand der Eignungsanalyse zu machen.[1123]

4.2.4 Die späte Reaktion des Parlaments

Noch Mitte März 1973 war die Endlagerung radioaktiver Abfälle in den Planungen des BMFT kein erwähnenswertes Thema, – die Aufmerksam-

---

1120 GSF/KfK (1982), S. 15.

1121 BayHStA GSF 49. Geschäftsführung GSF an BMFT vom 14.8.1974.

1122 AdsD Depositum Hans Matthöfer, Box 176. Protokoll vom 12.6.1975. Die mit dem Abbruch verbundenen Fragen wurden von der GfK erst ab 1976 konkret untersucht. Eine erste Grobschätzung der Kosten ging im März 1976 von einem Höchstwert von 63,2 Mio. DM aus. Lediglich 15 Mio. DM waren hiervon durch Siemens als Betreiberfirma zu entrichten (BA B 196 33220).

1123 BayHStA GSF 167. Schreiben GSF/IfT an KfK/ABRA vom 11.6.1979. "Core" ist die englische Bezeichnung für den Reaktorkern.

keit galt anderen Schwerpunkten. Vor dem Ausschuss für Forschung und Technologie stand zu dieser Zeit Schmidt-Küster für die Aussprache über das 4. Atomprogramm (1973–1976) zur Verfügung. Rückblickend stellte er fest, dass das 3. Atomprogramm im Wesentlichen wie beabsichtigt durchgeführt worden sei. Man habe allerdings im Bereich des Brennstoffkreislaufs unter Konzentration auf die Urananreicherung und die Wiederaufarbeitung erheblich höhere Mittel als geplant ausgegeben. Allein die Wiederaufarbeitung bezeichnete er als "vordringliches Problem, das in naher Zukunft gelöst werden" müsse.[1124]

Die Mitglieder der am 14. September 1973 eingesetzten ständigen Arbeitsgruppe "Reaktorsicherheit und Strahlenschutz" des Innenausschusses[1125] streiften die Endlagerungsthematik immerhin, wenn sie sich im Juni/Juli 1974 auf Ausschussebene intensiv mit den sogenannten Atommüllskandalen in Baden-Württemberg befassten[1126], die den Ausschuss primär zu einer Überprüfung der verwaltungsrechtlichen Kontrollposition des Bundes veranlassten. Die Abgeordneten Gruhl (CDU) und Haenschke (SPD) äußerten gegen Ende der Erörterung des Vorgangs jedoch erste Zweifel an der seit 1970 zunehmend betonten Umweltfreundlichkeit der Kernenergie und merkten kritisch an, dass unter anderem "Fragen der Stilllegung und Beseitigung von Kernkraftwerken und der Endlagerung von radioaktiven Abfällen (...) noch nicht endgültig geklärt" seien.[1127]

Die am 4. November 1974 im Beisein von Staatssekretär Hauff und einigen Ministerialbeamten durchgeführte Informationsreise zur Asse

---

1124 BT PA (7. WP). Kurzprotokoll über die 4. Sitzung des Ausschusses für Forschung und Technologie und für das Post- und Fernmeldewesen am 14.3.1973, S. 12.

1125 BT PA (7. WP). Innenausschuss, Bericht über die Tätigkeit der Arbeitsgruppe "Reaktorsicherheit und Strahlenschutz", S. 2. Die Aufmerksamkeit der Ausschussmitglieder galt nach der Aneignung technischen und atomrechtlichen Grundwissens z. B. Sicherheitsproblemen (insbesondere Plutonium), Fragen des Sabotageschutzes, Notfallrichtlinien sowie der unterirdischen Errichtung von KKW.

1126 Vgl. BT PA (7. WP). Kurzprotokoll über die 39. Sitzung des Innenausschusses am 6.6.1974 (die Anlagen enthalten u. a. einen ersten Bericht des zuständigen Baden-Württembergischen Ministeriums) sowie das Kurzprotokoll der 43. Sitzung am 10.7.1974. Das Magazin "Der Spiegel" hatte in den Ausgaben 22/74 und 23/74 (Mai/Juni) über die Ablagerung geringfügig radioaktiv kontaminierter Klärschlämme der GfK auf der Mülldeponie Leopoldshafen bei Karlsruhe berichtet (Vgl. zur Reaktion des BMI BA B 106 66648).

1127 BT PA (7. WP). Kurzprotokoll der 47. Sitzung des Innenausschusses am 9.10.1974, S. 15 u. S. 18.

scheint allerdings nicht zu einer kontroversen Auseinandersetzung mit der Thematik geführt zu haben. Im Gegenteil: Hier gewannen die Abgeordneten vermutlich den Eindruck, man habe die Probleme erkannt und im Griff. Der Bau der Kaverne hatte rund drei Monate zuvor begonnen und selbst für die Einlagerung hochaktiver Abfälle sollten Ende der siebziger Jahre Versuche durchgeführt werden. Daher erörterte die Arbeitsgruppe gemäß Protokoll nur Fragen der geologischen Sicherheit, des Sabotageschutzes und – was besonders aufschlussreich ist – ob das Bergwerk Versuchsendlager bleiben solle. Der Verweis auf die geplante Errichtung eines neuen Bergwerks – Bestandteil des im April 1974 präsentierten Integrierten Entsorgungskonzepts – dürfte den positiven Gesamteindruck verstärkt haben.[1128]

Es ist bemerkenswert, dass der Besuch der Parlamentarier nur wenige Monate zu spät kam, um auf die nach Bekanntmachung des Entsorgungskonzepts innerhalb kürzester Zeit vorgenommene Umdeutung der Asse-Funktion aufmerksam zu werden. Im Oktober 1973 hatte, wie der WDR-Journalist Alexander von Cube im Januar 1976 ohne weitere Schlussfolgerungen feststellte, der kernenergiekritische Bechert das damals noch als Endlager für Jahrzehnte betriebene Bergwerk gegenüber dem WDR als Versuchsanlage bezeichnet und dafür "lautstarken Protest" geerntet. Als Minister Matthöfer bei einem Besuch an der Asse im August 1974 dagegen Wert auf die Feststellung legte, es handele sich um eine Versuchsanlage, wurde ihm einzig von GSF-Geschäftsführer Wittenzellner widersprochen. Dieser brachte – noch ganz auf alter Linie – seine Überzeugung zum Ausdruck, dass man die Endlagerung ab Anfang der achtziger Jahre als Routine bezeichnen könne. Ein nicht näher genannter Ministerialbeamter beeilte sich jedoch, sogleich zu betonen, man werde " 'noch bis zum Jahr 2000 von Versuchen' " sprechen.[1129]

Die scheinbar so reibungslos verlaufene Informationsreise der Arbeitsgruppe an die Asse war ebenso Bestandteil eines bereits im September 1973 festgelegten Arbeitsprogramms wie die Durchführung einer öffentlichen Anhörung zur Gesamtproblematik[1130], die der Innenausschuss schließlich am 2. und 3. Dezember 1974 unter dem Titel "Das Risiko Kernenergie" durchführte. In die Tagesordnung war die Frage der "Endlagerung radioaktiver Abfälle und die Stilllegung von Anlagen" als eigen-

1128 BT PA (7. WP). Innenausschuss, Ergebnisniederschrift über die Informationsreise, S. 6f.

1129 Cube (1976), S. 63.

1130 BT PA (7. WP). Innenausschuss, Ergebnisniederschrift der 1. Sitzung der Arbeitsgruppe "Reaktorsicherheit und Strahlenschutz".

ständiger Unterpunkt aufgenommen worden. Hierzu sollten sich – wie zu den übrigen sechs Themenfeldern – der Kernenergie positiv wie kritisch gegenüberstehende Sachverständige äußern, die in der Mehrzahl vorab um schriftliche Stellungnahmen gebeten worden waren. Diese Vorgehensweise sollte es dem Innenausschuss erklärtermaßen ermöglichen, die gegensätzlichen Standpunkte und Beweisführungen kennenzulernen.[1131]

Der Kenntnisstand, den die kritischen Sachverständigen in der Anhörung offenbarten, muss allerdings verwundern. Allgemein lag ein wesentlicher Schwachpunkt ihrer Argumentationen im Versuch, von Verhältnissen und Meinungsäußerungen in den USA auf die Verhältnisse in der Bundesrepublik zu schließen.[1132] Wenn Von Ehrenstein, Manstein und Wüstenhagen im Bereich der Endlagerung mit dem völlig berechtigten Hinweis auf die extrem langlebigen Actiniden "eine politische und soziale Stabilität" über tausende von Jahren für nötig hielten[1133], zeigte das in erster Linie, dass sie sich nicht mit dem Konzept der Bundesregierung auseinandergesetzt hatten. Dieses sah den Verschluss der Untertageanlagen vor, um regelmäßige Kontrollen überflüssig zu machen.

Die Ergebnisse der Anhörung wurden in geordneter, gestraffter und wertungsfreier Form zusammengefasst und nicht allein den Mitgliedern des Bundestages und der Länderparlamente, sondern auch der breiteren Öffentlichkeit zur Verfügung gestellt. Man hielt fest:

> "Nach den Sachverständigenäußerungen bedürfen die nachstehend aufgeführten Punkte einer weiteren Klärung: (...)

1131 BT PA (7. WP). Protokoll der Anhörung.

1132 Ebd. So z. B. die schriftliche Stellungnahme Strohms (S. 145f). Die schriftliche Stellungnahme von Ehrensteins (S. 122) ist eine Ausnahme. Hier kam er der Problematik in der Bundesrepublik vergleichsweise nahe, wenn er feststellte, man habe zunächst auf die Verwendung aufgelassener Bergwerke und insbesondere die Asse gesetzt, vor "einiger Zeit" aber Zweifel an der Sicherheit derartiger Anlagen bekommen.

1133 Ebd. Von Ehrenstein (S. 29 und S. 37). Vgl. Wüstenhagen (S. 40 und 177) und Manstein (S. 41), der von der Notwendigkeit einer Lagerung über "mehrere tausend Jahre (...) unter praktisch permanenter Aufsicht" ausging. Vgl. hierzu die Entgegnungen von Levi (S. 31f und S. 45f) und Kühn (S. 49f). Von Ehrenstein war Professor für Experimentalphysik an der Universität Bremen, Manstein Privatdozent und ehemaliger Chefarzt. Wüstenhagen war Vorsitzender des Bundesverbandes der Bürgerinitiativen-Umweltschutz e. V.

5. Beseitigung radioaktiver Abfälle im Hinblick auf
   a) Endlagerung flüssiger und fester hochaktiver Abfälle einschließlich der Problematik der Wärmeausbreitung im Steinsalz
   b) Abscheiden von Krypton 85 und Tritium aus den Abgasen
   c) Risikobeurteilung angesichts des Gesamtanfalls radioaktiver Abfälle bis zum Jahr 2000"[1134]

Den Ausschussmitgliedern war damit spätestens zur Jahreswende 1974/1975 klar, wo die Schwachstellen einer expansiven Kernenergiepolitik im Bereich der Abfallbeseitigung lagen. Es ist bemerkenswert, dass es sich hierbei um Kritikpunkte handelte, die im Wesentlichen bereits im Zuge der öffentlichen Diskussion des 4. Atomprogramms mehr als anderthalb Jahre zuvor angesprochen worden waren.[1135] Ebenso bemerkenswert ist es, dass BMFT und BMI den Handlungsbedarf in den genannten Bereichen bereits in der zweiten Jahreshälfte 1973 erkannt und mit der "Systemstudie radioaktive Abfälle" sowie dem Konzept eines Integrierten Entsorgungszentrums in der ersten Jahreshälfte 1974 entsprechende Maßnahmen eingeleitet hatten.

Doch scheinbar vermieden es Experten und Ministerialbeamte weitestgehend, das Entsorgungskonzept beim Namen zu nennen. Es wurde während der Anhörung sowohl schriftlich als auch mündlich nur am Rande und begrifflich unkonkret thematisiert.[1136] Als sich einer der Abgeordneten erkundigte, ob die Standortfrage für die Wiederaufarbeitungsanlage bereits geklärt sei, teilte man ihm knapp mit, es sei "damit zu rechnen, daß Ende nächsten Jahres ein Standort für eine Wiederaufarbeitungsanlage bekannt sein" werde.[1137] Möglicherweise übte der Ausschuss aus diesem Grund zunächst noch keinen politischen Druck aus.

Erste Presse- und Fernsehberichte, die Mitte 1975 die Errichtung einer "Atommüll-Deponie in Verbindung mit einer Wiederaufarbeitungsanlage" im Raum nördlich von Emden vermuteten, veranlassten schließlich in Verbindung mit dem Misstrauen, das durch die Vorbereitungen für Bohrarbeiten am Standort Wahn aufgekommen war, die Abgeordneten Schröder und Seiters, sich in der Fragestunde des Deutschen Bundestages am 14. Januar 1976 genauer nach dem Standort für das Entsorgungszen-

---

1134 Mutschler/Feuerborn (1975), S. 22f.

1135 Vgl. z. B. die Stellungnahme des Architekten Gerhard Graefe in BMFT (1974b), S. 208.

1136 BT PA (7. WP). Protokoll der öffentlichen Anhörung zu Fragen des Umweltschutzes am 2. u. 3.12.1974. Vgl. z. B. Levi (S. 32) sowie den kurzen Hinweis von Kühn (S. 50).

1137 Ebd., S. 46f.

trum zu erkundigen. Der Parlamentarische Staatssekretär des BMFT, Volker Hauff, gab allerdings nach wie vor so gut wie keine präzisen Auskünfte. Sinngemäß wiederholte er mehrfach, die Bundesregierung halte es "zum gegenwärtigen Zeitpunkt nicht für angemessen, in eine Erörterung einzutreten".[1138]

Wenige Tage später ließ sich diese Einstellung angesichts der am Standort Wahn an Dynamik gewinnenden Proteste nicht mehr durchhalten. Noch im Januar begannen dort Informationsprogramme der KEWA und des BMFT, die zwischen Februar und April auch auf die anderen beiden Standorte ausgedehnt wurden.[1139]

Als sich der Ausschuss für Forschung und Technologie am 2. Juni 1976 in einer öffentlichen Anhörung mit dem "Problemkreis 'Brennstoffkreislauf' " beschäftigte[1140], hatte die Berichterstattung in der überregionalen Presse bereits eingesetzt.[1141]

Auch der Innenausschuss wollte sich nun im Rahmen einer öffentlichen Anhörung zu Fragen des Umweltschutzes mit dem Thema "Die Energiewirtschaft und die Entsorgung ihrer Kernkraftwerke" befassen. Die Fragen, die die Abgeordneten am 9. Juni 1976 interessierten, betreffen den Kernbereich der vorliegenden Arbeit. So sollten die eingeladenen Sachverständigen u. a. zu den Gründen für die scheinbare Verzögerung bei der Verfügbarkeit der zur Entsorgung notwendigen Anlagen Stellung nehmen und dabei insbesondere Auskunft darüber geben, ob "unerwartete oder unterschätzte technische oder sicherheitsmäßige Probleme" aufgetreten waren. Sie sollten des Weiteren Alternativen zum bestehenden Entsorgungskonzept aufzeigen, "die Realisierungsmöglichkeiten zentraler Entsorgungsparks unter internationaler Aufsicht" beurteilen und sich zum "Stand der Technik für die Weiterbehandlung der (...) hochaktiven Abfälle" äußern.[1142]

Neben Kühn waren es in erster Linie der Vorsitzende der RSK, Prof. A. Birkhofer, der Direktor des Instituts für Chemische Technologie der KFA Jülich, Prof. Erich Merz und der Leiter der Abteilung Kerntechnik und Strahlenschutz des TÜV-Baden, Muszynski, die zur Klärung der Situation im Bereich der Endlagerung und Abfallkonditionierung beitrugen.

1138 BT PA (7. WP). Protokoll der 211. Sitzung, S. 14575f. Die Fernsehsendung des NDR war unter dem reißerischen Titel "Revolution an der Küste" ausgestrahlt worden.
1139 KEWA (1977), S. 7.
1140 BT PA (7. WP). Protokoll über die 49. Sitzung.
1141 Vgl. Pressespiegel (1976), Stichwort: Atommüll.
1142 BT PA (7. WP). Innenausschuss, Protokoll der Anhörung. S. 4f.

Insgesamt war man sich weitgehend einig, dass für weitere Forschungen zur Verglasung und Endlagerung hochaktiver Abfälle "ausreichend Zeit vorhanden" sei.[1143] Da die Inbetriebnahme der Wiederaufarbeitungsanlage erst 1985 erfolge und für die hochaktiven Spaltproduktlösungen eine Zwischenlagerung von etwa fünf Jahren vor ihrer Verglasung vorgesehen sei, habe man bis zur routinemäßigen Endlagerung hochaktiver Abfälle "mindestens noch vierzehn Jahre zur Verfügung." Sollten dann wider Erwarten noch Zweifel an der Sicherheit einer Einlagerung in Salzvorkommen bestehen, könne man die verfestigten hochaktiven Abfälle in geeigneten Bauten für einige Jahre zwischenlagern.[1144] Etwaige Zeitverzögerungen würden daher "aus Sicherheitsgründen keinen Stop der weiteren Kernkraftwerksnutzung" rechtfertigen.[1145]

Dennoch dürfe man sich nicht darin täuschen, dass man in vielen Teilbereichen "noch weit von einer echten Demonstration der industriellen Einsatzbereitschaft entfernt" sei.[1146] Zwar bedürfe es zur Behandlung und Endlagerung "nicht grundsätzlich neuer technischer Erkenntnisse"[1147], Pilot-Erprobungsphasen mit den jeweiligen Abfallarten würden jedoch "wenigstens zehn Jahre in Anspruch nehmen". Es mangele darüber hinaus insbesondere "noch an belastbaren Aussagen über das Langzeitverhalten der verfestigten und in das Endlager eingebrachten Produkte."[1148]

Das Problem der Konditionierung stark *a*-kontaminierter Abfälle sei "in der Vergangenheit heruntergespielt" worden, weswegen hier "Nachholbedarf" bestehe.[1149] Zwar bereite auch die Behandlung der mit Brennstoffresten kontaminierten Hüllrohrabschnitte der Brennelemente sowie der organischen, Tributylphosphat und Kerosin enthaltenden Abfälle noch erhebliche Probleme, man müsse sich diesbezüglich allerdings die im internationalen Vergleich sehr hohen Sicherheitsstandards vor Augen führen. In den Wiederaufarbeitungsanlagen in Windscale und Cap de la Hague würden nämlich "schwach- und mittelaktive Abwässer kontrolliert als Flüssigabfall in das Meer abgegeben." Großbritannien verklappe "plutoniumhaltige Festabfälle mit 15 bzw. 130 g Plutonium pro Faß regelmäßig in die See".[1150]

1143 Ebd., S. 45 (Birkhofer).
1144 Ebd., S. 50f (Kühn).
1145 Ebd., S. 53 (Merz).
1146 Ebd., S. 57 (Merz).
1147 Ebd., S. 58 (Muszynski).
1148 Ebd., S. 56 (Merz).
1149 Ebd., S. 57 (Merz).
1150 Ebd., S. 46 (Birkhofer).

Auch im Hinblick auf die Möglichkeit einer direkten Endlagerung der verbrauchten Brennelemente bestand unter den Sachverständigen Einigkeit. Sie sei ohne zusätzliche Konditionierung bzw. Barrieren wegen der Gefahr der Freisetzung gasförmiger Spaltprodukte und insbesondere der um ein vielfaches höheren Plutoniummengen abzulehnen.[1151]

Insgesamt sei neben der Aktivierung und Koordinierung der Forschungsarbeiten nach Dringlichkeit die zügige Abwicklung der Genehmigungsverfahren und insbesondere die Bereitstellung finanzieller Mittel notwendig.[1152]

Unter den Stimmen, die forderten, "insbesondere in den Standort-, Organisations- und Finanzierungsfragen" mit "allem Nachdruck Klarheit zu schaffen"[1153] ist einer Äußerung Mandels hohe Bedeutung beizumessen. Wie er meinte, sei durch "die schwierigen Verhandlungen zwischen der Versorgungswirtschaft und der Chemie (...) keine Verzögerung im Hinblick auf (...) die Fertigstellung der Wiederaufarbeitungsanlage eingetreten". "Terminführend" sei dagegen "die rechtzeitige Zurverfügungstellung des Standortes, für die der Bund im Hinblick auf seine Zuständigkeit für die Endlagerung der radioaktiven Abfälle und die dadurch bedingten besonderen Standortkriterien die Verantwortung übernommen" habe.[1154] Wie man auf ministerieller Ebene bald bemerkte, bestand nun, da die größten Schwierigkeiten auf Industrieseite überwunden waren, offensichtlich "die Gefahr einer 'Beweislastumkehr'".[1155] Die Bundesregierung würde mit der Benennung eines geeigneten Standortes unter Zugzwang kommen.

Keine zwei Stunden nach der Anhörung des Innenausschusses zeichnete sich eine drastische Erhöhung des Drucks auf die Bemühungen der Bundesregierung zur Realisierung des Integrierten Entsorgungszentrums ab.

Der Bundestagsausschuss für Forschung und Technologie war zu seiner 50. Sitzung zusammengekommen und befasste sich im Ergebnis seiner Anhörung vom 2. Juni mit einem Antrag der CDU/CSU-Fraktion, der die Bundesregierung in fünf Bereichen auf akuten Handlungsbedarf hinweisen sollte. Ein erster Antragsentwurf des Innenausschusses stand

---

1151 Ebd., S. 47–50.
1152 Ebd., S. 58.
1153 Ebd., S. 52 (Birkhofer). Vgl. weniger stark auch S. 47 (Merz).
1154 Ebd., S. 44.
1155 AdsD Depositum Hans Matthöfer Box 70, Teilinhalt NEZ. Ergebnisniederschrift über das Vorgespräch für das Ministergespräch am 11.11.1976 vom 25.10.1976.

für die Erörterungen bereits zur Verfügung. Wenn die Zielsetzung beider Ausschüsse auch grundsätzlich übereinstimmte, so unterschieden sich die Antragsentwürfe doch sehr deutlich in ihrer sprachlichen Schärfe. Der Text des Innenausschusses war zurückhaltender, überlegter und politisch konventioneller. Während der CDU/CSU-Antrag z. B. im Befehlston forderte, dem Ausschuss für Forschung und Technologie sei "unverzüglich ein Bericht über die eingeleiteten Maßnahmen im Bereich des Brennstoffkreislaufs zuzustellen", empfahl der Innenausschuss, "die Bundesregierung zu ersuchen, dem Deutschen Bundestag bis zum 1. Juli 1977 (...) zu berichten". Allerdings sollte die Bundesregierung hierbei insbesondere dazu Stellung nehmen, "ob der Stand (...) des Entsorgungsprojektes (...) eine grundsätzliche Überprüfung der weiteren Nutzung der Kernenergie" nahe lege.[1156]

Der Ausschuss für Forschung und Technologie einigte sich schließlich auf eine abgeschwächte Kombinationslösung, die noch mit dem Wirtschaftsausschuss abgestimmt werden sollte. Seine nicht verwendete erste Forderung hatte gelautet:

> "1. Der Standort für den geplanten 'nuklearen Entsorgungspark' ist unverzüglich festzulegen und entsprechend den bisherigen Vorstellungen der Bundesregierung anzukaufen.[1157]

Noch am selben Tag forderte ein Kabinettsbeschluss die zuständigen Minister auf, in persönlichen Gesprächen mit der Niedersächsischen Landesregierung die Entsorgungsfrage zu klären.[1158]

4.2.5 Das unerwartete Gorleben

Gorleben wurde im Rahmen des Treffens zwischen dem Niedersächsischen Ministerpräsidenten Albrecht und den Bundesministern Matthöfer (BMFT), Maihofer (BMI) und Friederichs (BMWi) am 11. November 1976 von niedersächsischer Seite zur Sprache gebracht. Gemäß den handschriftlichen Aufzeichnungen Matthöfers war es der ebenfalls anwesende

---

1156 BT PA (7. WP). Protokoll der Sitzung, S. 28f.

1157 Ebd., S. 30.

1158 AdsD Depositum Matthöfer Box 70, Teilinhalt NEZ. Schnellbrief BMI vom 15.10.1976. Bei Berücksichtigung der offiziellen Daten (Antragstellung des Ausschusses für Forschung und Technologie am 24.6./Beschlussfassung des Bundestages am 1.7.) wird der Zusammenhang nicht deutlich [Vgl. BMI (1979), S. 2].

Niedersächsische Finanz- und Wirtschaftsminister Kiep, der im zweiten Teil der Unterredung darauf hinwies, dass es mehr als die drei bislang betrachteten Standortmöglichkeiten gebe. Albrecht nannte daraufhin "Lüchow-Dannenberg". Dieser Landkreis war – nach Auskunft von Hagen im Informationsgespräch[1159] – von Anfang an gleichbedeutend mit Gorleben. Nach einer weiteren Äußerung Kieps bejahte Hagen, dass eine "Wahl außerhalb der letzten 3 möglich" sei, gab aber zu bedenken, Lüchow sei "wegen der Grenznähe ausgeschieden", was einen Mitarbeiter Kieps dazu veranlasste, zu betonen, dass Lüchow aber "von der Geologie her an der Spitze" gewesen sei.[1160]

Und so informierte der AL 3 des Bundeskanzleramts am 15. November 1976 den Kanzler auf der Basis fernmündlicher Informationen aus dem BMI, dass ein vierter Standort für die "Lagerung von Atommüll" hinzugekommen sei.[1161]

Wenige Tage später musste allen Beteiligten klar sein, wie stark die Präferenzen der Niedersächsischen Landesregierung für den Standort Lüchow-Dannenberg waren. Der Vermerk über die Koordinierungsbesprechung des BMFT am 24. November 1976 hielt fest:

> "Herr Schmidt-Küster berichtet, Ministerpräsident Albrecht habe in einem Schreiben an den BMI die Frage gestellt, wie sich die Bundesregierung zu einem Standort Lüchow-Dannenberg stellen werde. Der BMI hat zur Klärung dieser Frage zu einer Ressortbesprechung eingeladen und Herr Schmidt-Küster bittet um eine Meinungsbildung in der Leitung des BMFT zu dieser Frage."[1162]

Das Ergebnis der interministeriellen Meinungsbildung stand – nach weiteren Gesprächen mit dem Niedersächsischen Wirtschaftsministerium[1163] – spätestens am 15. Dezember 1976 fest. Bundeskanzler Schmidt teilte Albrecht an diesem Tag schriftlich mit, man sei "zu der Auffassung

1159 Informationsgespräch mit Dr. Hagen am 23. 10. 2004.

1160 AdsD Depositum Hans Matthöfer 264. Die im Gespräch betonte "geologische Spitzenstellung" ließ sich nicht überprüfen. Mit sehr großer Wahrscheinlichkeit handelte sich bei Gorleben um "den Standort mit der technologisch günstigsten Platzziffer" (2 statt 3,5 an den anderen Standorten), wie ein Gesprächsvermerk des BK (Gruppe 31) vom 15.12.1976 festhielt (AdsD Depositum Helmut Schmidt 9202). So auch Issel (2003), S. 217. Vgl. Tiggemann (2004), S. 405–407.

1161 AdsD Depositum Helmut Schmidt 9202.

1162 AdsD Depositum Hans Matthöfer 176.

1163 AdsD Depositum Helmut Schmidt 9202. Gesprächsvermerk des BK (Gruppe 31) vom 15.12.1976.

gelangt, daß ein DDR-naher Standort nicht in Betracht gezogen werden" solle.[1164]

Dies zeigt, dass die Positionen lange vor dem 22. Februar 1977, dem Tag der Bekanntgabe der Standortentscheidung durch die Niedersächsische Landesregierung, klar waren und erlaubt darüber hinaus Rückschlüsse auf die hier nicht zu analysierende Taktik der niedersächsischen Seite[1165], auf deren Wunsch Gorleben und weitere Standorte scheinbar bereits Anfang 1976 in die Voruntersuchungen der KEWA einbezogen worden waren.[1166]

Mit der Benennung von Gorleben als dem einzig möglichen Standort erklärte die Niedersächsische Landesregierung ihre Bereitschaft, Anträge zur Errichtung des Entsorgungszentrums zu prüfen.[1167] Bereits am 31. März 1977 stellte die DWK den entsprechenden Antrag, der auch wegen der zwischen Industrie und Bund vereinbarten Verantwortlichkeitsteilung keine Angaben über das Endlager enthielt.[1168] Ein eigens eingesetzter Staatssekretärausschuss unterzog zu dieser Zeit im Auftrag der Bundesregierung die Bedenken gegen den Standort Gorleben noch einmal einer aktuellen Bewertung[1169] und prüfte hierbei insbesondere die Möglichkeit, das Entsorgungszentrum doch am Standort Wahn zu errichten.[1170]

Nachdem die Bundesregierung Gorleben am 5. Juli 1977 schließlich akzeptiert hatte, bekräftigte die niedersächsische Seite allerdings ihre spätestens Anfang Oktober 1976 formulierte Position, dass "vor dem positiven Abschluß der Prüfung des Gesamtkonzepts Untersuchungen an

---

1164 AdsD Depositum Helmut Schmidt 9202. Anschreiben vom 15.12.1976 zum Entwurf des Antwortschreibens.

1165 Vgl. Kitschelt (1980, S. 284f), für den die Benennung von Gorleben "in mehrerer Hinsicht einen geschickten taktischen Schachzug" darstellt. Er weist das vorzeitige Bekanntsein der Positionen anhand von Zeitungsmeldungen nach und stellt den Bezug zu den Landtagswahlen in Niedersachsen 1978 her.

1166 Issel (2003), S. 217.

1167 Ebd., S. 218. So Ministerpräsident Albrecht in seiner Regierungserklärung vom 16.5.1979.

1168 BMI (1979), S. 5.

1169 AdsD Depositum Helmut Schmidt 10012. AL 3 an BK vom 24.3.1977.

1170 AdsD Depositum Helmut Schmidt 9202. AL 3 an Bundeskanzler vom 30.3.1977.

Ort und Stelle nicht vorgenommen werden sollten." Für diese Prüfung seien "sicherlich zwei Jahre" zu veranschlagen.[1171]

Als die PTB am 28. Juli 1977 die Durchführung des Planfeststellungsverfahrens für das Endlager beim Niedersächsischen Sozialminister beantragte, konnte sie wegen dieser Haltung und der 1976 eingestellten Bohrungen lediglich auf das von der KEWA erarbeitete standortunabhängige Grobkonzept verweisen und versicherte, "unverzüglich umfassendere Unterlagen" zur Einlagerung schwach- und mittelaktiver Abfälle in ein Bergwerk nachzureichen. Sie gründete in diesem Zusammenhang das aus den Firmen Deilman-Haniel und Siemag-Transplan bestehende "Konsortium Planung Endlagerung" (KPE). Das Konsortium sollte auch das immer noch standortunabhängige Gesamtkonzept für die Endlagerung einschließlich der hochaktiven Abfälle vertiefen und mit Blick auf zwischenzeitlich teilweise geänderte Vorgaben Einzelplanungen modifizieren.[1172] Ende 1978 verdichteten sich die Arbeitsergebnisse. Damit wurden konkrete Beschreibungen und Zeichnungen des künftigen Endlagers möglich, deren Veröffentlichung insofern problematisch war, als sie im Vergleich zum sogenannten Versuchsendlager Asse II schwerwiegende Fragen aufwerfen konnten.[1173]

Bereits am 20. Oktober 1977 hatten RSK und SSK die grundsätzliche sicherheitstechnische Realisierbarkeit des Entsorgungszentrums festgestellt[1174], ihre Einschätzung am 15. Februar 1978 jedoch durch eine Liste sicherheitstechnischer Fragen ergänzt.[1175] 13 Fragen betrafen das Teilprojekt 6 des Entsorgungszentrums, die Abfallendlagerung. In diesem Bereich interessierten sich die Fachleute der RSK/SSK in erster Linie für die Auswirkungen der Einlagerung hochaktiver Abfälle und hier für die spezielle Auslegung des Endlagers sowie die Auswirkung der freigesetzten

---

1171 AdsD Depositum Helmut Schmidt 9202. Albrecht an Schmidt vom 29.7.1977. Vgl. Albrechts Schreiben vom 7.10.1976.

1172 BA B 102 304909. Entwurf eines 1. Ausführungsvertrags zwischen PTB und DBE. Der KPE-Vertrag war aus haushaltsrechtlichen Gründen in die Teile A1 und A2 unterteilt und sollte spätestens am 31. 12. 1978 enden. Nähere Angaben zu den Inhalten finden sich in einem Arbeitsprogramm TP 6 (Anlage 2 zu DWK an BMFT vom 14.9.1977 in BA B 295 1442).

1173 BA B 295 1442. DWK-Besprechungsbericht Nr. 19 vom 30. 10. 1978. Vgl. die später veröffentlichten, aber wohl ähnlich gearteten Zeichnungen bei Röthemeyer (1980, S. 248–251) sowie im PSE-Zwischenbericht (1981, S. 3 – 9/6 – 29). Vgl. die Darstellung in IAEA (1980, S. 160) für die Vorstellungen der INFCE.

1174 Vgl. BMI (1979), S. 12–33 (BT-Drucksache 8/1281).

1175 Röthemeyer (1980), S. 242.

Wärme auf die Stabilität des Salzstocks, insbesondere auf das möglicherweise vorkommende Carnallit. Weitere Gedanken galten der Migration von Laugeneinschlüssen, der Beherrschung der Folgen eines Wassereinbruchs in den Schacht sowie der Sicherstellung und Endlagerung tritiumhaltiger Abwässer bzw. des bei der Wiederaufarbeitung freiwerdenden Kryptons.[1176]

Schon im November 1977 hatten die Leitungen des BMF, BMFT, BMI und BMWi die Gründung einer Gesellschaft beschlossen, die gemäß § 9a Abs. 3 AtG "die Errichtung und den Betrieb von Anlagen des Bundes zur Sicherstellung und zur Endlagerung radioaktiver Abfälle" im Auftrag der eigentlich zuständigen PTB übernehmen sollte.[1177] Nach Vorgesprächen mit den in Frage kommenden Firmen und Gesellschaften stimmten sie im Mai 1978 der Aufnahme von Verhandlungen zu. Die "Deutsche Gesellschaft zum Bau und Betrieb von Endlagern für Abfallstoffe" (DBE) wurde am 11. September 1979 gegründet, der Kooperationsvertrag mit der PTB im Oktober/November 1979 abgeschlossen.[1178]

Nach den Landtagswahlen im Juni 1978 hatte Ministerpräsident Albrecht die Entscheidung über das Integrierte Entsorgungszentrum vom Ergebnis einer Anhörung unabhängiger Kritiker zum DWK-Sicherheitsbericht und zur Stellungnahme der RSK/SSK abhängig gemacht.[1179] Nach umfangreichen und von Spannungen begleiteten Vorbereitungen fand vom 28. März bis 3. April 1979 das Gorleben-Hearing statt, bei dem die vorab eingebundenen Kritiker und Befürworter des Entsorgungskonzepts auch Fragen der Endlagerung erörterten. Wegen der geringen Detailkenntnisse über den Salzstock Gorleben blieb die Diskussion allerdings eher an der Oberfläche. Albrecht zeigte sich gegen Ende der Veranstaltung insgesamt dennoch zufrieden, kündigte an, die Argumente noch einmal abzuwägen und stellte eine endgültige Entscheidung für Mai oder Juni in Aussicht.[1180]

Bereits am 30. April 1979 – also deutlich vor der Regierungserklärung, die er schließlich am 16. Mai 1979 im Niedersächsischen Landtag abge-

---

1176 PTB, SE-1 (1979). Da die Fragen der RSK/SSK nicht im Original einsehbar sind, handelt es sich bei dieser Aufzählung um Rückschlüsse aus dem Bericht der PTB. Im Rahmen der Seminarreihe wurden 12 der 13 Fragen diskutiert und bewertet.

1177 BGBl I (1976), S. 3058 u. 3064.

1178 BA B 102 304910. III B 5 vom 14.4.1980.

1179 Tiggemann (2004), S. 611.

1180 Vgl. Tiggemann (2004), S. 638–642.

ben sollte – ließ Albrecht im Gespräch mit Bundeskanzler Schmidt seine Position erkennen:

> "Gegen die Endlagerung von radioaktivem Müll in geologischen Salzformationen bestehen keine Bedenken. Ob der Salzstock Gorleben geeignet ist, kann erst in etwa 8 Jahren nach bergmännischem Aufschluß gesagt werden. Was einmal im Salz liegt, ist sicher von der Biosphäre abgeschlossen."[1181]

1181 AdsD Depositum Helmut Schmidt 9203. Aufzeichnung über das Gespräch vom 7.5.1979. Vgl. die differenziertere Formulierung der Regierungserklärung unter "A. Zur Sicherheit der Anlage", abgedruckt in Herrmann (1983), S. 209–214 oder BMI (1979), S. 12–33 (BT-Drucksache 8/1281). Vgl. Tiggemann (2004), S. 662.

5 Eine Strategie gegenüber der Öffentlichkeit?

Die Frage nach einer Strategie der Ministerialbeamten gegenüber der Öffentlichkeit zu stellen, bedeutet, von der Annahme auszugehen, dass diese primär als potentieller Störfaktor gesehen wurde. "Öffentlichkeit" ist aus der Perspektive der Planenden und Handelnden auf ministerieller Ebene alles, was außerhalb der Ministerialorganisation und themenabhängig eingeschalteten, nachgeordneten Organisationen liegt. Die Fachöffentlichkeit – Wissenschaftler, Kraftwerksbetreiber, Reaktorindustrie und nicht zuletzt Vertreter von Fachzeitschriften wie der "atomwirtschaft" – sind von der Annahme, als Störfaktor betrachtet worden zu sein, ausgenommen. Das Zusammenwirken dieses Personenkreises mit den Ministerialbeamten funktionierte offensichtlich. Es erscheint daher angebracht, im Folgenden von "breiterer Öffentlichkeit" zu sprechen.[1182]

Die Frage nach einer Strategie gegenüber der breiteren Öffentlichkeit zu stellen, bedeutet prinzipiell auch, sich intensiver mit dem Instrument Öffentlichkeitsarbeit, im Sinne der Interpretation und Kommunikation von Informationen zum eigenen Vorteil, zu befassen. Von Interesse sind hierbei weniger allgemeine Veröffentlichungen als die konkrete Vorgehensweise für bestimmte atomtechnische Projekte vor Ort. Es wäre wichtig, zu wissen, inwieweit die Zustimmung zum jeweiligen Projekt über die Ausblendung und Beschönigung von Fakten zustande kam.[1183] Eine derart detaillierte Analyse der Argumente und Prozesse ist an dieser Stelle aller-

1182 In den Akten ist stattdessen häufig lediglich von "Bevölkerung" die Rede, was begrifflich allerdings noch unschärfer ist. "Ortsansässige Bevölkerung" ist in bestimmtem Zusammenhang treffend, aber ebenfalls unscharf und eignet sich naturgemäß nicht für überregionale Aktivitäten. Auch Müller-Brandeck (1986, S. 169) sah die Notwendigkeit, den Begriff "Bevölkerung" einzugrenzen. Sie schloss Wissenschaft, Wirtschaft sowie höhere Parteivertreter aus und sprach schließlich von der "breiten Bevölkerung". Vgl. hierzu Radkau (1983, S. 89), der mit Bezug auf eine Emnid-Umfrage von 1958 zwischen oberen und unteren Bildungsschichten differenziert.

1183 Für das Kernkraftwerk Obrigheim wurde vom 4.10.–3.11.1961 mit mehreren Fachvorträgen um Verständnis geworben (atw, Jahresinhalt 1961, S. 624). Vgl. Oetzel (1996, S. 322), der feststellt, man habe sich bereits bei der Standortentscheidung für Karlsruhe "moderner Public-Relations-Methoden" bedient.

dings nicht zu leisten. Wie bereits in der Einleitung angesprochen geht es im Folgenden lediglich darum, Anhaltspunkte dafür zu sammeln, wie die auf staatlicher Seite Agierenden die Sorgen und Ängste der Bürger wahrnahmen, wie sie aus welchen Gründen auf die Artikulation von Protest reagierten und ob das gezeigte Verhalten im Betrachtungszeitraum verändert wurde.

Hierbei erscheint es hilfreich, wenigstens punktuell einen kurzen Blick auf gesellschaftliche Verhältnisse und Entwicklungen in der Bundesrepublik während der "langen sechziger Jahre" (1957/59 bis 1973/74)[1184] zu werfen. Es dürfte nicht ohne Bedeutung sein, dass die sechziger Jahre "das Dezennium der 'Durchsättigung' " der Haushalte mit dem Informations- und Unterhaltungsmedium Fernsehen wurden.[1185] Noch während der Kanzlerschaft Adenauers gab es "zahlreiche Versuche (...), die an Einfluss gewinnenden Massenmedien zu zähmen und der Regierung dienstbar zu machen."[1186] Auch in den intellektuellen Auseinandersetzungen um "Öffentlichkeit" ging es "um die Neubestimmung des Verhältnisses von Staat und Gesellschaft und um die Entwicklung neuer Rollenzuschreibungen für Journalisten, Intellektuelle, Politiker und Staatsbürger." Es ging auch um die Frage, "ob die Politik die Öffentlichkeit zu kontrollieren hatte oder umgekehrt".[1187]

Vor diesem Hintergrund darf es im ersten Moment durchaus verwundern, dass Wolfgang D. Müller noch 1996 meinte, "das Hervorstechende" am Verhältnis der Öffentlichkeit zur Kernenergienutzung in den sechziger Jahren sei gewesen, dass durchaus festzustellende Auseinandersetzungen "weitgehend in einer sachlichen Atmosphäre und auf der Basis einer generellen Akzeptanz" stattgefunden hätten.[1188] Es wäre darüber nachzudenken, inwieweit die Ablenkung durch andere Themen diesen Zustand begünstigte. Es wäre zudem darüber nachzudenken, inwieweit es sich um ein Ergebnis perfektionierter Öffentlichkeitsarbeit vor Ort handelte.

Denn unter der plakativ gewählten Überschrift "Von der Euphorie zur Kontroverse" räumte Müller ein, die in der ersten Hälfte der fünfziger Jahre dominierende "Furcht vor 'dem Atom' " habe auch während der für die zweite Hälfte der fünfziger Jahre typischen Euphorie durchaus weiter bestanden. Widerständen und Protesten in den sechziger Jahren würden

---

1184 Frese/Paulus (2003), S. 7.
1185 Großbölting (2003), S. 149.
1186 Hodenberg (2003), S. 206.
1187 Ebd., S. 205.
1188 Müller (1996), S. 27ff.

jedoch "weitaus mehr Fälle gegenüberstehen", in denen die Errichtung kerntechnischer Anlagen von der Bevölkerung begrüßt worden sei. Erst "ab Ende der 60er Jahre" sei diese Grundhaltung "von einer neuen Welle emotionaler Furcht abgelöst" worden, die seitdem das Verhältnis der Öffentlichkeit zur Kernenergie weitgehend bestimme.[1189]

Gisela Müller-Brandeck hatte dagegen schon zehn Jahre zuvor in Frage gestellt, dass von einem langsamen Akzeptanzverlust der Kernenergie auszugehen sei. Sie stellte stattdessen zur Debatte, ob es überhaupt "jemals eine Akzeptanz der Kerntechnik in der Bevölkerung" gegeben habe[1190], hielt dies aber unter Verweis auf die geringe Zahl kerntechnischer Standorte für eine "schwer belegbare These."[1191]

Gering ist die Zahl der Standorte allerdings nur, wenn man den Blick auf die Kernforschungszentren und Atomkraftwerke beschränkt. Mit den Infrastrukturprojekten zur Endlagerung (Asse/Kaverne) und insbesondere zur Zwischenlagerung lassen sich die Möglichkeiten zur Verifizierung/Falsifizierung beträchtlich erweitern.

Der zum hessischen Ministerium für Arbeit, Volkswohlfahrt und Gesundheitswesen gehörende Ministerialrat Gliwitzky stellte beispielsweise im Juli 1961 in einem Schreiben an das BMAt fest, alle Versuche "in Hessen ein geeignetes Gelände für die Lagerung radioaktiver Abfälle zu finden" seien bisher "erfolglos geblieben." Um das inzwischen im Mittelpunkt des Interesses stehende Gelände einer ehemaligen Munitionsfabrik in Hessisch-Lichtenau doch noch dem beabsichtigten Zweck zuführen zu können, müsse – "notfalls auf höchster Ebene" – der bei der zuständigen Gesellschaft "offenbar selbst (...) bestehenden Atompsychose entgegengetreten werden."[1192] Als sich am 28. August 1961 schließlich die "Frankfurter Rundschau" mit dem Thema befasste, wusste sie zu berichten, dass man sich "überall dort", wo das Ministerium seine Pläne offenbart hatte, "mit Händen und Füßen" gewehrt habe. Am ursprünglich in Allendorf ins Auge gefassten Standort, sei Gliwitzky "an vielfältigen Widerständen" gescheitert und auch in Hessisch-Lichtenau hätten die Einwohner "Zeter und Mordio" geschrien.[1193]

Als sich Ende 1961/Anfang 1962 die Planungen des BMAt verdichteten, dass Kernforschungszentrum Karlsruhe zur zentralen Zwischensammelstelle für die Bundesrepublik zu machen, wurde der Protest so stark,

---

1189 Ebd.
1190 Müller-Brandeck (1986), S. 169.
1191 Ebd. S. 172.
1192 BA B 106 51070. Schreiben vom 25.7.1961.
1193 BA B 106 51070.

dass Minister Balke nicht nur brieflich, sondern auch in der Fragestunde des Deutschen Bundestages (siehe Kapitel 3.2.1) Stellung nehmen musste.

5.1 Die Atompsychose – "etwas Gediegenes" muss unternommen werden

Mit Schreiben vom 15. November 1955 hatte sich Dr. Ernst Telschow, geschäftsführendes Mitglied des Verwaltungsrats der Max-Planck-Gesellschaft und einflussreicher Akteur in der Frühphase der kerntechnischen Entwicklung in der Bundesrepublik[1194], an den Staatssekretär des Bundeskanzleramts gewandt. Unter dem Titel "Was tut not?" legte er zehn Forderungen für die Entwicklung der Atomenergie in der Bundesrepublik dar. Unter Punkt 10 betonte er, dass auch die psychologische Vorbereitung der Bevölkerung notwendig sei. "Naturgemäß" verbinde man "mit dem Gedanken an die Verwendung der Kernenergie auch die Befürchtung wegen Gefährdung oder Herstellung von Atomwaffen."[1195]

Kein Jahr später musste Strauß als Bundesminister für Atomfragen in seinem monatlichen Bericht für das Bundeskanzleramt bereits feststellen:

> "In letzter Zeit ist eine erhebliche Unruhe in der Bevölkerung entstanden, weil durch (meist sensationell aufgemachte) Presseberichte, durch öffentliche Vorträge von Ärzten und Physikern und durch Parlamentsanfragen die radioaktive Verunreinigung der Atmosphäre, der Lebensmittel und des Wassers zur allgemeinen Diskussion gestellt wurde. Örtlich und überregional haben sich Vereinigungen gebildet, die gegen die geplante Anlage von Reaktor-Stationen in ihrer Nähe oder allgemein heftig Stellung nehmen und sich für einen stärkeren Schutz der Bevölkerung gegen Atomgefahren einsetzen." [1196]

Die lang anhaltenden Widerstände gegen den Bau des Reaktors in Karlsruhe[1197], Schreiben, wie das des Freiburger Arztes Falk (siehe Kapitel 2.1.2) und auch die Themenkomplexe, zu denen die Mitglieder des Bundestagsausschusses für Atomfragen Sachverständige befragten, scheinen sich nahtlos in dieses Bild zu fügen. Das Interesse der Abgeordneten hatte der "radioaktive(n) Verunreinigung der Luft, des Wassers

---

1194 Vgl. zur "großen Bedeutung" Telschows Müller (1990), S. 61f u. 109ff.
1195 BA B 136 6099.
1196 BA B 136 293. Bericht für den Monat August 1956 vom 1.9.1956.
1197 Vgl. Oetzel (1996), S. 313–318. Vgl. Tiggemann (2004), S. 176–181.

und des Bodens", den "gegen Strahlenschäden gegebenen Schutzmaßnahmen", der Frage, welche "typischen Schädigungen (...) mit welcher Wahrscheinlichkeit von einem Reaktor" ausgehen, den "Haftungsbestimmungen des Atomgesetzes" sowie der "Frage eines Unglücks bei Reaktoren" gegolten.[1198] Sie offenbarten damit eine durchgängig kritische, vom Schutzgedanken bestimmte Herangehensweise, die durchaus auch bei einzelnen Ministerialbeamten zu finden war (siehe Kapitel 2.1.1).

Strauß führte denn auch weiter aus, bei ihm würden "täglich Briefe aus allen Schichten der Bevölkerung" eingehen und stellte hierzu fest:

> "Aus den Pressenotizen und den Zuschriften geht hervor, daß ihre Verfasser durchweg Laien sind, keine richtige und klare Vorstellung von dem biologisch-physikalischen Sachverhalt haben und daher vielfach die Opfer und Verbreiter einer ausgesprochenen "Atom-Pychose" geworden sind."[1199]

Mit dieser hier noch in Anführungszeichen gesetzten Diagnose hatte Strauß eine Formulierung salonfähig gemacht, die noch Jahre später immer wieder gebraucht wurde, um ein scheinbar gänzlich irrationales Sträuben gegen die Nutzung der Atomenergie und die hierzu erforderlichen Infrastrukturmaßnahmen zu charakterisieren. Nach heutigem Verständnis wurde den besorgten Bürgern mit dieser Pauschaldiagnose nichts weniger als "gravierende Beeinträchtigungen der Wahrnehmung, der Emotionalität und des Denkens" bescheinigt.[1200] So fiel es Politikern und Ministerialbeamten – wie Müller 1990 einräumte – leicht, die "als unrealistisch und ungerechtfertigt angesehene Furcht (...) nicht zum Maßstab ihres aktiven Handelns" zu machen.[1201] Fachleute in Medizin und Ministerialbürokratie hatten zu dieser Zeit zwar vergleichsweise klare Vorstellungen von dem jeweiligen physikalischen Sachverhalt, die biologischen Wirkungen von Strahlung, insbesondere geringer Strahlendosen auf lange Sicht, waren jedoch auch für sie weitgehend Neuland.

Es war Straimer, der zwölf Tage später anlässlich der konstituierenden Sitzung der FK IV in einem Kurzreferat über die aktuelle Situation auf dem Gebiet des Strahlenschutzes in kaum verwunderlicher Ähnlichkeit zu den Formulierungen seines Ministers feststellte, dass – obwohl keine Gründe

---

1198 BT PA (3. WP) Kurzprotokoll der 18. Sitzung am 18.2.1959. Rückblick des Vorsitzenden zur Anhörung von Sachverständigen im 2. Bundestag.

1199 BA B 136 293. Bericht für den Monat August 1956 vom 1.9.1956. Vgl. Stölken-Fitschen (1995), S. 202f.

1200 Zimbardo (1992), S. 621.

1201 Müller (1990), S. 349.

zur Beunruhigung bestünden – "da und dort geradezu eine *Strahlenangstpsychose* zu beobachten" sei, die sich in einer "Fülle von Zuschriften" an das BMAt auswirke. Ihre Verfasser könne man in drei Gruppen einteilen: "Die besorgten Eltern", "Die Querulanten" und "Menschen, die skurrile Vorschläge machen." Nicht ohne Verständnis, aber doch in deutlicher analytischer Distanz führte er zur ersten Gruppe aus:

> "Einfache Frauen und Männer aus dem Volke lesen die Artikel in der Zeitung. Sie sind natürlich nicht zu Hause in der Terminologie der Strahlenbiologie und der Physik. Sie reagieren ursprünglich und emotional in der Bereitschaft zur Verteidigung ihrer Kinder. Das gedruckte Wort, noch dazu wenn als Verfasser etwa ein Professor der Physik oder Medizin angegeben ist, beeinflusst sie sehr stark. Sie lesen es noch mit einer ängstlicheren Ausdeutung, als es vielleicht geschrieben steht. Der Gedanke, daß es der radioaktiven Gefahr gegenüber kein Entrinnen gibt, quält sie. In dieser scheinbar aussichtslosen psychologischen Situation erheben sie nicht selten heftige Vorwürfe gegen die Bundesregierung und die Atomgroßmächte. Sie fordern, daß die Atomphysiker daran gehindert werden, ihre Forschungen fortzusetzen." [1202]

Wenn Straimer diese Ängste auch mit einem passend gewählten Beispiel ins Lächerliche zog, so kam er wenig später ohne nähere Erläuterung zu dem Schluss, die Erfahrungen, die man "in den letzten Monaten mit der Presse und der Bildung der öffentlichen Meinung hinsichtlich der radiologischen Lage gemacht" habe, ließen "es dringend erscheinen, daß zur *Unterrichtung der Bevölkerung* etwas Gediegenes getan" werde. Es fehle "ein für die breitere Öffentlichkeit geeigneter Bericht", der "durch die verantwortliche Unterschrift der namhaftesten Fachleute Deutschlands seine besondere Glaubwürdigkeit erhalten" solle.[1203]

Zweifelsohne stand Straimers Einschätzung nicht im Zusammenhang mit der Beseitigung radioaktiver Abfälle. Zweifelsohne gab seine auch von der Ministeriumsspitze sowie dem Vorsitzenden des Bundestagsausschusses für Atomfragen[1204] geteilte Sicht in erster Linie den Ausschlag

---

1202 BA B 138 3321. Vgl. Radkau (1983), der bereits kurz auf die "Strahlenangstpsychose" (S. 98) hinweist. Vgl. auch Reuter-Boysen (1992), S. 19f sowie S. 227f, Fn 7 und 18.

1203 BA B 138 3321. Vgl. zur Presseberichterstattung und Stimmung in der Bundesrepublik Stölken-Fitschen (1995), S. 117–124 sowie S. 196–203.

1204 In der 23. Sitzung des Ausschusses begrüßte Euler die Anregung, dem Bund für eine Übergangszeit die Haftung für Reaktoren zuzuweisen, da damit die Problematik umgangen werde, dass "die Versicherungswirtschaft das Risiko unter dem Eindruck der gegenwärtigen allgemeinen Psychose

für die Schaffung eines Systems zur Überwachung der Umweltradioaktivität, das vor dem Hintergrund der Atomwaffenversuche den Gehalt an radioaktiven Stoffen in Boden, Wasser und Luft analysierte und über die Ergebnisse vierteljährlich berichtete.[1205] Sie zeigt aber ebenso unbestreitbar, dass dem für den Bereich des Strahlenschutzes noch für ein Jahrzehnt maßgeblichen Ministerialbeamten der "Faktor Öffentlichkeit" von Anfang an bewusst war.

Wenn Minister Balke in einem Interview mit einer norwegischen Zeitung am 14. November 1957 feststellte, die Angst vor der zivilen Verwendung der Kernenergie habe in den letzten Monaten nachgelassen, weil der Durchschnittsbürger gelernt habe, scharf zwischen Bombe und Reaktor zu unterscheiden[1206], so kam hier eher die Hoffnung zum Ausdruck, die durch das Göttinger Manifest im April 1957 entstandene Aufmerksamkeit könne zur Etablierung dieser grundlegenden und für die Ziele des BMAt nützlichen Trennung beitragen.[1207] Immerhin waren noch im Juni desselben Jahres wesentliche Empfehlungen des mit der Erarbeitung der SSVO betrauten AK IV/3 "mit Rücksicht auf die Atompsychose in Deutschland" getroffen worden.[1208] Straimer ging jedenfalls im Zusammenhang mit Bemühungen des Ministeriums zur Findung eines geeigneten Geländes für die erste zentrale Zwischensammelstelle Ende 1959 davon aus, dass "neben den technischen Erfordernissen auch psychologische und politische Gesichtspunkte" zu berücksichtigen seien.[1209]

Auch ein knappes Jahr später sprach Minister Balke nach wie vor von der Atompsychose[1210] und noch im Sommer 1961 fand der Begriff – wie eingangs gezeigt – sowohl im Hessischen Ministerium für Arbeit, Volks-

---

höher annehme, als es vernünftigerweise zu beurteilen sei."(BA B 141 19553).

1205 Vgl. z. B. BMAt (1961), S. 11. 1961 waren 19 Laboratorien und Messstationen des Bundes sowie 18 Laboratorien der Länder beteiligt.

1206 PA AA B 22–85. Bulletin des Presse- und Informationsamtes der Bundesregierung Nr. 212.

1207 Im April 1957 hatten 18 Atomforscher eine Erklärung unterzeichnet, die sich primär gegen die atomare Bewaffnung der Bundeswehr wandte. Während sie jegliche Beteiligung "an der Herstellung, der Erprobung oder dem Einsatz" von Atomwaffen ablehnten, hielten sie es für "äußerst wichtig", die friedliche Nutzung der Atomenergie "mit allen Mitteln zu fördern". Zitiert nach Müller (1990), S. 554. Vgl. Radkau (1983), S. 95f und S. 434.

1208 BA B 138 566. Kurzprotokoll der 3. Sitzung des AK 3 am 3.6.1957.

1209 BA B 138 3397. Kurzprotokoll der 17. Sitzung des AK III–IV/1 am 9.12.1959.

1210 BA B 138 3323. Kurzprotokoll der 7. Sitzung der FK IV am 25.11.1960.

wohlfahrt und Gesundheitswesen als auch in der "Frankfurter Rundschau" Verwendung.

Wenige Monate zuvor hatte der Vorsitzende der FK IV, Rosenberg, Worte für die besondere Schwierigkeit der FK-Arbeit gefunden, die der Leiter der Unterabteilung "Kerntechnische Entwicklung/Strahlenschutz", Schuster, noch 1969 für so treffend hielt, dass er die Aufmerksamkeit erneut auf sie lenkte[1211]:

> "Die Frage, ob und inwieweit auch die friedliche Anwendung der Kernenergie gefährlich, bedrohlich oder gar beängstigend für die Allgemeinheit sein kann, ist um so schwieriger zu beantworten, als die Öffentlichkeit wissenschaftlich-technischen Vorgängen eines so komplizierten Gebietes fast verständnislos gegenübersteht. Und so ist es nur natürlich, dass öffentliche Reaktionen auf diese Fragen fast ausschließlich vom Gefühl und nicht von der Kenntnis der Dinge bestimmt werden."[1212]

5.2 "Atommüll", Ministerialbürokratie und Öffentlichkeit

Vor dem Hintergrund der eingangs geschilderten Probleme, in Hessen eine Zwischensammelstelle für radioaktive Abfälle einzurichten, wird deutlich, wie problematisch es war, dass zur selben Zeit in Niedersachsen die Überlegungen zur Endlagerung in ihren Grundzügen publik wurden. Am 7. Dezember 1961 wandte sich Albert C. Juhl, ein Physiker aus Bad Eilsen, an das BMI, das seinen Brief zuständigkeitshalber an das BMAt weiterleitete. Er schrieb:

> "In einer Niedersächsischen Zeitung habe ich über die besonderen Schwierigkeiten der 'Atom-Müll-Beseitigung' und der außerordentlich hohen Kosten hierfür gelesen. Geplant soll von der Niedersächsischen Regierung die Beseitigung des Atommülls durch Unterbringung in nicht abbauwürdige Salzvorkommen sein..."[1213]

Aber nicht nur der Physiker wurde auf die Überlegungen aufmerksam, auch Maximilian Flumm, ein Rentner aus Hamburg, fühlte sich zur selben Zeit durch die Berichterstattung in einem anderen Medium zu einem Schreiben an das BMAt veranlasst:

1211 BA B 138 3322. Kurzprotokoll der 10. Sitzung der FK IV am 2.4.1969.

1212 BA B 138 3299. Rosenberg anlässlich des fünfjährigen Bestehens der DAtK am 21.4.1961.

1213 BA B 106 66654.

"Aus den Ausführungen des Herrn Prof. Martini im Fernsehen, [sic] habe ich die Sorge um die Beseitigung des Atommüll gehöhrt [sic]. Man sprach von einer Versenkung in sehr tief liegende, alte Bergwerke und ist der Meinung, daß dadurch alles aus der Welt ist."[1214]

Beide Zuschriften dürften Straimer kaum erfreut haben. Schließlich war die Entscheidungsfindung des AK III–IV/1 im Dezember 1961 keineswegs abgeschlossen. Das Einbringen in "alte Bergwerke" entsprach zwar dem Beratungsstand des AK, aber in keiner Weise Straimers Vorstellungen.

Die "undichte Stelle" lag offensichtlich bei der BfB bzw. dem NLfB, deren Leitung und Angehörige dem Ministerium durch eine lockere Informationspolitik und gewisse Eigenmächtigkeiten auch in der Folgezeit Ärger bereiteten. In diesem Zusammenhang ist insbesondere die Empfehlung Wagers an den Niedersächsischen Minister für Wirtschaft und Verkehr vom März 1962 zu nennen, statt einer Zwischensammelstelle ein eigenes Endlager zu errichten (siehe Kapitel 3.2.1). Ob sich derartige Überlegungen – wie die Formulierung "Niedersächsische Regierung" im ersten Zitat nahe legt – schon mehrere Monate vorher abzeichneten, muss einstweilen offen bleiben.

Als Straimer schließlich bereits Ende Mai 1963 – die BfB hatte ihn Anfang März erstmalig auf die Asse hingewiesen – von Seiten des NDR darum gebeten wurde, mitzuteilen, wann man im Rahmen der Fernsehsendung "Zeitraffer" daran gehen könne, das Thema "Atommüllbeseitigung auf geologischer Basis" zu behandeln[1215], war es erneut Wager, der das Interesse geweckt hatte. Diesmal hatte die BfB Straimer in Anbetracht der gereizten Grundstimmung allerdings Tage zuvor auf die wahrscheinliche Kontaktaufnahme des NDR-Redakteurs vorbereitet. Nur "mit groesster vorsicht [sic]", betonte Martini , habe Wager "ueber dinge gesprochen, die durch kongresse genf, monaco und wien allgemein bekannt [sic]" gewesen seien. Filmaufnahmen in der Asse seien "weder diskutiert noch von wager vorgeschlagen worden [sic]." Ohne Anweisung des BMwF werde die BfB in der Angelegenheit keinerlei Schritte unterneh-

1214 BA B 106 66654. Schreiben vom 17.12.1961. Am 23.11.1961 hatte auch die "Süddeutsche Zeitung" die Thematik aufgegriffen. Sie berief sich auf Äußerungen Wagers, der in der Kurzmeldung fälschlicherweise "Wagner" genannt wurde (Atomzeitalter, Jahresinhalt 1962, Rubrik "Information", S. 23).

1215 BA B 106 66654. Schreiben vom 22.5.1963 (Eingang BMwF am 27.5.).

men.[1216] Dem NDR antwortete Straimer mit Schreiben vom 30. Mai, er habe gegen eine Berichterstattung "keine Bedenken", halte den Zeitpunkt aber für "verfrüht".[1217]

Insgesamt ist also anzunehmen, dass die konzeptionellen Überlegungen und Absichten des BMAt im Bereich der Endlagerung schon früh außerhalb von exklusiven Gremien und Fachzeitschriften erkennbar und bekannt waren. Ohne konkrete Standorte boten sie jedoch keinen Anlass für Protest.

Wie schnell das Thema "Atommüll" zu Widerständen führen konnte, bestätigte sich für Straimer, Holtzem und Schwibach wenige Tage, nachdem sie sich unter Hinzuziehung von Krause und Ramdohr am 20. Februar 1964 zur näheren Untersuchung der Asse entschlossen hatten.[1218] Bereits am 5. März 1964 wurde eine erste Pressemeldung, die vermutlich in Folge der Unterrichtung der Wintershall AG über den Entschluss entstand, zur Grundlage für die Formierung des Protests in den benachbarten Gemeinden. Wenn Reuter-Boysen und Tiggemann in diesem Zusammenhang davon sprechen, die Proteste seien "trotz" einer zwischen BMwF und GfK abgestimmten Information für die Presse aufgekommen, ist dies unzutreffend.[1219]

Denn tatsächlich waren ein Presse-Kommuniqué und ein weniger spezifischer Artikel in der "Frankfurter Allgemeinen Zeitung" erst "im Falle der Übernahme der Asse" zur Veröffentlichung vorgesehen. Diese Übernahme hätte nach den Planungen von Straimers Gruppe und der SG TL aber frühestens nach Ablauf des "für die Dauer eines Jahres" angesetzten Vorvertrags erfolgen sollen.[1220] Als die inzwischen von der Entwicklung eingeholte Presseinformation am 11. Mai 1964 mit der Wintershall AG abgesprochen werden konnte, hatte man ihren Erscheinungstermin angesichts der weiter zunehmenden Widerstände auf die Zeit "nach Vertragsabschluß" vorgezogen.[1221]

Sehr interessant ist, dass sich das von Beamten des BMwF herausgegebene Taschenbuch für Atomfragen just in dieser für Straimers Absichten unerfreulichen Situation mit dem Thema "Öffentlichkeitsarbeit" befasste. Beinahe belehrend hieß es dort:

1216 BA B 106 66654. Fernschreiben vom 20.5.1963. "Kongresse" war an dieser Stelle falsch geschrieben, aber am Fuß des Textes korrigiert worden.

1217 BA B 106 66654.

1218 GLAK 69 689. Besprechungsnotiz vom 28.2.1964.

1219 Vgl. Reuter-Boysen (1992), S. 149. Vgl. Tiggemann (2004), S. 188f.

1220 GLAK 69 689. Besprechungsnotiz vom 28.2.1964.

1221 GLAK B 69 689. Besprechungsnotiz vom 12.5.1964.

"Das Verhalten der Bevölkerung in der Umgebung von kerntechnischen Anlagen, besonders im Stadium der Planung und Vorbereitung, und die Entwicklung des Atomhaushaltes sind auf zwei verschiedenen Ebenen Musterbeispiele für die Wirksamkeit der öffentlichen Meinung. Wer sie ignoriert, darf sich nicht wundern, daß er nicht genügend Verständnis und Unterstützung für sein Vorhaben findet. Eine erfolgreiche Betätigung auf diesem weiten Feld, für die es keine allgemeingültigen Rezepte und keine Patentlösungen gibt, setzt eine intime Kenntnis und eine ständige Werbung um das Vertrauen der meinungsbildenden und der gestaltenden Kräfte sowie der handelnden und entscheidenden Persönlichkeiten voraus."[1222]

Das entsprach dem damaligen Stand der Öffentlichkeitsarbeit in der Bundesrepublik. Auch Albert Oeckl, eine der frühen Hauptfiguren auf diesem Gebiet und ein "hervorragender Praktiker"[1223], nannte in seinem im gleichen Jahr erschienenen "Handbuch der Public Relations" den Aufbau von Verständnis und Vertrauen als Hauptzielsetzung und ergänzte, es komme zudem wesentlich auf "Kontaktfreudigkeit" und die "Direktheit der Annäherung" an. "Wege hintenherum – gleichgültig in welcher Form – " würden nur "suspekt" machen.[1224]

Stellt man die Frage, wieso Straimer und seine Beamten eine andere Vorgehensweise wählten, spricht mit Blick auf das vorangegangene Kapitel und die bisherigen Ausführungen einiges dafür, dass man keineswegs in unprofessioneller Unwissenheit über ein unvermutetes Problem gestolpert war. Es war nicht – wie Radkau feststellte – "ein Ministerialrat", der am 21. Januar 1965 vor dem Bundestagsausschuss für Atomfragen in scheinbarer Gleichmütigkeit mit der Faustformel aufwartete, dass "Widerstände seitens der Bevölkerung stets dort zu erwarten seien, wo Atomanlagen projektiert würden."[1225] Es war derselbe Straimer, der bereits 1956 die psychotisch anmutende Strahlenangst der Bevölkerung diagnostiziert hatte und seitdem immer wieder mit ihr konfrontiert worden war.

Straimer wusste um die arbeitsintensivierende und verzögernde Wirkung öffentlicher Aufmerksamkeit. Sein Zeitplan sah die Verfügbarkeit des Endlagers in den Jahren 1967/68 vor. Wie die Absicht nahe legt, mit der Aufklärung der Anwohner erst nach der Übernahme von Asse II zu beginnen, ging es ihm darum, eine möglichst günstige und gesicherte

---

1222 Cartellieri u . a. (1964), S. 393.

1223 Kunczik (1997), XI und S. 1.

1224 Oeckl (1964), S. 46f.

1225 Radkau (1983), S. 441f. In der Fußnote (S. 567) nennt Radkau Straimer allerdings beim Namen.

Ausgangsposition in der unvermeidlichen Auseinandersetzung mit der ortsansässigen Bevölkerung zu erreichen.

Als Anfang Februar 1965 erneut ein Redakteur des NDR darum bat, für "einen kurzen Bericht über die Pläne zur Beseitigung radioaktiver Abfälle" einen etwa einminütigen Filmausschnitt "für die Tagesschau des Deutschen Fernsehens" in der Asse machen zu dürfen, sprach sich Straimer – vermutlich in Sorge um eine mögliche Ausweitung der Proteste – für eine Verschiebung bis nach dem Kauf aus, der im Monat darauf erfolgte.[1226]

Nach dem frühen Bekanntwerden der Asse-Absichten musste man – wie die Geschäftsführung der GSF rückblickend meinte – "in jahrelanger Mühe und Kleinarbeit"[1227] bei den Bergbehörden, den zuständigen Regierungsstellen, den Kreis- und Gemeindebehörden und insbesondere bei der Bevölkerung des Landkreises Wolfenbüttel aufklärend um Vertrauen werben. Befürchtungen, die GfK könne als Hauptproduzent radioaktiver Abfälle nicht am Schutzgedanken orientierte Eigeninteressen verfolgen, habe man dadurch beseitigen können, dass man "stets" betont habe, "die die Asse betreibende Gesellschaft stehe unter ärztlicher Leitung und kümmere sich besonders um die Sicherheit und Gesundheit der Bevölkerung und (den) Strahlenschutz".[1228] Um zu einer ersten Beruhigung der Situation zu kommen, stellte man insbesondere heraus, dass in den kommenden zwei Jahren nur die geologische Erforschung des Bergwerks geplant sei, keineswegs die Einbringung radioaktiver Stoffe.[1229] Die Anfang April 1967 durchgeführte erste Einlagerung bedeutete daher eine neue Qualität, die verständlicherweise dazu führte, dass der Protest seinen vorläufigen Höhepunkt erreichte. Zeitweilig war die Unterstützung der Polizei nötig, um Demonstranten vom Bergwerksgelände fernzuhalten.[1230] Wenn Wittenzellner das Verhältnis zu Gemeindevertretern und

---

1226 BA B 196 22787. Pressereferat an UAL III B vom 5.2.1965. Möglicherweise wurde der Kauf nicht wegen des angeblich zu teuren Pachtverhältnisses (siehe Kapitel 4.1.3.1), sondern wegen der zunehmenden Kritik vorgezogen. Nach dem Kauf betonte Richter-Bernburg vor Journalisten die besondere Eignung des Bergwerks (dpa-Meldung vom 13.4.1965 in BA B 196 22787).

1227 BayHStA GSF 190. Wittenzellner an Finke vom 14.9.1972.

1228 BayHStA, GSF 86. Entwurf eines Schreibens an MinDgt Scheidwimmer vom 6.11.1970.

1229 Ebd. Vgl. auch die Argumentation Holtzems im Rahmen der Erstunterrichtung im Landratsamt Wolfenbüttel am 28.7.1964 (GLAK 69 689. Notiz vom 3.8.1964).

1230 Reuter-Boysen (1992), S. 150.

Anwohnern im September 1972 "als beinahe optimal" bezeichnen und "1969" als das Jahr nennen konnte, in dem "Ruhe an der Asse" einkehrte[1231], so ist dies wahrscheinlich nicht allein auf erfolgreiche Öffentlichkeitsarbeit, sondern auch auf das Abfinden mit einer nicht mehr abzuwendenden exklusiven Rolle zurückzuführen. Denn mit der um den 20. Mai 1969 in regionalen wie überregionalen Zeitungen verbreiteten Nachricht vom Scheitern des Kavernenprojekts wurde auch darüber informiert, dass das stillgelegte Salzbergwerk Asse II dazu bestimmt worden sei, "als erste Einrichtung dieser Art in Europa für die nächsten 100 Jahre den radioaktiven Abfall aus Kernreaktoren, Krankenhäusern und Forschungslaboren 'gefahrlos für alle Zeiten' aufzunehmen."[1232] Nicht erwähnt hatte man in der Aufzählung der Abfallerzeuger die WAK. Schon 1966 hatte es dort in einer Broschüre zur Unterrichtung der heftig protestierenden Nachbargemeinden reichlich verfrüht geheißen, die anfallenden hochaktiven Abfalllösungen würden nach ihrer Verfestigung "zur Endlagerung in ein stillgelegtes Salzbergwerk abtransportiert werden."[1233]

Brisanterweise hatte der auch in den Folgejahren zentral wichtige Journalist Helmuth Schmidt in einem auffällig neutral bis ministeriumsfreundlichen und insbesondere gut informierten Artikel für die "Offenbacher Post" bereits am 18. März 1964 darauf hingewiesen, dass die Errichtung einer "Atom-Müllgrube 'nach Maß' " geplant sei, wenn "das Ministerium auf das Projekt Asse verzichten" sollte. "Die Experten der Bundesanstalt (für Bodenforschung, D. M.)" hätten dem BMwF "ein Gebiet am niedersächsischen Ufer der Unterelbe zwischen Hamburg und Cuxhaven, zwei Gebiete oberhalb Hamburgs bei Geesthacht, das westliche Schleswig-Holstein bis in die Gegend um Heide und ein Areal an der unteren Ems südwestlich von Leer vorgeschlagen."[1234]

Wie es scheint, veranlasste dies die Ministerialbeamten aber nicht zu noch größerer Geheimhaltung. Anders als an der Asse sprachen sie an den zunächst in Aussicht genommenen Standorten Hamburg und Bremen (siehe Kapitel 4.1.2) bei den örtlichen Behörden vor. Nachdem der

---

1231 BayHStA GSF 190. Wittenzellner an Finke vom 14.9.1972.

1232 BA B 196 22793. Anlage zum Schreiben Edelhard Rock vom 18.6.1969. Darunter waren der "Bonner Generalanzeiger", "Die Welt" und selbst die "Frankenpost" in Hof.

1233 GLAK 69 502. Broschüre "Wissenswertes über die WAK", S. 10. Vgl. Issel (2003, S. 168), der meint, mit Blick auf die Asse sei für schwach- und mittelaktive Abfälle "der Entsorgungsweg als gegeben angenommen" worden.

1234 BA B 106 33880. Der Artikel machte das Bundesgesundheitsministerium auf die Planungen aufmerksam.

Bremer Senat seine Ablehnung deutlich gemacht hatte, rückte der Salzstock in Bunde trotz grundsätzlich positiver Signale der Hamburger Seite in den Mittelpunkt des Interesses.[1235] Auch hier wurde die Kreisverwaltung scheinbar frühzeitig über das Vorhaben unterrichtet und trug die Absichten trotz der ab April 1966 infolge einer Pressemeldung aufkommenden Proteste zunächst noch mit.[1236] Die situationsverändernde Berichterstattung in den lokalen Zeitungen war zum Leidwesen der Ministerialbeamten erneut auf einen Angehörigen der BfB, Richter-Bernburg, zurückzuführen. Holtzem, dem die Durchsetzung des favorisierten Kavernenprojekts zur Aufgabe gemacht worden war[1237], wies diesen höchst aufschlussreich zurecht: "Die Bedeutung dieser Forschungsarbeiten für die künftige Entwicklung der Kernenergie in der Bundesrepublik" lasse es nicht zu, "daß durch solche Presseveröffentlichungen möglicherweise ernsthafte Schwierigkeiten oder gar politische Widerstände hervorgerufen" würden.[1238] Doch die ernsthaften Schwierigkeiten waren nicht mehr aufzuhalten. Ende Juni 1966 wurde der Vertragsabschluss in Bunde wegen des öffentlichen Drucks unwahrscheinlich. Um zu einer Weiterführung der Verhandlungen zu kommen, zog das BMwF daraufhin neue Möglichkeiten in Betracht. Konkret benannte Persönlichkeiten sollten unter anderem über Euratom "gebeten werden, auf die ihnen nahe stehenden örtlichen und regionalen Organisationen im Gebiet von Bunde einen mässigenden Einfluss auszuüben."[1239]

Entzündet hatte sich das Misstrauen der Bevölkerung auch an Informationen über Bohrarbeiten der DEA, die mit dem Kavernenprojekt in Verbindung gebracht wurden. Ob diese Verbindung – wie Tiggemann meint – tatsächlich nicht bestand, erscheint schon mit Blick auf die von ihm geschilderten Erklärungsversuche des Oberkreisdirektors fragwürdig.[1240] Eine Überprüfung des Sachverhalts ist aber insbesondere deswegen angebracht, weil sich GSF und BMwF im Folgejahr zur Realisierung

---

1235 Vgl. Tiggemann (2004), S. 158 und 160f. Euratom hatte offensichtlich Präferenzen für Bunde.

1236 Vgl. Tiggemann (2004), S. 190ff.

1237 Informationsgespräch mit Dr. Schwibach am 23.7.2002.

1238 BA B 106 66642. Holtzem an Richter-Bernburg vom 29.4.1966. Am 9.4.1966 hatte die Ostfriesen-Zeitung über das Kavernenprojekt berichtet, nachdem Richter-Bernburg den Oberkreisdirektor ausführlich informiert hatte. Auskunftsfreudig hatte er sich scheinbar auch gegenüber einem Korrespondenten der dpa gegeben [Tiggemann (2004), S. 190].

1239 PA AA B 35–89. Vertretung der Bundesrepublik bei Euratom an AA vom 25.8.1966.

1240 Tiggemann (2004), S. 190f.

der Kaverne bei Oldenswort eben dieser Vorgehensweise bedienen wollten. Mitte April 1967 hieß es im AKoTL:

> "Es wird vorgeschlagen, die DEA Versuchsbohrungen ausführen und die Stellen anschließend durch die GFS [sic] aufkaufen zu lassen oder das Grundstück zu kaufen und erst nach einer gewissen Zeit als Eigentümer aufzutreten. Die Bevölkerung soll über das Vorhaben ausreichend aufgeklärt und nicht erst durch Presseberichte unterrichtet werden."[1241]

Diesen Ansatz hatte man bis Oktober 1967 deutlich konkretisiert. Dem Verwaltungsrat der GSF wurde mitgeteilt, man trete "zunächst nach außen hin nicht in Erscheinung." Der Erwerb des Grundstücks solle "über die Wirtschaftsaufbaukasse Schleswig-Holstein erfolgen", die Untersuchungsbohrung werde "als wissenschaftliche Bohrung des Geologischen Landesamtes Schleswig-Holstein" ausgeführt. Der Verwaltungsrat nahm hiervon zustimmend Kenntnis.[1242]

Die subtile Vorgehensweise der Ministeriumsseite ist auch insofern von erhöhter Bedeutung, als sie allem Anschein nach zur Realisierung des Integrierten Entsorgungszentrums erneut angewendet wurde. Als im Dezember 1975 Vertreter der "Deutschen Schachtbau- und Tiefbohrgesellschaft Lingen mbH" an eine am Standort Wahn lebende Bäuerin herantraten, um von ihr Weideland zu pachten, gaben sie vor, es gehe um Bohrungen nach Erdöl. Im Zuge von Nachforschungen skeptischer Bürger stellte sich jedoch heraus, dass diese Arbeiten zur Erkundung des Salzstocks für Endlagerungszwecke dienen sollten.[1243]

Der Blick auf die Bemühungen des BMwF und der GSF führt vor Augen, dass die oben zitierte, mit dem Taschenbuch für Atomfragen propagierte Form der Öffentlichkeitsarbeit keine Selbstverständlichkeit war und nur so lange angewendet wurde, wie sie der Interessendurchsetzung förderlich schien. Hierzu gaben auch die unterschiedlichen Einschätzungen auf internationaler Ebene Anlass. Bereits im Juli 1964 – einen Monat nach Redaktionsschluss des Taschenbuchs – hatte ein ausländischer Gastredner in Karlsruhe darauf hingewiesen, dass das amerikanische Genehmigungsverfahren unter zu viel Öffentlichkeit leide. Man solle besser nach dem britischen Grundsatz "keine öffentliche Diskussion, Public Relations erst im späteren Stadium!" verfahren.[1244]

1241 BA B 106 66643. Kurzbericht zu Standortfragen für die Erstellung einer Kaverne, gehalten im Rahmen der 8. Sitzung am 18. und 19.4.1967.

1242 BayHStA GSF 138. 8. Sitzung des Verwaltungsrates vom 23.10.1967.

1243 Arbeitsgruppe "Wiederaufarbeitung" (1977), S. 12.

1244 Zitiert nach Radkau (1983), S. 412.

Dieser Grundsatz galt auch für die erste multinationale Versenkung radioaktiver Abfälle im Atlantik (siehe Kapitel 4.1.4), an der neben anderen europäischen Staaten auch die Bundesrepublik und Großbritannien beteiligt waren. Ende September 1966 traf der zuständige Organisationsausschuss der ENEA folgende Absprache:

> "Für den Fall, daß die Versenkungsaktion bereits während der jetzt anlaufenden Vorbereitungen bekannt wird, soll eine einheitliche Pressenotiz vorbereitet werden. Sie soll nur publiziert werden, wenn es unbedingt nötig ist. Jedes Land kann die Erklärung veröffentlichen, wenn es ihm nötig erscheint, muß jedoch sofort die ENEA benachrichtigen, die ihrerseits die anderen Länder verständigt."[1245]

Erst im Februar 1968 wurden Fachkreise in der Bundesrepublik – mit Bezug auf den Jahresbericht der ENEA – knapp über die Aktion in Kenntnis gesetzt.[1246] Wenig später gab die ENEA eine ausführliche, bebilderte Informationsbroschüre heraus.[1247]

Sehr ähnlich verfuhr man auch an der Asse. Nachdem der Kauf des Bergwerks unter Dach und Fach war, hatten die zuständigen Ministerialbeamten offensichtlich kein Problem mit präziser Information. Selbst der weit entfernte Südwest-Funk in Baden-Baden sendete im ersten Quartal 1966 einen Fernsehfilm mit dem Titel "Wohin mit dem Atommüll?", der auch Szenen aus der Asse enthielt.[1248] Ende Oktober 1968 – der Entschluss zur langfristigen Nutzung des Bergwerks war zur Jahresmitte gefallen – waren erneut erste Schritte unternommen worden, um im April 1969 eine ausführliche Information über Atommüll beim SWR senden zu können.[1249]

Man wird annehmen können, dass die für Kernenergie zuständige Unterabteilung kritische Argumente und wachsende Ablehnung sensibler und damit frühzeitiger wahrnahm, als die Medien und eine durch sie erzeugte öffentliche Aufmerksamkeit. Schon im Januar 1970 hielt es Unterabteilungsleiter Schuster – nicht zuletzt mit Blick auf die Entwicklung in den USA – für nötig, in der "atomwirtschaft" die Frage nach den Konsequenzen zu stellen, die aus der "neuen Welle von Protesten" zu ziehen

---

1245 BA B 138 5522. Protokoll der 1. Sitzung am 26./27.9.1966.

1246 atw, Jahresinhalt 1968, Rubrik "Strahlenschutz und Sicherheit", S. 65. Vgl. auch S. 464.

1247 Vgl. ENEA (1968).

1248 BA B 196 22787. Vermerk III A 5 vom 7.3.1966.

1249 BayHStA GSF 71. Dr. Koeck, Verband der Chemischen Industrie, an Holtzem vom 29.10.1968.

seien. In deutlicher Übereinstimmung mit den Ansichten Oeckls von 1964, vertrat er die Position, "vor und während der Errichtung eines Kernkraftwerkes" müsse "Kontakt mit der Bevölkerung in der Nähe des Standortes aufgenommen und gehalten" werden. Darüber hinaus solle die Öffentlichkeit "verstärkt an allen Fragen beteiligt werden, die mit der friedlichen Nutzung der Kernenergie in der Bundesrepublik zusammenhängen" würden. Hierbei könne sich ein Sachbuch, das "in einer für den interessierten Laien verständlichen Sprache" die gesamten Grundlagen der Atomenergienutzung "wissenschaftlich einwandfrei" darstelle, ebenso als hilfreich erweisen, wie eine Veröffentlichung, die sich gezielt mit den konkreten Fragen und Einwänden der Kritiker befassen solle, um "Verdrehungen und Irrtümer" richtigzustellen.[1250]

Wie es scheint, zeigte der weitsichtige Vorstoß Schusters sowohl kurz- als auch mittelfristig Wirkung. Bereits in der Folgeausgabe pflichtete ihm die "atomwirtschaft" in einem Leitartikel bei. "Ernsthafte Probleme für die Nutzung der Kernenergie" seien durch die neuen Proteste "nur dann" zu erwarten, "wenn sie Resonanz in einer breiteren Öffentlichkeit finden" würden. Dem könne durch angemessene Aufklärung begegnet werden. Ihr Ziel müsse die Schaffung von Vertrauen "in die Redlichkeit, fachliche Kompetenz und Zuverlässigkeit" der Verantwortlichen sein.[1251]

Im Verlauf der nächsten anderthalb Jahre verstand es das Ministerium, die Kernenergie im Licht des positiv besetzten und zunehmend wichtigen Umweltthemas zu positionieren. Robert Gerwin unterstrich in seinem Mitte 1971 fertiggestellten Buch "Kernkraft heute und morgen" darüber hinaus den zukünftigen Nutzen für die sogenannte Dritte Welt.[1252] Die Darstellung des nach eigenem Bekunden "unabhängigen Fachschriftstellers" dürfte den Vorstellungen Schusters von einem geeigneten "Sachbuch" weitgehend entsprochen haben. Offiziell als "publizistischer Beitrag der Bundesrepublik" für die im September 1971 in Genf stattfindende 4. Atomkonferenz konzipiert, werden Gerwins Ausführungen nicht ohne enge Abstimmung mit dem Ministerium veröffentlicht worden sein.[1253]

1250 Schuster (1970), S. 30f.
1251 Zitiert nach Müller (1996), S. 33.
1252 Gerwin (1971), S. 107–113 und Umschlagbild.
1253 Ebd., Vorwort. Den Eindruck einer in Eile vorgenommenen Änderung unterstützt insbesondere der zusammenfassende Absatz (S. 85) am Ende des Abschnitts zur Endlagerung. Im Widerspruch zum gesamten restlichen Text heißt es dort, eine "sichere Endlagerung radioaktiver Spaltprodukte erscheint derzeit kaum möglich".

Ende 1971 legte das Deutsche Atomforum auch den von Schuster angeregten Frage-/Antwort-Katalog zur gezielten Richtigstellung von "Verdrehungen und Irrtümer(n)" vor.[1254] Sowohl das Buch Gerwins als auch der Katalog beschönigten die Situation im Bereich der Endlagerung systematisch. Sich die Unkenntnis weiter Bevölkerungskreise zunutze machend, blendete Gerwin die Actiniden völlig aus und thematisierte ausschließlich die langlebigen Spaltprodukte. Mit dem Salzbergwerk Asse II sei für diese "eine vorbildliche Lösung gefunden worden", sei "der bei Wolfenbüttel erschlossene Salzstock" doch "ein riesiger, massiver Salzblock von mehreren hundert Metern Ausdehnung nach oben und zu den Seiten hin."[1255] Man hinterlasse den "Enkeln daher nicht ein Kuckucksei, das noch jahrhundertelang ihre Sorge und Betreuung erfordern könnte." Der Katalog des DAtF vermied es zwar, die Endlagerungsproblematik explizit als gelöst zu bezeichnen, suggerierte dies aber durch eine geschickte Kombination in sich richtiger Feststellungen. So betonte die knapp und nüchtern gehaltene Antwort zunächst die großen Vorteile von "Steinsalzformationen" und "Salzlagerstätten" im Allgemeinen, um dann auf das "Steinsalzbergwerk ASSE" zu sprechen zu kommen.[1256]

Dass eine Beeinflussung der öffentlichen Meinung zu Gunsten der Kernenergie dringend geboten war, wurde der Abteilungsleiter- und Staatssekretärebene des BMBW spätestens Ende Februar 1972 durch einen Vermerk des mit Fragen der Reaktorsicherheit beauftragten Referats IV C1 verdeutlicht. "Zunehmend kritisch bis ablehnend" sei "die Haltung eines großen Teils der Bevölkerung", die durch das Heranrücken der zahlreichen in Planung und Bau befindlichen Reaktoren an die Ballungszentren mit der Kernenergie konfrontiert werde. Gründe für die Ablehnung seien insbesondere im gesteigerten Umweltbewusstsein und der "massive(n) Gegenpropaganda durch organisierte Kernenergiegegner" zu sehen. Als Folge eines emotional begründeten, negativen Urteils der Öffentlichkeit sei ein "*mehrjähriger Baustopp* für KKW" nicht auszuschließen. Das BMBW müsse daher seine Öffentlichkeitsarbeit verstärken.[1257]

Der Vermerk ist insofern von erhöhter Bedeutung, als er im Folgenden zu Positionen kam, die innerhalb des nächsten Jahres deutliche Wirkung

1254 Vgl. Radkau (1983), S. 449.

1255 Gerwin (1971), S. 83ff. Die neben dem Text abgedruckte Schnittzeichnung des Bergwerks (S. 82) machte allerdings deutlich, dass zwischen der eigens markierten Einlagerungskammer und den Deckschichten weniger als hundert Meter lagen.

1256 DAtF (1971), S. I–2–3.1f.

1257 BA B 106 66781. Vermerk vom 29.2.1972.

zeigten und noch Jahre später für die Rollenverteilung zwischen BMI und BMFT (siehe Kapitel 4.2.2) grundlegend waren.

"Hauptziel jeder Aktivität" müsse es sein, glaubhaft zu vermitteln, "daß das BMBW dem Schutz der Bevölkerung vor den Gefahren der Kernenergie *unbedingten Vorrang* (Hervorhebung D. M.)" einräume. Die Öffentlichkeitsarbeit müsse daher "mehr auf die Fragen der Sicherheit als auf die Förderung der Kernenergie gerichtet sein." Hierbei müsse man sich "in deutlicher Distanz" zu den Maßnahmen der Reaktorindustrie und der Kraftwerksbetreiber positionieren, um dem "Vorwurf des Zusammengehens mit der Industrie auf Kosten der Bevölkerung" jegliche Grundlage zu nehmen. Nötig sei eine aktive Öffentlichkeitsarbeit, die "nicht nur auf Vorwürfe und Vorfälle reagieren" solle. Über Multiplikatoren wie Fachjournalisten, Zeitungen und Zeitschriften, Gemeindeverwaltungen, Politiker, Lehrer, Ärzte und Apotheker sowie Genehmigungsbehörden und Gutachter solle sich das BMBW mit aktuellen Themen – darunter auch "Atommüll" – auseinandersetzen. Anzustreben sei die "Veranstaltung eines öffentlichen Streitgespräches", das bereits im Frühsommer 1972 durchgeführt werden solle.

Das vorgeschlagene "Streitgespräch" fand jedoch erst am 14. Februar 1973 als "Diskussion über das 4. Atomprogramm" statt. Es war ein zaghafter Versuch, mehr Öffentlichkeit zu wagen, wie bereits die einleitenden Worte von Bundesforschungsminister Ehmke deutlich machten. Als ersten "Schritt über die reine Fachöffentlichkeit hinaus" bezeichnete er die Veranstaltung, über deren Wirkung man sich "keine Illusionen" machen dürfe: Man befinde sich mit "diesem Versuch der öffentlichen Diskussion noch im Experimentierstadium."[1258]

Derartige Aussagen standen erkennbar in einem Spannungsverhältnis zu den selbst gesetzten Zielen. Wie sollte eine Diskussion, die darauf angelegt war, fünf Themenkreise in sechzig Minuten, anderthalb Stunden, einer halben Stunde sowie 10 und 35 Minuten abzuhandeln[1259], die breitere Öffentlichkeit davon überzeugen, "daß diese moderne Technik (...) zur Verbesserung unser aller Lebensbedingungen" erforderlich sein würde und die mit ihr verbundenen "Gefahren (...) gebannt werden" könnten?[1260] Wie sollte bei einer breiteren, aber nicht anwesenden Öffentlichkeit der Eindruck vermittelt werden, es handele sich um einen ernsthaften

1258 BMFT (1974b), S. 316f.

1259 Ebd., S. 319. Die Themenkreise waren: I. Kerntechnik und Energieversorgung, II. Kernenergie und Umwelt, III. Grundlagenforschung, IV. Finanzielle Fragen und V. Kernforschungszentren.

1260 Ebd., S. 317.

Versuch der Diskussionsbeteiligung, wenn diese lediglich über die Veranstaltung *lesen* sollte? Welche Vorbehalte bestanden gegenüber dem Medium Fernsehen, das schon der Vermerk vom Februar 1972 nicht in die Liste der Multiplikatoren aufgenommen hatte?

Die Schlagzeilen über die Veranstaltung und ihre Vorbereitung scheinen denn auch nicht den gewünschten Effekt erzielt zu haben. Zumindest die "Frankfurter Allgemeine Zeitung" sparte am Folgetag nicht mit Kritik. Kontraproduktiv sprach sie von der "stundenlange(n) erbitterten Diskussion" und davon, dass "die Gegensätze zwischen Förderern und Gegnern der Atomenergie" offensichtlich "unüberbrückbar" seien.[1261] Ungewöhnlich deutlich wies auch ein Leitartikel Wolfgang D. Müllers in der "atomwirtschaft" die eigenen Reihen auf Versäumnisse hin. Es zeuge "von einem erheblichen Mangel an politischem und psychologischem Einfühlungsvermögen", dass man diese Chance nicht zu einer überzeugenden Selbstdarstellung genutzt habe.[1262]

Es ist nicht unwahrscheinlich, dass die Mehrzahl der für ihre Zurückhaltung kritisierten Industrievertreter noch weniger an den Nutzen der Veranstaltung glaubte, als die Angehörigen des BMFT. Denn bereits bei den ersten Schritten der KEWA zur Planung der großen Wiederaufarbeitungsanlage hatten sich Referenten des BMBW und des BMWi Ende März 1972 mit der Gesellschaft darauf verständigt, dass "Informationen über mögliche Standorte (...) vertraulich behandelt werden" sollten.[1263] Die Gründe für diese Haltung wie auch die beabsichtigte Vorgehensweise offenbarten GfK, GSF und KEWA im September 1972. Hier hieß es in einem Arbeitsprogramm:

> "Für die Auswahl einer geeigneten Deponie sind (...) die unterschiedlichen Berggesetze zu berücksichtigen, wie auch die möglichen Schwierigkeiten, die nach den bisherigen Erfahrungen mit der Bevölkerung zu erwarten sind, wenn die Errichtung einer Wiederaufarbeitungsanlage in dem betreffenden Gebiet bekannt wird. Erkundungsbohrungen und erste Gespräche über den Ankauf von Gelände sollten deshalb mit äußerster Diskretion geführt werden. Ist jedoch der Standort einmal gewählt, so ist eine sachliche Aufklärung der Bevölkerung erforderlich."[1264]

Auch in späteren Jahren ging es also offensichtlich darum, sich die Realisierung eines kerntechnischen Projekts nicht von der ortsansässigen

1261 FAZ vom 15.12.1973 in BA B 196 52856.
1262 atw, Jahresinhalt 1973, S. 113
1263 BA B 102 183852. Vermerk III A 2 vom 13.4.1972.
1264 BA B 196 107198.

Bevölkerung durchkreuzen zu lassen. Bevor man sich von Anfang an auf die arbeitsintensivierende, verzögernde und wenig kalkulierbare Auseinandersetzung mit den aufgebrachten Bürgern einließ, setzten Ministerialbeamte, Industrievertreter und Wissenschaftler lieber so lange wie möglich auf Heimlichkeit.

Wenn der Maßnahmenkatalog zur Entsorgung vom November 1973 unter "Standortvorbereitung" auch vermerkte "für Wiederaufarbeitungs- und Endlagerstandorte" sei "eine möglichst frühe Aufklärung der Öffentlichkeit vorzusehen"[1265] und der KEWA 1974 konsequenterweise eine Dokumentation zur "Öffentlichkeitsarbeit für die große Wiederaufarbeitungsanlage" finanziert wurde[1266], so liegt es vor dem Hintergrund der oben beschriebenen Absprachen mit der KEWA und mit Blick auf das letztlich gezeigte Verhalten (siehe Kapitel 4.2.4) dennoch nahe, dass "möglichst früh" unverändert nach den Interessen des Ministeriums und der Industrie definiert wurde. Im Kern dürfte hinter dieser Vorgehensweise die realistische Einschätzung gestanden haben, dass dieses ehrgeizige Schlüsselprojekt mit seinen Schwachstellen im selbst gesetzten, knappen Zeitrahmen bei öffentlicher Diskussion nicht zu verwirklichen sein würde.

Es sollte noch bis zum 29. November 1974 dauern, bis die Regierungschefs von Bund und Ländern "eine Informations- und Diskussionsaktion über Nutzen und Risiken der friedlichen Nutzung der Kernenergie" vereinbarten. Erst im April 1975 wurde der "Bürgerdialog Kernenergie" von Bundesforschungsminister Matthöfer gestartet.[1267]

1265 BA B 295 1427. Siehe auch Anlage 3 "Detaillierung der Einzelmaßnahmen". Die wenigen Schlagworte und Zahlenangaben sind durchaus interpretierbar.

1266 BMFT (1975), S. 350.

1267 AdsD Depositum Helmut Schmidt 7263. Ausführlicher Vermerk des BMFT vom 18.1.1977.

6 Zusammenfassung und Ausblick

Erst im November 1973 war durch das BMFT ein Integriertes Entsorgungs*konzept* formuliert und im April 1974 – beinahe 20 Jahre nach dem Einstieg in die friedliche Nutzung der Kernenergie – einer begrenzten Fachöffentlichkeit vorgestellt worden. Zweifelsohne war allein dieser Umstand geeignet, in einer breiteren Öffentlichkeit in den Folgejahren den Eindruck einer unzureichenden Berücksichtigung solcher Fragen zu erwecken, die mit der Wiederaufarbeitung, Abfallbehandlung und Endlagerung zusammenhingen. In der Tat hatte *Entsorgung* für die Förderer der Atomenergie in der Bundesrepublik etwas Neuartiges.

Entsorgung hatte – in den Jahren vor der Etablierung des Begriffs für diesen Fragenkomplex – überwiegend außerhalb des Staatsgebiets der Bundesrepublik an den anderen europäischen und außereuropäischen Wiederaufarbeitungsstandorten stattgefunden. Belgien, Großbritannien und Frankreich hatten sich mit gasförmigen, flüssigen und festen radioaktiven Abfällen aller Aktivitätsklassen aus der Wiederaufarbeitung belastet. Dieser für die Bundesrepublik vorteilhafte Zustand war mit dem im Oktober 1971 abgeschlossenen URG-Vertrag bis in die achtziger Jahre verlängert worden.

Entsorgung wurde erst in dem Moment auf die politische Tagesordnung gesetzt, als kurzfristig deutlich wurde, dass sich die bis dahin insbesondere kostensparenden Verhältnisse vorzeitig grundlegend ändern würden. Es gab daher keinen verfügbaren Standort für das Integrierte Entsorgungszentrum und es gab erklärtermaßen noch erheblichen Forschungsbedarf, was die Behandlung und Endlagerung hochradioaktiver Abfälle aus der Wiederaufarbeitung anging. Insofern war die *Entsorgung* ungelöst.

Die Fokussierung der öffentlichen Aufmerksamkeit auf den neuartigen Sammelbegriff und die in Niedersachsen in Aussicht genommenen Standorte verstellten allerdings der überwiegenden Mehrheit den Blick darauf, dass es ein seit Jahren weitgehend reibungslos funktionierendes *Beseitigungs*system gab. Sein zentrales Element war von 1967 bis 1978 das Salzbergwerk Asse II. 1968 wurde es – und hierbei handelt es sich um das wesentliche Ergebnis der vorliegenden Arbeit – trotz unklarer Langzeitsicherheit offiziell als Endlager bis zum Jahr 2000 benannt. Zeitgleich begann seine eng betriebswirtschaftlich orientierte Nutzung. Der im Aufbau befindlichen Atomwirtschaft und den zögernden EVU konnte so signalisiert werden, dass die Beseitigungsfrage dem weiteren Ausbau und wirtschaftlichen Durchbruch der Atomenergie nicht im Wege stehen würde.

Bis 1974 bzw. bis zur Vorstellung des Integrierten Entsorgungskonzepts wurde von da an die Eignung des alten Salzbergwerks zur Endlagerung von schwach-, mittel- und hochaktiven Abfällen propagiert. Es gab – um es plakativ und zugegebenermaßen mit Begriffsinhalten spielend auszudrücken – eine *ungelöste Entsorgung*, aber eine *gelöste Beseitigung*. Weitere Korrekturen am bisherigen Bild, in dem das Salzbergwerk Asse II noch in jüngster Zeit als "Forschungsbergwerk" bzw. als "Versuchsobjekt für die Einlagerung radioaktiver Abfälle" gesehen wurde, sind in Kapitel 6.5 zusammengefasst.

6.1 Zum administrativ-politischen Entscheidungsprozess

Spätestens ab November 1958 galten die Versenkung im Meer und die Einlagerung im tiefen Untergrund im BMAt als Optionen zur Endlagerung radioaktiver Abfälle. Als auf einer von der IAEO und den Vereinten Nationen organisierten Konferenz im November 1959 die starke Umstrittenheit der Versenkung im Meer deutlich wurde, fiel auf Referenten- bzw. Gruppenebene die Vorentscheidung für eine Endlagerung im tiefen Untergrund. Eine Einlagerung in Salzvorkommen erschien hierbei am vielversprechendsten.

Während sich auch der zuständige AK der DAtK bereits im Mai 1960 für die Schaffung einer billigen und großen Endlagerungsmöglichkeit in einer Salzformation aussprach, hielt das übrige Ministerium einen solchen Schritt noch nicht für nötig. Angesichts geringer Abfallmengen vorwiegend niedriger Halbwertszeit musste die Idee einer Endlagerung in Salzvorkommen zunächst gegen die Idee einer oberirdischen Endlagerung in speziellen Bauten durchgesetzt werden.

Nachdem im April 1961 die potentiell verzögernde Bedeutung der Endlagerungsfrage auch für die Leitungsebene des BMAt kurzzeitig zum Thema wurde und die Forderung nach *reibungsloser Beseitigung* im Raum stand, wurde die BfB im September 1961 mit einer umfangreichen, auf zweieinhalb Jahre veranschlagten Studie beauftragt.

Dass die Endlagerung infolge des noch unzureichenden Beratungsstandes 1960 weder im Atomgesetz noch in der 1. Strahlenschutzverordnung geregelt worden war, erwies sich für die weiteren Schritte als erschwerende Rahmenbedingung. Sowohl die für die Zwischensammlung verantwortlichen Bundesländer als auch das BMF nahmen eine Länderzuständigkeit an. Obwohl sich Anfang Juni 1962 sogar Bundeskanzler Adenauer gegen die Einrichtung mehrerer Endlager aussprach, erhielt das BMF seinen Widerstand bis mindestens 1964 aufrecht. Dass die Hauptnutzer der Atomenergie der Versenkung im Meer und dem oberflächennahen Vergraben den Vorzug gaben, sorgte für zusätzliche Unsicherheit. Dennoch gelang es den zuständigen Ministerialbeamten, erste Vorarbeiten und die generelle Notwendigkeit einer Endlagerung in Salzvorkommen im 2. Atomprogramm (1963–1967) festzuschreiben. Der ebenfalls im Programm verankerte Bau einer kleinen Wiederaufarbeitungsanlage auf dem Staatsgebiet der Bundesrepublik veränderte die Planungssituation allerdings erheblich und brachte die Anstrengungen zur Endlagerung unter Zeitdruck.

Im Januar 1963 ergriff das zuständige Referat die Programminitiative. Bevor die Zwischen- und Endlagerung hochaktiver Abfälle aus der Wiederaufarbeitung in Angriff genommen werden würde, sollte in einer zweiten Stufe die Endlagerung der Abfälle aus Forschungszentren, Reaktoren und Krankenhäusern gelöst werden. Hierzu sollte eine Kaverne in einer Salzformation ausgesolt werden.

Die Verfügbarkeit des Salzbergwerks Asse II, für dessen Erwerb sich die BfB ab 1963 vehement einsetzte, erschien vor diesem Hintergrund keineswegs als Glücksfall. Erst als in der zweiten Jahreshälfte 1963 deutlich wurde, dass die Zwischenlagerung der nicht wiederaufzuarbeitenden hochaktiven Brennelemente des Jülicher AVR-Reaktors in nächster Zukunft bevorstehen und sehr hohe Kosten verursachen würde, begann der Umdenkprozess. Mit dem preisgünstigen Bergwerk würde man die Zeit bis zur Fertigstellung der nach wie vor favorisierten Kaverne überbrücken, die wenigen bereits vorhandenen Zwischensammelstellen entlasten, einen Engpass in der Abfallbeseitigung der geplanten Wiederaufarbeitungsanlage vermeiden und die AVR-Brennelemente temporär unterbringen können. Das im Unterschied zur Kaverne begehbare Bergwerk würde – wie man im Juli 1964 in einem Forschungsprogramm festhielt – zudem Versuche zur Einlagerung hochaktiver, wärmeentwickelnder Abfälle aus der Wiederaufarbeitung gestatten. Man würde wertvolle Erkenntnisse für die Auslegung des Anfang der siebziger Jahre zu errichtenden Routineendlagers gewinnen können.

Bald nach dem Kauf des Salzbergwerks Asse II im März 1965 traten jedoch finanzielle Probleme in den Vordergrund. Im Vorfeld der sich abzeichnenden Rezession wurden Ende 1965 die Forschungsvorhaben im Bereich der Endlagerung reduziert und trotz schon bald erheblich steigender Mittel für Kernforschung und -technik aufgrund ministeriumsinterner Prioritätensetzungen auch in den Folgejahren auf das Nötigste beschränkt. Während die Leitung des BMwF den wirtschaftlichen Durchbruch der Atomenergie propagierte und die weitere Senkung der Kosten für atomar erzeugten Strom zum obersten Ziel erklärte, fiel Mitte 1968 der Entschluss, Asse II nach millionenteurem Ausbau für Jahrzehnte und alle Arten radioaktiver Abfälle so wirtschaftlich wie möglich zu nutzen. Dieser Entschluss bedeutete zugleich den Verzicht auf die Aussolung der Kaverne.

Noch bis mindestens 1972 beabsichtigten die verantwortlichen Ministerialbeamten, auch für die Zukunft auf stillgelegte Salzbergwerke zurückzugreifen. Doch die Dringlichkeit einer sicheren Endlagerung industrieller Sonderabfälle scheint dies verhindert zu haben.

Erst nachdem der Durchbruch der Option Kernenergie nicht mehr in Frage stand, wurde in der zweiten Jahreshälfte 1973 schließlich eine Neubewertung und teilweise Änderung des seit 1968 eng betriebswirtschaftlich orientierten Kurses möglich. Nach ersten Impulsen aus dem nun für Reaktorsicherheit und Strahlenschutz zuständigen BMI formulierte das neu geschaffene BMFT-Referat 315 im November 1973 das Integrierte Entsorgungskonzept. Es war bei seiner Vorstellung im April 1974 noch kein Konzept der Bundesregierung. Erst danach setzte die Abstimmung mit den anderen Bundesministerien und dem Bundeskanzleramt ein. Mit dem Beginn einer "Politik der Nuklearen Entsorgung" wurde die Nutzung des Salzbergwerks Asse II als Endlager fortgesetzt, nach außen jedoch als "Versuchseinlagerung" deklariert.

Insgesamt kann die vorliegende Arbeit insbesondere die *Bewältigung sekundärer Probleme im Entscheidungsprozess* (Aktivitäten zur Sicherung bzw. Steigerung der Handlungsfähigkeit) veranschaulichen. Die *Ergebnispromotion* der zuständigen Unterabteilung innerhalb und außerhalb der Ministeriumsorganisation steht im Vordergrund.[1268] Deutlich werden die Mühsamkeit der Festlegung (volle drei Jahre), die Gefährdung der Festlegung durch verdrängte Möglichkeiten (Versenkung im Meer/Nutzung aufgelassener Salzbergwerke), die Erosion von Festlegungen durch veränderte personelle Konstellationen und Machtverhältnisse (z. B. Ernennung Pretschs zum Abteilungsleiter), durch neue Zielvorgaben (baldi-

1268 Vgl. zu den folgenden Ausführungen Kirsch (1998), S. 155–165. Vgl. auch Jann/Wegrich (2003), S. 83–97.

ger wirtschaftlicher Durchbruch der Kernenergie) sowie Wertvorstellungen (Umweltdenken).

Stellt man den Bezug zu den Phasen des Policy-Cycle her, ergibt sich folgendes Bild: Als langfristig zu lösendes *Problem* war international die gefahrlose Beseitigung *hochaktiver* Abfälle definiert worden. Der sehr frühe Versuch der zuständigen Unterabteilung, die enge Problemdefinition auf schwach- und mittelaktive Abfälle auszudehnen und das ministerielle Entscheidungssystem auf intensive Lösungsbemühungen in diesem Bereich festzulegen (*Agenda Setting*), musste mit erhöhtem Aufwand verbunden sein.

Neben den entsprechenden Abschnitten des 2. Atomprogramms ist insbesondere das im Juli 1964 veröffentlichte Forschungsprogramm als *Politikformulierung* zu betrachten. Es war Zeichen einer erneuten Festlegung des Entscheidungssystems (Kaverne *und* Asse II). Diese Festlegung hatte vier Jahre Bestand und unterlag schon vorher deutlichen Erosionseinflüssen.

Die *Implementierungsphase* war durch den noch nicht abgeschlossenen Aufbau der GSF, den Protest der ortsansässigen Bevölkerung, die knappen Geldmittel, die zunehmende ministeriumsinterne Hinterfragung des Tieflagerungsentschlusses, das breite Spektrum noch offener Fachfragen und insbesondere die parallele Bearbeitung zweier Projekte durch hohe Komplexität[1269] gekennzeichnet. Unter Reduzierung der fachlichen Komplexität gelang es bis 1971 gerade rechtzeitig, die infrastrukturellen Voraussetzungen für eine reibungslose Einlagerung zu schaffen.

Die Formulierung des Integrierten Entsorgungskonzepts im November 1973 ist als teilweise *Terminierung* einer Politik bzw. *Modifikation* einer bestehenden Politik zu verstehen. Es handelt sich hier in erster Linie um eine *administrative Evaluation*, deren Ergebnis die weitere Handlungsfähigkeit des BMFT und den Ausbau der Kernenergie sicherstellen sollte.

Kirschs zentrale These, Entscheidungsprobleme würden "selten im engeren Sinne des Wortes 'gelöst', sondern lediglich 'gehandhabt' "[1270] lässt sich mit den Ergebnissen der vorliegenden Arbeit eher im erstgenannten Sinne untermauern. Denn die Anstrengungen Georg Straimers, des bis 1968 zuständigen Referenten und Gruppenleiters, zielten spätestens seit 1961 auf eine adäquate Lösung der Endlagerung schwach- und

---

1269 Vgl. zum zentralen Stellenwert des Komplexitätsbegriffes Kirsch (1998), S. 139–146.

1270 Ebd., S. 169.

höheraktiver Abfälle ab. Gleiches gilt für die ab Ende 1973 systematisierten und intensivierten Forschungen.

6.2 Die grundsätzliche Priorität des Sicherheitsaspekts

Bei der Grundsatzentscheidung, nahezu alle Arten von radioaktiven Festabfällen im tiefen Untergrund und insbesondere in Salzvorkommen einzulagern, überwogen die Sicherheitsaspekte. Im Vergleich zum oberflächennahen Vergraben und zur Versenkung im Meer, den von den USA und Großbritannien für schwach- und mittelaktive Abfälle bevorzugten Beseitigungsverfahren, bedeutete diese Vorgehensweise eine zuverlässige Isolierung über sehr lange Zeiträume. Die Einbringung in eigens auszusolende, mehrere hundert Meter unter der Erdoberfläche gelegene Kavernen war aber auch mit einem erheblichen finanziellen Mehraufwand verbunden. Das Wissen um die Kostspieligkeit der Grundsatzentscheidung für sehr hohe Sicherheit führte in den Folgejahren zu intensiven Optimierungsbemühungen und zur zunehmenden Betonung des Wirtschaftlichkeitsaspekts.

Obwohl es sich bei der Nutzung des Salzbergwerks Asse II ebenfalls um Tieflagerung in einer Salzformation handelte, brachte sie ein Problem von letztlich entscheidender Bedeutung mit sich. Man hatte es nun im Vergleich zur gebirgsmechanisch einfacheren Kaverne mit einem jahrzehntealten, komplizierten System aus Kammern und Pfeilern in einer steil gelagerten Salzstruktur zu tun, das zur möglichst wirtschaftlichen Gewinnung von Kali- und Steinsalz angelegt worden war. Die Standsicherheit des Bergwerks war auf der Basis bergmännischer Erfahrung für den Moment und die nähere Zukunft einschätzbar. Eine gesicherte Aussage für Jahrzehnte und noch längere Zeiträume treffen zu wollen, bedeutete jedoch, wissenschaftliches Neuland zu betreten. So ließen die ab 1966 mit der Ermittlung der maximalen Druckfestigkeit und der Berechnung von Pfeilerformeln befassten Wissenschaftler die zuständigen Ministerialbeamten denn auch nicht im Unklaren darüber, dass gesicherte Aussagen noch jahrelange Forschungen nötig machen würden.

Der Mitte 1968 trotzdem gefasste Entschluss, das Bergwerk über Jahrzehnte bei angeblich *ausreichender Sicherheit* für *alle* Arten von Abfällen *so wirtschaftlich wie möglich* zu nutzen, ist vor diesem Hintergrund besonders hervorhebenswert. In Verbindung mit der bereits im November 1967 auf Arbeitsebene übereinstimmend geteilten Ansicht, im Laufe von Jahrhunderten werde *kein Raum der Grube* trocken bleiben, scheint dieser Punkt – im Geist der kritisch-aufgeregten Entsorgungsdiskussion der späten siebziger und frühen achtziger Jahre formuliert – den "Beginn der Verantwortungslosigkeit" zu markieren. Dem ist in erster Linie entgegenzusetzen, dass unter Einrechnung der Betriebsphase sowie unter Berücksichtigung aller Rückhalte- und Verzögerungseffekte für Asse II wohl eine Sicherheit für mehrere Jahrhunderte angenommen werden konnte. Für radioaktive Abfälle, die nicht aus der Wiederaufarbeitung stammten bzw. Abfälle niedriger Halbwertszeit, war das Bergwerk durchaus geeignet.

Um abschließend bewerten zu können, wie riskant "ausreichende Sicherheit" in der Zeit vor dem Entschluss für eine teilweise Verfüllung kalkuliert war, bedarf es weiterer Informationen. Zu klären ist insbesondere, wann zum ersten Mal die Folgen eines Wassereinbruchs bzw. die Folgen des *allmählichen Ersaufens* in Bezug zu den Carnallititvorkommen gesetzt wurden und zu welchen Ergebnissen man dabei kam. Darüber hinaus ist von Interesse, wie exakt man sich wann mit der Bestimmung der Auslaugraten befasste.

Mit der Fertigstellung des Umweltprogramms erfolgte im Oktober 1971 eine vonseiten des BMBW ursprünglich nicht intendierte, sehr deutliche Verschärfung der Anforderungen an die Endlagerung und insbesondere an die Prognosefähigkeit: Die für notwendig gehaltene Einschlussdauer stieg von Jahrhunderten auf Jahrtausende. Obschon die Standsicherheit des Asse II-Grubengebäudes nach wie vor nicht berechenbar war, blieb es in Ermangelung kurzfristig verfügbarer Alternativen auch nach der Präsentation des Integrierten Entsorgungskonzepts bei der weiteren Nutzung des Bergwerks zur Endlagerung schwach- und mittelaktiver Abfälle aus der WAK. Was bleibt, ist daher auch eine beträchtliche Menge plutoniumhaltiger Abfälle. Der bereits im November 1967 getroffene Entschluss, den überwiegenden Teil dieser extrem langlebigen Abfallart in die hoch- und nahe der Südflanke gelegene Kammer 8a einzulagern, war unter Sicherheits- und Risikoaspekten der fragwürdigste. Nachweisbar gingen hier Zeitersparnis und Betriebssicherheit vor Langzeitsicherheit. Dass zu dieser Zeit schwach- und mittelaktive Abwässer aus den Wiederaufarbeitungsanlagen in Windscale und Cap de la Hague als Flüssigabfall in das Meer abgegeben wurden und Großbritannien noch 1976 plutoniumhaltige Festabfälle mit 15 bzw. 130 g Plutonium pro Fass regelmäßig in die See verklappte, mildert das Urteil erheblich. Ausschlaggebend ist letzten Endes jedoch, dass der Einlagerungsort wider besseres Wissen gewählt und beibehalten wurde. Die Einlagerung begann erst im August 1972, – also bereits unter Umweltaspekten.

6.3 Die nachteilige internationale Lösung

Spätestens mit der Anfang 1964 in Aussicht stehenden Teilfinanzierung des Kavernenprojekts durch Euratom und der Entscheidung für die Einlagerung im Salzbergwerk Asse II entfiel für die Bundesrepublik die Notwendigkeit, sich für eine internationale Lösung der Endlagerungsfrage einzusetzen.

Der nach dem Erwerb des Bergwerks ab 1965 immer deutlicher werdende Vorsprung innerhalb West-Europas führte unter den international zunehmend stärker thematisierten Umweltgedanken spätestens ab 1971 zu Begehrlichkeiten derjenigen europäischen Länder, die die Endlagerungsfrage weniger forciert angegangen waren oder schlechtere geologische Voraussetzungen hatten. Auch mit Blick auf die in diesen Jahren auf allen ministeriellen Ebenen sehr deutlich wahrgenommene kritische Aufmerksamkeit eines wachsenden Anteils der Öffentlichkeit verbot es sich von da an, die Frage einer multinationalen Beseitigung aufzubringen. Man befürchtete, das Endlager Asse II und insbesondere das ab 1974 projektierte Entsorgungszentrum könnten zum vorläufigen Kern einer solchen Politik werden.

6.4 Eine Strategie gegenüber der Öffentlichkeit?

Die Frage nach einer Strategie gegenüber der Öffentlichkeit ist noch nicht abschließend zu beantworten. Feststellen lässt sich Folgendes:

Schon 1956 wurde im BMAt eine in allen Bevölkerungsschichten zunehmende Angst vor der nicht wahrnehmbaren radioaktiven Strahlung registriert. Die Sorgen und Ängste der Bürger wurden jedoch weitgehend als laienhaft und irrational abgetan. Minister, Ministerialbeamte und Fachkreise diagnostizierten bis mindestens 1961 eine "Atompsychose". Da die vermeintlich gravierend beeinträchtigte Wahrnehmungs- und Denkfähigkeit dem Bau kerntechnischer Anlagen entgegenstand, mussten Wege der Einflussnahme auf die breite Öffentlichkeit und insbesondere die ortsansässige Bevölkerung gefunden werden.

Während für Kernkraftwerke zunächst noch aufwendige Informationsveranstaltungen durchgeführt wurden, setzten die Verantwortlichen im Bereich der Endlagerung auf Heimlichkeit, den stillschweigenden Schulterschluss mit Amtsträgern und Überrumpelung. Wenn die gleiche Vorgehensweise auch bei der Realisierung des Integrierten Entsorgungszentrums in den siebziger Jahren angewandt wurde, so dürfte dies auf zwei

Gründe zurückzuführen sein: Beides waren neuartige Projekte, die aus der Sicht der Handelnden a) von entscheidender Bedeutung für den Ausbau der Atomenergie waren und b) unter (extremer) Zeitknappheit durchgeführt wurden. Der frühestmögliche Moment zur Aufklärung der ortsansässigen Bevölkerung war bei beiden Projekten der Zeitpunkt nach dem Grundstückserwerb. War man einmal Eigentümer, stand der Interessendurchsetzung mit dem handhabbaren Protest der Bevölkerung nicht mehr viel im Wege. Für den unter Zeit- und Erfolgsdruck stehenden Referenten war der entscheidende Schritt geschafft. Der aufgebrachte Bürger würde ein Phänomen mit kurzem Atem sein.

6.5 Korrekturen am bisherigen Bild

Neben der bereits eingangs geäußerten zentralen Erkenntnis, dass das Salzbergwerk Asse II im Betrachtungszeitraum in erster Linie als Endlager, nicht als "Forschungsbergwerk", zu sehen ist, sind weitere Korrekturen möglich.

Issel kritisiert die "sehr frühe und nur unzureichend untermauerte Festlegung" auf Steinsalzformationen. Man habe diese "möglicherweise optimale Verbringung (...) ohne zwingende Notwendigkeit für alle Abfallarten als geeignet angesehen".[1271] Ex-post ist diese Bewertung verständlich und weitgehend treffend. Die tatsächlich "sehr frühe" Entscheidung für die tatsächlich "möglicherweise optimale Verbringung" ist allerdings zunächst einmal positiv zu werten, weil sie zeigt, dass den Verantwortlichen die potenziell limitierende Wirkung einer ungelösten Endlagerungsfrage sehr bewusst war und Sicherheitsdenken einen hohen Stellenwert hatte. Auf das aussichtsreichste Verfahren zu setzen, ist nicht zu kritisieren. Die nicht befriedigende Untermauerung einer Einlagerung in Steinsalzformationen dürfte den zuständigen Ministerialbeamten hierbei durchaus bewusst gewesen sein. Insbesondere die Ende September 1961 mit der BfB vereinbarte mehrjährige "Studie zur Frage der geologischen und hydrogeologischen Voraussetzungen für die Endlagerung radioaktiver Abfälle im Untergrund" sollte der Untermauerung der in die engere Wahl gefassten Verfahren dienen, *bevor* man die Programminitiative ergreifen würde. Dass die Studie den Erwartungen scheinbar nicht gerecht werden konnte, ist eher der BfB als dem Ministerium anzulasten. Die von Issel nicht gesehene "zwingende Notwendigkeit" lag in dem vorherrschenden Bestre-

---

1271 Issel (2003), S. 357.

ben, schnellstmöglich die Rentabilität der Reaktoren einschätzen zu können bzw. zu beweisen. Die hohen Zwischenlagerungskosten verschärften den Druck, schnell eine billige Endlagerungsmöglichkeit zu finden. So musste über die *Studien*gruppe Tieflagerung im Rahmen des *Forschungs*programms zur Beseitigung radioaktiver Abfälle schließlich *begleitend* an der Lösung der Endlagerungsfrage gearbeitet werden.

Die Bewertung Müllers, "trotz der keineswegs unbeachtlichen Bemühungen" zur Lösung der Endlagerungsfrage, habe diese noch Ende der sechziger Jahre "nicht zu den dringenden Themen" gehört[1272], mag Tiggemann zu der Feststellung veranlasst haben, die "Anstrengungen (...) zur Endlagerung in den 50er und 60er Jahren" seien "bescheiden" gewesen.[1273] Sie waren aber in den sechziger Jahren keineswegs "bescheiden", sondern *quantitativ* – d. h. im Hinblick auf die zu erwartenden Abfallmengen – zu jedem Zeitpunkt mehr als angemessen. Denn allein in der Asse standen wenigstens mehrere hunderttausend Kubikmeter nutzbaren Raumes zu Verfügung. Wie die immer wieder aktualisierten Abfallmengenschätzungen zeigen, wurden in der Auslastung des Schachtes begründete Engpässe, denen man mit der Optimierung der Grube durch eine konventionell zu errichtende Kaverne begegnen wollte, frühestens für 1975 bzw. die Jahre nach 1980 gesehen. Andernfalls hätte man das Bergwerk in der zweiten Jahreshälfte 1968 kaum zum Endlager bis zum Jahr 2000 erklären können. Ende der sechziger Jahre drängte die Endlagerungsfrage also – um auf die eben zitierte Einschätzung Müllers zurückzukommen – *politisch* tatsächlich nicht, – aber eben bereits *nicht mehr.*

Die Anstrengungen zur Lösung der Endlagerungsfrage als "keineswegs unbeachtlich" zu bezeichnen, wird ihnen nur ansatzweise gerecht. Denn der sicherlich noch zu intensivierende Blick auf die übrigen europäischen Nutzer der Kernenergie und insbesondere Großbritannien macht sehr klar deutlich, wie wenig selbstverständlich das deutsche Vorgehen war. Zieht man gar die Abfallbeseitigungssituation im Bereich von Haus- und Industriemüll zum Vergleich heran[1274], zeigt sich, dass Cartellieri, Straimer, Schwibach, Holtzem und ihre wissenschaftlichen Berater ihrer Zeit um Jahre voraus waren. Zur sicheren Endlagerung hochtoxischer

---

1272 Müller (1996), S. 565.

1273 Tiggemann (2004), S. 773.

1274 Vgl. Projektgruppe RVR (1973), S. 70f. Man wird sich vor diesem Hintergrund fragen müssen, ob die gesetzliche Regelung der Endlagerung über Jahre ausblieb, um eine reibungslose und rechtzeitige Implementierung zu gewährleisten.

Sonderabfälle, die erst im Zuge der Erstellung des Umweltprogramms ab 1970 in Angriff genommen wurde, griff man ab 1972 denn auch auf die Einlagerung in Salzbergwerken zurück. Die Anfang 1960 begonnenen Anstrengungen zur Gewährleistung einer säkular sicheren Endbeseitigung radioaktiver Abfälle waren – vor diesem Hintergrund – vor allem eines: äußerst bemerkenswert. Strahlenschutz konnte Umweltschutz bedeuten, lange bevor dieser zum Regierungsziel wurde.

Darüber hinaus ist es überfällig, Radkau in einem wesentlichen Punkt zu korrigieren: der Annahme, man habe sich um die Endlagerung hochradioaktiver Abfälle in den frühen sechziger Jahren noch "keine Gedanken gemacht"[1275]. Bereits im Mai 1960 empfahl der zuständige AK, die Wärmeabfuhr höheraktiver Abfälle im Salz zu untersuchen und tatsächlich wurde 1961 an der TH Aachen im Institut von Mandel mit Forschungsarbeiten zur "Lagerung hochaktiver Abfälle in Steinsalzlagern" begonnen.

Auch Radkaus Gesamtbewertung für den Bereich der Endlagerung ist nicht länger haltbar. Eine "Aufschiebetaktik"[1276] lässt sich insgesamt nicht erkennen. Mit Blick auf das bei oberflächlicher Betrachtung im Sinne Radkaus interpretierbare Drei-Stufen-Programm von 1963 wird deutlich, dass viel von der Bereitschaft abhängt, den *Grundsatz der Vordringlichkeit* bzw. die dahinter stehenden Einschätzungen vom Anfallzeitpunkt der jeweiligen Abfallart zu akzeptieren. Man wird erkennen müssen, dass es nicht zweckdienlich ist, ein unter Zeitmangel stehendes Expertengremium über Jahre mit einer Frage zu befassen, die ohne jeden Zweifel von immenser Bedeutung ist, aber ebenso sicher noch diversen Veränderungen unterliegen wird. Die konsequente Verfolgung an anderer Stelle rückt damit in den Mittelpunkt des Interesses. Sie ist auf Arbeits-, Referats- und Unterabteilungsebene gegeben. Im besonders bedeutsamen Bereich der Verglasung hochaktiver Abfälle ist ab 1964 mit den Arbeiten Krauses und der ADB eine kontinuierliche, endlagerungsorientierte Bearbeitung festzustellen. Zur Debatte steht damit lediglich das Ausmaß des finanziellen und personellen Aufwands, das Gegenstand einer noch zu leistenden Detailuntersuchung sein sollte.

Abschließend ist vor diesem Hintergrund auch die bereits in der Einleitung angesprochene Einschätzung von Bonß zu korrigieren "der Ausbau der Atomenergie in der Bundesrepublik" sei "unter der (letztlich äußerst

---

1275 Radkau (1983), S. 302.
1276 Ebd., indirekt schon auf S. 301, explizit auf S. 302.

riskanten) Prämisse" erfolgt, "daß das ungeklärte Problem der Endlagerung in naher Zukunft gelöst werden könne".

Mit einiger Verkürzung und Vereinfachung: Der massive Zubau an Kernkraftwerkskapazität ab 1971 sowie der Betrieb der WAK erfolgten unter der (riskanten) Annahme, dass das Grubengebäude des für alle Arten radioaktiver Abfälle vorgesehenen Endlagers Asse II auch nach seiner vollständigen Füllung mit Wasser stabil bleiben würde.

6.6 Forschungsdesiderate

Einige Annahmen der vorliegenden Arbeit sollten weiter untermauert werden. Über die bereits im laufenden Text angesprochenen Bereiche hinaus scheinen die nachfolgend skizzierten Untersuchungen sinnvoll:

- Entschluss zur umfassenden Langzeitnutzung des Endlagers Asse II mit Fokus auf dem innerministeriellen Kommunikationsprozess. Wurde eine Eignungsaussage aus dem Leitungsbereich ungeduldig eingefordert? War sie in ihrer Wirkung auf die Atomwirtschaft taktisch kalkuliert?
  Ohne die Protokolle der Koordinierungsbesprechungen auf Abteilungsleiter- und Leitungsebene dürften entsprechende Informationen schwierig zu gewinnen sein. Die Akten der Unterabteilung für "Kerntechnische Entwicklung" und des für "Reaktoren" zuständigen Referats (BA B 138) führen jedoch mit einiger Wahrscheinlichkeit weiter. Auskünfte bestimmter ehemaliger Ministeriumsangehöriger könnten wesentlich zur Klärung beitragen.
- Auswirkungen der offiziellen Benennung des Salzbergwerks Asse II als Endlager in der Atomwirtschaft, insbesondere bei den EVU.
  Firmenarchive (z. B. Nukem/AEG – Fachbereich Kernreaktoren/RWE) müssten ausgewertet werden. Im Bereich des RWE sollte über den Nachlass von Heinrich Mandel dem Verhältnis zwischen Mandel und Pretsch besondere Aufmerksamkeit gewidmet werden. Es wäre zu klären, warum ausgerechnet Mandel sehr früh an den Arbeiten zur Endlagerung hochaktiver Abfälle beteiligt wurde.
- Wahrnehmung der Plutonium- bzw. Actinidenerzeugung auf ministerieller Ebene, insbesondere unter Strahlenschutzaspekten. Wann war abzusehen, dass "geringe Mengen" Plutonium in den Abfällen einer Wiederaufarbeitungsanlage sein würden und wie wurde dies diskutiert?

Die Akten zur "Aufarbeitung von bestrahlten Kernbrennstoffen" inklusive der ersten Schritte Pohlands zur Realisierung der Eurochemic sollten ausgewertet werden. Im Zentrum des Interesses müssten die Arbeiten zur Errichtung und Genehmigung der WAK stehen. Hierbei wären auch die Protokolle des gemeinsamen ad-hoc-Ausschusses der AK II/4 und III/2 ("Aufarbeitung von bestrahlten Kernbrennstoffen" bzw. "Brenn- und Baustoffe für Reaktoren") ab 1965 zu beachten. Besondere Aufmerksamkeit sollte der Formulierung des Chemieprogramms im Rahmen der Arbeiten zum 3. Atomprogramm und den entsprechenden Folgeschritten gelten.

- Wechselwirkungen der Erkenntnisse und Planungen zur Endlagerung industrieller Sonderabfälle mit der Endlagerung radioaktiver Abfälle.
  Die bei der Erstellung des Umweltprogramms und in der Folgezeit entstandenen Akten des BMI (BA B 106) dürften zuverlässig Aufschluss bieten. Mit Blick auf das vom BMI Ende 1972 angeforderte IfT-Gutachten sind auch die Akten der GSF bzw. des IfT (BayHStA) von Interesse.
- Öffentlichkeitsarbeit: Vergleich der Vorgehensweise am Endlager Asse II und zur Umsetzung des Kavernenkonzepts. Ziel ist der Vergleich mit der Öffentlichkeitsarbeit für das Entsorgungszentrum.
  Hier ginge es um die Fortsetzung des bereits von Tiggemann beschrittenen Weges. Über Stadt- und Gemeindearchive bzw. Archive ausgewählter lokaler Zeitungen, die Akten der GSF (BayHStA), des Bundesarchivs (B 106/B 196/B 295) und insbesondere des Archivs beim "Forschungsbergwerk Asse" sollte der durchaus aufwendige Vergleich erfolgreich machbar sein.

Abkürzungsverzeichnis

AA	Auswärtiges Amt
ACDP	Archiv für Christlich-Demokratische Politik
ADB	Abteilung Dekontaminationsbetriebe
AdsD	Archiv der sozialen Demokratie
AEC	Atomic Energy Commission (U. S.)
AG	Arbeitsgruppe
AK	Arbeitskreis
AKoTL	Arbeitskreis zur Koordinierung der Forschungsarbeiten der GSF und GfK auf dem Gebiet der Tieflagerung radioaktiver Rückstände
AL	Abteilungsleiter
AtG	Atomgesetz
BayHStA	Bayerisches Hauptstaatsarchiv
BfB	Bundesanstalt für Bodenforschung
BGR	Bundesanstalt für Geowissenschaften und Rohstoffe
BK	der Bundeskanzler/das Bundeskanzleramt
BM	Bundesministerium
BMAt	Bundesministerium für Atomfragen bzw. für Atomkernenergie und Wasserwirtschaft
BMBW	Bundesministerium für Bildung und Wissenschaft
BMF	Bundesministerium der Finanzen
BMFT	Bundesministerium für Forschung und Technologie
BMI	Bundesministerium des Innern
BMU	Bundesministerium für Umwelt, Naturschutz und Reaktorsicherheit
BMwF	Bundesministerium für wissenschaftliche Forschung
BMWi	Bundesministerium für Wirtschaft
BT	Deutscher Bundestag
DAtF	Deutsches Atomforum
DAtK	Deutsche Atomkommission
DBE	Deutsche Gesellschaft zum Bau und Betrieb von Endlagern für Abfallstoffe

DEA	Deutsche Erdöl-Aktiengesellschaft
DHI	Deutsches Hydrographisches Institut
DWK	Deutsche Gesellschaft zur Wiederaufarbeitung von Kernbrennstoffen mbH
EGT	Entwicklungsgemeinschaft Tieflagerung
EVU	Energieversorgungsunternehmen
ENEA	European Nuclear Energy Agency
FK	Fachkommission
GAU	Größter anzunehmender Unfall
GfK	Gesellschaft für Kernforschung
GKSS	Gesellschaft für Kernenergieverwertung in Schiffbau und Schifffahrt mbH
GLAK	Generallandesarchiv Karlsruhe
GSF	Gesellschaft für Strahlenforschung
GWK	Gesellschaft zur Wiederaufarbeitung von Kernbrennstoffen mbH
HAVEL	Hochaktiv-Verglasung zur Endlagerung
HAW	High Active Waste
HMI	Hahn-Meitner-Institut für Kernforschung Berlin
IAEO	Internationale Atomenergie-Organisation
IAEA	International Atomic Energy Agency
IfT	Institut für Tieflagerung
INFCE	International Fuel Cycle Evaluation
KBB	Kernreaktor-Bau- und Betriebsgesellschaft mbH
KEWA	Kernbrennstoffwiederaufarbeitungsgesellschaft mbH
KFA	Kernforschungsanlage Jülich GmbH
KfK	Kernforschungszentrum Karlsruhe
KKN	Kernkraftwerk Niederaichbach
KKW	Kernkraftwerk
KPE	Konsortium Planung Endlagerung
KTG	Kerntechnische Gesellschaft
KWU	Kraftwerk Union AG

LAVA	Lagerung und Verdampfung hochaktiver Abfälle
LAW	Low Active Waste
LWR	Leichtwasserreaktor
MAW	Medium Active Waste
MinDgt	Ministerialdirigent
MinDir	Ministerialdirektor
NEZ	Nukleares Entsorgungszentrum
NLfB	Niedersächsisches Landesamt für Bodenforschung
OECD	Organisation for Economic Co-operation and Development
ORR	Oberregierungsrat
PA	Parlamentsarchiv
PA AA	Politisches Archiv Auswärtiges Amt
PAMELA	Phosphatglasverfestigung mit anschließender Metalleinbettung zur sicheren Lagerung von hochaktivem Abfall
PSE	Projekt Sicherheitsstudien Entsorgung
PStS	Parlamentarischer Staatssekretär
PTB	Physikalisch-Technische Bundesanstalt
RegDir	Regierungsdirektor
RR	Regierungsrat
RSK	Reaktorsicherheitskommission
RWTH	Rheinisch-Westfälisch Technische Hochschule
SSK	Strahlenschutzkommission
SSVO	Strahlenschutzverordnung
StM	Staatsminister
StS	Staatssekretär
UA	Unterabteilung
UAL	Unterabteilungsleiter
URG	United Reprocessors GmbH
VERA	Verfestigung von hochradioaktiven Abfalllösungen
WAK	Wiederaufarbeitungsanlage Karlsruhe

Abbildungsverzeichnis

1: Hauptakteure der ministeriellen Ebene von 1956 bis 1972 ____ 50

2: Aussolung einer Prototyp-Kaverne ____ 139

3: Asse II: Schnitt A–B ____ 151

4: Asse II: Seigerriss und Längsschnitt ____ 152

5: Diskutierte Kavernenstandorte ____ 163

6: Einlagerung schwach- und mittelaktiver Abfälle in Asse II ____ 226

7: Standorte für das Integrierte Entsorgungszentrum (engere und letztendliche Auswahl) ____ 295

Quellenverzeichnis

a) Unveröffentlichte Quellen

Archiv der sozialen Demokratie (AdsD)/FES, Bonn

Depositum Horst Ehmke

291	361

Depositum Hans Matthöfer

70	98	176	264

Depositum Helmut Schmidt

6595	7263	9202	9203	10012

Nachlass Karl Bechert

59/153

Archiv für Christlich-Demokratische Politik (ACDP)/KAS, St. Augustin:

Nachlass Siegfried Balke (I–175)

006/2	012/2

Nachlass Gerhard Stoltenberg (I–626)

026/2	027/1	028/2	077/1	133/2

Bayerisches Hauptstaatsarchiv (BayHStA), München:

Akten GSF

10	49	61	69	70
71	74	84	86	87
110	137	138	139	167
168	183	187	189	190
198	202	237	261	263

Bundesarchiv (BA), Koblenz:

B 102 Bundesministerium (BM) für Wirtschaft

36789	40354	41024	41037	41055
123336	128772	133812	183852	194162
290953	291035	304909	304910	

B 106 BM des Innern

27909	29357	29373	29374	29375
33880	41351	51068	51070	52462
52509	52516	52522	52526	52527
52534	65311	65361	66356	66641
66642	66643	66648	66654	66749
66768	66781	80082	87775	123372

B 126 BM der Finanzen

13728	14973	14974

B 136 Bundeskanzleramt

293	861	5377	5378	6099
6103	6113	6116	8330	13737

B 138 BM für Atomfragen/Deutsche Atomkommission

319	432	434	471	566
582	621	735	755	1495
2020	2791	3296	3298	3299
3300	3301	3307	3316	3317
3321	3322	3323	3369	3397
3403	3409	3410	3411	3413
3414	3415	3416	3420	3426
3546	3567	3969	3970	3971
4538	4466	4722	4813	4824
5520	5521	5522	5523	5653
5765	6068	7098	7495	8690
8699				

B 141 BM der Justiz

19553

B 196 BM für wissenschaftliche Forschung/für Bildung und Wissenschaft/für Forschung Technologie

1187	1495	3514	5554	5894
22758	22786	22787	22788	22789
22790	22792	22793	22795	22798
22797	22799	22801	33220	34632
46591	52852	52856	59245	59261
59274	107198	107231	107245	107260
107268				

B 295 BM für Umweltschutz, Naturschutz und Reaktorsicherheit

1427	1442	1517

Hausmitteilungen des BM für Atomfragen 1956–1963

Organisationspläne BMAt/BMwF/BMBW/BMFT/BMI/BMWi/BK

Deutscher Bundestag Parlamentsarchiv (BT PA):

Bundestagsausschuss für Atomfragen bzw. Atomkernenergie und Wasserwirtschaft (1956–1965)
Bundestagsausschuss für Wissenschaft, Kulturpolitik und Publizistik (1968)
Innenausschuss/AG "Reaktorsicherheit und Strahlenschutz" (1973–1976)
Bundestagsausschuss für Forschung und Technologie (1973–1977)
Plenarsitzungen im Hinblick auf: Atomenergie, Strahlenschutz und Radioaktivität, Entsorgung)

Generallandesarchiv Karlsruhe (GLAK):

Bestand 69: Kernforschungszentrum Karlsruhe

122	233	394	502	504
505	507	590	689	920
985				

Politisches Archiv Auswärtiges Amt (PA AA):

B 20–200–780	B 22–85	B 22–91	B 22–93	B 30–277
B 35–89	B 35–98	B 35–170		

Mündliche und schriftliche Auskünfte:

Dipl.-Phys. H.-C. Breest	mündlich	12.04.2005	St. Augustin
Dr. Manfred Hagen	mündlich	23.10.2004	Berlin
Ingemarie Holtzem	mündlich	08.09.2004	Bonn
	Privatunterl.	21.04.2005	
Dr. Helmut Krause	mündlich	15.10.2002	Karlsruhe
	mündlich	14.12.2004	
	schriftlich	23.09.2003	
Prof. Dr. Klaus Kühn	mündlich	17.06.2004	Clausthal-Zellerfeld
Prof. Dr. Erwin Schopper	mündlich	27.04.2002	Frankfurt a. M.
	Privatunterl.	21.03.2003	

Dr. Jakob Schwibach	mündlich	23.07.2002	Dachau
	schriftlich	08.04.2003	
Christian Straimer	telefonisch	11.07.2003	
	schriftlich	24.04.2004	

b) Veröffentlichte Quellen

Atomkernenergie Atomkernenergie. Zeitschrift für die Anwendung der Kernenergie in Wissenschaft, Technik und Wirtschaft. München. Jahrgänge 1956–1960.

Atompraxis Atompraxis. Internationale Monatsschrift für angewandte Atomenergie in Industrie, Landwirtschaft, Naturwissenschaften und Medizin unter besonderer Berücksichtigung der medizinischen Strahlenbiologie sowie des Strahlenschutzes. Jahrgänge 1956–1970.

Atomzeitalter Atomzeitalter. Informationen aus Politik, Wissenschaft und Technik. Köln. Jahrgang 1961.

Atw Die Atomwirtschaft. Zeitschrift für die wirtschaftlichen Fragen der Kernumwandlung. Jahrgänge 1956–1975.

Arbeitsgruppe "Wiederaufarbeitung" Arbeitsgruppe "Wiederaufarbeitung" (WAA) an der Universität Bremen (1977): Atommüll oder Der Abschied von einem teuren Traum. Hamburg.

AK End Arbeitskreis Auswahlverfahren Endlagerstandorte (2002): Auswahlverfahren für Endlagerstandorte: Empfehlungen des AK End – Arbeitskreis Auswahlverfahren Endlagerstandorte. Köln.

BGBl I Bundesgesetzblatt (1959) Teil 1, ausgegeben zu Bonn am 31. Dezember 1959, Nr. 56. Gesetz über die friedliche Verwendung der Kernenergie und ihre Gefahren (Atomgesetz, vom 23.12.1959), S. 814–828.

(1960) Teil 1, ausgegeben zu Bonn am 30. Juni 1960, Nr. 31. Erste Verordnung über den Schutz vor Schäden durch Strahlen radioaktiver Stoffe (Erste Strahlenschutzverordnung, vom 24.6.1960), S. 430–443.

(1976) Teil I, ausgegeben zu Bonn am 6. November 1976, Nr. 131. Neufassung des Gesetzes über die friedliche Verwendung der Kernenergie und den Schutz gegen ihre Gefahren (Atomgesetz). S. 3053–3072.

BMAt Bundesministerium für Atomkernenergie (1961): Jahresbericht 1961 des Bundesministeriums für Atomkernenergie (Sonderdruck). Bonn.

bmbw pd Bundesministerium für Bildung und Wissenschaft Pressedienst, Jahrgänge 1970–1971.

BMFT/BMBW Bundesministerium für Forschung und Technologie/Bundesministerium für Bildung und Wissenschaft (Hrsg., 1973): Förderungskatalog 1972. Bonn.

BMFT Bundesministerium für Forschung und Technologie (Hrsg., 1973): Viertes Atomprogramm der Bundesrepublik Deutschland für die Jahre 1973 bis 1976. Coburg.

(Hrsg., 1974a): Förderungskatalog 1973. Bonn..

(Hrsg., 1974b): Diskussion über das 4. Atomprogramm. Dokumentation über die Öffentliche Diskussion des 4. Atomprogramms der Bundesrepublik Deutschland für die Jahre 1973 bis 1976. Bonn.

(Hrsg., 1975): Förderungskatalog 1974. Bonn.

(Hrsg., 1976): Förderungskatalog 1975. Bonn.

(Auftrg., 1977): Systemstudie Radioaktive Abfälle in der Bundesrepublik Deutschland.
- Band 3 (SRA 3): Forschungs- und Entwicklungsprogramm für die Beseitigung radioaktiver Abfälle. Hanau.
- Band 6 (SRA 6): Die Entsorgung von radioaktiven Abfällen in der Bundesrepublik Deutschland. Hanau.

(Hrsg., 1978): Zielsetzungen, Konzepte und Strategien für die Behandlung und Lagerung radioaktiver Abfallstoffe aus Kernenergieprogrammen. Bericht einer Expertengruppe der Kernenergieagentur (NEA) der Organisation für wirtschaftliche Zusammenarbeit und Entwicklung (OECD), September 1977. Bonn.

BMI *Bundesministerium des Innern* (Hrsg., 1963): Gemeinsame Geschäftsordnung der Bundesministerien. Allgemeiner Teil (GGO I), 1958. Neudruck nach dem Stand von 1963. Bonn.

(Öffentlichkeitsarbeit des, 1971): Betrifft: Umweltprogramm der Bundesregierung. Bonn.

(Hrsg., 1973): Umweltschutz. Das Umweltprogramm der Bundesregierung. Mit einer Einführung von Hans-Dietrich Genscher. 3., ergänzte Auflage. Stuttgart u. a.

(Hrsg., 1979): Situation der Entsorgung der Kernkraftwerke in der Bundesrepublik Deutschland. Bericht der Bundesregierung an den Deutschen Bundestag (Entsorgungsbericht/Bundestagsdrucksache 8/1281 vom 30.11.1977), 2. Auflage, Bonn.

BMwF *Bundesministerium für wissenschaftliche Forschung* (Hrsg., 1963): Atomprogramm der Bundesrepublik Deutschland 1963–1967. Bonn-Bad Godesberg.

(Hrsg., 1968): 3. Atomprogramm der Bundesrepublik Deutschland 1968–1972. Leer.

BMwF PD Bundesministerium für wissenschaftliche Forschung Pressedienst, Jahrgänge 1967–1968

BT-Drucksache Deutscher Bundestag, Drucksache VI/2710 vom 14.10.1971: Umweltprogramm der Bundesregierung. Bonn-Bad Godesberg

7/1057 vom 03.10.1973: Unterrichtung durch die Bundesregierung: Die Energiepolitik der Bundesregierung. Bonn.

7/2713 vom 30.10.1974: Erste Fortschreibung des Energieprogramms der Bundesregierung. Bonn-Bad Godesberg.

7/3871 vom 16.07.1975: Antwort auf die Große Anfrage der Abgeordneten Dr. Haenschke, Konrad, Schäfer u. a. betr. Friedliche Nutzung der Kernenergie in der Bundesrepublik Deutschland. Bonn.

Cartellieri u .a. Cartellieri, Wolfgang u. a. (Hrsg., 1959): Taschenbuch für Atomfragen 1959. Bonn.

(Hrsg., 1964): Taschenbuch für Atomfragen 1964. Bonn.

(Hrsg., 1968): Taschenbuch für Atomfragen 1968. Bonn.

CDU/CSU/SPD CDU/CSU/SPD (2005): Gemeinsam für Deutschland – mit Mut und Menschlichkeit. Koalitionsvertrag zwischen CDU, CSU und SPD. o. O.

DAtF Deutsches Atomforum e. V. (Hrsg., 1971): Kernfragen: Antworten auf Fragen zur Kernenergie. Bonn.

DAtF/KTG Deutsches Atomforum e. V./Kerntechnische Gesellschaft im Deutschen Atomforum e. V. (Hrsg., 1974): Reaktortagung Berlin, 2. April–5. April 1974, Kongresshalle. Bonn.

Dederichs/ Timmerberg — *Dederichs, Mario R./Timmerberg, Helge* (1978): Die Strahlenfurcht des Strahlemanns. In: Stern, 14.9.1978, S. 203–204.

ENEA — European Nuclear Energy Agency (1968): Radioactive Waste Disposal Operation into the Atlantic 1967. Paris

GfK/GSF — Gesellschaft für Kernforschung/Gesellschaft für Strahlenforschung (1969): Endlagerung radioaktiver Abfälle, Jahresbericht 1968. Karlsruhe.

(1970): Endlagerung radioaktiver Abfälle, Jahresbericht 1969. Karlsruhe.

(1971): Endlagerung radioaktiver Abfälle, Jahresbericht 1970. Karlsruhe.

(1972): Endlagerung radioaktiver Abfälle, Jahresbericht 1971. Karlsruhe.

(1973): Endlagerung radioaktiver Abfälle, Jahresbericht 1972. Karlsruhe.

(1974): Endlagerung radioaktiver Abfälle, Jahresbericht 1973. Karlsruhe.

(1975): Endlagerung radioaktiver Abfälle, Jahresbericht 1974. Karlsruhe.

(1976): Endlagerung radioaktiver Abfälle, Jahresbericht 1975. Neuherberg.

(1977): Endlagerung radioaktiver Abfälle, Jahresbericht 1976. Neuherberg.

GfK/GSF (EGT) — Entwicklungsgemeinschaft Tieflagerung, (1978): Endlagerung radioaktiver Abfälle, Jahresbericht 1977. Neuherberg.

(EGT, 1979): Jahresbericht 1978. München.

(EGT, 1980): Jahresbericht 1979. München.

GSF — *Gesellschaft für Strahlen- und Umweltforschung* (1974): Zur Standsicherheit des Salzbergwerkes Asse II als Endlager für radioaktive Abfälle. München.

(Hrsg., 1996): 30 Jahre Institut für Tieflagerung, 1965–1995. Forschung zur Endlagerung toxischer Abfälle (GSF-Jahresbericht 1995). München.

GSF/KfK — Gesellschaft für Strahlenforschung/Kernforschungszentrum Karlsruhe (1982): Eignungsprüfung der Schachtanlage Konrad für die Endlagerung radioaktiver Abfälle. Abschlussbericht (GSF- T 136). Neuherberg.

http://www. — http://www.bmu.de/files/pdfs/allgemein/application/pdf/atomkonsens.pdf: Vereinbarung zwischen der Bundesregierung und den Energieversorgungsunternehmen vom 14.6.2000. Zugriff am 25.11.2006.

IAEA — International Atomic Energy Agency (1980): International Nuclear Fuel Cycle Evaluation. Waste management and disposal. Report of INFCE Working Group 7. Vienna.

Karl-Bräuer-Institut — Karl-Bräuer-Institut des Bundes der Steuerzahler (1966): Bundeshaushalt 1966 (Heft 1), Wiesbaden.

KEWA — Kernbrennstoff-Wiederaufarbeitungsgesellschaft (1977): Untersuchung eines Standorts zur Errichtung einer Anlage für die Entsorgung von Kernkraftwerken. Teiluntersuchungen zu zwei Alternativstandorten (Kennzeichen KWA 1225). Zwischenbericht (1.1.–31.12.1976). o. O.

o. V. — "Den Schiet wüllt wie hier ok nich hebben". In: Der Spiegel Nr. 46/1976 vom 8.11.1976. S. 102–110

PIA *Presse- und Informationsamt der Bundesregierung* (Hrsg., 1956): Deutschland im Wiederaufbau. Tätigkeitsbericht der Bundesregierung für das Jahr 1956. Darin: Das Bundesministerium für Atomfragen, S. 465 bis 471. Bonn.

(Hrsg., 1961): Tätigkeitsbericht der Bundesregierung. Darin: Tätigkeitsbericht des Bundesministeriums für Atomkernenergie und Wasserwirtschaft. S. 446–460.

(Hrsg., 1973): Jahresbericht der Bundesregierung 1972. Bonn.

Pressespiegel Pressespiegel der Universität Bremen (1976): Stichwort: Atommüll. Bremen.

Projektgruppe RVR Projektgruppe Regierungs- und Verwaltungsreform: Projektbericht "Programmentwicklung in der Ministerialorganisation". Bonn, 1973.

Projektleitung PSE Projektleitung Projekt Sicherheitsstudien Entsorgung (1981): Zusammenfassender Zwischenbericht, Stand Juni 1981, Berlin.

PTB-SE 1 Physikalisch Technische Bundesanstalt/Abteilung Sicherstellung und Endlagerung radioaktiver Abfälle: Bericht SE-1: Seminar über Forschungs- und Entwicklungsarbeiten und Untersuchungen zur Sicherstellung und Endlagerung radioaktiver Abfälle. 11. bis 13., 24. und 25.7., 20. und 21.9.1978. Braunschweig, 1979.

Sonderausschuss RA Sonderausschuss Radioaktivität: Kolloquium über Messmethoden. Referate und Diskussionen am 23. Juli 1957. In: BMAt (Hrsg.): Meßmethoden der Radioaktivität in Wasser, Luft und Niederschlägen, Boden und Bewuchs. Kolloquium des Sonderausschusses "Radioaktivität" am 22. und 23. Juli 1957 im Max-Planck-Institut für Biophysik in Frankfurt/Main (Schriftenreihe Strahlenschutz des..., Heft 6). Braunschweig, 1958.

United Nations United Nations (Hrsg., 1958): Proceedings of the Second United Nations International Conference on the Peaceful Uses of Atomic Energy. Geneva.

Walprecht Walprecht, Dieter (Hrsg., 1989): Abfall und Abfallentsorgung. Vermeidung, Verwertung, Behandlung. Köln u. a.

Wer ist Wer Wer ist Wer in der deutschen Atomforschung und Atomwirtschaft. In: Die atomwirtschaft (1961). Zeitschrift für die wirtschaftlichen Fragen der Kernumwandlung. Düsseldorf.

Literaturverzeichnis

Albrecht, Egon/Perzl, Franz (1978): Das Forschungs- und Entwicklungsprogramm für die Tieflagerung radioaktiver Abfälle in der BRD. Wolfenbüttel.

Barthelt, Klaus/Montanus, Klaus (1993): Begeisterter Aufbruch. Die Entwicklung der Kernenergie in der Bundesrepublik Deutschland bis Mitte der siebziger Jahre. In: Hohensee, Jens/Salewski, Michael (Hrsg.): Energie-Politik-Geschichte. Nationale und internationale Energiepolitik seit 1945. Stuttgart. S. 89–100.

Beck, Ulrich (1986): Risikogesellschaft. Auf dem Weg in eine andere Moderne. Frankfurt a. M.

Becker, Bernd (1989): Öffentliche Verwaltung. Lehrbuch für Wissenschaft und Praxis. Percha am Starnberger See.

Belter, W. G. (1963): Present and future programmes in the treatment and ultimate disposal of high-level radioactive wastes in the United States of America. In: IAEA (Hrsg.): Treatment and storage of high-level radioactive wastes. Proceedings of the symposium on treatment and storage of high-level radioactive wastes held by the International Atomic Energy Agency in Vienna, 8–12 October 1962. Vienna. S. 3–22.

Beyme, Klaus von (1979): Die großen Regierungserklärungen der deutschen Bundeskanzler von Adenauer bis Schmidt. München/Wien.

Bischof, Werner (1980): Internationale und innerstaatliche Rechtsgrundlagen der Meeresversenkung radioaktiver Abfälle. In: Laser, Manfred (Hrsg.): Versenkung spezieller radioaktiver Abfälle in der Tiefsee. Seminarbericht 29.1.1980 in der Kernforschungsanlage Jülich. Jülich. S. 10–49.

Böhler, G. (1960): Beseitigung radioaktiver Abfälle. Bericht über die Konferenz in Monaco vom 16. bis 21.11.1959. In: Atomkernenergie, Jahresinhalt 1960, S. 144–147.

Bogumil, Jörg/Schmid, Josef (2001): Politik in Organisationen. Organisationstheoretische Ansätze und praxisbezogene Anwendungsbeispiele. Opladen.

Bonß, Wolfgang (1995): Vom Risiko. Unsicherheit und Ungewißheit in der Moderne. Hamburg.

Breest, Hans-Christoph/Holtzem, Hubertus (1975): Strahlenschutz und Sicherheit bei der Entsorgung der Kerntechnik. In: atw, Jahresinhalt 1975, S. 607–610.

Burns, R. H. (1960): Radioactive waste control at the United Kingdom Atomic Energy Research Establishment, Harwell. In: IAEA (Hrsg.): Disposal of radioactive wastes I. Proceedings of the scientific conference on the disposal of radioactive wastes sponsored by the International Atomic Energy Agency and the United Nations Educational, Scientific and Cultural Organization, with the Co-Operation of the Food and Agriculture Organization of the United Nations, and held at the Oceanographic Museum of the Principality of Monaco, 16–21 November 1959. Vienna. S. 411–430.

Chandler, Steven D. (1997): Radioactive waste control and controversy. The history of radioactive waste regulation in the UK. Amsterdam.

Claus, Walter D. (1956): Fundamental considerations in the release of large quantities of radioactive wastes to land and sea. In: IAEA (Hrsg.): Proceedings of the international conference on the peaceful uses of atomic energy. Held in Geneva 8 August–20 August 1955. Volume 9: Reactor Technology and Chemical Processing. New York. S. 17–18.

Cube, Alexander von (1976): Die Entsorgung in der öffentlichen Diskussion. In: DAtF (Hrsg.): Entsorgung der Kerntechnik. Berichte des Symposiums am 19. und 20. Januar 1976 in Mainz. Bonn. S. 59–70

Cube, Alexander von (1977): Auf einem Tiger reiten: für und wider die Atomenergie. Köln/Frankfurt a. M.

Deutsch, Karl W (1969): Politische Kybernetik: Modelle und Perspektiven. Freiburg i. Br.

Dunster, H. J./Wix, L. F. U. (1960): The practice of waste disposal in the United Kingdom Atomic Energy Authority. In: IAEA (Hrsg.): Disposal of radioactive wastes I. Proceedings of the scientific conference on the disposal of radioactive wastes sponsored by the International Atomic Energy Agency and the United Nations Educational, Scientific and Cultural Organization, with the Co-Operation of the Food and Agriculture Organization of the United Nations, and held at the Oceanographic Museum of the Principality of Monaco, 16–21 November 1959. Vienna. S. 403–409.

Eichhorn, Peter (1979): Verwaltungshandeln und Verwaltungskosten: Möglichkeiten zur Verbesserung der Wirtschaftlichkeit in der Verwaltung. Baden-Baden.

Eschrich, Hubert (1978): Lagerung und Verfestigung flüssiger, hochaktiver Abfälle. In: Baumgärtner, Franz (Hrsg.): Chemie der Nuklearen Entsorgung, Teil II. München. S. 249–298.

Esser, Hartmut (1991): Alltagshandeln und Verstehen. Zum Verhältnis von erklärender und verstehender Soziologie am Beispiel von Alfred Schütz und "Rational Choice". Tübingen.

Esser, Hartmut (1999): Soziologie. Spezielle Grundlagen, Band 1: Situationslogik und Handeln. Frankfurt a. M./New York.

Esser, Hartmut (2000): Soziologie. Spezielle Grundlagen, Band 3: Soziales Handeln. Frankfurt a. M./New York.

Ewald, Arnold (1989): Organisation des Strategischen Technologie-Managements. Stufenkonzept zur Implementierung einer integrierten Technologie- und Marktplanung. Berlin.

Frese, Matthias/Paulus, Julia (2003): Geschwindigkeiten und Faktoren des Wandels – die 1960er Jahre in der Bundesrepublik. In: Frese, Mathias u. a.: Demokratisierung und gesellschaftlicher Aufbruch. Die sechziger Jahre als Wendezeit in der Bundesrepublik. Paderborn u . a. S. 1–23.

Fröhlich, R./Edelmann, M. u. a. (1974): DAtF-KTG-Reaktortagung 1974 in Berlin. In: atw, Jahresinhalt 1974, S. 361–368.

Gelfort, Eike (1978): Elektrizitätsversorgung – Kernkraftwerke – Entsorgung. In: Baumgärtner, Franz (Hrsg.): Chemie der Nuklearen Entsorgung, Teil I. München. S. 1–55.

Gerwin, Robert (1971): Kernkraft heute und morgen. Kernforschung und Kerntechnik als Chance unserer Zeit. Stuttgart.

Gerwin, Robert (1978): So ist das mit der Entsorgung. Was aus den verbrauchten Brennelementen der Kernkraftwerke wird. Düsseldorf/Wien.

Glueckauf, E. (1956): Long-term aspect of fission product disposal. In: Proceedings of the international conference on the peaceful uses of atomic energy. Held in Geneva 8 August–20 August 1955. Volume 9: Reactor Technology and Chemical Processing. New York. S. 3–8.

Graul, Emil Heinz (1956): Sicherheits- und Schutzprobleme bei Reaktorprojekten und Umgang mit Radioisotopen. In: Atompraxis, Jahresinhalt 1956, S. 275–279.

Großbölting, Thomas (2003): Als Laien und Genossen das Fragen lernten. Neue Formen institutioneller Öffentlichkeit im Katholizismus und in der Arbeiterbewegung der sechziger Jahre. In: Frese, Mathias u. a.: Demokratisierung und gesellschaftlicher Aufbruch. Die sechziger Jahre als Wendezeit der Bundesrepublik. Paderborn u. a. S. 147–180.

Häußermann, Hartmut (1977): Die Politik der Bürokratie: Einführung in die Soziologie der staatlichen Verwaltung. Frankfurt a. M./New York.

Halaszovich, Stephan (1980): Verfestigung hochradioaktiver Spaltproduktlösungen aus der Wiederaufarbeitung abgebrannter Brennelemente für eine Endlagerung. Jülich.

Heimerl, Wilfried (1975): HAW-Glaspartikel in Metallmatrix. Ein endlagerfähiges Verfestigungsprodukt für hochradioaktive Lösungen. In: atw, Jahresinhalt 1975, S. 347–349.

Heimerl, Wilfried (1977): Verfestigung hochradioaktiver Spaltproduktlösungen nach dem Verfahren PAMELA und Endlagerung der verfestigten Produkte. Gelsenberg AG.

Herrmann, Albert Günter (1983): Radioaktive Abfälle – Probleme und Verantwortung. Berlin u. a.

Hodenberg, Christina von (2003): Konkurrierende Konzepte von "Öffentlichkeit" in der Orientierungskrise der 60er Jahre. In: Frese, Matthias u. a.: Demokratisierung und gesellschaftlicher Aufbruch. Die sechziger Jahre als Wendezeit in der Bundesrepublik. Paderborn u .a. S. 205–226.

Holtzem, Hubertus/Schwibach, Jakob (1969): Können die radioaktiven Abfälle vieler Kernkraftwerke noch bewältigt werden? In: atomwirtschaft-atomtechnik: Acht Argumente gegen die Kernenergie. Düsseldorf.

Issel, Wolfgang (2003): Die Wiederaufarbeitung von bestrahlten Kernbrennstoffen in der Bundesrepublik Deutschland. Technologische Chance oder energiepolitischer Zwang. Frankfurt a. M.

Jaeger, Thomas (1958): Beseitigung radioaktiver Abfallstoffe. In: Atomkernenergie, Jahresinhalt 1958, S. 190–196 und S. 273–277.

Jann, Werner/Wegrich, Kai (2003): Phasenmodelle und Politikprozesse: Der Policy Cycle. In: Schubert, Klaus/Bandelow, Nils C. (Hrsg.): Lehrbuch der Politikfeldanalyse. München/Wien. S. 71–103.

Joseph, Joachim (1960): On mixing processes in the sea. In: IAEA (Hrsg.): Disposal of radioactive wastes II. Proceedings of the scientific conference on the disposal of radioactive wastes sponsored by the International Atomic Energy Agency and the United Nations Educational, Scientific and Cultural Organization, with the Co-Operation of the Food and Agriculture Organization of the United Nations, and held at the Oceanographic Museum of the Principality of Monaco, 16–21 November 1959. Vienna. S. 79–91.

Jürgens, Hans-Helge (1979): Atommülldeponie Salzbergwerk Asse II: Gefährdung der Biosphäre durch mangelnde Standsicherheit und das Ersaufen des Grubengebäudes. 2. verbesserte und ergänzte Auflage. Braunschweig.

Kappelmeyer, Oskar/Mufti, Irshad (1967): Cooling of high-level radioactive wastes in mines by air ventilation. In: IAEA (Hrsg.): Disposal of radioactive wastes into the ground. Proceedings of a symposium jointly organized by the International Atomic Energy Agency and the European Nuclear Energy Agency of the OECD and held in Vienna, 29 May–2 June 1967. Vienna. S. 533–547.

Kirsch, Werner (1977): Einführung in die Theorie der Entscheidungsprozesse. Zweite, durchgesehene und ergänzte Auflage der Bände I bis III als Gesamtausgabe. Wiesbaden.

Kirsch, Werner (1998): Die Handhabung von Entscheidungsproblemen. Einführung in die Theorie der Entscheidungsprozesse. 5., überarbeitete Auflage. München.

Kitschelt, Herbert (1980): Kernenergiepolitik: Arena eines gesellschaftlichen Konflikts. Frankfurt a. M./New York.

Krause, Helmut u. a. (1967a): Project for storing radioactive wastes in a salt cavity. In: IAEA (Hrsg.): Disposal of radioactive wastes into the ground. Proceedings of a symposium jointly organized by the International Atomic Energy Agency and the European Nuclear Energy Agency of the OECD and held in Vienna, 29 May–2 June 1967. Vienna. S. 479–494.

Krause, Helmut u. a. (1967b): Experimental storage of radioactive wastes in the Asse II salt mine. In: IAEA (Hrsg.): Disposal of radioactive wastes into the ground. Proceedings of a symposium jointly organized by the International Atomic Energy Agency and the European Nuclear Energy Agency of the OECD and held in Vienna, 29 May–2 June 1967. Vienna. S. 519–531.

Krause, Helmut/Perzl, Franz (1969): Behandlung und Beseitigung radioaktiver Abfälle. In: Haus der Technik (Vortragsveröffentlichungen, Heft 214): Der nukleare Brennstoffkreislauf. Tagung vom 26. März 1969. Essen. S. 70–84.

Krause, Helmut (1971): Behandlung und Endlagerung radioaktiver Rückstände. In: atw, Jahresinhalt 1971, S. 461–467.

Krause, Helmut/Diefenbacher, Werner (1971): Behandlung und Beseitigung radioaktiver Abfälle. In: atw, Jahresinhalt 1971, S. 682–683.

Krause, Helmut/Randl, Rolf-Peter (1973): Treatment and final disposal of radioactive wastes from fuel reprocessing in the Federal Republic of Germany. A survey on policy and r + d work. In: OECD (Hrsg.): Symposium on the management of radioactive wastes from fuel reprocessing. Proceedings of a symposium organised jointly by the OECD Nuclear Energy Agency and the International Atomic Energy Agency and held in Paris, 27th November – 1st December 1972. Paris. S. 199–227.

Kreusch, Jürgen (1987): Die endgültige Entsorgung? In: Hermann, Armin/Schuhmacher, Rolf (Hrsg.): Das Ende des Atomzeitalters. Eine sachlich-kritische Dokumentation. München.

Kühn, Klaus (1967): Geo-scientific investigations in the Asse II salt mine. In: IAEA (Hrsg.): Disposal of radioactive wastes into the ground. Proceedings of a symposium jointly organized by the International Atomic Energy Agency and the European Nuclear Energy Agency of the OECD and held in Vienna, 29 May–2 June 1967. Vienna. S. 509–518.

Kühn, Klaus u. a. (1973): Disposal of solidified high-level-radioactive wastes in the Asse Salt Mine. In: OECD (Hrsg.): Symposium on the management of radioactive wastes from fuel reprocessing. Proceedings of a symposium organised jointly by the OECD Nuclear Energy Agency and the International Atomic Energy Agency and held in Paris, 27th November – 1st December 1972. Paris. S. 917–927.

Kühn, Klaus (1976): Das Endlagerkonzept der Bundesrepublik. In: DAtF (Hrsg.): Entsorgung der Kerntechnik. Berichte des Symposiums am 19. und 20. Januar 1976 in Mainz, Bonn. S. 279–294.

Künkel, Hans Adam (1956): Zum Problem der Beseitigung radioaktiver Abfälle. In: Atompraxis, Jahresinhalt 1956, S. 272–274.

Kunczik, Michael (1997): Geschichte der Öffentlichkeitsarbeit in Deutschland. Köln u. a.

Laux, Helmut (2003): Entscheidungstheorie. 5., verbesserte Auflage. Berlin u. a.

Levi, Hans-Wolfgang (1960): Die Beseitigung radioaktiver Abfälle – Ein Lagebericht. Zur IAEO-Konferenz vom 16.–21. November 1959 in Monaco. In: atw, Jahresinhalt 1960, S. 57–59.

Lieberman, Joseph A. (1958): The role of waste management in the development of the nuclear energy industry. In: United Nations (Hrsg.): Proceedings of the second United Nations international conference on the peaceful uses of atomic energy, held in Geneva 1 September–13 September 1958. Volume 18: Waste treatment and environmental aspects of atomic energy. Geneva. S. 3–6.

Mandel, Heinrich (1978): Die Kernenergie im Spannungsfeld zwischen wirtschaftlicher Nutzung und öffentlicher Billigung. Opladen.

Mayntz, Renate/Scharpf, Fritz W (1975): Policy-Making in the German Federal Bureaucracy. Amsterdam u. a.

Meyer-Krahmer, Frieder (1979): Politische Entscheidungsprozesse und Ökonomische Theorie der Politik. Frankfurt a. M./New York.

Müller, Wolfgang D (1973): Sicherheit ist unteilbar. In: atw, Jahresinhalt 1973, S. 17.

Müller, Wolfgang D (1974): Wird sich etwas ändern? In: atw, Jahresinhalt 1974, S. 277.

Müller, Wolfgang D (1990): Geschichte der Kernenergie in der Bundesrepublik Deutschland. Anfänge und Weichenstellungen. Stuttgart.

Müller, Wolfgang D (1996): Geschichte der Kernenergie in der Bundesrepublik Deutschland. Band II: Auf der Suche nach dem Erfolg – Die sechziger Jahre. Stuttgart.

Müller, Wolfgang D (1995): Die Kernenergiekontroverse in Deutschland. In: Michaelis, Hans/Salander, Carsten (Hrsg): Handbuch Kernenergie. Kompendium der Energiewirtschaft und Energiepolitik. Frankfurt a. M. S. 777–815.

Müller-Brandeck, Gisela (1986): Technologiefolgenabschätzung am Beispiel der friedlichen Nutzung der Kernenergie in der Bundesrepublik Deutschland. Frankfurt a. M. u. a.

Mufti, Irshad (1966): Theoretische Untersuchungen zur Änderung des geothermischen Feldes bei der Einlagerung radioaktiver Abfälle im Salzgebirge. (Diss.) Clausthal.

Mutschler, Ulrich/Feuerborn, Alfred (1975): Gegensätze und Probleme im Hinblick auf die Kernenergienutzung. Auswertung der Öffentlichen Anhörung des Deutschen Bundestages zum Thema "Das Risiko Kernenergie". Berlin.

Oeckl, Albert (1964): Handbuch der Public Relations. Theorie und Praxis der Öffentlichkeitsarbeit in Deutschland und der Welt. München.

Oetzel, Günther (1996): Forschungspolitik in der Bundesrepublik Deutschland. Entstehung und Entwicklung einer Institution der Großforschung am Modell des Kernforschungszentrums Karlsruhe (KfK) 1956–1963. Frankfurt a. M. u. a.

Parker, F. L. u. a. (1960): Disposal of radioactive wastes in natural salt. In: IAEA (Hrsg.): Disposal of Radioactive Wastes II. Proceedings of the scientific conference on the disposal of radioactive wastes sponsored by the International Atomic Energy Agency and the United Nations Educational, Scientific and Cultural Organization, with the Co-Operation of the Food and Agriculture Organization of the United Nations, and held at the Oceanographic Museum of the Principality of Monaco, 16–21 November 1959. Vienna. S. 365–384.

Pesch, Jürgen Peter (1975): Staatliche Forschungs- und Entwicklungspolitik im Spannungsfeld zwischen Regierung, Parlament und privaten Experten, untersucht am Beispiel der deutschen Atompolitik. (Diss.) Freiburg.

Pfaffelhuber, Josef K. (1976): Das Sicherheitskonzept der Bundesregierung zur Entsorgung. In: DAtF (Hrsg.): Entsorgung der Kerntechnik. Berichte des Symposiums am 19. und 20. Januar 1976 in Mainz. Bonn. S. 71–84.

Philberth, Bernhard (1956): Beseitigung radioaktiver Abfallsubstanzen. In: Atomkernenergie, Jahresinhalt 1956, S. 396–400.

Philberth, Bernhard (1958): Disposal of atomic fission products in Greenland or Antarctica. In: Union Géodésique et Géophysique Internationale/Association Internationale d´Hydrologie Scientifique (Hrsg.): Symposium of Chamonix, 16–24 Sept. 1958. Physics of the movement of the ice. o. O. S. 350.

Philberth, Bernhard (1959): Beseitigung radioaktiver Abfallsubstanzen in den Eiskappen der Erde. Atomkernenergie, Jahresinhalt 1959. S.116–119.

Radkau, Joachim (1983): Aufstieg und Krise der deutschen Atomwirtschaft 1945–1975. Verdrängte Alternativen in der Kerntechnik und der Ursprung der nuklearen Kontroverse. Hamburg.

Radkau, Joachim (1998): Das RWE zwischen Kernenergie und Diversifizierung 1968–1988. In: Schweer, Dieter/Thieme, Wolf (Hrsg.): "Der gläserne Riese". RWE – ein Konzern wird transparent. Wiesbaden. S. 175–220.

Ramdohr, Harald (1965): Untersuchungen zur Standortwahl einer Versuchskaverne zur Einlagerung radioaktiver Rückstände. Frankfurt a. M.

Rembser, Josef (1973): Das 4. Atomprogramm der Bundesrepublik Deutschland für die Jahre 1973–1976. Forschungsaufgaben und Forschungsförderung. In: atw, Jahresinhalt 1973, S. 162–167.

Reuter-Boysen, Christiane (1992): Von der Strahlen- zur Umweltforschung. Geschichte der GSF 1957–1972. Frankfurt a. M./New York.

Röthemeyer, Helmut (1980): Das Endlagerkonzept für die radioaktiven Abfälle des deutschen Entsorgungszentrums. In: Baumgärtner, Franz (Hrsg.): Chemie der Nuklearen Entsorgung, Teil III. München. S. 240–251.

Scharpf, Fritz W (1973): Fallstudien zu Entscheidungsprozessen in der Bundesregierung. In: Mayntz, Renate/Scharpf, F. W. (Hrsg.): Pla-

nungsorganisation. Die Diskussion um die Reform von Regierung und Verwaltung des Bundes. München. S. 68–97.
Schmid, Günther (1979): Entscheidung in Bonn. Die Entstehung der Ost- und Deutschlandpolitik 1969/1970. Köln.
Schmidt-Küster, Wolf-Jürgen (1974): Das Entsorgungssystem im nuklearen Brennstoffkreislauf. In: atw, Jahresinhalt 1974, S. 340–345.
Schneider, Volker (2003): Akteurkonstellationen und Netzwerke in der Politikentwicklung. In: Schubert, Klaus/Bandelow, Nils C. (Hrsg.): Lehrbuch der Politikfeldanalyse. München/Wien. S. 107–145.
Schubert, Klaus/Bandelow, Nils C. (2003): Politikdimensionen und Fragestellungen der Politikfeldanalyse. In: Schubert, K./Bandelow, N. C. (Hrsg.): Lehrbuch der Politikfeldanalyse. München/Wien. S. 1–24.
Schüller, Walter (1980): Kann man die Kernenergie angesichts des Entsorgungsproblems heute verantworten? In: Sichere Entsorgung? Nr. 13 der Reihe atw-Broschüren "Kernenergie und Umwelt". Düsseldorf/Frankfurt a. M.
Schuster, Günter (1970): Sicherheitsbedenken gegen die friedliche Nutzung der Kernenergie. Analyse und Folgerungen. In: atw, Jahresinhalt 1970, S. 29–34.
Schuster, Günter (1971): "Halbzeit" im 3. Atomprogramm der BRD. Stand und Tendenzen der Kernforschung und Kernenergieentwicklung. In: atw, Jahresinhalt 1971, S. 34–42.
Schwibach, Jakob (1967): Research on the permanent disposal of radioactive wastes in salt formations in the Federal Republic of Germany. In: IAEA (Hrsg.): Proceedings of a symposium on the disposal of radioactive wastes into the ground jointly organized by the International Atomic Energy Agency and the European Nuclear Energy Agency of the OECD and held in Vienna, 29 May–2 June 1967. Vienna. S. 465–477.
Simpson, E. S. (1959): Summary of current geological research in the United States of America pertinent to radioactive waste disposal on land. In: IAEA (Hrsg.): Disposal of radioactive wastes II. Proceedings of the scientific conference on the disposal of radioactive wastes sponsored by the International Atomic Energy Agency and the United Nations Educational, Scientific and Cultural Organization, with the Co-Operation of the Food and Agriculture Organization of the United Nations, and held at the Oceanographic Museum of the Principality of Monaco, 16–21 November 1959. Vienna. S. 520–531.
Sobotta, Johannes (1969): Das Bundesministerium für wissenschaftliche Forschung. Bonn.

Stipantis, P. (1960): 1. Internationale Konferenz über die Beseitigung radioaktiver Abfälle, Monaco 16.–21.11.1959. In: Atompraxis, Jahresinhalt 1960, S. 229–240.

Stölken-Fitschen, Ilona (1995): Atombombe und Geistesgeschichte. Eine Studie der fünfziger Jahre aus deutscher Sicht. Baden-Baden.

Strauß, Franz Josef (1989): Die Erinnerungen. Berlin.

Stucke, Andreas (1993): Institutionalisierung der Forschungspolitik: Entstehung, Entwicklung und Steuerungsprobleme des Bundesforschungsministeriums. Frankfurt a. M./New York.

Tiggemann, Anselm (2004): Die "Achillesferse" der Kernenergie in der Bundesrepublik Deutschland: Zur Kernenergiekontroverse und Geschichte der nuklearen Entsorgung von den Anfängen bis Gorleben 1955 bis 1985. Lauf an der Pegnitz.

Tiggemann, Anselm (2006): Der Weg nach Gorleben. Zur Geschichte der Endlagerung in der Bundesrepublik Deutschland (1955 bis 1977). In: Hocke, Peter/Grunwald, Armin (Hrsg.): Wohin mit dem radioaktiven Abfall? Perspektiven für eine sozialwissenschaftliche Endlagerforschung. Berlin.

Uerpmann, Ernst-Peter (1980): Hydrogeologische Fragen bei der Endlagerung radioaktiver Abfälle. (Diss.) Clausthal.

Wager, Rudolf/Richter, Wolfgang (1960): Disposal of radioactive waste in the subsurface of the Federal Republic of Germany: Geological und hydrogeological problems. In: IAEA (Hrsg.): Disposal of radioactive wastes II. Proceedings of the scientific conference on the disposal of radioactive wastes sponsored by the International Atomic Energy Agency and the United Nations Educational, Scientific and Cultural Organization, with the Co-Operation of the Food and Agriculture Organization of the United Nations, and held at the Oceanographic Museum of the Principality of Monaco, 16–21 November 1959, Vienna. S. 548–551.

Wagner, Hellmut (1982): Risikoaspekte der nuklearen Entsorgung. Baden-Baden.

Wender, Astrid (1983): Entscheidungsspiele in Politik, Verwaltung und Wirtschaft. Opladen.

Weyer, Johannes (2000): Soziale Netzwerke als Mikro-Makro-Scharnier. Fragen an die soziologische Theorie. In: Weyer, J. (Hrsg.): Soziale Netzwerke. Konzepte und Methoden der sozialwissenschaftlichen Netzwerkforschung. München/Wien. S. 237–254.

Winnacker, Karl/Wirtz, Karl (1975): Das unverstandene Wunder: Kernenergie in Deutschland. Düsseldorf/Wien.

Witte, Eberhard (1988): Phasen-Theorem und Organisation komplexer Entscheidungsverläufe (überarbeitete und gekürzte Fassung des gleichnamigen Aufsatzes von 1968). In: Witte, E. u. a. (Hrsg.): Innovative Entscheidungsprozesse. Die Ergebnisse des Projektes "Columbus". Tübingen. S. 202–226.

Wolff, Jean-Marc (1996): Eurochemic (1956–1990). Thirty-five years of international co-operation in the field of nuclear engineering: The chemical processing of irradiated fuels and the management of radioactive wastes. Paris.

Wolman, Abel/Gorman Arthur E. (1956): The management and disposal of radioactive Wastes. In: IAEA (Hrsg.): Proceedings of the international conference on the peaceful uses of atomic energy. Held in Geneva 8 August–20 August 1955. Volume 9: Reactor technology and chemical processing. New York. S. 9–16.

Zimbardo, Philip G. (1992): Psychologie. 5., neu übersetzte und bearbeitete Auflage. Berlin u. a.

Namens- und Sachregister

A

Abfallbehandlung 23, 35, 103, 142, 156, 211, 236, 268, 272, 278, 280, 283, 284, 286, 298, 337

Actiniden 237, 304, 332

ADB 161, 252, 347, 351

AEG 196, 223, 224, 348

AK III/5 248, 249

AK III/7 136, 234, 237, 247, 248, 251, 253, 254, 275

AK III–IV/1 9, 24, 70, 73, 77, 78, 79, 81, 83, 84, 87, 88, 89, 92, 97, 101, 104, 105, 106, 112, 113, 115, 117, 119, 122, 123, 129, 130, 134, 137, 138, 140, 146, 147, 155, 157, 162, 175, 177, 195, 204, 229, 245, 246, 247, 261, 268, 297, 321, 323

AKoTL 162, 166, 167, 168, 169, 176, 178, 181, 183, 184, 185, 201, 202, 224, 234, 240, 261, 329, 351

Albrecht 14, 162, 166, 172, 180, 181, 189, 190, 199, 200, 220, 257, 265, 267, 294, 309, 310, 311, 312, 313, 314, 369

Asse II 5, 10, 17, 18, 19, 20, 23, 38, 39, 145, 146, 148, 150, 151, 152, 155, 156, 158, 169, 174, 176, 177, 180, 181, 185, 187, 190, 192, 193, 194, 195, 197, 198, 199, 200, 201, 202, 203, 208, 210, 211, 212, 213, 214, 218, 222, 226, 227, 237, 261, 262, 271, 276, 281, 288, 297, 298, 299, 300, 312, 325, 327, 332, 337, 338, 339, 340, 341, 342, 343, 344, 345, 348, 349, 355, 366, 372, 373, 374

Atomkernenergie und Wasserwirtschaft 24, 59, 125, 129, 131, 140, 142, 175, 351, 360, 367

Atomkonferenz 45, 57, 65, 331

Atommüll 10, 14, 16, 20, 34, 48, 49, 53, 68, 71, 76, 110, 111, 115, 177, 186, 200, 262, 266, 305, 306, 310, 322, 323, 324, 330, 333, 361, 367

Atomprogramm 46, 79, 100, 101, 107, 113, 126, 156, 184, 215, 219, 237, 248, 254, 256, 269, 272, 277, 286, 302, 333, 339, 349, 362, 363, 376, 377

AVR 20, 109, 122, 127, 128, 155, 176, 189, 198, 202, 236, 238, 339

B

Balke 16, 23, 32, 51, 54, 59, 60, 62, 68, 69, 71, 72, 92, 101, 111, 112, 113, 114, 117, 129, 130, 140, 142, 143, 318, 321, 357

Baum 190, 191
BBC-Krupp 224
Bechert 24, 43, 59, 111, 117, 130, 220, 222, 300, 303, 357
Beck 16, 369
Becker 27, 28, 30, 87, 369
BfB 61, 83, 87, 95, 99, 100, 101, 102, 103, 105, 108, 109, 115, 117, 118, 119, 125, 137, 138, 144, 145, 146, 147, 149, 150, 161, 162, 164, 172, 179, 192, 193, 194, 203, 213, 236, 238, 239, 242, 244, 323, 328, 338, 339, 345, 351
Biblis A 270
Birkhofer 306, 307, 308
BMAt 9, 15, 19, 21, 23, 24, 32, 33, 37, 41, 42, 43, 44, 47, 48, 49, 51, 52, 53, 54, 57, 58, 59, 61, 64, 67, 68, 69, 71, 74, 77, 78, 80, 84, 87, 88, 97, 98, 99, 100, 103, 105, 106, 108, 110, 111, 113, 114, 115, 116, 121, 126, 131, 136, 137, 138, 140, 144, 145, 153, 158, 162, 204, 271, 298, 317, 320, 321, 322, 324, 338, 344, 351, 359, 362, 367
BMBW 21, 24, 32, 33, 158, 172, 186, 188, 225, 238, 253, 254, 262, 263, 270, 275, 281, 292, 298, 299, 332, 333, 334, 343, 351, 359, 362
BMF 101, 117, 138, 140, 156, 157, 158, 255, 288, 289, 313, 339, 351
BMFT 20, 21, 25, 32, 39, 125, 171, 173, 188, 189, 190, 191, 208, 209, 212, 227, 235, 237, 238, 255, 257, 263, 264, 265, 267, 270, 271, 273, 278, 279, 280, 281, 282, 283, 284, 286, 287, 288, 289, 290, 291, 292, 293, 294, 296, 297, 298, 300, 301, 305, 306, 309, 310, 312, 313, 333, 334, 335, 337, 340, 341, 351, 359, 362
BMI 13, 20, 21, 22, 23, 25, 33, 34, 125, 186, 189, 190, 191, 208, 235, 245, 255, 257, 270, 271, 272, 275, 276, 277, 278, 279, 281, 282, 283, 285, 286, 287, 288, 289, 290, 291, 292, 293, 299, 302, 305, 309, 310, 311, 312, 313, 314, 322, 333, 340, 349, 351, 359, 363
BML 132, 231, 291
BMVg 291
Boettcher 105, 106
Bonß 16, 347, 369
Borchert 161, 181, 182, 195, 198, 199, 201, 203, 206, 207, 208, 236, 245, 246
Börger 150, 192
Brandes 236, 238
Brandt 274
Breest 25, 34, 247, 282, 283, 291, 360, 370
Brennelemente 13, 45, 47, 79, 109, 120, 122, 127, 176, 202, 221, 236, 237, 238, 239, 267, 268, 289, 290, 307, 308, 339, 372
Brennstoffkreislauf 25, 35, 222, 254, 278, 280, 281, 282, 286, 287, 291, 306, 373, 377
Brim 29
Bundesanstalt für Bodenforschung (BfB) 61

Bundesforschungsanstalt für Fischerei 132, 228
Bundesgesundheitsministerium 327
Bundeskanzleramt 48, 52, 83, 116, 318, 340, 351, 358
Bundesrechnungshof (BRH) 157
Bürgerdialog Kernenergie 335

C

Carnallit 194, 195, 203, 204, 211, 243, 313
Cartellieri 23, 34, 55, 57, 58, 59, 61, 73, 78, 90, 92, 106, 111, 114, 115, 120, 121, 142, 144, 157, 161, 177, 204, 249, 260, 271, 325, 346, 364
Carter 266
Cole 60
Conring 165
Cube 16, 303, 370

D

Deutsch 27, 30, 370
Dieterich 43
Dohnanyi 24, 31, 216, 272
Donth 72, 98, 105, 106, 107, 247, 268
Dreyer 198, 199, 208
Drobek 75

E

Ebeling 185, 191, 192, 197, 199, 203
EGT 189, 191, 210, 212, 244, 301, 352, 365, 366
Ehmke 24, 271, 272, 273, 283, 287, 333, 357
ENEA 24, 228, 230, 231, 232, 234, 260, 261, 262, 330, 352, 365
Energieprogramm 270, 298
Engelhardt 165, 166
Entsorgung 13, 14, 15, 18, 19, 35, 209, 210, 221, 235, 264, 265, 266, 267, 273, 280, 281, 285, 288, 289, 290, 291, 293, 306, 335, 337, 338, 340, 353, 360, 363, 366, 367, 370, 371, 374, 376, 377, 378
Entsorgungskonzept 10, 24, 188, 227, 279, 283, 285, 287, 293, 300, 305, 306, 337, 340
Erler 117
Esser 27, 31, 371
Euratom 10, 94, 105, 108, 111, 130, 140, 141, 142, 143, 144, 146, 147, 157, 158, 160, 162, 164, 165, 167, 169, 170, 171, 177, 236, 253, 258, 259, 260, 328, 344

F

Falin 266
Farbwerke Höchst 224
FK III 77, 90, 105, 106, 115, 116, 230, 268, 275

FK IV 9, 24, 49, 51, 53, 74, 75, 76, 77, 78, 91, 92, 97, 120, 229, 247, 319, 321, 322
Flämig 262
Friederichs 309
für Atomfragen 19, 43, 47, 54, 55, 58, 59, 190, 318, 320, 324, 325, 329, 351, 359, 360, 364, 367
für Forschung und Technologie 23, 243, 244, 257, 265, 269, 285, 302, 306, 308, 309, 351, 359, 360, 362

G

Garching 49, 57, 155, 271
Gelsenberg AG 244, 256, 372
General Electric 223
Genscher 273, 277, 278, 283, 287, 290, 363
Gerlach 55, 57
GfK 33, 37, 104, 108, 111, 120, 132, 134, 135, 136, 144, 145, 156, 157, 158, 159, 160, 161, 162, 166, 168, 169, 170, 171, 172, 177, 180, 181, 183, 188, 193, 195, 196, 202, 209, 210, 218, 219, 223, 224, 227, 232, 236, 238, 239, 241, 242, 246, 250, 251, 252, 253, 254, 255, 256, 269, 273, 296, 298, 300, 301, 302, 324, 326, 334, 351, 352, 365
Gliwitzky 317
Gorleben 10, 14, 18, 19, 273, 301, 309, 310, 311, 313, 314, 378
Göttinger Manifest 321
Grau 48, 53, 59, 71, 78
Greifeld 111, 134, 160, 162
Grison 143
Gruhl 302
GSF 7, 14, 17, 20, 23, 25, 33, 37, 49, 100, 101, 104, 157, 158, 159, 160, 161, 162, 165, 166, 167, 169, 170, 171, 172, 179, 180, 181, 182, 183, 185, 188, 189, 190, 191, 192, 193, 194, 196, 197, 198, 199, 202, 208, 209, 210, 211, 212, 213, 218, 219, 223, 224, 225, 227, 238, 241, 242, 251, 252, 254, 263, 269, 270, 272, 273, 293, 296, 297, 298, 299, 300, 301, 303, 326, 327, 328, 329, 330, 334, 341, 349, 351, 352, 358, 365, 366, 376
Gundremmingen 215, 221, 225
Gymnicher Gespräch 291

H

Haenschke 15, 302, 364
Hagen 25, 255, 281, 283, 284, 285, 286, 288, 289, 297, 310, 360
Hahn 67, 85, 257, 281, 352
Hahn-Meitner-Institut 85, 257, 281, 352
Halbwertszeit 35, 56, 61, 95, 98, 134, 198, 205, 206, 338, 343
Hartkopf 277, 282
Harwell 71, 97, 122, 130, 133, 159, 370
Hauff 24, 190, 265, 302, 306
Haunschild 67, 68, 265, 272, 283, 287

HAVEL 251, 252, 253, 352
Heesemann 42, 43, 44, 46, 53, 112, 113, 216
Heimerl 244, 247, 256, 257, 372
Hempelmann 104, 150, 174
Hermes 266
Hocker 65
Hölscher 128
Holtzem 25, 32, 34, 105, 125, 127, 128, 148, 149, 153, 160, 162, 166, 174, 175, 177, 178, 180, 188, 193, 199, 200, 201, 217, 229, 231, 234, 246, 247, 248, 252, 253, 258, 271, 274, 276, 281, 282, 288, 292, 324, 328, 330, 346, 360, 370, 372
Hoschützky 299

I

IAEO 24, 60, 65, 68, 69, 72, 80, 84, 103, 106, 109, 111, 113, 125, 144, 145, 257, 258, 259, 260, 261, 268, 338, 352, 374
Institut für Strahlenschutzkunde 132, 134, 135
Issel 17, 18, 20, 21, 35, 213, 236, 245, 256, 257, 269, 270, 285, 288, 293, 294, 295, 310, 311, 327, 345, 372

J

Jaroschek 119
Jordan 116
Juhl 322
Junkermann 46, 47

K

Kahl 79, 112, 155, 225
Kaißling 33, 92, 113, 114, 115, 116, 120, 134, 143, 202
Kapfer 53
Kappelmeyer 240, 373
Kattenstroth 112, 114
Kaverne 17, 18, 39, 124, 125, 139, 143, 144, 145, 148, 155, 162, 163, 164, 166, 167, 168, 169, 170, 171, 172, 175, 176, 177, 179, 184, 201, 217, 218, 219, 230, 244, 303, 317, 329, 339, 340, 341, 342, 346, 355
KEWA 17, 171, 172, 173, 235, 269, 279, 284, 285, 288, 293, 294, 295, 306, 311, 312, 334, 335, 352, 366
Kiep 294, 310
Kirsch 22, 27, 28, 29, 30, 31, 91, 340, 341, 373
Kjeller 97, 131, 261
Klein-Kühren 119, 145
Kliefoth 67, 223
Konrad 10, 23, 296, 297, 299, 300, 301, 364, 366
Krause 24, 104, 125, 132, 134, 135, 136, 143, 150, 158, 159, 160, 163, 167, 168, 170, 173, 174, 175, 176, 181, 183, 188, 189, 193, 200, 206, 207, 220, 228, 233, 235, 238, 246, 247, 248, 249, 250, 252, 253, 254, 258, 259, 269, 275, 276, 324, 360, 373
Krawczynski 60, 87, 93, 124, 127, 131
Krekeler 144

Kriele 140, 142, 160, 162, 165, 166, 179, 180, 181, 182, 183, 213
KTG 256, 277, 279, 286, 352, 364, 371
Kühn 14, 25, 157, 160, 171, 182, 189, 198, 200, 202, 203, 240, 241, 243, 244, 297, 304, 305, 306, 307, 360, 374
Kumpf 43

L

La Hague 221, 237
Ladenburg 98, 123
Langzeitsicherheit 37, 196, 252, 337, 343
LAVA 255, 353
Lechmann 49
Lehr 271
Leible 33, 181, 182
Lenz 23, 143, 157, 158
Leonhard 116, 117
Leussink 24, 31, 271
Levi 81, 82, 84, 85, 248, 304, 305, 374
Lieser 248
Lindackers 275
Lingen 215, 221, 329
Löbl 44, 45, 116, 217
Lohrum und Stinnes-Rhein-Reedereien 228
Londoner Konvention 235
Lurgi Apparatebau 238
Lyons Mine 276

M

Maier-Leibnitz 62
Maihofer 289, 291, 309
Mandel 13, 105, 235, 236, 241, 292, 347, 348, 374
Marienfeld 47, 71, 72, 132
Martini 61, 83, 84, 100, 103, 119, 145, 147, 323
Matthöfer 22, 24, 257, 263, 264, 265, 279, 291, 293, 294, 296, 301, 303, 308, 309, 310, 335, 357
Mayntz 21, 26, 28, 32, 374, 376
Mehl 261, 263
Merz 254, 306, 307, 308
Monaco-Konferenz 9, 61, 67, 73, 80, 83, 87, 90, 94, 95, 107, 124, 130, 131, 232
Morgenstern 200
Mufti 239, 240, 373, 375
Müller 14, 15, 17, 18, 19, 20, 21, 31, 35, 43, 44, 45, 46, 48, 49, 51, 52, 54, 55, 56, 57, 60, 61, 69, 73, 76, 77, 79, 85, 101, 105, 106, 108, 137, 143, 184, 221, 247, 249, 260, 269, 270, 275, 277, 315, 316, 317, 318, 319, 321, 331, 346, 375
Muszynski 306, 307

N

NDR 306, 323, 326
Niederaichbach 301, 352
Nukem 209, 224, 273, 348

O

Oberbergamt 99, 146, 150, 183, 192, 193, 196, 203, 207, 212
Obrigheim 215, 221, 225, 315
OECD 24, 131, 228, 353, 363, 373, 374, 377
Oeckl 325, 375

P

PAMELA 256, 353, 372
Parker 124, 144, 375
Parsons 220
Perzl 135, 189, 206, 207, 251, 254, 369, 373
Philberth 62, 63, 64, 65, 66, 67, 68, 69, 70, 90, 129, 376
Phillips Petrolium Company 246
Plutonium 5, 47, 204, 205, 206, 207, 237, 302, 307, 343, 348
Pohland 48, 52, 53, 54, 55, 56, 60
Policy-Cycle 30, 341
Pretsch 32, 33, 42, 202, 248, 271, 348
Projektgruppe 25, 26, 32, 34, 101, 123, 143, 145, 274, 275, 276, 281, 346, 367
Protest 19, 39, 42, 160, 169, 303, 316, 317, 324, 326, 341, 345

R

Radkau 14, 16, 17, 20, 21, 24, 32, 35, 38, 43, 46, 51, 54, 73, 74, 78, 85, 94, 110, 143, 146, 150, 191, 204, 214, 217, 218, 270, 315, 320, 321, 325, 329, 332, 347, 376
Raffert 262, 263
Rajewsky 43, 74
Ramdohr 104, 150, 163, 164, 166, 169, 174, 175, 179, 200, 246, 324, 376
Randl 188, 202, 281, 282, 283, 285, 287, 288, 289, 297, 373
Reaktorsicherheit 22, 125, 255, 264, 270, 272, 275, 277, 292, 302, 303, 332, 340, 351, 359, 360
Regierungs- und Verwaltungsreform 26, 32, 367
Remerschen 264, 265
Reuter-Boysen 17, 18, 20, 21, 39, 59, 60, 74, 78, 92, 104, 146, 156, 157, 158, 159, 160, 161, 162, 171, 177, 234, 259, 260, 272, 320, 324, 326, 376
Richter 82, 88, 98, 100, 103, 145, 146, 147, 148, 149, 150, 164, 192, 194, 195, 213, 326, 328, 378
Richter-Bernburg 100, 103, 145, 146, 147, 148, 149, 150, 164, 192, 194, 195, 213, 326, 328
Risiko 15, 92, 172, 275, 303, 320, 369, 375
Ronnenberg 202, 210
Rosenberg 74, 76, 77, 78, 322

S

Saclay 257
Sahl 263, 271, 277, 287, 289

Scharpf 21, 26, 28, 32, 374, 376
Scheidwimmer 270, 271, 326
Schindler 180
Schloesser 71
Schmid 25, 28, 29, 369, 377
Schmidt 7, 24, 106, 107, 211, 225, 236, 247, 252, 265, 266, 267, 268, 269, 276, 279, 280, 283, 287, 302, 310, 311, 312, 314, 327, 335, 357, 369, 377
Schmidt-Küster 106, 107, 211, 225, 247, 252, 268, 269, 276, 279, 280, 283, 287, 302, 310
Schnurr 32, 33, 51, 58, 59, 65, 67, 69, 77, 78, 92, 134, 158, 162, 179, 202, 219
Schöller 45, 46, 106, 116
Schopper 24, 51, 76, 77, 81, 82, 83, 84, 85, 87, 89, 92, 93, 94, 95, 97, 101, 102, 108, 114, 120, 121, 130, 131, 145, 146, 147, 148, 149, 194, 229, 246, 259, 298, 360
Schott 61, 84, 146
Schreier 75, 76, 87
Schröder 265, 305
Schüller 15, 16, 249, 377
Schuster 185, 271, 272, 276, 322, 330, 331, 332, 377
Schwibach 24, 73, 100, 102, 103, 105, 107, 108, 119, 121, 122, 127, 130, 132, 135, 145, 148, 149, 153, 155, 158, 159, 160, 166, 168, 173, 174, 175, 184, 185, 193, 198, 201, 203, 217, 223, 229, 234, 241, 248, 250, 259, 268, 271, 275, 324, 328, 346, 361, 372, 377
Seiters 265, 305
Shippingport 56
Sicherheitsstudie 193, 199, 201, 202, 203, 204, 205, 206
Siemens 223, 301
Simon 29
Sonderabfall 276
Spaltprodukte 45, 56, 107, 237, 246, 247, 249, 250, 253, 254, 259, 308, 331, 332
SSVO 53, 54, 74, 77, 78, 90, 109, 111, 118, 134, 321, 353
Standsicherheit 199, 208, 212, 251, 342, 343, 366, 372
Starke 47
Steinhaus 46, 112
Stoltenberg 23, 34, 214, 215, 216, 221, 222, 249, 261, 357
Strahlenschutz 22, 25, 49, 51, 74, 75, 77, 91, 97, 100, 119, 125, 126, 157, 159, 184, 185, 202, 208, 235, 242, 245, 247, 255, 264, 272, 277, 278, 282, 292, 302, 303, 306, 322, 326, 330, 340, 347, 360, 367, 370
Straimer 25, 32, 36, 49, 51, 53, 54, 55, 58, 59, 60, 61, 62, 63, 67, 68, 70, 72, 73, 75, 77, 78, 79, 80, 81, 82, 83, 84, 85, 87, 88, 90, 91, 92, 93, 95, 96, 98, 99, 100, 101, 103, 106, 107, 108, 109, 110, 114, 115, 119, 120, 122, 123, 125, 127, 129, 130, 131, 132, 134, 137, 138, 140, 141, 142, 144, 145, 146, 147, 148, 149, 153, 155, 158, 159, 161, 162, 166, 169, 173, 175, 176, 177, 178, 181, 183, 184, 185, 198, 199, 200, 201, 202, 219, 223, 224, 230, 231, 246, 259, 261, 268, 319, 320,

321, 323, 324, 325, 326, 346, 361
Strauß 44, 48, 51, 52, 54, 61, 63, 75, 318, 319, 378
Südflanke 212, 343

T

Telschow 318
TH Aachen 235, 238, 242, 244, 347
Tiggemann 18, 19, 21, 35, 37, 39, 58, 70, 82, 131, 137, 147, 150, 157, 160, 162, 164, 165, 169, 171, 172, 233, 234, 259, 260, 268, 269, 279, 280, 281, 285, 286, 287, 290, 293, 294, 295, 297, 310, 313, 314, 318, 324, 328, 346, 349, 378
Trabandt 54

U

Umweltprogramm 186, 227, 255, 272, 274, 275, 280, 282, 292, 300, 343, 347, 349, 363, 364
Umweltradioaktivität und Strahlenbelastung 274, 281
Uranerzmodell 37

V

VERA 251, 252, 253, 255, 353
Verglasung 10, 108, 188, 236, 238, 245, 250, 251, 254, 255, 256, 257, 307, 347, 352
Vergraben 36, 105, 126, 132, 133, 134, 135, 159, 276, 339, 342
Versenkung 9, 10, 41, 61, 63, 66, 71, 72, 81, 82, 83, 90, 94, 105, 126, 129, 130, 131, 132, 133, 134, 141, 155, 168, 218, 220, 227, 228, 229, 230, 231, 232, 233, 234, 235, 323, 330, 338, 339, 340, 342, 369
Versuchseinlagerung 17, 19, 179, 187, 188, 222, 225, 251, 253, 340
Verursacherprinzip 280, 282
Vorbausäule 183, 197

W

Wager 61, 82, 83, 87, 88, 99, 100, 103, 119, 124, 138, 145, 146, 164, 323, 378
WAK 204, 213, 236, 237, 249, 250, 251, 253, 254, 255, 256, 257, 286, 327, 343, 348, 349, 353
Wassereinbruch 6, 150, 193, 203, 205, 211
Waste Management 131
WDR 303
Wender 26, 27, 28, 29, 32, 33, 34, 120, 378
Westrick 44
Wiederaufarbeitung 13, 14, 15, 16, 17, 18, 19, 23, 35, 44, 45, 47, 79, 108, 109, 120, 142, 204, 221, 236, 239, 248, 249, 250, 254, 256, 264, 265, 266, 267, 268, 272, 278, 280, 284, 285, 286, 288, 289, 290, 293,

294, 298, 302, 313, 329, 337, 339, 343, 352, 361, 372
Williams 261
Windscale 55, 221, 237, 307, 343
Winnacker 20, 31, 254, 378
Wintershall AG 146, 149, 153, 176, 177, 324
Wirtz 20, 31, 62, 378
Wischnewski 264
Witte 29, 30, 379
Wittenzellner 33, 100, 134, 135, 159, 162, 165, 166, 169, 179, 180, 181, 193, 211, 263, 303, 326, 327
Wolf 33, 202, 376, 377
Wolff 221, 257, 379
Würgassen-Urteil 278

Z

Zwischenlagerung 16, 18, 36, 88, 90, 93, 96, 97, 107, 113, 116, 123, 127, 130, 142, 156, 212, 221, 224, 227, 253, 266, 280, 284, 290, 307, 317, 339

STUDIEN ZUR TECHNIK-, WIRTSCHAFTS- UND SOZIALGESCHICHTE

Herausgegeben von Hans-Joachim Braun

Band 1 Hans-Joachim Braun / Rainer H. Kluwe (Hg.): Entwicklung und Selbstverständnis von Wissenschaften. Ein interdisziplinäres Colloquium. 1985.

Band 2 Stephan Tank: Stagnation oder Aufschwung? Die wirtschaftliche Entwicklung der Stadt Iserlohn in Westfalen im 19. Jahrhundert. 1990.

Band 3 Uwe Beckmann: Gewerbeausstellungen in Westeuropa vor 1851. Ausstellungswesen in Frankreich, Belgien und Deutschland, Gemeinsamkeiten und Rezeption der Veranstaltungen. 1991.

Band 4 Heike Knortz: Wirtschaftliche Demobilmachung 1918/22. Das Beispiel Rhein-Main-Gebiet. 1992.

Band 5 Bettina Dodenhoeft: "Laßt mich nach Rußland heim". Russische Emigranten in Deutschland von 1918 bis 1945. 1993.

Band 6 Hans-Ulrich Niemitz: Dampfturbinenkonstruktion bei der Brown Boveri AG & Cie nach dem Zweiten Weltkrieg. 1993.

Band 7 Stefan Willeke: Die Technokratiebewegung in Nordamerika und Deutschland zwischen den Weltkriegen. Eine vergleichende Analyse. 1995.

Band 8 Carmelita Lindemann: Chancen und Grenzen kommunaler Elektrizitätspolitik. Die Entwicklung des Elektrizitätswerkes Aachen und der Rurtalsperren-Gesellschaft von 1890-1928. 1996.

Band 9 Peter Knost: Die Interessenpolitik der Elektrotechniker in Deutschland zwischen Industrie, Staat und Wissenschaft 1880 bis 1914. 1996.

Band 10 Arne Steinert: Konzepte der Musealisierung von Technik und Arbeit. Museale Erschließung – Perspektive für das Industriedenkmal Saline Luisenhall. 1997.

Band 11 Rudolf Boch (Hrsg.): Patentschutz und Innovation in Geschichte und Gegenwart. 1999.

Band 12 Reinhold Bauer: Pkw-Bau in der DDR. Zur Innovationsschwäche von Zentralverwaltungswirtschaften. 1999.

Band 13 Heike Knortz: Ökonomische Integration und Desintegration am Oberrhein. Eine clustertheoretisch-wirtschaftshistorische Dokumentation und Analyse zum Europa der Regionen. 2003.

Band 14 Ralf Pulla: Raketentechnik in Deutschland. Ein Netzwerk aus Militär, Industrie und Hochschulen 1930 bis 1945. 2006.

Band 15 Detlev Möller: Endlagerung radioaktiver Abfälle in der Bundesrepublik Deutschland. Administrativ-politische Entscheidungsprozesse zwischen Wirtschaftlichkeit und Sicherheit, zwischen nationaler und internationaler Lösung. 2009.

www.peterlang.de

Peter Lang · Internationaler Verlag der Wissenschaften

Gerhard Gewaltig

Kernenergie und Wiederaufarbeitung

Verfassungs- und europarechtliche Fragen eines Ausstiegs aus der wirtschaftlichen Nutzung

Frankfurt am Main, Berlin, Bern, Bruxelles, New York, Oxford, Wien, 2003.
XXIV, 163 S.
Europäische Hochschulschriften: Reihe 2, Rechtswissenschaft. Bd. 3737
ISBN 978-3-631-51141-1 · br. € 41.10*

Die Arbeit untersucht die jüngsten Versuche aus der wirtschaftlichen Nutzung der Kernenergie und der Wiederaufarbeitung auszusteigen. Im Mittelpunkt der Prüfung liegen dabei der Atomkonsens und das neue Atomgesetz. Die wesentlichen Ausstiegsnormen werden an der deutschen Verfassung und an dem Gemeinschaftsrecht gemessen.

Aus dem Inhalt: Administrativer Ausstieg · Der Ausstieg durch Gesetz (legislativ) · Rechtmäßigkeit eines Ausstiegsgesetzes · Verbot der Wiederaufarbeitung · Anhang: Wichtige Vorschriften (in Auszügen)

Frankfurt am Main · Berlin · Bern · Bruxelles · New York · Oxford · Wien
Auslieferung: Verlag Peter Lang AG
Moosstr. 1, CH-2542 Pieterlen
Telefax 00 41 (0) 32 / 376 17 27

*inklusive der in Deutschland gültigen Mehrwertsteuer
Preisänderungen vorbehalten

Homepage http://www.peterlang.de